教育部高等学校材料类专业教学指导委员会规划教材

电化学原理

（第4版）

U0204307

李获　李松梅　主编

北京航空航天大学出版社

内 容 简 介

本书主要介绍水溶液电化学的基本原理。全书包括电化学热力学、电极与溶液界面的结构和性质、电极过程动力学、重要的实用电化学过程等几大部分内容,其中基本原理部分重点叙述较成熟的基础理论,实用部分包含了氢、氧电极过程及其电催化、金属阳极过程、金属电沉积过程、化学电源等方面的基础知识。

本书可作为高等院校材料科学与工程、电化学工程类专业的教学用书,也可供从事材料物理与化学、电化学、腐蚀与防护、电镀、电解、化学电源和电分析化学等工作的科学技术人员参考。

图书在版编目(CIP)数据

电化学原理 / 李荻,李松梅主编. -- 4 版. -- 北京 :
北京航空航天大学出版社,2021.8
ISBN 978 - 7 - 5124 - 3583 - 4

Ⅰ. ①电… Ⅱ. ①李… ②李… Ⅲ. ①电化学—高等
学校—教材 Ⅳ. ①O646

中国版本图书馆 CIP 数据核字(2021)第 156287 号

电化学原理(第 4 版)
李 荻 李松梅 主编
策划编辑 冯 颖 责任编辑 冯 颖
＊
北京航空航天大学出版社出版发行

北京市海淀区学院路 37 号(邮编 100191) http://www.buaapress.com.cn
发行部电话:(010)82317024 传真:(010)82328026
读者信箱:goodtextbook@126.com 邮购电话:(010)82316936
河北宏伟双华印刷有限公司印装 各地书店经销
＊
开本:787×1 092 1/16 印张:21 字数:538 千字
2021 年 8 月第 4 版 2025 年 1 月第 10 次印刷 印数:26 001～29 000 册
ISBN 978 - 7 - 5124 - 3583 - 4 定价:62.00 元

第4版前言

本书第1版是根据航空工业高等院校教材会议制定的腐蚀与防护专业电化学课教学大纲,结合北京航空航天大学腐蚀与防护专业多年来"电化学原理"课程的教学实践所编写的,于1989年出版,可作为该专业的教材,也可供其他有关专业的教师、学生和工程技术人员参考。

1999年出版的第2版,为了适应按材料科学与工程一级学科培养大学本科生的需要,以及电化学学科和材料学科发展的需要,删减了部分应用很少的基础理论知识及数学推导,增加了金属阳极过程、金属电沉积过程和化学电源等方面的简要介绍。

2008年出版的第3版,本着与第2版相同的原则,并根据按材料科学与工程一级学科培养研究生和本科生的教学经验,除对原章节作简单修订外,还增补了半导体电化学与光电化学基础、燃料电池等内容。

本次再版,在第7章《氢、氧电极过程及其电催化》中增加了电催化的基础知识和关于氢、氧电极过程的电催化内容。将第3版中《燃料电池》与《化学电源》两章合并,并增加了近年来电化学研究前沿的锂电池、空气电池、超级电容器的相关内容,整合为本书第10章《化学电源》。由于半导体电化学和光电化学的发展较快,有专门的教材,因此本次再版删除了这部分内容,使本书"经典电化学"的特色更加突出。

本书仍重点介绍电化学的基本概念、基本规律和基本理论,侧重于物理概念的叙述,尽可能减少繁琐的数学推导,并力求叙述由浅入深,深广适度。每章后附有思考题与习题,以利于学生学习和复习时参考。

全书的基本内容建议在48~60学时内讲授完。学习本课程前,学生应已学完"物理化学""物理冶金原理""电工与电子学"等课程。由于学完本课程后,可进一步选修电化学测试技术、金属腐蚀与防护、新能源材料等各类专业课程,因此本书只涉及电化学的基本理论问题,不包括电化学测试技术和电化学在工程中的具体应用。

本书第1版的《液相传质步骤动力学》和《气体电极》两章由刘宝俊编写;第2版中增加的《化学电源》部分由敖建平编写,其他章节由李荻编写;第3版中第10章由习鹏、李荻编写,第12章由习鹏编写,第1章由习鹏修订,其余章节的修订与全书的统编由李获负责。

本次再版中,第 1 章、第 7 章和第 9 章由李松梅修订;第 10 章的 10.8 节由刁鹏编写,其余部分由李松梅修订;剩余章节的修订与全书的统编、校稿由李获负责。杜娟、李彬、孟燕兵、南阳参加了全书的校稿和文献调研工作。

在编写过程中,引用了部分参考书(见参考文献)中的一些图表数据,特向有关作者致谢。

由于编者水平所限,书中不足和错误在所难免,欢迎读者批评指正。

编　者

2021 年 6 月

符号表

a	活度、塔菲尔公式中的常数项
b	塔菲尔关系中的斜率
c	浓度、体积摩尔浓度
N	当量浓度（eq/L）
C	电容
C_d	界面微分电容
d	距离
D	扩散系数
e	电子
E	电动势、电场强度、能量
E_F	费米能级的能量
$E_{F(O/R)}^0$	溶液中标准氧化还原体系的 E_F
F	法拉第常量、作用力
$F(E)$	费米分布函数
g	重力加速度
G	吉布斯自由能、电导
h	高度、普朗克常量
H	焓
I	电流、离子强度
j	电流密度
$\vec{j}$	还原反应绝对速度（以电流密度表示时）
$\overleftarrow{j}$	氧化反应绝对速度（以电流密度表示时）
j_a	阳极电流密度
j_c	阴极电流密度
j^0	交换电流密度
j_d	极限扩散电流密度
$j_净$	净反应速度（以电流密度表示时）
J	流量
k	波耳兹曼常量、动力学公式中的指前因子
K	电极反应速度常数、平衡常数
l	长度
L	阿伏加德罗常量
m	质量、质量摩尔浓度

M	相对分子质量
M	金属
n	反应电子数、转速
N	粒子个数
O	氧化态物质
P	功率
p	压力、气体分压、动量
q	溶剂化程度、电荷
Q	电量、反应热、汞滴质量
r	半径、距离
R	电阻、摩尔气体常量
R	还原态物质
S	面积、电极表面积、熵
t	时间、离子迁移数、温度(℃)
T	温度(K)
u	离子淌度、液体对流速度
U	能量
v	速度
V	电压、体积、稀释度
w	线性极化公式中的常数
W	功、能量
x	距离
y	摩尔分数
z	离子的价数
Z	反应级数、阻抗
α	单电子转移步骤的还原反应传递系数、电离度
$\overrightarrow{\alpha}$	多电子转移步骤还原反应的传递系数
$\overleftarrow{\alpha}$	多电子转移步骤氧化反应的传递系数
β	单电子转移步骤氧化反应的传递系数
γ	活度系数
δ	扩散层厚度
δ_B	普兰德边界层厚度
ε	介电常数、电池的效率
η	过电位、黏滞系数
η_a	阳极过电位
η_c	阴极过电位
θ	表面覆盖度
κ	电导率

λ	当量（或摩尔）电导、波长
μ	化学位
$\bar{\mu}$	电化学位
ν	化学计量数、动力粘滞系数
π	圆周率
ρ	密度、电阻率、体电荷密度
σ	界面张力
τ	过渡时间
τ_r	松弛时间
φ	相对电极电位
φ^0	标准平衡电极电位〖AM〗
$\varphi_{平}$	平衡电位
φ_0	零电荷电位
φ_a	零标电位、阳极电位
φ_c	阴极电位
$\varphi_{1/2}$	半波电位
$\Delta\varphi$	极化值
ϕ	内电位
ψ	外电位、分散层中的电位
χ	表面电位
Ψ	波函数
ω	角速度
Γ	吸附量、离子表面剩余量

目　　录

电化学原理（第4版）

第1章 绪　论

1.1　电化学科学的研究对象

自然科学的每一个学科都是根据某一特定领域中的研究对象所具有的特殊矛盾性来划分的。例如,数学是研究数的性质和数的计算规律的;化学是研究物质的原子结构及其化合、分解作用的;……。电化学作为一门独立的学科,它所涉及的领域和研究的对象又是什么呢?下面先来看看实际生活中常见的三种导电回路,分析一下它们的导电机理。

1. 电子导电回路

在图 1.1 中,E 是电源,R 是负载(如灯泡)。这是大家熟悉的最简单的导电回路。暂且不考虑电源内部的导电机理。在外线路中,电流 I 从电源 E 的正极流向负极。电流经过负载时,一部分电能转化为热能,使灯丝加热而发光。回路中形成电流的载流子是自由电子。

凡是依靠物体内部自由电子的定向运动而导电的物体,即载流子为自由电子(或空穴)的导体,叫作电子导体,也称为第一类导体,例如金属、合金、石墨及某些固态金属化合物。图 1.1 中的外线路是由第一类导体(导线、灯丝)串联组成的,称为电子导电回路。

2. 电解池回路

在图 1.2 中,E 仍为电源,负载则为电解池 R(如电镀槽)。同样,在外线路中,电流从电源 E 的正极经电解池流向电源 E 的负极。已知在金属导线内,载流子是自由电子。但在电解池中,电荷是怎样传递的呢?仍然依靠自由电子的流动吗?实验表明,溶液中不可能有独立存在的自由电子,因而来自金属导体的自由电子是不能从电解池的溶液中直接流过的。在电解质溶液中,是依靠正、负离子的定向运动传递电荷的,即载流子是正、负离子而不是电子。

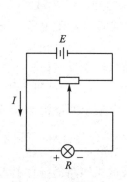

图 1.1　电子导电回路

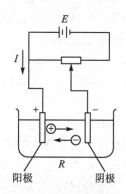

图 1.2　电解池回路

凡是依靠物体内的离子运动而导电的导体叫作离子导体,也称为第二类导体,例如各种电解质溶液、熔融态电解质及固体电解质。图1.2中的外线路是由第一类导体和第二类导体串联组成的，可称之为电解池回路。

现在，又有了一个新的问题：既然存在着两类导体，有不同的载流子，那么不同载流子之间又是怎样传递电荷的呢？也就是说，两类导体的导电方式是怎样相互转化的呢？如果仔细观察电解池通电（如电镀）时的现象，就容易发现：在导电的同时，电解池的两个极板上有气体析出或金属沉积，也就是在极板上有化学反应发生。如镀锌过程的化学反应如下：

在正极（锌板）上发生氧化反应：

$$Zn \longrightarrow Zn^{2+} + 2e$$
$$4OH^- \longrightarrow 2H_2O + O_2\uparrow + 4e$$

负离子 OH^- 所带的负电荷通过氧化反应，以电子的形式传递给锌板，成为金属中的自由电子。

在负极（镀件）上发生还原反应：

$$Zn^{2+} + 2e \longrightarrow Zn$$
$$2H^+ + 2e \longrightarrow H_2\uparrow$$

正离子 H^+ 和 Zn^{2+} 所带的正电荷通过还原反应，以从负极取走电子的形式传递给负极。

这样，从外电源 E 的负极流出的电子，到了电解池的负极，经过还原反应，将负电荷传递给溶液（电子与正离子复合，等于溶液中负电荷增加）。在溶液中依靠正离子向负极运动，负离子向正极运动，将负电荷传递到了正极。又经过氧化反应，将负电荷以电子形式传递给电极，极板上积累的自由电子经过导线流回电源 E 的正极。由此可见，两类导体导电方式的转化是通过电极上的氧化还原反应实现的。

在电化学中，通常把发生氧化反应（失电子反应）的电极叫作阳极；把发生还原反应（得电子反应）的电极叫作阴极。因此，电解池中的正极通常叫作阳极，负极称为阴极。

3. 原电池回路

在图1.3中，E 为电源，R 为负载，称作原电池回路。与电解池类似，原电池也是由两个极板和电解质溶液组成的，在其内部是离子导电，同时在阳极上发生氧化反应，在阴极上发生还原反应。不同的是，电解池中的氧化还原反应是由电源 E 供给电流（电能）而引发的；原电池中的氧化还原反应则是自发产生的（有关原电池的理论将在第2章中叙述）。因此，原电池中化学反应的结果是在外线路中产生电流供负载使用，即原电池本身是一种电源。原电池的阳极上，因氧化反应而有了电子的积累，故电位较负，是负极；阴极上则因还原反应而缺乏电子，故电位较正，是正极。在外线路中，电子就由阳极流向阴极，即电流从阴极（正极）流出，经外线路流入阳极（负极）。整个原电池回路也是由第一类导体和第二类导体串联组成的。

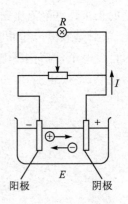

图1.3 原电池回路

通过对上述三种导电回路的分析，可以得出以下结论：

这三个回路都是导电的回路，但是导电的机理因组成回路的导体类型不同而异。在电子导电回路中，回路的各部分（除电源 E 外）都由第一类导体组成，因此只有一种载流子——自由电子。自由电子可以从一个相跨越相界面进入另一相而进行定向运动，且在相界面上不发生任何化学变化。在电解池和原电池回路中,有两类不同导体串联,第一类导体的载流子是自由电子,第二类导体的载流子是离子。导电时,电荷的连续流动是依靠在两类导体界面上,两种不同载流子之间的电荷转移来实现的。而这个电荷转移过程,就是在界面上发生的得失电子的化学反应。所以,在这类回路中导电过程必定伴随有物质的化学变化。

第一种回路(见图1.1)是电工和电子学研究的对象。而电解池和原电池具有共同的特征,即都是由两类不同导体组成的,是一种在电荷转移时不可避免地伴随有物质变化的体系。这种体系叫作电化学体系,是电化学科学研究的对象。两类导体界面上发生的氧化反应或还原反应称为电极反应。也常常把电化学体系中发生的、伴随有电荷转移的化学反应统称为电化学反应。

因此,可以将电化学科学定义为研究电子导电相(金属和半导体)和离子导电相(溶液、熔盐和固体电解质)之间的界面上所发生的各种界面效应,即伴有电现象发生的化学反应的科学。这些界面效应所具有的内在特殊矛盾性就是化学现象和电现象的对立统一。具体地讲,电化学的研究对象包括三部分:第一类导体;第二类导体;两类导体的界面及其效应。第一类导体已属于物理学研究范畴,在电化学中只需引用它们所得出的结论;电解质溶液理论是第二类导体研究中的最重要的组成部分,也是经典电化学的重要领域;而两类导体的界面性质及其效应,则是现代电化学的主要研究内容。

1.2 电化学科学在实际生活中的应用

电化学涉及人类生活的许多领域,有着丰富的内容,并得到了广泛且重要的应用。下面举一些例子进行说明。

1.2.1 电化学工业

用电解法电解食盐水来制取 Cl_2,H_2 和 $NaOH$(烧碱)这三种基本化工原料的工业叫氯碱工业。这是最古老的电化学工业生产项目之一,直到今日仍被广泛使用。其基本原理如下(如图1.4所示):

在阳极: $2Cl^- \longrightarrow Cl_2 \uparrow + 2e$

在阴极: $2H^+ + 2e \longrightarrow H_2 \uparrow$

溶液中阴极区碱性增加,发生化学反应

$$OH^- + Na^+ \rightleftharpoons NaOH$$

其他的电解工业生产项目还很多,如电解水制取氢气和氧气,电解$(NH_4)_2S_2O_8$(过硫酸铵)制取 H_2O_2(过氧化氢,俗称双氧水)等。

利用电解方法还可以制取金属,称为电冶金或湿法冶金。如电解熔融氯化物制取碱金属和碱土金属(Na,K,Li,Mg 等)。铝和钛是现代工业中的重要金属材料,常用电解法制取。高纯度的铜、锌、镉、镍等金属也是通过电解法精炼出来的。

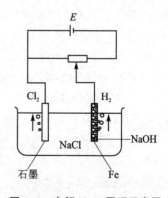

图 1.4 电解 NaCl 原理示意图

近代工业中已开始用电解法合成某些有机物,如尼龙的基本原料己二腈就是通过丙烯腈在阴极的还原反应产物的聚合而生产出来的。这类工业生产称为电合成。

电镀是电化学工业的又一项重要技术。通过电镀可以使产品获得金属防护层或具有特种功能的表面层。类似的工业生产项目还有阳极氧化、电泳涂漆、电铸及其他表面装饰技术。

电解加工是电化学在机械加工工业中的应用。基本原理是将零件作阳极、刀具作阴极,中间有电解液相连。通电后,金属工件随刀具的吃进按照刀具外形发生阳极溶解,从而加工成型。电解加工的优点是不需要刀具或工件旋转,刀具不易磨损,特别适合韧性强的金属零件作复杂型面的加工。

1.2.2 化学电源

有自发倾向的化学反应通过电化学体系可以将化学能转化为电能。这样的电化学体系或装置就是自发电池(原电池)或化学电源,参见图1.3。

自从人们发现电现象之后,最早使用的电源就是一种化学电源。今天,虽然有了交、直流发电机,但化学电源因其性能稳定可靠、便于移动的优点,仍然是一种重要的能源装置。从日常生活中的锌锰干电池到人造卫星所使用的太阳能电池,从汽车用的蓄电池到宇宙飞船用的燃料电池,都属于化学电源。随着科学技术的发展,对化学电源提出了更多的要求,需要它向体积小、质量轻、寿命长的方向发展。随着工业发展,环境污染问题日益严重,而化学电源作为一种干净的电源,将具有更重要的地位。

党的二十大报告提出"加快规划建设新型能源体系,积极参与应对气候变化全球治理"。加快实施创新驱动发展战略,加快实现高水平科技自立自强。以国家战略需求为导向,作为新能源汽车"心脏"的动力电池正在成为创新聚集点,将为中国新能源汽车产业成为世界汽车业的创新策源地做出巨大贡献。

1.2.3 金属的腐蚀与防护

金属的腐蚀是指材料在周围环境的化学和电化学作用下的损坏。在常温下,大多数金属的腐蚀都是一个电化学过程。例如,锅炉炉壁和管道受锅炉用水的腐蚀,内燃机冷却系统、液压系统的水腐蚀,船体和码头台架遭受海水腐蚀,各种金属制品(如桥梁钢架)在潮湿空气中的腐蚀,石油钻井机钻头工作时受油气和泥浆等的腐蚀以及地下管道在土壤中的腐蚀等,都是金属与电解质溶液接触时,由于金属构件、环境条件的不均匀性构成了许多微小的自发电池(原电池),电池中的阳极(负极)金属变成离子,不断溶解。这种原电池中的电化学过程持续下去,金属就遭到腐蚀破坏(如图1.5所示)。

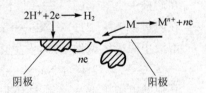

图1.5 金属电化学腐蚀示意图

对人类生活和工业发展来说,腐蚀的危害是惊人的。据估计,工业界使用的钢材因腐蚀而报废的占年产量的1/3左右。2019年,"我国腐蚀状况及控制战略研究"重大咨询项目发布研究成果显示:在2014年,我国的腐蚀总成本约占当年GDP的3.34%,总额超过21 000亿元,相当于每个中国人承担约1 555元的腐蚀成本。国际上最近一次开展的重要腐蚀调查活动是美国腐蚀工程师协会(NACE)2014年10月启动的IMPACT(International Measures of Prevention, Application, and Economics of Corrosion Technologies)项目,经测算,2013年全球腐蚀成本估算约为 25 050 亿美元,大致占当年全球 GDP 的 3.4%(注:该成本不包括腐蚀对个人安全和环境产生的影响)。

为解决腐蚀问题,发达国家每年所花的费用占国民生产总值的 2%~4%。如美国 1982 年因金属腐蚀而损失的费用和防腐蚀的费用总额约为 1 260 亿美元。这些估计仅仅是腐蚀引起的直接经济损失,而腐蚀所造成的间接破坏就更广泛、更严重了。例如,应力腐蚀断裂导致飞机坠毁、汽轮机叶片飞裂、桥梁倒塌等。

然而,如能对腐蚀机理有深入的了解,并利用现代科学技术加以防治,则可以大大减小因腐蚀造成的损失。据估计,上述腐蚀费用就可以节省 25%。在防腐措施中,有很大一部分是电化学科学的应用,如电镀、阳极氧化、缓蚀剂和电化学保护等。因此,电化学是腐蚀与防护科学的最重要的理论基础之一。

电化学科学还应用于其他许多方面。例如,生物体中也存在着电化学体系和电化学过程,如细胞电位的存在、电流通过神经的传导、血栓的形成等。用电化学理论研究生物学中的某些问题已逐步发展成了一门新的学科——生物电化学。它在探讨生命过程的机理和解决医学上的难题(如人造器官的植入而不导致血液凝固问题)中意义十分重大。

又如,通过将化学过程转化为电化学过程,可以用电化学方法处理污水、废渣;可以用化学电源代替内燃机中燃料燃烧而作为动力能源,避免有毒气体对大气的污染等。因而,电化学可以在解决环境污染中起重大作用。

至于应用电化学原理而进行的化学分析方法,如电导滴定、极谱法、电位滴定等,得到了越来越多的应用,已占了分析化学课题的一半以上,并发展成了分析化学的一个重要分支——电分析化学。

总之,由于电化学与化工、冶金、材料、电子、机械、腐蚀与防护、地质、能源、生物等科学技术部门有着密切关系,它的应用范围又在不断发展,经常出现一些与电化学有关的新领域,因此电化学科学在理论上和实际应用上都有着很强的生命力,是高速发展的学科之一。

1.3　电化学科学的发展简史和发展趋势

1.3.1　电化学科学的发展简史

电化学科学与其他任何一门科学一样,是在生产力不断发展的基础上发展起来的。第一个化学电源是 1799 年由物理学家伏打(Volta)发明的。他把锌片和铜片叠起来,中间用浸有 H_2SO_4 的毛呢隔开,构成了电堆。第二年(1800 年),尼克松(Nichoson)和卡利苏(Carlisle)利用伏打电堆电解水溶液时,发现两个电极上有气体析出,这就是电解水的第一次尝试。此后,科学家曾利用化学电源进行了大量的电解工作。19 世纪下半叶,由于生产力有了很大发展,特别是 1870 年发电机的发明,人类有了廉价的电能,为建立大规模的电化学生产创造了有利条件,促进了电化学科学的发展。

同时,在伏打电堆出现后,对电流通过导体时的现象进行了两方面的研究:从物理学方面的研究得出了欧姆(Ohm,1826 年)定律;从化学方面的研究(电流与化学反应的关系)得到了法拉第(Faraday,1833 年)定律。这样,由于大量的生产实践和科学实验知识的积累,有关学科的成就又推动了电化学理论的发展,电化学就逐渐成为一门独立的学科建立和发展起来了。

19 世纪 70 年代,亥姆荷茨(Helmholtz)首先提出了双电层概念。1887 年,阿累尼乌斯(Arrhenius)提出了电离学说。1889 年,能斯特(Nernst)提出电极电位公式,对电化学热力学做出重大贡献。1905 年,塔菲尔(Tafel)提出描述电流密度和氢过电位之间的半对数经验公式——塔菲尔公式。

但在 20 世纪上半叶,大部分电化学家把主要精力用于研究电解质溶液理论和原电池热力学,出现企图用化学热力学的方法处理一切电化学问题的倾向,认为电流通过电极时,电极反应本身总是可逆的,在任何情况下都能应用能斯特公式。这种倾向显然是错误的。电化学的发展在这一期间比较缓慢。到了 20 世纪 40 年代,苏联的弗鲁姆金(Фрумкин)学派从化学动力学角度做了大量研究工作,特别是抓住电极和溶液净化对电极反应动力学数据重现性的重大影响这一关键问题,从实验技术上打开了新的局面,并在析氢过程动力学和双电层结构研究方面取得重大进展。稍后,英、美的鲍克里斯(Bockris)、帕森斯(Parsons)、康韦(Conway)等也在同一领域做了奠基性工作,而格来亨(Grahame)则做了用滴汞电极系统地研究两类导体界面的工作。这些都大大推动了电化学理论的发展,开始形成以研究电极反应速度及其影响因素为主要对象的电极过程动力学,并使之成为现代电化学的主体。

20 世纪 50 年代以后,特别是 60 年代以来,电化学科学得到了迅速发展。在非稳态传质过程动力学、表面转化步骤及复杂电极过程动力学等理论方面和界面交流阻抗法(电化学阻抗谱)、暂态测试方法、线性电位扫描法、旋转圆盘电极系统等实验技术方面都有了突破性的进展,使电化学科学日趋成熟。在这期间,在电化学发展史上出现了两个里程碑:Heyrovsky 因创立极谱技术而获得 1959 年的诺贝尔化学奖,Marcus 因电子传递理论而获得 1992 年的诺贝尔化学奖。

1.3.2　电化学科学的发展趋势

在 20 世纪的最后 20 年中,传统的电化学理论已近完备,并且随着微电子技术的发展和计算机的广泛使用,电化学仪器的功能日益强大,精度不断提高。这使得电化学的研究领域不断拓宽,电化学向其他学科的渗透日益深入。可以说,电化学已经成为研究导体和半导体表面电荷转移、能量转化、信号传递的理论基础之一,电化学的实验技术成为研究表面物理、化学、生物学问题的重要手段。进入 21 世纪后,电化学的发展仍然呈现出向多学科渗透的特点,电化学不断地与其他学科形成交叉研究领域或交叉学科。在这一过程中,电化学理论不断得到丰富和发展,同时其他学科中的实验技术也逐渐渗入电化学领域,形成新的电化学实验技术。另外,物理学、化学、生物学和材料科学的发展也给电化学提出了新的问题,这些新问题也是电化学本身发展必须从理论上或实验技术上加以解决的。因此,电化学这一物理化学中的古老分支在 21 世纪迎来了新的发展契机。

下面就电化学发展中的几个新领域及其面临的问题进行简单介绍。

1.　纳米电化学

随着纳米科学和技术的不断发展,人们在电化学领域内追求纳米尺寸的电极和单分子的电化学检测。目前,电化学家已经能够借助电化学扫描探针显微技术(Electrochemical Scanning Probe Microscopy, ECSPM)对导体或绝缘体表面的微区成像,表征基底不同区域的形貌或电化学性质。人们甚至能够用电化学扫描隧道显微技术(Electrochemical Scanning Tunneling Microscopy，ECSTM)对吸附在电极表面的单个分子成像。上述纳米电化学表征技术可以使电化学家实现在微区内现场监控与电化学过程有关的表面现象,如金属腐蚀、电化学沉积、分子离子吸附及组装、电极表面重构等过程;进行单分子电化学识别、表面电化学活性表征等工作;利用上述技术进行纳米加工和操纵,构筑具有特殊性质的微纳结构。电化学分子器件和分子机械是纳米电化学中的重要研究课题,目前电化学家已经能够通过分子设计制备出简单的分子机械,并通过控制电位实现对分子机械的操控;电化学家还利用特殊分子的电化学性质,设计出分子开关、分子二极管等器件,实现分子器件的电化学操控。尽管纳米电化学已经取得了许多令人振奋的研究成果,但是该领域中也存在一些亟待解决的问题。由于纳米电极的尺寸远远小于传统电化学理论中扩散层的厚度,甚至小于双电层的厚度,在很多情况下,传统电化学理论中的双电层模型和扩散层模型将难以应用于纳米电极,因此,纳米尺寸电极的有关理论急需建立。另外,当电极的尺寸减小到几纳米或更小时,其响应信号将非常微弱,这对电化学仪器的灵敏度提出了更高的要求。同时,由于电极面积很小,溶液中的电活性物质可能不连续地到达电极表面,响应信号可能出现较大波动,甚至出现离散值,因此如何处理所得数据也是需要解决的问题。

2. 光谱电化学

光谱电化学是人们将光谱技术引入电化学领域的产物,是当今电化学发展的一个重要方向。光谱电化学不仅具有电化学的传统优势,而且还结合了光谱实验技术的灵敏度高、检测速度快、对体系扰动小、可现场实时检测等优点。它一经出现就得到了电化学家的普遍认可并得到了迅速发展。目前,光谱电化学主要有以下几类:紫外和可见光谱电化学、红外光谱电化学、拉曼光谱电化学、椭圆偏振光谱电化学等。紫外和可见光谱电化学是一种透射光谱电化学技术,它需要在透光电解池中进行测量,因此要求工作电极必须透光,如氧化铟锡导电玻璃、铂或金微栅网格电极,并且反应物或者产物在紫外和可见光区有吸收。通常用一束光照射电解池,测量在电极过程中由于物质的消耗或生产引起的吸光度的变化,从而获得光谱。紫外和可见光谱电化学对研究包含共轭体系电荷转移机理十分有效。红外光谱电化学通常采用反射模式,它可以现场监测电极表面和距离电极表面很近的液层中的分子振动信号。利用红外光谱电化学技术,人们可以研究电极表面分子的吸附状态随电极电位的变化情况,可以在分子水平系统地研究电化学反应的进行过程。与红外光谱相似,拉曼光谱也是振动光谱,它可以提供与红外光谱互补的分子、离子振动信息,因此拉曼光谱电化学也能够在分子水平上研究电化学反应。对于拉曼光谱电化学,值得一提的是粗糙化的电极表面对拉曼信号具有极大的增强作用,使电化学环境下的表面增强拉曼光谱检测具有极高的灵敏度。电化学表面等离子体共振谱可以提供精确的表面厚度和介电常数信息,目前已经广泛应用于电极表面自组装单分子膜、电化学沉积层、生物分子的吸附层的表征中。电化学椭圆偏振光谱也能够现场观察不同电化学条件下电极表面膜层的形成和发展过程,对电化学聚合、表面阳极钝化等众多表面生长过程的研究有重要价值。

3. 光电化学

早在 20 世纪 70 年代,人们就开始研究光照下半导体电极的电化学行为,并逐渐发展成为一门新的学科——光电化学。到目前为止,光电化学的研究主要集中在半导体电极上,并且人们已经建立了较为系统的理论体系和实验技术。如何高效率地将太阳能转换为电能或化学能是光电化学研究的核心问题。与其他光电转换电池相比,以半导体电极为光阳极的太阳能光电化学池的制作成本具有良好的竞争优势,但是到目前为止其光电转换效率较低,尚未达到推广普及的程度。因此,在能源问题日益严重的今天,光电化学太阳能电池得到了世界范围内的广泛关注,半导体光电化学也得到了迅速发展。目前,人们采用染料敏化纳米晶 TiO_2 光阳极已经取得了 10% 的光电转换效率。尽管这一数字还远低于单晶硅和非晶硅光电池,但通过近年来的研究,人们也找到了影响光电转换效率的因素。人们普遍认为光电化学太阳能电池的效率仍然具有较大的提升空间。目前,电化学家在电极材料选择、制备、光生电荷分离等多方面不断进行探索,可以说光电化学正在迎来一个快速发展的新阶段。

4. 化学修饰电极与电化学传感器

化学修饰电极是目前电化学研究中发展最为迅速的领域之一。人们根据不同的检测需要,对电极表面进行修饰,使电极具有特殊的功能基团,从而实现特定的检测目的。对电极表面进行修饰的物质种类繁多,可以是没有电化学活性的分子或离子,也可以是具有电化学活性的分子或离子;可以是简单的小分子,也可以是复杂的有机分子或生物活性分子,甚至是聚合物膜;可以是随机修饰的无序分子,也可以是高度有序的超分子结构或有序的纳米粒子组装膜等。另外,人们也发展了多种电极表面的修饰技术,包括分子自组装技术、L-B膜法、共价键合法、涂覆法、电化学聚合法、电化学沉积法等。利用这些表面修饰技术,人们能够将许多新物质制备成化学修饰电极,如 C_{60}、碳纳米管修饰电极等。修饰后的电极可以实现对特定分子、离子的高选择性检测,因此化学修饰电极也成为电化学传感器的基础。电化学传感器需要将电极体系的物理、化学、生物信号转变为可以识别的电信号,这些信号的转换通常需要特殊的化学修饰电极。目前利用化学修饰电极,人们已经制备出多种电化学传感器,可以对大多数的无机离子、部分有机分子和生物活性分子进行识别。例如,以葡萄糖氧化酶修饰电极为基础的葡萄糖传感器已经开始试用于糖尿病的检测和治疗监控中。

5. 新型电化学制备技术

随着物理学、化学和材料学的发展,电化学的发展不仅仅体现在其理论和表征技术的进步,同时电化学作为一种制备技术近年受到了人们的广泛重视。自从发现用电化学阳极氧化法可以在金属铝上制备高度有序的多孔氧化铝膜以来,人们不断发展和完善这一电化学制备技术,目前已经能够制备孔深、孔径形状和大小可控的多孔氧化铝膜层。以多孔氧化铝为模板,人们发展了一种硬模板电化学制备技术,用这种技术可以方便地制备出多种金属和半导体的纳米线阵列。与多孔氧化铝模板制备技术相似,人们还发展了基于多孔硅的电化学制备技术。此外,在软模板存在的条件下,电化学沉积技术在制备量子点阵、特殊纳米结构方面也显示出了巨大潜力。利用手性分子修饰电极表面,使电化学有机合成反应只针对某种手性分子发生,从而实现电化学手性合成。这种有电化学过程参与的合成方法正在引起有机电化学领域的关注。

6. 量子电化学

在固体物理和量子力学发展的基础上,将量子力学引进了电化学领域,使电化学理论有了新的发展,已在逐步形成一个新的分支——量子电化学。近年来,随着纳米尺寸电极的使用,在实验上真正观察到了电化学信号的量子化特征,这也给量子电化学的进一步发展带来了机遇和挑战。

7. 生物电化学

生物电化学是 20 世纪 70 年代由电生物学、生物物理学、生物化学以及电化学等多门学科交叉形成的一门独立的学科,是用电化学的基本原理和实验方法,在生物体和有机组织的整体以及分子和细胞两个不同水平上研究或模拟研究电荷(包括电子、离子及其他电活性粒子)在生物体系和其相应模型体系中分布、传输和转移及转化的化学本质和规律的一门新型学科。具体包括生物体内各种氧化还原反应(如呼吸链、光合链等)过程的热力学和动力学;生物膜及模拟生物膜上电荷与物质的分配和转移功能;生物电现象及其电动力学科学实验;生物电化学传感等电分析方法在活体和非活体中生物物质检测及医药分析。仿生电化学(如仿生燃料电池、仿生计算机等)等方面的研究,是生命科学最基础的学科之一。

生物电催化,可定义为在生物催化剂酶的存在下与加速电化学反应相关的一系列现象。在电催化体系中,生物催化剂的主要应用包括:研制比现有无机催化剂好的,用于电化学体系的生物催化剂;研制生物电化学体系,合成用于生物体内作为燃料的有机物;应用酶的专一性,研制高灵敏的电化学传感器。

生物电分析是分析化学中发展迅速的一个领域。利用生物组分(如酶、抗体等)来检测特定的化合物,这方面的研究导致了生物传感器的发展。

微电极传感器是将生物细胞固定在电极上,电极把微有机体的生物电化学信号转变为电势。因此微电极传感器在医学中有着非常广阔的应用前景。人体脑电图、肌电图和心电图的分析对检测和处理相关疾病是非常重要的,而所有这些技术都是基于测量人体中产生的电信号来实现的。

总之,电化学面临着巨大的挑战和新的机遇,可以期望,随着当今科学技术的蓬勃发展,沿着理论联系实际的方向,电化学科学将会有更大的发展,为人类带来更多的福音。

1.4 电解质溶液的导电性及其影响因素

1.4.1 电解质溶液的电导

任何导体对电流的通过都有一定的阻力,这一特性在物理学中称为电阻,以 R 表示。电流 I 与施于导体两端的电压 V 和电阻 R 的关系可由欧姆定律给出:

$$I = V/R \tag{1.1}$$

在一定温度下,电阻 R 与导体的几何因素之间的关系为

$$R = \rho\, l/S \tag{1.2}$$

式中:l 为导体长度;S 为导体截面积;ρ 为电阻率,单位为 $\Omega \cdot cm$。

和第一类导体一样,在外电场作用下,电解质溶液中的离子也将从无规则的随机跃迁转变为定向运动,形成电流。电解质溶液也具有电阻 R,并服从欧姆定律和式(1.2)。不过习惯上,常常用电阻和电阻率的倒数来表示溶液的导电能力,即

$$G = 1/R$$

因为

$$\kappa = 1/\rho \tag{1.3}$$

故有

$$G = \kappa S/l$$

式中：G 称为电导；κ 称为电导率，表示边长为 1 cm 的立方体溶液的电导，单位为 S/cm。它和电阻率 ρ 类似，是排除了导体几何因素影响的参数。因此，可以通过电导率 κ 讨论溶液性质对溶液导电能力的影响。

根据电解质溶液导电的机理是溶液中离子的定向运动可知，几何因素固定之后，也就是离子在电场作用下迁移的路程和通过的溶液截面积一定时，溶液导电能力应与载流子——离子的运动速度有关。离子运动速度越快，传递电量就越快，则导电能力越强。其次，溶液导电能力应正比于离子的浓度。因此，凡是影响离子运动速度和离子浓度的因素，都会对溶液的导电能力发生影响。就电解质溶液来说，影响离子浓度的因素主要是电解质的浓度和电离度。同一种电解质，其浓度越大，电离后离子的浓度也越大；其电离度越大，则在同样的电解质浓度下，所电离的离子浓度越大。

影响离子运动速度的因素则更多一些，有以下几个主要因素：

（1）离子本性：主要是水化离子的半径。半径越大，在溶液中运动时受到的阻力越大，因而运动速度越慢。其次是离子的价数，价数越高，受外电场作用越大，故离子运动速度越大。所以，不同离子在同一电场作用下，它们的运动速度是不一样的。

特别值得指出的是：水溶液中的 H^+ 离子和 OH^- 离子具有特殊的迁移方式，它们的运动速度比一般离子要快得多。H^+ 离子比其他离子快 5～8 倍，OH^- 离子快 2～3 倍。例如 H^+ 离子在水溶液中是以 H_3O^+（沲离子）形式存在的。沲离子除了像一般离子那样在电场下定向运动外，还存在一种更快的移动机构。这就是质子从 H_3O^+ 离子上转移到邻近的水分子上，形成新的沲离子，新的沲离子上的质子又重复上述过程。这样，像接力赛一样，质子（H^+）被迅速传递过去。这一过程可用下式表示：

$$\left[\begin{matrix} & H & \\ & | & \\ H-O & \cdots H \end{matrix}\right]^+ + \begin{matrix} H \\ | \\ O-H \end{matrix} \longrightarrow \begin{matrix} H \\ | \\ H-O \end{matrix} + \left[\begin{matrix} & H & \\ & | & \\ H\cdots O-H \end{matrix}\right]^+$$

根据有关的分子结构数据计算，已知质子从 H_3O^+ 离子上转移到水分子上，需要通过 0.86×10^{-8} cm 的距离，相当于 H_3O^+ 离子移动了 33.1×10^{-8} cm。因而 H_3O^+ 离子的绝对运动速度比普通离子快得多。

（2）溶液总浓度：电解质溶液中，离子间存在着相互作用。浓度增大后，离子间距离减小，相互作用加强，使离子运动的阻力增大。

（3）温度：温度升高，离子运动速度增大。

（4）溶剂黏度：溶剂黏度越大，离子运动的阻力越大，故运动速度减慢。

总之，电解质和溶剂的性质、温度和溶液浓度等因素均对电导率 κ 有较大影响。其中溶液浓度对电导率的影响比较复杂，如图 1.6 所示。不少电解质溶液的电导率与溶液浓度的关系中

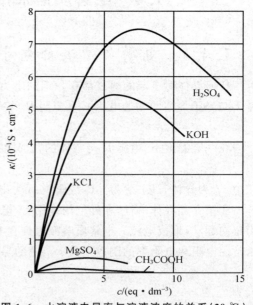

图 1.6　水溶液电导率与溶液浓度的关系（20 ℃）

会出现极大值。

为了简化电导率和浓度的关系,在电化学中普遍采用当量电导的概念*。在两个相距 1 cm 的面积相等的平行板电极之间,含有 1 克当量(Equivalent)电解质的溶液所具有的电导称为该电解质溶液的当量电导或当量电导率。若以 V 表示溶液中含有 1 克当量溶质时的体积,则当量电导 λ 和电导率 κ 之间有如下关系:

$$\lambda = \kappa V \tag{1.4}$$

式中:以 eq 代表克当量时,λ 的单位为 S·cm²/eq,V 的单位为 cm³/eq。它和当量浓度 N(eq/dm³)的关系为

$$V = \frac{1\ 000}{N} \tag{1.5}$$

由于 V 表示含有 1 克当量电解质的溶液体积,V 越大,溶液浓度小,故又常把 V 称为冲淡度。将式(1.5)代入式(1.4),可得

$$\lambda = \frac{1\ 000}{N} \kappa \tag{1.6}$$

式(1.6)即当量电导和电导率相互关系的数学表达式。

实验结果表明,随着溶液浓度的降低,当量电导逐渐增大(如图 1.7 所示)并趋向一个极限值 λ_0,λ_0 称为无限稀释溶液的当量电导或极限当量电导。

在很稀的溶液中(通常 $N < 0.002$ eq/dm³),当量电导与溶液浓度的关系可以用柯劳许(Kohlrausch)经验公式表示:

$$\lambda = \lambda_0 - A\sqrt{N} \tag{1.7}$$

式中:A 为常数。柯劳许公式只适用于强电解质溶液。对 1-1 价电解质,25 ℃ 时,$A = 0.230\ 0\lambda_0 + 60.65$。

利用柯劳许经验公式,可以在测出一系列强电解质稀溶液的当量电导后,用 λ 对 N 作图,外推至 $N = 0$ 处,从而求得 λ_0。不过,由于有时 $\lambda - N$ 曲线的线性不够好,因此并不能得到精确的 λ_0 值。

当溶液无限稀时,离子间的距离很大,可以完全忽略离子间的相互作用,即每个离子的运动都不受其他离子的影响。这种情况下,离子的运动都是独立的。这时,电解质溶液的当量电导就等于电解质全部电离后所产生的离子当量电导之和。这一规律称为离子独立移动定律。若用

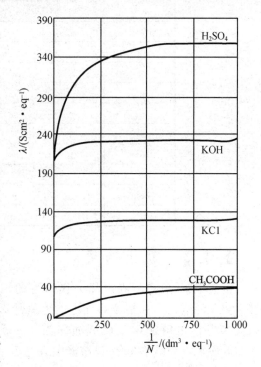

图 1.7 λ 和 $1/N$ 的关系

---

* 为与 SI 单位制一致,可用摩尔电导 λ_m 代替当量电导 λ。其定义如下:在两个相距 1 cm、面积相等的平行板电极之间,含有 1 摩尔电解质的溶液所具有的电导,单位为 S·cm²/mol。采用摩尔浓度时,本节各公式仍适用于 λ_m。λ_m 与 λ 的关系为 $\lambda_m = z_i\lambda$,其中 z_i 为离子价数。

λ_+、λ_- 分别代表正、负离子的当量电导,则可用数学关系式表达这一定律,即

$$\lambda_0 = \lambda_{0,+} + \lambda_{0,-} \qquad (1.8)$$

应用离子独立移动定律,可以在已知离子极限当量电导时计算电解质的 λ_0 值,也可以通过强电解质的 λ_0 计算弱电解质的极限当量电导。例如,25 ℃时,用外推法求出了下列强电解质的 λ_0(单位为 S·cm²/eq):

$$\lambda_{0,HCl} = 426.1; \quad \lambda_{0,NaCl} = 126.5; \quad \lambda_{0,NaAc} = 91.0$$

于是可计算醋酸(HAc)在无限稀释时的当量电导如下:

$$
\begin{aligned}
\lambda_{0,HAc} &= \lambda_{0,H^+} + \lambda_{0,Ac^-} \\
&= \lambda_{0,HCl} + \lambda_{0,NaAc} - \lambda_{0,NaCl} \\
&= 390.6 \ S \cdot cm^2/eq
\end{aligned}
$$

表 1.1 给出了 25 ℃时一些离子的极限当量电导值。

表 1.1　25 ℃时某些离子的极限当量电导

阳离子	$\lambda_{0,+}/(S \cdot cm^2 \cdot eq^{-1})$	阴离子	$\lambda_{0,-}/(S \cdot cm^2 \cdot eq^{-1})$
H^+	349.81	OH^-	198.3
L^+	38.68	F^-	55.4
Na^+	50.10	Cl^-	76.35
K^+	73.50	Br^-	78.14
NH_4^+	73.55	I^-	76.84
Ag^+	61.9	NO_3^-	71.64
Mg^{2+}	53.05	ClO_3^-	64.4
Ca^{2+}	59.5	ClO_4^-	67.36
Ni^{2+}	53	IO_3^-	40.54
Cu^{2+}	53.6	CH_3COO^-	40.90
Zn^{2+}	52.8	SO_4^{2-}	80.02
Cd^{2+}	54	CO_3^{2-}	69.3
Fe^{2+}	53.5	PO_4^{3-}	69.0
Al^{3+}	63	CrO_4^{2-}	85

1.4.2　离子淌度

溶液中正、负离子在电场力作用下的运动称为电迁移。离子的电迁移和溶液的导电能力是什么关系呢?下面就来考察电解液中一段截面积为 1 cm² 的液柱,如图 1.8 所示。为简单起见,设溶液中只有正、负两种离子,其浓度分别为 c_+ 和 c_-,离子价数分别为 z_+ 和 z_-。该电解质的当量浓度为 c_N,完全电离时应有 $c_+|z_+| = c_-|z_-| = c_N$。又假设图 1.8 中,正、负离子在电场作用下的迁移速度分别为 v_+ 和 v_-(单位:cm/s)。设液面 2 和液面 1 的距离为 $v_+ \times 1$ s(单位:cm),故位于液面 2 和液面 1 之间的正离子将在 1 s 内全部通

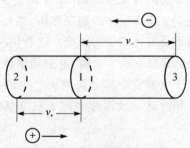

图 1.8　离子的电迁移

过液面 1。同理，设液面 3 和液面 1 的距离为 $v_- \times 1$ s（单位为 cm）。把单位时间内通过单位截面积的载流子量称为电迁流量，用 J 表示，单位为 $mol/(cm^2 \cdot s)$。那么，正离子的电迁流量为

$$J_+ = \frac{1}{1\,000} c_+ v_+ \tag{1.9A}$$

若以电流密度表示，则为

$$j_+ = |z_+| F J_+ = \frac{|z_+|}{1\,000} F c_+ v_+ \tag{1.10A}$$

式中：F 为法拉第常量，表示 1 摩尔质子所带的电量。

同理可得到负离子的电迁流量 J_-，即

$$J_- = \frac{1}{1\,000} c_- v_- \tag{1.9B}$$

$$j_- = |z_-| F J_- = \frac{|z_-|}{1\,000} F c_- v_- \tag{1.10B}$$

显然，总电流密度应是正、负离子所迁移的电流密度之和，故

$$j = j_+ + j_- = \frac{|z_+|}{1\,000} F c_+ v_+ + \frac{|z_-|}{1\,000} F c_- v_- \tag{1.11}$$

由于 $c_N = |z_+| c_+ = |z_-| c_-$，故

$$j = \frac{1}{1\,000} c_N F (v_+ + v_-)$$

将 $j = \kappa E$ 代入上式，得

$$\frac{\kappa}{c_N} = F \left(\frac{v_+}{E} + \frac{v_-}{E} \right) \times \frac{1}{1\,000} \tag{1.12}$$

式中：$\frac{v_+}{E}$ 和 $\frac{v_-}{E}$ 表示单位场强（V/cm）下离子的迁移速度，称为离子淌度，分别以 u_+、u_- 表示，单位为 $cm^2/(V \cdot s)$。

将 $\lambda = \frac{1\,000}{c_N} \kappa$ 的关系代入式（1.12），可得

$$\lambda = F (u_+ + u_-) = \lambda_+ + \lambda_- \tag{1.13}$$

由式（1.13）可以看出，在电解质完全电离的条件下，当量电导随浓度的变化是由 u_+ 和 u_- 引起的。也就是说，u_+、u_- 的大小决定着离子当量电导的大小，即

$$\lambda_+ = F u_+ \tag{1.14A}$$

$$\lambda_- = F u_- \tag{1.14B}$$

在强电解质溶液中，随着溶液浓度的减小，离子间相互作用减弱，因而离子的运动速度增大，也就是 u_+、u_- 增大，致使当量电导 λ 增加。

在无限稀释溶液中，显然有

$$\lambda_0 = F (u_{0,+} + u_{0,-}) = \lambda_{0,+} + \lambda_{0,-}$$

从而得出了与离子独立移动定律相同的结论。

1.4.3 离子迁移数

上面已提到，若溶液中只含正、负两种离子，则通过电解质溶液的总电流密度应当是两种

离子迁移的电流密度之和,每种离子所迁移的电流密度只是总电流密度的一部分。这种关系可表示为

$$j_+ = t_+ j \tag{1.15A}$$

$$j_- = t_- j \tag{1.15B}$$

式中:t_+ 和 t_- 是小于1的分数。因为 $j = j_+ + j_-$,所以 $t_+ + t_- = 1$。t_+ 和 t_- 分别称为正离子的迁移数和负离子的迁移数,其数值可由下式求得:

$$t_+ = \frac{j_+}{j_+ + j_-} \tag{1.16A}$$

$$t_- = \frac{j_-}{j_+ + j_-} \tag{1.16B}$$

由此可见,可以把离子迁移数定义为"某种离子迁移的电量在溶液中各种离子迁移的总电量中所占的百分数"。

根据式(1.10)和式(1.14),并用离子淌度代替式(1.10)中的离子运动速度,则可以将离子迁移数表示为

$$t_+ = \frac{|z_+| u_+ c_+}{|z_+| u_+ c_+ + |z_-| u_- c_-} = \frac{|z_+| c_+ \lambda_+}{|z_+| c_+ \lambda_+ + |z_-| c_- \lambda_-}$$

$$t_- = \frac{|z_-| u_- c_-}{|z_+| u_+ c_+ + |z_-| u_- c_-} = \frac{|z_-| c_- \lambda_-}{|z_+| c_+ \lambda_+ + |z_-| c_- \lambda_-}$$

如果溶液中有多种电解质同时存在,则可以进行类似的推导,从而得到表示 i 种离子迁移数 t_i 的通式,即

$$t_i = \frac{|z_i| u_i c_i}{\sum |z_i| u_i c_i} = \frac{|z_i| c_i \lambda_i}{\sum |z_i| c_i \lambda_i} \tag{1.17}$$

当然,这种情况下,所有离子的迁移数之和也应等于1。

从式(1.17)可知,迁移数与浓度有关。表1.2中列出了水溶液中某些物质的正离子迁移数与浓度的关系。

电解质的某一种离子的迁移数总是在很大程度上受到其他电解质的影响。当其他电解质的浓度很大时,甚至可以使某种离子的迁移数减小到趋近于零。例如,HCl 溶液中 H^+ 离子的当量电导比 Cl^- 离子大得多(见表1.1),H^+ 离子的迁移数 t_{H^+} 当然也要远大于 Cl^- 离子的迁移数 t_{Cl^-}。但是,如果向溶液中加入大量 KCl,则有可能出现完全不同的情况。这时,$t_{H^+} + t_{Cl^-} + t_{K^+} = 1$。假定 HCl 浓度为 1×10^{-3} mol/L,KCl 浓度为 1 mol/L,且已知该溶液中 $u_{K^+} = 6 \times 10^{-4}$ cm^2/Vs,$u_{H^+} = 30 \times 10^{-4}$ cm^2/Vs。根据式(1.17),得

$$\frac{t_{K^+}}{t_{H^+}} = \frac{u_{K^+} c_{K^+} / \sum u_i c_i}{u_{H^+} c_{H^+} / \sum u_i c_i} = 200$$

可见,尽管 H^+ 离子的迁移速度比 K^+ 离子快得多,但在这个混合溶液中,它所迁移的电流却只是 K^+ 离子的 1/200。这是因为 H^+ 离子的浓度远小于 K^+ 离子和 Cl^- 离子的浓度,因而 H^+ 离子迁移数十分小的缘故。

离子迁移数可由实验中直接测出。因为水溶液中离子都是水化的,离子移动时总是要携带着一部分水分子,而且它们的水化数各不相同,而通常又是根据浓度的变化来测量迁移数

的,所以实验测定的迁移数包含了水迁移的影响。有时把这种迁移数称为表观迁移数,以区别于把水迁移影响扣除后所求出的真实迁移数。不过,在电化学的实际体系中,离子总是带着水分子一起迁移的,这种水迁移并不影响我们所讨论的问题。因此,除特殊注明外,电化学中提到的迁移数都是表观迁移数。

表 1.2　某些水溶液中正离子的迁移数(25 ℃)

$N/(eq \cdot dm^{-3})$	HCl	LiCl	NaCl	KCl
0.01	0.825 1	0.328 9	0.391 8	0.490 2
0.02	0.826 6	0.326 1	0.390 2	0.490 1
0.05	0.829 2	0.321 1	0.387 6	0.489 9
0.1	0.831 4	0.316 8	0.385 4	0.489 8
0.2	0.833 7	0.311 2	0.382 1	0.489 4
0.5	—	0.300	—	0.488 8
1.0	—	0.287	—	0.488 2

1.5　电解质溶液的活度与活度系数

活度和活度系数是电解质溶液最重要的静态性质之一。溶液中各种粒子间相互作用对电解质溶液静态性质的影响,可以通过它对活度系数的影响作为典型例子予以讨论。

1.5.1　溶液活度的基本概念

在物理化学中已学过,理想溶液中组分 i 的化学位等温式为

$$\mu_i = \mu_i^0 + RT \ln y_i \tag{1.18}$$

式中: y_i 为 i 组分的摩尔分数; μ_i^0 为 i 组分的标准化学位; μ_i 为 i 组分的化学位; R 为摩尔气体常量; T 为热力学温度。

无限稀释溶液具有与理想溶液类似的性质,其溶剂性质遵循拉乌尔(Raoult)定律,溶质性质遵循亨利(Henry)定律。因此,对无限稀释溶液,仍可以采用式(1.18),只是对溶质来说,式中的 μ_i^0 不等于该溶质纯态时的化学位。

在真实溶液中,由于存在着各种粒子间的相互作用,使真实溶液的性质与理想溶液有一定的偏差,不能直接应用式(1.18)。然而,为了保持化学位公式有统一的简单形式,就把真实溶液相对于理想溶液或无限稀释溶液的偏差全部通过浓度项来校正,而保留原有理想溶液或无限稀释溶液的标准态,即令 μ_i^0 不变。这样,真实溶液与理想溶液或无限稀释溶液相联系时有共同的标准态,便于计算。为此,引入一个新的参数——活度来代替式(1.18)中的浓度,即

$$\mu_i = \mu_i^0 + RT \ln a_i \tag{1.19}$$

式中: a_i 为 i 组分的活度,其物理意义是“有效浓度”。活度与浓度的比值能反映粒子间相互作用所引起的真实溶液与理想溶液的偏差,称为活度系数,通常用符号 γ 表示,即

$$\gamma_i = \frac{a_i}{y_i} \tag{1.20}$$

同时,规定活度等于1的状态为标准状态。对于固态物质、液态物质和溶剂,这一标准状态就是它们的纯物质状态,即规定纯物质的活度等于1。对溶液中的溶质,则选用具有单位浓度而又不存在粒子间相互作用的假想状态作为该溶质的标准状态。也就是这种假想状态同时具备无限稀释溶液的性质(活度系数等于1)和活度为1的两项特性。

溶液可以采用不同的浓度标度,因而各自选用的标准状态不同,得到的活度和活度系数也不同。常用的浓度标度有摩尔分数 y、质量摩尔浓度 m 和体积摩尔浓度 c。与之对应的不同标度的活度系数和化学位等温式表示如下:

$$\gamma_i(y) = \frac{a_i(y)}{y_i} \tag{1.21}$$

$$\gamma_i(m) = \frac{a_i(m)}{m_i} \tag{1.22}$$

$$\gamma_i(c) = \frac{a_i(c)}{c_i} \tag{1.23}$$

$$\mu_i = \mu_i^0(y) + RT\ln a_i(y) = \mu_i^0(y) + RT\ln \gamma_i(y)y_i \tag{1.24}$$

$$\mu_i = \mu_i^0(m) + RT\ln a_i(m) = \mu_i^0(m) + RT\ln \gamma_i(m)m_i \tag{1.25}$$

$$\mu_i = \mu_i^0(c) + RT\ln a_i(c) = \mu_i^0(c) + RT\ln \gamma_i(c)c_i \tag{1.26}$$

在讨论理论问题时,常用摩尔分数 y 表示浓度,并将 $\gamma_i(y)$ 称为合理的活度系数。在讨论电解质溶液时常用质量摩尔浓度 m 和体积摩尔浓度 c,称 $\gamma_i(m)$ 和 $\gamma_i(c)$ 为实用活度系数。采用不同浓度标度时,同一溶质的活度系数和标准化学位的数值是不同的。可以推导出上述三种活度系数之间的关系为

$$\gamma_i(y) = \frac{\rho + 0.001c_i(M_1 - M_i)}{\rho_1}\gamma_i(c) \tag{1.27A}$$

$$\gamma_i(y) = (1 + 0.001m_iM_1)\gamma_i(m) \tag{1.27B}$$

式中:M_i 为溶质 i 的相对分子质量;M_1 为溶剂的相对分子质量;ρ 为溶液的密度;ρ_1 为溶剂的密度。

1.5.2　离子活度和电解质活度

电解质在溶液中会电离成正、负离子。每一种离子作为溶液的一个组分,在理论上都可以应用式(1.21)~式(1.26)。但是,活度要靠实验测定,而任何电解质都是电中性的,电离时同时离解生成正离子和负离子,不可能得到只含一种离子的溶液,也不可能只改变溶液中某一种离子的浓度。因此,单种离子的活度是无法测量的。人们只能通过实验测出整个电解质的活度。正因为如此,引入了电解质平均活度和平均活度系数的概念。

设电解质 MA 的电离反应为

$$\text{MA} \longrightarrow \nu_+ \text{M}^+ + \nu_- \text{A}^- \tag{1.28}$$

式中:ν_+ 和 ν_- 分别为 M^+ 和 A^- 的化学计量数。整个电解质的化学位应为

$$\mu = \nu_+ \mu_+ + \nu_- \mu_- \tag{1.29}$$

式中:μ_+ 和 μ_- 分别为正、负离子的化学位。将正、负离子的化学位等温式代入式(1.29),得

$$\mu_i = \nu_+ (\mu_+^0 + RT\ln a_+) + \nu_- (\mu_-^0 + RT\ln a_-)$$

$$= \nu_+ \mu_+^0 + \nu_- \mu_-^0 + \nu_+ RT\ln a_+ + \nu_- RT\ln a_-$$

式中：a_+ 和 a_- 分别为正、负离子的活度。因为 $\mu^0 = \nu_+ \mu_+^0 + \nu_- \mu_-^0$，所以

$$\mu = \mu^0 + RT \ln a_+^{\nu_+} a_-^{\nu_-} \tag{1.30}$$

若采用质量摩尔浓度标度，则有

$$a_+ = \gamma_+ m_+$$
$$a_- = \gamma_- m_-$$

$$\mu = \mu^0 + RT \ln \left[(\gamma_+^{\nu_+} \gamma_-^{\nu_-})(m_+^{\nu_+} m_-^{\nu_-}) \right] \tag{1.31}$$

令 $\nu = \nu_+ + \nu_-$，则可简化为

$$\gamma_\pm = (\gamma_+^{\nu_+} \gamma_-^{\nu_-})^{1/\nu} \tag{1.32}$$

$$m_\pm = (m_+^{\nu_+} m_-^{\nu_-})^{1/\nu} \tag{1.33}$$

$$a_\pm = (a_+^{\nu_+} a_-^{\nu_-})^{1/\nu} \tag{1.34}$$

定义：$\gamma_\pm$ 为电解质平均活度系数；$m_\pm$ 为平均浓度；$a_\pm$ 为平均活度。于是式(1.31)可简化为

$$\mu = \mu^0 + RT \ln (\gamma_\pm m_\pm)^\nu$$
$$= \mu^0 + RT \ln a_\pm^\nu \tag{1.35}$$

进而可以得到电解质活度 a 与平均活度 $a_\pm$、平均活度系数 $\gamma_\pm$ 之间的关系式为

$$a = a_\pm^\nu = (\gamma_\pm m_\pm)^\nu \tag{1.36}$$

电解质活度 a 可由实验测定，故可以通过 a 求得平均活度 $a_\pm$ 和平均活度系数 $\gamma_\pm$，并用 $\gamma_\pm$ 近似计算离子活度，即

$$a_+ = \gamma_\pm m_+ \tag{1.37}$$

$$a_- = \gamma_\pm m_- \tag{1.38}$$

目前，许多常见电解质溶液的平均活度系数均已求出，可以从电化学或物理化学手册中查到。相对于其他的浓度标度，都可以导出与式(1.31)～式(1.38)相同的关系式，此处不再赘述。

1.5.3　离子强度定律

在研究影响活度系数的因素时，人们发现，在稀溶液中电解质平均活度系数与电解质浓度之间存在着一定的规律。例如，表 1.3 中，m_1 为 TlCl 的浓度，m_2 为其他电解质的浓度。当 $(m_1 + m_2) < 0.02\ \text{mol/kg}$ 时，TlCl 在各种电解质溶液中饱和时的平均活度系数只与溶液总浓度 $(m_1 + m_2)$ 有关，而与电解质的种类无关。

表 1.3　TlCl 在某些 1-1 价型电解质溶液中饱和时的平均活度系数 $\gamma_\pm$（25 ℃）

$m_1 + m_2$	溶液			
	HCl	KCl	KNO$_3$	TlNO$_3$
0.001	0.970	0.970	0.970	0.970
0.005	0.950	0.950	0.950	0.950
0.01	0.909	0.909	0.909	0.909
0.02	0.871	0.871	0.872	0.869
0.05	0.793	0.797	0.809	0.784
0.10	0.718	0.715	0.742	0.686
0.20	0.630	0.613	0.676	0.546

1921 年，路易斯（Lewis）等人在研究了大量不同离子价型电解质的实验数据后，总结出一个经验规律：电解质平均活度系数 $\gamma_\pm$ 与溶液中总的离子浓度和离子电荷（离子价数）有关，而与离子本性无关，并把离子电荷与离子总浓度联系在一起，提出了一个新的参数——离子强度 I，即

$$I = \frac{1}{2}\sum m_i z_i^2 \tag{1.39}$$

$$I = \frac{1}{2}\sum c_i z_i^2 \tag{1.40}$$

而电解质活度系数与离子强度的关系则为

$$\lg \gamma_\pm = -A'\sqrt{I} \tag{1.41}$$

式中：A' 为与温度有关而与浓度无关的常数。式(1.41)表达的规律就叫作离子强度定律。这是一个经验公式，它表明在离子强度相同的溶液中，离子价型相同的电解质的平均活度系数相等。离子强度定律适用于 $I < 0.01$ 的很稀的溶液。在此浓度范围内，可以直接用式(1.41)准确计算平均活度系数，而不需要进行实验测定。但随浓度升高，计算值与实验值的偏差增大，式(1.41)就不再适用了。

思考题

1. 第一类导体和第二类导体有什么区别？

2. 什么是电化学体系？你能举出两、三个实例加以说明吗？

3. 有人说："像阳离子是正离子、阴离子是负离子一样，阳极就是正极，阴极就是负极。"这种说法对吗？为什么？

4. 能不能说电化学反应就是氧化还原反应？为什么？

5. 电解质溶液的导电性和金属的导电性有什么异同之处？

6. 影响电解质溶液导电性的因素有哪些？为什么？

7. 既然电导率可以表示溶液的导电能力，那么为什么还要引出当量电导的概念？二者之间有什么联系和区别？

8. "离子浓度越高，该种离子迁移的电量就越多，因此该离子的迁移数越大。"这种说法对吗？为什么？

9. 什么是离子独立移动定律？它有什么实际意义？

10. 为什么要引入活度概念？它反映了什么物理实质？

11. 电解质溶液的标准态是如何选定的？它和纯液体的标准状态有何不同？

12. 试从理论上分析真实溶液对理想溶液产生偏差的原因。

13. 电解质活度和电解质平均活度一样吗？为什么？

例　题

1. 有关溶液电导的计算

利用本章介绍的溶液导电性的基本规律可计算溶液或离子的电导率、当量电导（或摩尔电导）、迁移数及难溶盐溶度积等物理量。

[例 1-1] 已知 25 ℃时各离子的摩尔电导：$\lambda_m(H^+) = 349.7\ \text{S} \cdot \text{cm}^2/\text{mol}$，$\lambda_m(K^+) =$

73.5 S·cm^2/mol, $\lambda_m(Cl^-)=76.3$ S·cm^2/mol。求 25 ℃时含有 0.001 mol/L KCl 和 0.001 mol/L HCl 的水溶液的电导率。水的电导率可忽略不计。

[解]

该溶液中有两种强电解质电离：

$$KCl \longrightarrow K^+ + Cl^-$$

$$HCl \longrightarrow H^+ + Cl^-$$

对完全电离的强电解质有

$$\lambda_m = \nu_+ \lambda_{m,+} + \nu_- \lambda_{m,-}$$

故　　　　　　$\lambda_m = \lambda_m(H^+) + \lambda_m(K^+) + 2\lambda_m(Cl^-) = 575.8$ S·cm^2/mol

再根据下列关系式求溶液电导率 κ（不考虑水的电导率）：

$$\lambda_m = \frac{1\ 000}{c}\kappa$$

已知　　　　　　$c = 0.001$ mol/L

故　　　　　　$\kappa = \dfrac{c\lambda_m}{1\ 000} = 5.758 \times 10^{-4}$ S/cm

[例 1-2] 已知 18 ℃时，1.0×10^{-4} eq/dm^3 NaI 溶液的当量电导为 127 S·cm^2/eq，$\lambda_0(Na^+)=50.1$ S·cm^2/eq，$\lambda_0(Cl^-)=76.3$ S·cm^2/eq。试求：

(1) 该溶液中 I$^-$ 离子的迁移数。

(2) 向 NaI 溶液中加入相同当量数的 NaCl 后，Na$^+$ 离子和 I$^-$ 离子的迁移数。

[解]

(1) 可将 1.0×10^{-4} eq/dm^3 NaI 溶液近似看作无限稀溶液，则

$$\lambda_0 = \lambda_0(Na^+) + \lambda_0(I^-)$$

因此　　　　　　$\lambda_0(I^-) = \lambda_0 - \lambda_0(Na^+) = 76.9$ S·cm^2/eq

根据定义

$$t_{I^-} = \frac{\lambda_0(I^-)}{\lambda_0(I^-) + \lambda_0(Na^+)} = \frac{\lambda_0(I^-)}{\lambda_0} = 0.606$$

(2) 加入 1.0×10^{-4} eq/dm^3 NaCl 之后，有

$$c_N(Na^+) = 2 \times 10^{-4} \text{ eq/dm}^3$$

$$c_N(I^-) = 1 \times 10^{-4} \text{ eq/dm}^3$$

$$c_N(Cl^-) = 1 \times 10^{-4} \text{ eq/dm}^3$$

故

$$t_{I^-} = \frac{|z_{I^-}| c_N(I^-)\lambda_0(I^-)}{|z_{I^-}| c_N(I^-)\lambda_0(I^-) + |z_{Cl^-}| c_N(Cl^-)\lambda_0(Cl^-) + |z_{Na^+}| c_N(Na^+)\lambda_0(Na^+)} = 0.303$$

同理得 $t_{Na^+} = 0.395$。

[例 1-3] 18 ℃时测得 CaF$_2$ 的饱和水溶液电导率为 38.9×10^{-6} S/cm，水在 18 ℃时电导率为 1.5×10^{-6} S/cm。又已知水溶液中各电解质的极限摩尔电导分别为 $\lambda_{m,0}(CaCl_2) = 233.4$ S·cm^2/mol，$\lambda_{m,0}(NaCl) = 108.9$ S·cm^2/mol，$\lambda_{m,0}(NaF) = 90.2$ S·cm^2/mol。若 F$^-$ 离子的水解作用可忽略不计，求 18 ℃时氟化钙的溶度积 K_s。

[解]

因 F⁻ 离子的水解作用忽略不计,故 CaF_2 饱和水溶液中的离解平衡为

$$CaF_2 = Ca^{2+} + 2F^-$$

设 $c(Ca^{2+}) = y$,则 $c(F^-) = 2y$,溶度积 $K_S = c(Ca^{2+})c^2(F^-) = 4y^3$。由离子独立移动定律

$$\lambda_{m,0}(CaF_2) = \lambda_{m,0}(CaCl_2) + 2\lambda_{m,0}(NaF) - 2\lambda_{m,0}(NaCl) = 196 \text{ S·cm}^2/\text{mol}$$

又该饱和溶液浓度极低,故可用 $\lambda_{m,0}$ 代替 λ_m 进行计算。根据

$$\lambda_m = \frac{1\,000}{c}\kappa$$

有

$$\kappa = \sum \kappa_i = 10^{-3} \sum c_i \lambda_{m,i}$$
$$= \kappa(H_2O) + 10^{-3}[c(Ca^{2+})\lambda_m(Ca^{2+}) + c(F^-)\lambda_m(F^-)]$$
$$= \kappa(H_2O) + 10^{-3} y \lambda_m(CaF_2)$$

故

$$y = \frac{\kappa - \kappa(H_2O)}{\lambda_m(CaF_2)} \times 10^3 = 1.9 \times 10^{-4} \text{ mol/dm}^3$$
$$K_S = 4y^3 = 2.7 \times 10^{-11} (\text{mol/dm}^3)^3$$

2. 活度与活度系数的计算

[例1-4] 计算 0.1 mol/kg Na_2SO_4 溶液的平均活度。

[解]

Na_2SO_4 在水溶液中完全电离:

$$Na_2SO_4 \longrightarrow 2Na^+ + SO_4^{2-}$$

故,$m_+ = 0.2$ mol/kg,$m_- = 0.1$ mol/kg,$\nu_+ = 2$,$\nu_- = 1$。又查表知该溶液中平均活系数 $\gamma_\pm = 0.453$,故有

$$m_\pm = (m_+^{\nu_+} m_-^{\nu_-})^{1/\nu} \approx 0.159$$
$$a_\pm = \gamma_\pm m_\pm = 0.072$$

习 题

1. 测得 25 ℃时,0.001 mol/L 氯化钾溶液中,KCl 的当量电导为 141.3 S·cm²/eq,若作为溶剂的水的电导率为 1.0×10^{-6} S/cm,试计算该溶液的电导率。

2. 在 18 ℃的某稀溶液中,H⁺,K⁺,Cl⁻ 等离子的摩尔电导分别为 278 S·cm²/mol,48 S·cm²/mol 和 49 S·cm²/mol。试问:18 ℃时在场强为 10 V/cm 的电场中,每种离子的平均移动速度是多少?

3. 在 25 ℃时,将水中的一切杂质除去,水的电导率将是多少? 25 ℃时水的离子积 $K_w = c_{H^+}c_{OH^-} = 1.008 \times 10^{-14}$。下列各电解质的极限当量电导分别为 $\lambda_0(KOH) = 274.4$ S·cm²/eq,$\lambda_0(HCl) = 426.04$ S·cm²/eq,$\lambda_0(KCl) = 149.82$ S·cm²/eq。

4. 已知 25 ℃时,KCl 溶液的极限摩尔电导为 149.82 S·cm²/mol,其中 Cl⁻ 离子的迁移数是 0.509 5;NaCl 溶液的极限摩尔电导为 126.45 S·cm²/mol,其中 Cl⁻ 离子的迁移数为 0.603 5。根据这些数据:

(1) 计算各种离子的极限摩尔电导。

(2) 由上述计算结果证明离子独立移动定律的正确性。

（3）计算各种离子在 25 ℃的无限稀释溶液中的离子淌度。

5. 扣除了水的电导率后得到 18 ℃下 $Cu(OH)_2$ 饱和溶液的电导率为 1.19×10^{-5} S/cm，试用此值计算该温度下 $Cu(OH)_2$ 在水中的溶度积 K_S。已知 $Cu(OH)_2$ 的摩尔电导为 87.3 S·cm^2/mol。

6. 饱和碘酸银溶液的电导率在 18 ℃时为 1.3×10^{-5} S/cm，水的电导率为 1.1×10^{-6} S/cm。假设碘酸银的摩尔电导为 68.4 S·cm^2/mol，试求 18 ℃时碘酸银的溶度积。

7. 25 ℃时，冲淡度为 32 L/eq 的醋酸溶液的当量电导为 9.02 S·cm^2/eq。该温度下 HCl，NaCl，NaAc 的极限当量电导分别为 426.2 S·cm^2/eq，126.5 S·cm^2/eq 和 91.0 S·cm^2/eq。试计算醋酸的离解常数。

8. 20 ℃时，0.5 mol/L $CuSO_4$ 溶液的摩尔电导为 126 S·cm^2/mol。将该溶液置于正、负极间距离为 10 cm 的电解池中，当电解池中通过 5 mA/cm^2 电流密度时，求该电解池溶液的欧姆电压降。

9. 计算下列电解质的平均活度（活度系数可自查手册）：

（1）H_2SO_4（0.5 mol/kg）；

（2）HCl（0.2 mol/kg）；

（3）$Pb(NO_3)_2$（0.02 mol/kg）；

（4）$K_4Fe(CN)_6$（0.1 mol/kg）。

10. 近似计算 0.2 mol/kg H_2SO_4 溶液的 pH 值，已知该溶液中 H_2SO_4 的平均活度系数为 0.209。

第 2 章 电化学热力学

2.1 相间电位

2.1.1 相间电位的基本概念

相间电位是指两相接触时,在两相界面层中存在的电位差。

两相之间出现电位差的原因是带电粒子或偶极子在界面层中的非均匀分布。造成这种非均匀分布的原因可能有以下几种:

(1) 带电粒子在两相间的转移或利用外电源向界面两侧充电,都可以使两相中出现剩余电荷。这些剩余电荷不同程度地集中在界面两侧,形成所谓的"双电层"。例如,在金属和溶液界面间形成如图 2.1(a)所示的"离子双电层"。

(2) 荷电粒子(如阳离子和阴离子)在界面层中的吸附量不同,造成界面层与相本体中出现等值反号的电荷,因而在界面的溶液一侧形成双电层(吸附双电层),如图 2.1(b)所示。

(3) 溶液中的极性分子在界面溶液一侧定向排列,形成偶极子层,如图 2.1(c)所示。

(4) 金属表面因各种短程力作用而形成的表面电位差,例如金属表面偶极化的原子在界面金属一侧的定向排列所形成的双电层,如图 2.1(d)所示。

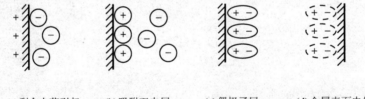

(a)剩余电荷引起　　(b)吸附双电层　　(c)偶极子层　　(d)金属表面电位
的离子双电层

图 2.1　引起相间电位的几种可能情形

上述四种情况中,严格地讲,只有第一种情况是跨越两相界面的相间电位差,其他几种情况下的相间电位实质上是同一相中的"表面电位"。而且在电化学体系中,离子双电层是相间电位的主要来源。因此,我们首先讨论第一种情况所引起的相间电位。

为什么会在两相之间出现带电粒子的转移呢?

我们知道,同一种粒子在不同相中所具有的能量状态是不同的。当两相接触时,该粒子就会自发地从能态高的相向能态低的相转移。假如是不带电的粒子,那么它在两相间转移所引起的自由能变化就是它在两相中的化学位之差,即

$$\Delta G_i^{A \to B} = \mu_i^B - \mu_i^A$$

式中:ΔG 表示自由能变化;μ 表示化学位。上标表示相,下标表示粒子。显然,建立起相间平

衡,即 i 粒子在相间建立稳定分布的条件如下:

$$\Delta G_i^{A \rightarrow B} = 0$$

也即该粒子在两相中的化学位相等:

$$\mu_i^B = \mu_i^A \tag{2.1}$$

然而,对带电粒子来说,在两相间转移时,除了引起化学能的变化外,还有随电荷转移所引起的电能变化。建立相间平衡的能量条件中就必须考虑带电粒子的电能。因此,我们先来讨论一个孤立相中电荷发生变化时的能量变化,再进一步寻找带电粒子在两相间建立稳定分布的条件。

首先,讨论将单位正电荷从无穷远处移入一个孤立相 M 内部所需做的功。作为最简单的例子,假设孤立相 M 是一个由良导体组成的球体,因而球体所带的电荷全部均匀分布在球面上(如图 2.2 所示)。当单位正电荷在无穷远处时,它同 M 相的静电作用力为零。当它从无穷远处移至距球面 $10^{-5} \sim 10^{-4}$ cm 时,可认为试验电荷与球体间只有库仑力(长程力)起作用,而短程力尚未开始作用。又已知真空中任何一点的电位等于一个单位正电荷从无穷远处移至该处所做的功。因此,试验电荷移至距球面 $10^{-5} \sim 10^{-4}$ cm 处所做的功 W_1 等于球体所带净电荷在该处引起的全部电位。这一电位称为 M 相(球体)的外电位,用 ψ 表示。

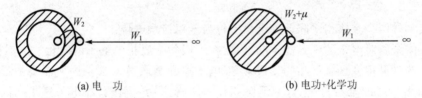

(a) 电 功   (b) 电功+化学功

图 2.2 将单位正电荷从无穷远处移至实物相内部时所做的功

然后,考虑试验电荷越过表面层进入 M 相所引起的能量变化。由于讨论的是实物相 M,而不是真空中的情况,因此这一过程要涉及两方面的能量变化:

(1)任一相的表面层中,由于界面上的短程力场(范德华力和共价键力等)引起原子或分子偶极化并定向排列,使表面层成为一层偶极子层。单位正电荷穿越该偶极子层所做的电功 W_2 称为 M 相的表面电位 χ。因此,将一个单位正电荷从无穷远处移入 M 相所做的电功是外电位 ψ 与表面电位 χ 之和,即

$$\phi = \psi + \chi \tag{2.2}$$

式中:ϕ 称为 M 相的内电位。

(2)为克服试验电荷与组成 M 相的物质之间的短程力作用(化学作用)所做的化学功。

如果进入 M 相的不是单位正电荷,而是 1 mol 的带电粒子,那么所做的化学功等于该粒子在 M 相中的化学位 μ_i。若该粒子荷电量为 ne_0,则 1 摩尔粒子所做的电功为 nF。F 为法拉第常量。因此,将 1 mol 带电粒子移入 M 相所引起的全部能量变化为

$$\mu_i + nF\phi = \bar{\mu}_i \tag{2.3}$$

式中:$\bar{\mu}_i$ 称为 i 粒子在 M 相中的电化学位。显然有

$$\bar{\mu}_i = \mu_i + nF(\psi + \chi) \tag{2.4}$$

电化学位 $\bar{\mu}_i$ 的数值不仅决定于 M 相所带的电荷数量和分布情况,而且与该粒子及 M 相物质的化学本性有关。应当注意,$\bar{\mu}_i$ 是具有能量的量纲,这与 ϕ、ψ 不同。

以上讨论的是一个孤立相的情况。对于两个相互接触的相来说,带电粒子在相间转移时,

建立相间平衡的条件就是带电粒子在两相中的电化学位相等，即

$$\bar{\mu}_i^B = \bar{\mu}_i^A \qquad (2.5)$$

同样的道理，对离子的吸附、偶极子的定向排列等情形，在建立相间平衡之后，这些粒子在界面层和该相内部的电化学位也是相等的。

带电粒子在两相间的转移过程达到平衡后，就在界面区形成一种稳定的非均匀分布，从而在界面区建立起稳定的双电层（见图 2.1）。双电层的电位差就是相间电位。按照上述孤立相中几种电位的定义，对相间电位也可相应地定义为以下几类：

（1）外电位差，又称伏打（Volta）电位差，定义为 $\psi^B - \psi^A$。直接接触的两相之间的外电位差又称为接触电位差，用符号 $\Delta^B \psi^A$ 表示。它是可以直接测量的参数。

（2）内电位差，又称伽尔伐尼（Galvani）电位差，定义为 $\phi^B - \phi^A$。直接接触或通过温度相同的良好的电子导电性材料连接的两相间的内电位差可以用 $\Delta^B \phi^A$ 表示。只有在这种情况下，$\phi^B - \phi^A = \Delta^B \phi^A$。由不同物质相组成的两相间的内电位差是不能直接测得的。

（3）电化学位差，定义为 $\bar{\mu}_i^B - \bar{\mu}_i^A$。

下面分别介绍几种在金属材料领域中常见的相间电位。

2.1.2　金属接触电位

相互接触的两个金属相之间的外电位差称为金属接触电位。

由于不同金属对电子的亲和能不同，因此在不同的金属相中电子的电化学位不相等，电子逸出金属相的难易程度也就不相同。通常，以电子离开金属逸入真空中所需要的最低能量来衡量电子逸出金属的难易程度，这一能量叫作电子逸出功。显然，在电子逸出功高的金属相中，电子比较难逸出。

当两种金属相互接触时，由于电子逸出功不等，相互逸入的电子数目将不相等，因此，在界面层形成了双电层结构：在电子逸出功高的金属相一侧电子过剩，带负电；在电子逸出功低的金属相一侧电子缺乏，带正电。这一相间双电层的电位差就是金属接触电位。

2.1.3　电极电位

如果在相互接触的两个导体相中，一个是电子导电相，另一个是离子导电相，并且在相界面上有电荷转移，这个体系就称为电极体系，有时也简称为电极。但是，在电化学中，"电极"一词的含义并不统一。习惯上也常将电极材料，即电子导体（如金属）称为电极。这种情况下，"电极"二字并不代表电极体系，而只表示电极体系中的电极材料。因此，应予以区分。

由第 1 章知道，电极体系的主要特征如下：在电荷转移的同时，不可避免地要在两相界面上发生物质的变化（化学变化）。图 1.2 和图 1.3 中所示的阴极、阳极都是这样的体系。

电极体系中，两类导体界面所形成的相间电位，即电极材料和离子导体（溶液）的内电位差称为电极电位。

电极电位是怎样形成的呢？它主要决定于界面层中离子双电层的形成。由于在金属材料领域中遇到的电极体系大多是由金属和电解质溶液所组成的，因而这里以锌电极（如锌插入硫酸锌溶液中所组成的电极体系）为例，具体说明离子双电层的形成过程。

金属是由金属离子和自由电子按一定的晶格形式排列组成的晶体。锌离子要脱离晶格，就必须克服晶格间的结合力，即金属键力。在金属表面的锌离子，由于键力不饱和，有吸引其

他正离子以保持与内部锌离子相同的平衡状态的趋势；同时，又比内部离子更易于脱离晶格。这就是金属表面的特点。

水溶液（如硫酸锌溶液）的特点是，溶液中存在着极性很强的水分子、被水化了的锌离子和硫酸根离子等，这些离子在溶液中不停地进行着热运动。

当金属浸入溶液时，便打破了各自原有的平衡状态：极性水分子和金属表面的锌离子相互吸引而定向排列在金属表面上；同时锌离子在水分子的吸引和持续的热运动冲击下，脱离晶格的趋势增大了，这就是所谓水分子对金属离子的"水化作用"。这样，在金属/溶液界面上，对锌离子来说，存在着两种相互矛盾的作用：

（1）金属晶格中自由电子对锌离子的静电引力。它既起着阻止表面的锌离子脱离晶格而溶解到溶液中去的作用，又促使界面附近溶液中的水化锌离子脱水化而沉积到金属表面来。

（2）极性水分子对锌离子的水化作用。它既促使金属表面的锌离子进入溶液，又起着阻止界面附近溶液中的水化锌离子脱水化而沉积的作用。

在金属/溶液界面上首先是发生锌离子的溶解还是沉积，要看上述矛盾作用中，哪一种作用占主导地位。实验表明，对锌浸入硫酸锌溶液来说，水化作用将是主要的。因此，界面上首先发生锌离子的溶解和水化，其反应为

$$Zn^{2+} \cdot 2e + nH_2O \longrightarrow Zn^{2+}(H_2O)_n + 2e$$

式中：n 代表参与水化作用的水分子数。

金属锌和硫酸锌溶液原本都是电中性的，但锌离子发生溶解后，在金属上留下的电子使金属带负电；溶液中则因锌离子增多而有了剩余正电荷。这样，由于金属表面剩余负电荷的吸引和溶液中剩余正电荷的排斥，锌离子的继续溶解变得困难了，而水化锌离子的沉积却变得容易了，因此有利于下列反应的发生：

$$Zn^{2+}(H_2O)_n + 2e \longrightarrow Zn^{2+} \cdot 2e + nH_2O$$

这样，随着过程的进行，锌离子溶解速度逐渐变小，锌离子沉积速度逐渐增大。最终，当溶解速度和沉积速度相等时，在界面上就建立起一个动态平衡。即

$$Zn^{2+} \cdot 2e + nH_2O \Longleftrightarrow Zn^{2+}(H_2O)_n + 2e$$

此时，溶解和沉积两个过程仍在进行，只不过速度相等而已。也就是说，在任一瞬间，有多少锌离子溶解到溶液中，就同时有多少锌离子沉积到金属表面上。因此，界面两侧（金属与溶液两相中）积累的剩余电荷数量不再变化，界面上的反应处于相对稳定的动态平衡之中。

显然，与上述动态平衡相对应，在界面层中会形成一定的剩余电荷分布，如图 2.1(a) 所示。我们称金属/溶液界面层这种相对稳定的剩余电荷分布为离子双电层。离子双电层的电位差就是金属/溶液之间的相间电位（电极电位）的主要来源。

除了离子双电层外，前面提到的吸附双电层（如图 2.1(b) 所示）、偶极子层（如图 2.1(c) 所示）和金属表面电位等也都是电极电位的可能的来源。电极电位的大小等于上述各类双电层电位差的总和。

上述锌电极电位形成过程也可以理解为：由于在金属和溶液中的电化学位不等，必然发生锌离子从一相向另一相转移的自发过程。建立动态平衡后，锌离子在两相中的电化学位就相等了，也可以说整个电极体系中各粒子的电化学位的代数和为零。因此，按照界面上所发生的电极反应，即锌的溶解和沉积反应：

$$Zn \Longleftrightarrow Zn^{2+} + 2e$$

可将相间平衡条件具体写为

$$\bar{\mu}_{Zn^{2+}}^S + 2\bar{\mu}_e^M - \bar{\mu}_{Zn}^M = 0 \tag{2.6}$$

由于锌原子是电中性的,故

$$\bar{\mu}_{Zn}^M = \mu_{Zn}^M$$

又已知

$$\bar{\mu}_{Zn^{2+}}^S = \mu_{Zn^{2+}}^S + 2F\phi^S$$
$$\bar{\mu}_e^M = \mu_e^M - F\phi^M$$

将上述关系式代入式 (2.6),推导得

$$\phi^M - \phi^S = \frac{\mu_{Zn^{2+}}^S - \mu_{Zn}^M}{2F} + \frac{\mu_e^M}{F}$$

这就是锌电极达到相间平衡,建立起电极电位的条件。上式也是锌电极电极反应的平衡条件。仿此,可写出电极反应平衡条件的通式,即

$$\phi^M - \phi^S = \frac{\sum \nu_i \mu_i}{nF} + \frac{\mu_e^M}{F} \tag{2.7}$$

式中:ν_i 为 i 物质的化学计量数,在本教材中规定还原态物质的 ν 取负值、氧化态物质的 ν 取正值;n 为电极反应中涉及的电子数目;$\phi^M - \phi^S$ 是金属与溶液的内电位差,对电极体系来说,它就是金属/溶液之间的相间电位,即电极电位。

2.1.4 绝对电位和相对电位

1. 绝对电位与相对电位的概念

从上面的讨论可以看出,电极电位就是金属(电子导电相)和溶液(离子导电相)之间的内电位差,其数值称为电极的绝对电位。然而,绝对电位不可能测量出来。为什么呢?仍以锌电极为例,为了测量锌与溶液的内电位差,就需要把锌电极接入一个测量回路中去,如图 2.3 所示。图中 P 为测量仪器(如电位差计),其一端与金属锌相连,而另一端却无法与水溶液直接相连,必须借助另一块插入溶液的金属(即使是导线直接插入溶液,也相当于某一金属插入了溶液)。这样,在测量回路中又出现了一个新的电极体系。在电位差计上得到的读数 E 将包括三项内电位差,即

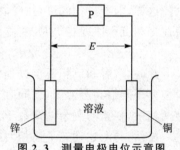

图 2.3 测量电极电位示意图

$$E = (\phi^{Zn} - \phi^S) + (\phi^S - \phi^{Cu}) + (\phi^{Cu} - \phi^{Zn})$$
$$= \Delta^{Zn}\phi^S + \Delta^S\phi^{Cu} + \Delta^{Cu}\phi^{Zn} \tag{2.8}$$

我们本来想测量电极电位 $\Delta^{Zn}\phi^S$ 的绝对数值,但测出的却是三个相间电位的代数和。其中每一项都因同样的原因无法直接测量出来。这就是电极的绝对电位无法测量的原因。

电极绝对电位不可测量这一事实是否意味着电极电位缺乏实际应用的价值呢?不是的。仔细分析式(2.8),可以看到,由于电极材料不变时,$\Delta^{Cu}\phi^{Zn}$ 是一个恒定值,因此若能保持引入的电极电位 $\Delta^S\phi^{Cu}$ 恒定,那么采用图 2.3 所示的回路是可以测出被研究电极(如锌电极)相对的电极电位变化的。也就是说,如果选择一个电极电位不变的电极作基准,则可以测出

$$\Delta E = \Delta(\Delta^{Zn}\phi^S)$$

如果对不同电极进行测量,则测出的 ΔE 值大小顺序应与这些电极的绝对电位的大小顺序一致。以后还会看到,影响电极反应进行的方向和速度的,正是电极绝对电位的变化值 $\Delta(\Delta^M\phi^S)$,而不是绝对电位本身的数值。因此,处理电化学问题时,绝对电位并不重要,有用的是绝对电位的变化值。

如上所述,能作为基准的、其电极电位保持恒定的电极叫作参比电极。将参比电极与被测电极组成一个原电池回路(参见图 2.3),所测出的电池端电压 E(称为原电池电动势)叫作该被测电极的相对电位,习惯上直接称作电极电位,用符号 φ 表示。为了说明这个相对电位是用什么参比电极测得的,一般应在写电极电位时注明该电位相对于什么参比电极电位。

现在,进一步分析相对电位的含义。可以把式(2.8)写为

$$E = \Delta^M\phi^S - \Delta^R\phi^S + \Delta^R\phi^M \tag{2.9}$$

式中：$\Delta^M\phi^S$ 是被测电极的绝对电位；$\Delta^R\phi^S$ 是参比电极的绝对电位；$\Delta^R\phi^M$ 为两个金属相 R 与 M 的金属接触电位。

因为 R 与 M 相是通过金属导体连接的,所以电子在两相间转移平衡后,电子在两相中的电化学位相等,应有

$$\Delta^R\phi^M = \frac{\mu_e^R - \mu_e^M}{F}$$

因此,可将式 (2.9) 表示为两项之差：

$$E = \left(\Delta^M\phi^S - \frac{\mu_e^M}{F}\right) - \left(\Delta^R\phi^S - \frac{\mu_e^R}{F}\right) \tag{2.10A}$$

或者根据式(2.7),得出

$$\Delta^M\phi^S = \frac{\sum \nu_i \mu_i}{nF} + \frac{\mu_e^M}{F}$$

$$\Delta^R\phi^S = \frac{\sum \nu_j \mu_j}{n'F} + \frac{\mu_e^R}{F}$$

故

$$E = \frac{\sum \nu_i \mu_i}{nF} - \frac{\sum \nu_j \mu_j}{n'F} \tag{2.10B}$$

当某些因素引起被测电极电位发生变化时,式(2.10A)和式(2.10B)中右方第二项是不会变化的。因此,可以把与参比电极有关的第二项看作参比电极的相对电位 φ_R,把与被测电极有关的第一项看作被测电极的相对电位 φ。这样,式(2.10A)和式(2.10B)均可简化为

$$E = \varphi - \varphi_R \tag{2.11}$$

如果人为规定参比电极的相对电位为零,那么实验测得的原电池端电压 E 值就是被测电极相对电位的数值,即

$$\varphi = E$$

而且有

$$\varphi = \Delta^M\phi^S - \frac{\mu_e^M}{F} = \frac{\sum \nu_i \mu_i}{nF} \tag{2.12}$$

由此可知,实际应用的电极电位(相对电位)概念并不仅仅是指金属/溶液的内电位差,而

且还包含了一部分测量电池中的金属接触电位。

2. 绝对电位符号的规定

根据绝对电位的定义,通常把溶液深处看作距离金属/溶液界面无穷远处,认为溶液深处的电位为零,从而把金属与溶液的内电位差看成是金属相对于溶液的电位降。当金属一侧带有剩余正电荷、溶液一侧带有剩余负电荷时,其电位降为正值。因此,规定该电极的绝对电位$\Delta^M\phi^S$为正值,如图2.4(a)所示。反之,当金属一侧带剩余负电荷时,规定该电极绝对电位为负值,如图2.4(b)所示。

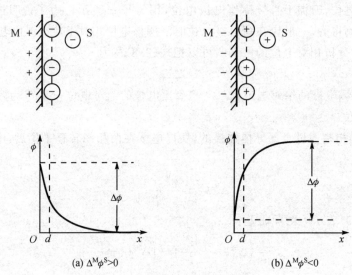

(a) $\Delta^M\phi^S>0$ (b) $\Delta^M\phi^S<0$

图 2.4 电极绝对电位的符号规定

3. 氢标电位和相对电位符号的规定

在实际工作中经常使用的电极电位不是单个电极的绝对电位,而是相对于某一参比电极的相对电位。电化学中最常用、最重要的参比电极是标准氢电极。图2.5为氢电极结构简图。

将一个金属铂片用铂丝相连,固定在玻璃管的底部形成一个铂电极,并在铂片表面镀上一层疏松的铂(铂黑),一半插入溶液,另一半露出液面。溶液中氢离子活度为1。使用时,通入压力为101 325 Pa的纯净氢气,镀铂黑的铂片表面吸附氢气后,就形成了一个标准氢电极。该电极可用下式表示:

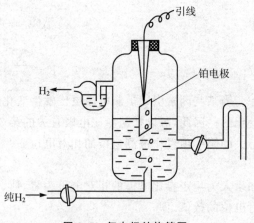

图 2.5 氢电极结构简图

$$\mathrm{Pt, H_2}(p=101\ 325\ \mathrm{Pa})\,|\,\mathrm{H^+}(a=1)$$

式中:p 表示氢气分压;a 表示氢离子在溶液中的活度。因此,标准氢电极就是由气体分压为101 325 Pa的氢气(还原态)和离子活度为1的氢离子(氧化态)溶液所组成的电极体系。

标准氢电极的电极反应为

$$H^+ + e \Longrightarrow \frac{1}{2}H_2$$

在电化学中,人为规定标准氢电极的相对电位为零,用符号 $\varphi^0_{H_2/H^+}$ 表示,上标 0 表示标准状态,故有

$$\varphi^0_{H_2/H^+} = \Delta^{H_2}_2 \phi^{H^+} - \frac{\mu^{H_2(Pt)}_e}{F} = 0.000 \text{ V} \tag{2.13}$$

当选用标准氢电极作参比电极时,任何一个电极的相对电位就等于该电极与标准氢电极所组成的原电池的电动势。相对于标准氢电极的电极电位称为氢标电位。并规定,给定电极与标准氢电极组成原电池时,若给定电极上发生还原反应(给定电极作阴极),则该给定电极电位为正值;若给定电极上发生氧化反应(给定电极作阳极),则该电极电位为负值。这一关于氢标电位符号的规定原则也可以适用于其他参比电极。

由于规定了任何温度下,标准氢电极电位都为零,因此用标准氢电极作参比电极时计算起来最方便。通常文献和数表中的各种电极电位值,除特别注明者外,都是氢标电位。一般情况下,氢标电位无须注明。有时在处理实验数据时,还往往把用其他参比电极测出的电极电位值换算成氢标电位。

表 2.1 给出了常用的参比电极在 25 ℃时的氢标电位值。关于这些参比电极的详细介绍请参阅参考文献[20]。

表 2.1　几种常见参比电极(25 ℃)

电　极	电极组成	φ/V	$\dfrac{\mathrm{d}\varphi}{\mathrm{d}t}/(\text{V}\cdot\text{℃}^{-1})$
标准氢电极	$Pt,H_2(p_{H_2}=101\ 325\ Pa)\mid H^+(a_{H^+}=1)$	0.000 0	0.0×10^{-4}
饱和甘汞电极	$Hg\mid Hg_2Cl_2(固),KCl(饱和溶液)$	0.243 8	-6.5×10^{-4}
1 mol/dm^3 甘汞电极	$Hg\mid Hg_2Cl_2(固),KCl(1\ mol/dm^3\ 溶液)$	0.280 0	-0.7×10^{-4}
0.1 mol/dm^3 甘汞电极	$Hg\mid Hg_2Cl_2(固),KCl(0.1\ mol/dm^3\ 溶液)$	0.333 8	-2.4×10^{-4}
0.1 mol/dm^3 氯化银电极	$Ag\mid AgCl(固),KCl(0.1\ mol/dm^3\ 溶液)$	0.288 1	-6.5×10^{-5}
氧化汞电极	$Hg\mid HgO(固),NaOH(0.1\ mol/dm^3\ 溶液)$	0.165	
硫酸亚汞电极	$Hg\mid Hg_2SO_4(固),SO_4^{2-}(a=1)$	0.614 1	
硫酸铅电极	$Pb(Hg)\mid PbSO_4(固),SO_4^{2-}(a=1)$	$-0.350\ 5$	
饱和硫酸铜电极	$Cu\mid CuSO_4(固),SO_4^{2-}(饱和溶液)$	0.3	

2.1.5　液体接界电位

相互接触的两个组成不同或浓度不同的电解质溶液相之间存在的相间电位叫液体接界电位(液界电位)。形成液体接界电位的原因如下:两溶液相组成或浓度不同,溶质粒子将自发地从浓度高的相向浓度低的相迁移,这就是扩散作用。在扩散过程中,因正、负离子运动速度不同而在两相界面层中形成双电层,产生一定的电位差。因此,按照形成相间电位的原因,也

可以把液体接界电位叫作扩散电位,常用符号 φ_j 表示。

以两个最简单的例子来说明液体接界电位产生的原因。例如,两个不同浓度的硝酸银溶液(活度 a_1 <活度 a_2)相接触。由于在两个溶液的界面上存在着浓度梯度,因此溶质将从浓度大的地方向浓度小的地方扩散。在本例中,能进行扩散的是银离子和硝酸根离子(如图 2.6 所示)。

由于两种离子的性质不同,因此它们在同一条件下的运动速度不同。一般说来,Ag^+ 离子的扩散速度要比 NO_3^- 离子的扩散速度慢,故在一定时间间隔内,通过界面的 NO_3^- 离子要比 Ag^+ 离子多,因而破坏了两溶液的电中性。在图 2.6 中,界面左方 NO_3^- 离子过剩,界面右方 Ag^+ 离子过剩,于是形成左负右正的双电层。界面的双侧带电后,静电作用对 NO_3^- 离子通过界面产生一定的阻碍,结果 NO_3^- 离子通过界面的速度逐渐降低。相反,电位差使得 Ag^+ 离子通过界面的速度逐渐增大。最后达到一个稳定状态,Ag^+ 离子和 NO_3^- 离子以相同的速度通过界面,在界面上存在的与这一稳定状态相对应的稳定电位差,这就是液体接界电位。

又如,浓度相同的硝酸和硝酸银溶液相接触时,由于在界面的双方都有硝酸根离子而且浓度相同,所以可认为 NO_3^- 离子不发生扩散。从图 2.7 中可以看出,这时氢离子会向硝酸银溶液中扩散,而 Ag^+ 离子会向硝酸溶液中扩散。因为氢离子的扩散速度大于银离子,所以在一定的时间间隔内,会在界面上形成一个左正右负的双电层。离子的扩散达到稳定状态时,界面上就建立起一个稳定的液界电位。

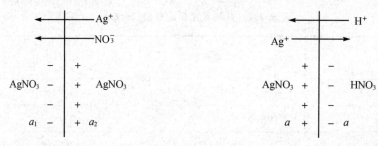

图 2.6 不同浓度 $AgNO_3$ 溶液接触处液体接界电位的形成　　**图 2.7 $AgNO_3$ 与 HNO_3 溶液接触处液体接界电位的形成**

如果两个溶液中所含电解质不同,浓度也不同,那么它们相接触时形成液界电位的原则仍和上面两个例子相同,不过问题变得更复杂了。

定量度量液体接界电位的数值是相当困难的,这是因为液界电位值的理论计算中将包括各种离子的迁移数,而离子迁移数又与溶液的浓度有关,即迁移数是浓度的函数,而这种函数关系无法准确知道。另外,在液相界面上,每种离子都是由一种浓度过渡到另一浓度。而这种过渡形式(即界面层中的浓度梯度)如何,与两个液相的接界方式有很大关系。例如,两种溶液是直接接触还是用隔膜隔开,是静止的还是流动的,等等。这些对液界电位的影响很大,同时也影响离子迁移数和离子活度。因此,在理论上推导液界电位公式时需要规定若干条件,作出某些假设。推导出的公式也仅仅是适用于一定条件下的近似公式。

可以测量液界电位的相对电位值,但必须设法使液体接界界面稳定和易于重现,否则不易得到重现性好的数据。所得数据仍要进行近似计算处理,因此测量值仍是近似值。

液界电位是一个不稳定的、难以计算和测量的数值,在电化学体系中包含它时,往往使该体系的电化学参数(如电动势和平衡电位等)的测量值失去热力学意义。因此,大多数情况下是在测量过程中把液界电位消除,或使之减小到可以忽略的程度。

为了减小液界电位,通常在两种溶液之间连接一个高浓度的电解质溶液作为"盐桥"。盐桥的溶液既需高浓度,还需要其正、负离子的迁移速度尽量接近。正、负离子的迁移速度越接近,其迁移数也越接近,液体接界电位越小。此外,用高浓度的溶液作盐桥,主要扩散作用出自盐桥,因而全部电流几乎全由盐桥中的离子带过液体接界面,在正、负离子迁移速度近于相等的条件下,液界电位就可以降低到能忽略不计的程度。例如,在 25 ℃时,K^+ 离子和 Cl^- 离子的离子淌度非常接近(在无限稀释溶液中,$\lambda_{K^+} = 73.5\ S \cdot cm^2/eq$,$\lambda_{Cl^-} = 76.3\ S \cdot cm^2/eq$)。如果在 $0.1\ mol/dm^3$ HCl 和 $0.1\ mol/dm^3$ KCl 溶液之间用 $3.5\ mol/dm^3$ KCl 溶液作为盐桥,则测得液界电位为 $1.1\ mV$。而两种溶液直接接触时,液界电位为 $28.2\ mV$。可见,高浓度的KCl 溶液作盐桥后,可大大降低液界电位。表 2.2 中给出了氯化钾浓度对液界电位的影响。

表 2.2　盐桥中 KCl 浓度对液界电位的影响

浓度/(mol·dm^{-3})	φ_j/mV	浓度/(mol·dm^{-3})	φ_j/mV
0.2	19.95	1.75	5.15
0.5	12.55	2.50	3.14
1.0	8.4	3.5	1.1

通常都用饱和氯化钾溶液加入少量琼脂配成胶体作盐桥。但必须注意,盐桥溶液不能与电化学体系中的溶液发生反应。例如,若被连接的溶液中含有可溶性银盐、一价汞盐或铊盐时,就不能用 KCl 溶液作盐桥。这时可用饱和硝酸铵或高浓度硝酸钾溶液作为盐桥,这些电解质溶液中正、负离子的离子淌度也非常接近。

2.2　电化学体系

根据电化学反应发生的条件和结果的不同,通常把电化学体系分为三大类型。第一类是电化学体系中的两个电极和外电路负载接通后,能自发地将电流送到外电路中做功,该体系称为原电池。第二类是与外电源组成回路,强迫电流在电化学体系中通过并促使电化学反应发生,这类体系称为电解池。第三类是电化学反应能自发进行,但不能对外做功,只起破坏金属的作用,这类体系称为腐蚀电池。本章中着重讨论原电池。

2.2.1　原电池 (自发电池)

1. 什么是原电池

在第 1 章中介绍了原电池回路(见图 1.3)。当时,我们曾指出:"原电池的重要特征之一是通过电极反应产生电流供给外线路中的负载使用。"现在,再深入一些讨论原电池的有关概念。

以最简单的原电池——丹尼尔电池(如图 2.8 所示)为例,在电池中发生的反应为

阳极(−)	$Zn - 2e \longrightarrow Zn^{2+}$
阴极(+)	$Cu^{2+} + 2e \longrightarrow Cu$
电池反应	$Zn + Cu^{2+} \longrightarrow Zn^{2+} + Cu$
	$\underset{2e}{\curvearrowright}$

或 $\qquad Zn + CuSO_4 \longrightarrow ZnSO_4 + Cu$

在普通化学中,曾见到过与上述电池反应相似的化学反应。例如,将一块纯锌片投入硫酸铜溶液,于是发生置换反应,即

$$Zn + CuSO_4 \longrightarrow ZnSO_4 + Cu$$

其本质也是一个氧化还原反应,即

氧化反应	$Zn - 2e \longrightarrow Zn^{2+}$
还原反应	$Cu^{2+} + 2e \longrightarrow Cu$
总反应	$Zn + Cu^{2+} \longrightarrow Zn^{2+} + Cu$
	$\underset{2e}{\curvearrowright}$

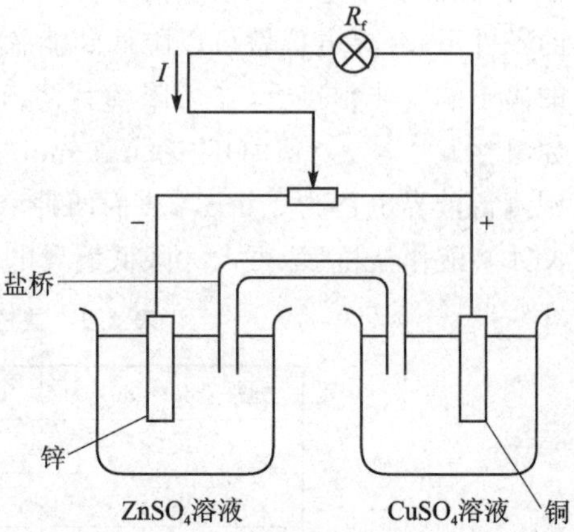

图 2.8 丹尼尔电池示意图

从化学反应式上看,丹尼尔电池反应和铜锌置换反应没什么差别。这表明,两种情况下的化学反应本质是一样的,都是氧化还原反应。但是,反应的结果却不一样:在普通的化学反应中,除了铜的析出和锌的溶解外,仅仅伴随有溶液温度的变化;在原电池反应中,则伴随有电流的产生。

为什么同一性质的化学反应,放在不同的装置中进行时会产生不同的结果呢?这是因为在不同的装置中,反应进行的条件不同,因而能量的转换形式也不同。在置换反应中,锌片直接与铜离子接触,锌原子和铜离子在同一地点、同一时刻直接交换电荷,完成氧化还原反应。反应前后,物质的组成改变了,故体系的总能量发生变化。这一能量变化以热能的形式放出。

而在原电池中,锌的溶解(氧化反应)和铜的析出(还原反应)是分别在不同的地点——阳极区和阴极区进行的电荷的转移(即得失电子),要通过外线路中自由电子的流动和溶液中离子的迁移才得以实现。这样,电池反应所引起的化学能变化成为载流子传递的动力并转化为可以做电功的电能。

由此可见,原电池区别于普通氧化还原反应的基本特征就是能通过电池反应将化学能转变为电能。原电池实际上是一种可以进行能量转换的电化学装置。有些电化学家就把原电池称为"能量发生器"。根据这一特性,可以把原电池定义为:凡是能将化学能直接转变为电能的电化学装置叫作原电池或自发电池,也可叫作伽尔伐尼电池。

原电池(如丹尼尔电池)可以用下列形式表示:

$$25\ ℃,(−)\ Zn\,|\,ZnSO_4\,(a_{Zn^{2+}} = 1)\ \|\ CuSO_4\,(a_{Cu^{2+}} = 1)\,|\,Cu\ (+)$$

为了研究工作的方便,在电化学中规定了一套原电池的书写方法。主要规定如下:

(1)负极写在左边,正极写在右边,溶液写在中间。溶液中有关离子的浓度或活度,气态物质的气体分压或逸度都应注明。固态物质可以注明其物态。所有这些内容均排成一横排。

(2)凡是两相界面,均用"$|$"或","表示。两种溶液间如果用盐桥连接,则在两溶液间用"$\|$"表示盐桥。

（3）气体或溶液中同种金属不同价态离子不能直接构成电极，必须依附在惰性金属（如铂）做成的极板上。此时，应注明惰性金属种类。例如，氢浓差电池可表达为

$$Pt, H_2(p_1=101\ 325\ Pa)\,|\,HCl(a)\,|\,H_2(p_2=10\ 132.5\ Pa), Pt$$

（4）必要时可注明电池反应进行的温度和电极的正、负极性。按以上规定书写原电池表达式时，当电池反应是自发进行时，电池电动势为正值。因此，对自发进行的电池反应，若求得的电池电动势是负值，就说明所书写的原电池表达式中，对正极和负极的判断是错误的。

2. 电池的可逆性

化学热力学是反映平衡状态的规律的。因此，用热力学原理来分析电池性质时，必须首先区别电池的反应过程是可逆的还是不可逆的。电池进行可逆变化，必须具备以下两个条件：

（1）电池中的化学变化是可逆的，即物质的变化是可逆的。这就是说，电池在工作过程（放电过程）所发生的物质变化，在通以反向电流（充电过程）时，有重新恢复原状的可能性。例如，常用的铅酸蓄电池的放电和充电过程恰好是互逆的化学反应，即

$$PbO_2+Pb+2H_2SO_4 \underset{充电}{\overset{放电}{\rightleftharpoons}} 2PbSO_4+2H_2O$$

将金属锌和铜一起插入硫酸溶液所组成的电池就不具备可逆性。其放电反应为

$$Zn+H_2SO_4 \longrightarrow ZnSO_4+H_2$$

充电反应为

$$Cu+H_2SO_4 \longrightarrow CuSO_4+H_2$$

放电时，锌电极是阳极（负极）；充电时，铜电极是阳极（正极）。由于所发生的电池反应不同，因而经过放电、充电这样一个循环之后，电池中的物质变化不可能恢复原状。

（2）电池中能量的转化是可逆的。也就是说，电能或化学能不转变为热能而散失，用电池放电时放出的能量再对电池充电，电池体系和环境都能恢复到原来状态。

实际上，电池在放电过程中，只要有可察觉的电流产生，电池两端的电压就会下降；而在充电时，外加电压必须提高一些，才能有电流通过。可见，只要电池中的化学反应以可察觉的速度进行，则充电时外界对电池所做的电功总是大于放电时电池对外界所做的电功。这样，经过放电、充电的循环之后，正逆过程的电功不能相互抵消，外界环境恢复不了原状。其中，有一部分电能在充电时消耗于电池内阻而转化为热能，在放电时这些热能无法再转化为电能或化学能了。

那么，在什么情况下，电池中的能量转换过程才是热力学的可逆过程呢？只有当电流为无限小时，放电过程和充电过程都在同一电压（这时电池的端电压等于原电池电动势，由于电流无限小，电池内阻上的压降也无限小）下进行，正逆过程所做的电功可以相互抵消，外界环境能够复原。显然，这样一种过程的变化速度是无限缓慢的，电池反应始终在接近平衡的状态下进行。由此可见，电池的热力学可逆过程是一种理想过程。在实际工作中，只能达到近似的可逆过程。因此，严格来讲，实际使用的电池都是不可逆的，可逆电池只是在一定条件下的特殊状态。这也正反映了热力学的局限性。

3. 原电池电动势

原电池是将化学能转化为电能的装置，可以对外做功。那么用什么参数来衡量一个原电

池做电功的能力呢? 通常用原电池电动势这一参数。电池电动势是一个容易精确测定的、但含义复杂的参数。一般可以定义为: 在电池中没有电流通过时,原电池两个终端相之间的电位差叫作该电池的电动势,用符号 E 表示。

由于电动势 E 与电量 Q 的乘积即为电功,因此原电池电动势 E 可以作为度量原电池做电功能力的物理量。

原电池电动势的大小取决于什么呢? 我们已经知道,原电池的能量来源于电池内部的化学反应。若设原电池反应可逆地进行时所做的电功 W 为

$$W = EQ$$

式中: Q 为电池反应时通过的电量。按照法拉第定律, Q 又可写成 nF , n 为参与反应的电子数,故

$$W = nFE$$

从化学热力学知道,恒温恒压下,可逆过程所做的最大有用功等于体系自由能的减少。因此,可逆电池的最大有用功 W 应等于该电池体系自由能的减少 $(-\Delta G)$,即

$$W = -\Delta G$$

故

$$-\Delta G = nFE \qquad (2.14A)$$

或

$$E = -\frac{\Delta G}{nF} \qquad (2.14B)$$

式中: E 的单位为伏特(V), ΔG 的单位为焦耳(J)。

从式 (2.14A) 和式 (2.14B) 可清楚地看出,原电池的电能来源于电池反应引起的自由能变化。这两个关系式非常重要,它们是联系化学热力学和电化学的主要桥梁,表明了化学能与电能之间转化的定量关系,是电化学热力学中进行定量计算的基础。但是必须注意,式(2.14A)和式(2.14B)只适用于可逆电池。只有对于可逆过程,电池所做的电功才等于最大有用功。对于不可逆过程,体系自由能的变化中,有一部分将以热能的形式散失掉。

从上一节讨论相间电位的形成过程中可知,在原电池内部各个相界面之间电位差的分布状况与界面上的电化学反应本性有着密切的联系。因此,原电池电动势又是由一系列相间电位组成的,其大小等于电池内部各相间电位的代数和。

图 2.9 为原电池示意图。设外线路导线为铜丝。按照图 2.9(a),电位差计上测出的电池电动势相当于断路时的电池端电压,电池的两个终端相均为铜导线。因而电池电动势应为

$$E = \Delta^{\mathrm{I}}\phi^{\mathrm{S}} + \Delta^{\mathrm{S}}\phi^{\mathrm{II}} + \Delta^{\mathrm{Cu}}\phi^{\mathrm{I}} + \Delta^{\mathrm{II}}\phi^{\mathrm{Cu}}$$

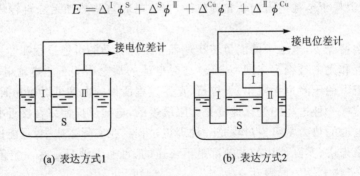

(a) 表达方式1   (b) 表达方式2

Ⅰ,Ⅱ为金属电极;S为溶液

图 2.9 原电池示意图

由于 I，II，Cu 均为金属导体，而电子在直接接触的或通过良电子导体连接的金属相中具有相同的电化学位，即

$$\bar{\mu}_e^{Cu} = \bar{\mu}_e^I$$

$$\mu_e^{Cu} - \phi^{Cu} F = \mu_e^I - \phi^I F$$

$$\Delta^{Cu} \phi^I = \phi^{Cu} - \phi^I = \frac{\mu_e^{Cu} - \mu_e^I}{F}$$

同理

$$\Delta^{II} \phi^{Cu} = \frac{\mu_e^{II} - \mu_e^{Cu}}{F}$$

因此

$$\Delta^{Cu} \phi^I + \Delta^{II} \phi^{Cu} = \frac{\mu_e^{II} - \mu_e^I}{F} = \Delta^{II} \phi^I \qquad (2.15)$$

$$E = \Delta^I \phi^S + \Delta^S \phi^{II} + \Delta^{II} \phi^I$$

可以证明，当电池两终端相为同种金属时（如图 2.9(b) 所示），电池电动势相当于两终端相内电位之差，即 $E = \phi^I - \phi^{I'}$。因此，按图 2.9(b) 所测出的电动势 E 可表示为

$$\begin{aligned} E &= \phi^I - \phi^{I'} \\ &= \Delta^I \phi^S + \Delta^S \phi^{II} + \Delta^{II} \phi^{I'} + \Delta^{I'} \phi^{Cu} + \Delta^{Cu} \phi^I \\ &= \Delta^I \phi^S + \Delta^S \phi^{II} + \Delta^{II} \phi^{I'} \end{aligned}$$

图中 I′ 和 I 是同种金属，故由图 2.9(b) 所得到的 E 值是与式 (2-15) 完全一致的。在电化学科学发展的早期，有人曾错误地认为按照图 2.9(a) 所得出的电池电动势只是两个金属/溶液相间电位之差，即

$$E = \Delta^I \phi^S - \Delta^{II} \phi^S$$

后人为了纠正这一错误，提出了以图 2.9(b) 的方式表达原电池电动势的组成。因为按照图 2.9(b)，不容易遗漏掉金属接触电位 $\Delta^{II} \phi^I$，能比较清楚地看出原电池电动势是由哪些部分组成的。所以在理论研究中，常把图 2.9(b) 称为原电池的"正确断路"。其实图 2.9(a) 和图 2.9(b) 都是正确的，也是等效的。

如果再考虑到金属 I 与 I′ 的表面电位相等，即 $\chi^I = \chi^{I'}$，则根据 $\phi = \psi + \chi$ 的关系，可得到

$$\begin{aligned} E &= \phi^I - \phi^{I'} = (\psi^I + \chi^I) - (\psi^{I'} + \chi^{I'}) \\ &= \psi^I - \psi^{I'} = \Delta^I \psi^S + \Delta^S \psi^{II} + \Delta^{II} \psi^{I'} \end{aligned} \qquad (2.16)$$

因此，电池电动势既可以看作电池内部各界面内电位差的代数和，又可以看成是各界面外电位差的代数和。通常，由于电极反应是在电极/溶液界面间而不是在电极的自由表面上进行，因此多采用内电位差之和表示原电池电动势。

4. 原电池电动势的温度系数

在恒压下，原电池电动势对温度的偏导数称为原电池电动势的温度系数，以 $\left(\dfrac{\partial E}{\partial T}\right)_p$ 表示。

从物理化学中已知，如果反应仅在恒压下进行，当温度改变 dT 时，体系自由能的变化可以用吉布斯-亥姆荷茨方程来描述，即

$$\Delta G = \Delta H + T \left[\frac{\partial (\Delta G)}{\partial T}\right]_p \qquad (2.17)$$

式中：ΔH 为反应的焓变。根据 $\Delta G = -nFE$，可将反应的熵变 ΔS 写成

$$\Delta S = -\left[\frac{\partial(\Delta G)}{\partial T}\right]_p = nF\left(\frac{\partial E}{\partial T}\right)_p \qquad (2.18)$$

合并式(2.17)和式(2.18)后得出

$$-\Delta H = nFE - nFT\left(\frac{\partial E}{\partial T}\right)_p \qquad (2.19)$$

这就是吉布斯-亥姆荷茨方程应用于电池热力学中的另一种表达形式。利用式(2.19),可以通过测定 E 和 $\left(\dfrac{\partial E}{\partial T}\right)_p$ 来求反应的焓变。

从式 (2.19)可知,nFE 为所做的电功,因此:

(1) 若 $\left(\dfrac{\partial E}{\partial T}\right)_p < 0$,则电功小于反应的焓变。电池工作时,有一部分化学能转变为热能。倘若在绝热体系中,电池会慢慢变热。

(2) 若 $\left(\dfrac{\partial E}{\partial T}\right)_p > 0$,则电功大于反应的焓变。电池工作时,将从环境吸热以保持温度不变。倘若在绝热体系中,电池则逐渐变冷。

(3) 若 $\left(\dfrac{\partial E}{\partial T}\right)_p = 0$,则电功等于反应的焓变。电池工作时既不吸热也不放热。

如果知道了电池的电动势 E 和恒压时的温度系数 $\left(\dfrac{\partial E}{\partial T}\right)_p$,应用有关热力学方程式,就可以计算 ΔG,ΔH,ΔS 等值。实验证明,用此法算出的焓变和用量热计测出的焓变非常相近。由于电动势测定的精密度很高,故从式 (2.19)所得出的结果比用热化学法测定的还要可靠。

5. 原电池电动势的测量原理

原电池电动势不能用一般的电压计测量,因为用电压计测量时,有电流通过原电池,电流流经原电池内阻时将产生欧姆电压降(Ir)。结果从电压计上读出的电池端电压不等于电池电动势。若暂不考虑电极电位在有电流通过时的变化,则有

$$E = V + Ir$$

或

$$V = E - Ir$$

式中:V 为电池端电压;r 为电池内阻;I 为电流。上式表明,只有当测量回路中几乎没有电流通过时,即 $I \to 0$ 时,所测出的电池端电压 V 才能表示原电池电动势。

另外,当有电流通过时,将破坏原电池两电极原有的平衡状态,两个电极的电位均会发生变化,因而这时的原电池两端的电位差已不是平衡态时的电位差了。因此也要求测量应在无限小的电流下进行。

最精确、合理的测量电动势的方法是"补偿法"。利用此法,可以在电流无限小的条件下测量电池电动势。

其测量原理如下:如图 2.10 所示,当开关 S 扳

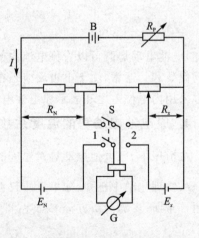

图 2.10 补偿法测量原电池电动势原理图

向 1 时,通过调节 R_p,使电流 I 在标准电阻 R_N 上产生的电压降 IR_N 与标准电池电动势 E_N 相平衡,检流计指示为零。此时有

$$IR_N = E_N$$

$$I = \frac{E_N}{R_N}$$

将开关 S 扳向 2,调节触点,使 R_x 上的电压(称为补偿电压)与被测电动势 E_x 相平衡,检流计指示为零,则

$$E_x = IR_x$$

$$I = \frac{E_x}{R_x}$$

若测量过程中保持工作电流 I 不变,则

$$\frac{E_x}{R_x} = \frac{E_N}{R_N}$$

$$E_x = \frac{R_x}{R_N} \cdot E_N$$

式中:E_N 在确定的温度下为已知值。如果测出 R_N 和 R_x,就可求出被测电动势 E_x 的数值。有关测量电动势的具体实验方法和技术,可参阅参考文献[20]、[21]等。

6. 电动势的热力学计算

如果原电池是可逆电池,就可以对该电池的电动势进行热力学计算。例如,以下电池

$$Zn \mid ZnSO_4(a_{Zn^{2+}}) \parallel CuSO_4(a_{Cu^{2+}}) \mid Cu$$

电极反应为

阳极	$Zn \Longrightarrow Zn^{2+} + 2e$
阴极	$Cu^{2+} + 2e \Longrightarrow Cu$
电池反应	$Zn + Cu^{2+} \Longrightarrow Cu + Zn^{2+}$

根据化学平衡等温式,体系自由能的变化 ΔG 应为

$$-\Delta G = RT\ln K - RT\ln\frac{a_{Cu}a_{Zn^{2+}}}{a_{Zn}a_{Cu^{2+}}} \qquad (2.20)$$

式中:K 为电池反应的平衡常数,a 为活度。因为

$$-\Delta G = nFE$$

所以

$$nFE = RT\ln K - RT\ln\frac{a_{Cu}a_{Zn^{2+}}}{a_{Zn}a_{Cu^{2+}}}$$

$$E = \frac{RT}{nF}\ln K - \frac{RT}{nF}\ln\frac{a_{Cu}a_{Zn^{2+}}}{a_{Zn}a_{Cu^{2+}}} \qquad (2.21)$$

当参加电池反应的各物质处于标准状态(溶液中各物质活度为 1,气体逸度为 1)时,式(2.21)变为

$$E^0 = \frac{RT}{nF}\ln K \qquad (2.22)$$

式中:E^0 表示在标准状态下的电动势,称为标准电动势。这样,在非标准状态下,式(2.21)可

写为

$$E = E^0 - \frac{RT}{nF}\ln\frac{a_{Cu}a_{Zn^{2+}}}{a_{Zn}a_{Cu^{2+}}} \tag{2.23}$$

将式(2.23)写成通式,即

$$E = E^0 - \frac{RT}{nF}\ln\frac{\prod a^{\nu'}_{\text{生成物}}}{\prod a^{\nu}_{\text{反应物}}}$$

$$E = E^0 + \frac{RT}{nF}\ln\frac{\prod a^{\nu}_{\text{反应物}}}{\prod a^{\nu'}_{\text{生成物}}} \tag{2.24}$$

式中:ν 和 ν' 分别为反应物和生成物的化学计量数。式(2.24)即原电池电动势的热力学计算公式,也称为能斯特公式,它反映了电池电动势与参加电池反应的各物质浓度及环境温度之间的关系。

2.2.2　电解池

由两个电子导体插入电解质溶液所组成的电化学体系与一个直流电源接通时(见图1.2),外电源将源源不断地向该电池体系输送电流,而体系中的两个电极上分别持续地发生氧化反应和还原反应,生成新的物质。这种将电能转化为化学能的电化学体系就叫作电解电池或电解池。

如果选择适当的电极材料和电解质溶液,就可以通过电解池生产人们所预期的物质。在图2.11中,将铁片和锌片分别浸入 $ZnSO_4$ 溶液中组成一个电解池,与外电源 B 接通后,由电源负极输送过来的电子流入铁电极,溶液中的 Zn^{2+} 离子在铁电极上得到电子,还原成锌原子并沉积在铁上,即

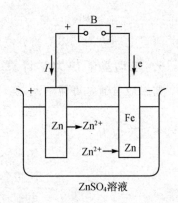

图 2.11　镀锌过程示意图(电解池)

$$Zn^{2+} + 2e \longrightarrow Zn(Fe)$$

而与电源正极相连的金属锌却不断溶解生成了锌离子,锌失去的电子从电极中流向外线路,即

$$Zn(Zn) \longrightarrow Zn^{2+} + 2e$$

这实际上是一个镀锌的电镀过程,人们可以在铁件上获得镀锌层。图1.4中描绘的电解食盐水制备氯气和烧碱(NaOH)的过程也是一个电解池生产物质的实例。

由此可见,电解池是依靠外电源迫使一定的电化学反应发生并生成新的物质的装置,也可以称作"电化学物质发生器"。没有这样一种装置,电镀、电解、电合成和电冶金等工业过程便无法实现。因此,它是电化学工业的核心——电化学工业的"反应器"。

将图2.11和图2.8进行比较,可以看出电解池和原电池的主要同异之处。电解池和原电池是具有类似结构的电化学体系。当电池反应进行时,都是在阴极上发生得电子的还原反应,在阳极上发生失电子的氧化反应。但是它们进行反应的方向是不同的。在原电池中,反应是向自发方向进行的,体系自由能变化 $\Delta G < 0$,化学反应的结果是产生可以对外做功的电能。电解池中,电池反应是被动进行的,需要从外界输入能量促使化学反应发生,故体系自由能变化 $\Delta G > 0$。因此,从能量转化的方向看,电解池与原电池中进行的恰恰是互逆的过程。在回

路中,原电池可作电源,而电解池是消耗能量的负载。

由于能量转化方向不相同,在电解池中,阴极是负极,阳极是正极,而在原电池中,阴极是正极,阳极是负极。这一点须特别注意区分,切勿混淆。

关于电解池和原电池的其他区别,在第 4 章中继续介绍。

2.2.3　腐蚀电池

如图 2.12 所示,假如两个电极构成短路的电化学体系,失电子反应(氧化)在电子导体的一个局部区域(阳极区)发生,而得电子反应(还原)在另一个局部区域(阴极区)发生。通过电解液中离子的定向运动和在电子导体内部阴、阳极区之间的电子流动,就构成了一个闭合回路。这一反应过程与原电池一样是自发进行的。

但是,由于电池体系是短路的,电化学反应所释放的化学能虽然转化成了电能,但无法加以利用,即不能对做作有用功,最终仍转化为热能而散失掉。因此,这种电化学体系不能成为能量发生器。然而,在该体系中,由于存在电化学反应,必然存在着物质的损耗。如图 2.13 所示,含有杂质的锌在稀酸中就构成了这类短路电池:在微小的杂质区域上发生氢离子的还原,生成氢气逸出;而在其他区域,则发生锌的溶解。通过金属锌中电子的流动和溶液中的离子迁移,整个体系的电化学反应将持续不断地进行下去,结果造成了锌的腐蚀溶解。这就是锌的酸腐蚀过程。

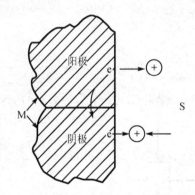

图 2.12　金属的电化学腐蚀过程示意图

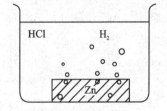

图 2.13　锌的酸腐蚀

我们把上面描述的短路的电化学体系称为腐蚀电池。因此,腐蚀电池可以定义如下:只能导致金属材料破坏而不能对外界做有用功的短路原电池。

应该说明,有些原电池中,电池反应的结果也会导致金属材料的破坏。如日常用的锌锰干电池,使用的时间长了,电池中的阳极反应也会导致锌皮破坏。但由于它可以对外做电功,故不能称作腐蚀电池。

腐蚀电池区别于原电池的特征如下:

(1) 电池反应所释放的化学能都以热能形式逸散掉而不能加以利用,故腐蚀电池是耗费能量的。

(2) 电池反应促使物质变化的结果不是生成有价值的产物,而是导致体系本身的毁坏。

有关腐蚀电池和电化学腐蚀的理论,将在金属腐蚀学课程中学习,这里不再赘述。

2.2.4　浓差电池

浓差电池并不是一种独立的电化学体系类型。它既属于原电池范畴，有时又可构成腐蚀电池。只是由于大多数原电池中的电池反应都是化学变化（这些原电池又可称为化学电池），而有一些原电池的电池总反应不是化学变化，仅仅是一种物质从高浓度状态向低浓度状态的转移，因此，又把这一类原电池叫作浓差电池。

如果将两个相同材料的电极分别浸入由同一种电解质组成但浓度不同的溶液中，即可构成浓差电池。假如两种浓度的溶液直接接触，溶液中的离子可以直接穿越两溶液的界面，则称这类浓差电池为有迁移的浓差电池。例如

$$Ag\,|\,AgNO_3(a')\,|\,AgNO_3(a'')\,|\,Ag \qquad\qquad (a''>a')$$

由于在液体接界界面上存在着因浓度差所引起的不可逆的扩散过程，因此这个电池是不可逆的，也无法测得该原电池的电动势。但是可以把液/液界面设计得使两种溶液进行缓慢的滞流，从而得到稳定而易于重现的界面，扩散过程能处于稳定状态。在这种情况下，可以用热力学方法进行近似处理。也就是说，可以把这种条件下的电池近似地看成可逆电池。然后，给电池通以无限小的电流，使电池在平衡状态下工作，这样就可以测出电池电动势了。图 2.14 为上述有迁移浓差电池的工作示意图。该电池的反应如下：

左方（阳极）　$Ag \longrightarrow Ag^+(a') + e$

右方（阴极）　$Ag^+(a'') + e \longrightarrow Ag$

液界面　　　　$t_+ Ag^+(a') \longrightarrow t_+ Ag^+(a'')$

　　　　　　　$t_- NO_3^-(a'') \longrightarrow t_- NO_3^-(a')$

总反应　　　$Ag^+(a'') + t_+ Ag^+(a') + t_- NO_3^-(a'') \longrightarrow Ag^+(a') + t_+ Ag^+(a'') + t_- NO_3^-(a')$

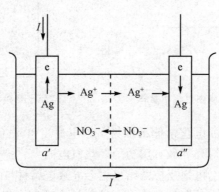

图 2.14　有迁移浓差电池的工作示意图

t_+, t_- 分别为正、负离子的迁移数，$t_+ + t_- = 1$，故电池总反应可简化为

$$t_- Ag^+(a'') + t_- NO_3^-(a'') \longrightarrow t_- NO_3^-(a') + t_- Ag^+(a')$$

即

$$t_- AgNO_3(a'') \longrightarrow t_- AgNO_3(a')$$

根据能斯特公式（2.24）可知

$$E = E^0 + \frac{RT}{F}\ln\left(\frac{a''}{a'}\right)^{t_-}$$

该电池的阴极和阳极是同一种电极,故标准电动势应为零,即

$$E^0 = \frac{RT}{nF} \ln K = 0$$

因此

$$E = t_- \frac{RT}{F} \ln \left(\frac{a''}{a'} \right)$$

若用平均活度代替电解质活度,则根据式(1.36)

$$a_\pm^\nu = a \qquad (\nu = \nu_+ + \nu_-)$$

可得出

$$E = 2t_- \frac{RT}{F} \ln \frac{a''_\pm}{a'_\pm} \qquad (2.25\text{A})$$

可见,有迁移浓差电池的电动势不仅与两个溶液的活度有关,而且还与离子迁移数有关。

采取适当措施后,有可能避免两溶液的直接接触,因而也就消除了液体接界电位对电动势的影响。例如,一个有迁移的浓差电池为

$$\text{Ag} \mid \text{AgCl(固)}, \text{HCl}(a') \mid \text{HCl}(a''), \text{AgCl(固)} \mid \text{Ag} \qquad (a' > a'')$$

若在两电极之间用两个可逆氢电极隔开,就成了一个无迁移的浓差电池,如

$$\text{Ag} \mid \text{AgCl(固)}, \text{HCl}(a') \mid \text{H}_2, \text{Pt} - \text{Pt}, \text{H}_2 \mid \text{HCl}(a''), \text{AgCl(固)} \mid \text{Ag}$$

仔细观察一下就可看出,这一电池实际上是由两个独立的化学电池反极串联而构成的。右边电池进行的反应为

$$\text{AgCl} + \frac{1}{2}\text{H}_2 \Longrightarrow \text{Ag} + \text{H}^+ + \text{Cl}^-$$

电池电动势为

$$E_{右} = E_{右}^0 - \frac{RT}{F} \ln a''_{\text{H}^+} \, a''_{\text{Cl}^-}$$

左边电池的反应刚好相反,为

$$\text{Ag} + \text{H}^+ + \text{Cl}^- \Longrightarrow \text{AgCl} + \frac{1}{2}\text{H}_2$$

电池电动势为

$$E_{左} = E_{左}^0 - \frac{RT}{F} \ln \frac{1}{a'_{\text{H}^+} \, a'_{\text{Cl}^-}}$$

整个浓差电池的电动势应为左、右两个电池电动势之和,即

$$E = E_{左} + E_{右} = \frac{RT}{F} \ln \frac{a'_{\text{H}^+} \, a'_{\text{Cl}^-}}{a''_{\text{H}^+} \, a''_{\text{Cl}^-}}$$

如果以离子平均活度表示,则为

$$E = \frac{2RT}{F} \ln \frac{a'_\pm}{a''_\pm} \qquad (2.26)$$

上面介绍的只是对于浓差电池电动势进行分析的一般思路。对于不同类型的浓差电池,用上述方法得出的电池电动势公式并不完全一样。也就是说,式(2.25)和式(2.26)并不是对任何浓差电池都通用的。例如,对

$$\text{Ag} \mid \text{AgCl(固)}, \text{HCl}(a') \mid \text{HCl}(a''), \text{AgCl(固)} \mid \text{Ag} \qquad (a' > a'')$$

这样一个有迁移的浓差电池,用类似方法推导出的电池电动势公式如下:

$$E = 2t_+ \frac{RT}{F} \ln \frac{a'_\pm}{a''_\pm} \tag{2.25B}$$

它与式(2.25A)并不完全一样。不过,它们都表明了电动势与离子迁移数有关。

除了上述由于电解质溶液中离子浓度或分子浓度(如溶解氧的浓度)不同而形成的浓差电池外,还有由于参与电极反应的气体分压不同而形成的浓差电池。例如,由两个氢电极所组成的浓差电池:

$$\text{Pt,H}_2(p_1) \mid \text{HCl}(a) \mid \text{H}_2(p_2),\text{Pt} \qquad (p_2 > p_1)$$

对于某些浓差电池,一旦浓度差消失,浓差电池就不存在了。而有些浓差电池的浓度差不易消除,由此而引起的电化学反应可以不断地进行下去。金属腐蚀领域遇到的浓差电池常常属于后一种类型,如氧浓差电池。当然这已不属热力学范畴了,建议读者参阅金属腐蚀方面的专业教材。

2.3 平衡电极电位

2.3.1 电极的可逆性

按照电池的结构,每个电池都可以分成两部分,即由两个半电池所组成。每个半电池实际就是一个电极体系。电池总反应也是由两个电极的电极反应所组成的。因此,要使整个电池成为可逆电池,那么两个电极或半电池必须是可逆的。

什么样的电极才是可逆电极呢?可逆电极必须具备下面两个条件:

(1)电极反应是可逆的。如 $\text{Zn} \mid \text{ZnCl}_2$ 电极,其电极反应为

$$\text{Zn}^{2+} + 2\text{e} \Longleftrightarrow \text{Zn}$$

只有正向反应和逆向反应的速度相等时,电极反应中物质的交换和电荷的交换才是平衡的。即:在任一瞬间,氧化溶解的锌原子数等于还原的锌离子数;正向反应得电子数等于逆向反应失电子数。这样的电极反应称为可逆的电极反应。可以用图 2.15 来表示可逆电极反应的特征,图中箭头为代表反应速度的矢量。

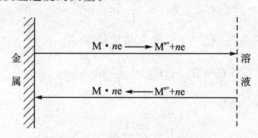

图 2.15 可逆电极反应示意图

(2)电极在平衡条件下工作。所谓平衡条件,就是通过电极的电流等于零或电流无限小。只有在这种条件下,电极上进行的氧化反应和还原反应速度才能被认为是相等的。

因此,可逆电极就是在平衡条件下工作的、电荷交换与物质交换都处于平衡的电极。可逆电极也就是平衡电极。

2.3.2　可逆电极的电位

可逆电极的电位，也称作平衡电位或平衡电极电位。任何一个平衡电位都是相对于一定的电极反应而言的。例如，金属锌与含锌离子的溶液所组成的电极 $Zn|Zn^{2+}(a)$ 是一个可逆电极。它的平衡电位是与下列确定的电极反应相联系的。也可以说该平衡电位就是下列反应的平衡电位，即

$$Zn^{2+} + 2e \Longleftrightarrow Zn$$

通常以符号 $\varphi_{平}$ 表示某一电极的平衡电位。可逆电极的氢标电位可以用热力学方法计算。

现仍以上述锌电极为例，推导平衡电位的热力学计算公式。设被测电极与标准氢电极组成原电池：

$$Zn|Zn^{2+}(a_{Zn^{2+}}) \parallel H^+(a_{H^+}=1)|H_2(p_{H_2}=101\ 325\ Pa),Pt$$

阳极（-）　　　　$Zn \Longleftrightarrow Zn^{2+} + 2e$

阴极（+）　　　　$2H^+ + 2e \Longleftrightarrow H_2$

———————————————————————

电池反应　　　　$Zn + 2H^+ \Longleftrightarrow Zn^{2+} + H_2$

若电池是可逆的（电池在平衡条件 $I \to 0$ 下工作），则根据原电池电动势的能斯特方程式（2.24），该电池的电动势为

$$E = E^0 - \frac{RT}{2F}\ln\frac{a_{Zn^{2+}}\ p_{H_2}}{a_{Zn}\ a_{H^+}^2} \tag{2.27}$$

按照原电池的书写规定，左边电极为负极，右边电极为正极，以及在实际测量中金属接触电位已包括在两个电极的相对电极电位之中了（见式（2.12））。因此，在消除了液界电位后应有

$$E = \varphi_+ - \varphi_- \tag{2.28}$$

和

$$E^0 = \varphi_+^0 - \varphi_-^0 \tag{2.29}$$

故式（2.27）可写成

$$E = (\varphi_{H_2/H^+}^0 - \varphi_{Zn/Zn^{2+}}^0) - \left(\frac{RT}{2F}\ln\frac{p_{H_2}}{a_{H^+}^2} + \frac{RT}{2F}\ln\frac{a_{Zn^{2+}}}{a_{Zn}}\right)$$

$$= \left(\varphi_{H_2/H^+}^0 + \frac{RT}{2F}\ln\frac{a_{H^+}^2}{p_{H_2}}\right) - \left(\varphi_{Zn/Zn^{2+}}^0 + \frac{RT}{2F}\ln\frac{a_{Zn^{2+}}}{a_{Zn}}\right)$$

对于标准氢电极，已规定 $\varphi_{H_2/H^+}^0 = 0$，故上式中第一项应为零。根据相对电位（氢标电位）的定义和符号规定，锌电极的氢标电位 $\varphi_{Zn/Zn^{2+}}$ 应等于所测得的电动势 E 的负值，即

$$\varphi_{Zn/Zn^{2+}} = -E = \varphi_{Zn/Zn^{2+}}^0 + \frac{RT}{2F}\ln\frac{a_{Zn^{2+}}}{a_{Zn}} \tag{2.30A}$$

显然，按照式（2.28）或式（2.11）可知氢电极电位应为

$$\varphi_{H_2/H^+} = \varphi_{H_2/H^+}^0 + \frac{RT}{2F}\ln\frac{a_{H^+}^2}{p_{H_2}} \tag{2.30B}$$

由此可见，知道了标准状态下的锌电极电位 $\varphi_{Zn/Zn^{2+}}^0$，就可以根据参加电极反应的各物质的活度，利用式（2.30A）计算锌电极的平衡电位。如果氢电极不是标准氢电极，那么同理，也可按式（2.30B）计算它的平衡电位。

一般情况下,可用下式表示一个电极反应

$$O + ne \rightleftharpoons R$$

故可将式(2.30A)和式(2.30B)写成通式,即

$$\varphi_{\text{平}} = \varphi^0 + \frac{RT}{nF} \ln \frac{a_O}{a_R} \tag{2.31A}$$

或写为

$$\varphi_{\text{平}} = \varphi^0 + \frac{RT}{nF} \ln \frac{a_{\text{氧化态}}}{a_{\text{还原态}}} \tag{2.31B}$$

式中:φ^0 是标准状态下的平衡电位,叫作该电极的标准电极电位,对一定的电极体系,φ^0 是一个常数,可以查表得到;n 为参加反应的电子数。式(2.31)就是著名的能斯特电极电位公式,是热力学中计算各种可逆电极电位的公式。在实际应用中,为了方便,常将公式中的自然对数换成常用对数,并代入有关常量的数值,如 $R = 8.314$ J,$F = 96\ 500$ C/mol 等。因此,式(2.31)可写为

$$\varphi_{\text{平}} = \varphi^0 + \frac{2.3RT}{nF} \lg \frac{a_{\text{氧化态}}}{a_{\text{还原态}}} \tag{2.32}$$

2.3.3　电极电位的测量

电极电位的测量实际上就是原电池电动势的测量。因此,不再赘述其测量原理。

如果使用标准氢电极作参比电极,并作为原电池的负极,则测出的电动势就是被测电极的氢标电位值。但是,由于氢电极的制备和使用都比较麻烦,因此在实际工作中经常选用其他参比电极(如表 2.1 所列)。例如,常用的饱和甘汞电极,其电极组成为

$$Hg \mid Hg_2Cl_2(\text{固}), KCl(\text{饱和})$$

电极反应为

$$Hg_2Cl_2 + 2e \rightleftharpoons 2Hg + 2Cl^-$$

氢标电位值为

$$\varphi_R = 0.243\ 8\ V$$

当被测电极与参比电极组成测量原电池时,参照电极作电池的正极(阴极),有

$$E = \varphi_R - \varphi$$
$$\varphi = \varphi_R - E \tag{2.33A}$$

若参照电极作电池的负极(阳极),则有

$$E = \varphi - \varphi_R$$
$$\varphi = \varphi_R + E \tag{2.33B}$$

式中:φ 为被测电极的氢标电位;φ_R 为参比电极的氢标电位。

2.3.4　可逆电极类型

可逆电极按其电极反应特点可分为不同类型。常见的可逆电极有以下几种。

1. 第一类可逆电极

第一类可逆电极,又称阳离子可逆电极。这类电极是金属浸在含有该金属离子的可溶性盐溶液中所组成的电极。例如,$Zn \mid ZnSO_4$,$Cu \mid CuSO_4$,$Ag \mid AgNO_3$ 等电极都属于第一类可逆

电极。它们的主要特点是：进行电极反应时,靠金属阳离子从极板上溶解到溶液中或从溶液中沉积到极板上。例如,$Ag \mid AgNO_3(a_{Ag^+})$ 电极的电极反应为

$$Ag^+ + e \Longrightarrow Ag$$

电极电位方程式为

$$\varphi_{\Psi} = \varphi^0 + \frac{RT}{F} \ln a_{Ag^+} \tag{2.34}$$

显然,第一类可逆电极的平衡电位和金属离子的种类、活度和介质的温度有关。

2. 第二类可逆电极

第二类可逆电极,又称为阴离子可逆电极。这类电极是由金属插入其难溶盐和与该难溶盐具有相同阴离子的可溶性盐溶液中所组成的电极。例如:$Hg \mid Hg_2Cl_2(固),KCl(a_{Cl^-})$;$Ag \mid AgCl(固),KCl(a_{Cl^-})$;$Pb \mid PbSO_4(固),SO_4^{2-}(a_{SO_4^{2-}})$;等等。

这类电极的特点如下:如果难溶盐是氯化物,则溶液中就应含有可溶性氯化物;难溶盐是硫酸盐,就应有一种可溶性硫酸盐;……在进行电极反应时,阴离子在界面间进行溶解和沉积(生成难溶盐)的反应。

例如,氯化银电极 $Ag \mid AgCl(固),KCl(a_{Cl^-})$ 的电极反应为

$$AgCl + e \Longrightarrow Ag + Cl^-$$

电极电位方程式为

$$\varphi_{\Psi} = \varphi^0 - \frac{RT}{F} \ln a_{Cl^-} \tag{2.35}$$

这类电极的平衡电位是由阴离子种类、活度和反应温度来决定的。但是应该指出,在这类电极的电极反应中,进行可逆的氧化还原反应的仍是金属离子(如 Ag^+ 离子)而不是阴离子(如 Cl^- 离子)。仅仅因为表观上,在固/液界面上进行溶解和沉积的是阴离子,因而习惯称这类电极为阴离子可逆电极。现在,已有较多的人直接称第二类可逆电极为金属难溶盐(难溶性氧化物)电极。

既然电极反应中实质上是阳离子可逆,那么平衡电位的大小应与阳离子活度(如 a_{Ag^+})有关,而不是与阴离子活度(如 a_{Cl^-})有关。为什么还会出现式(2.35)呢? 这是因为 AgCl 是固态的难溶盐,无法直接测得 a_{Ag^+} 的数值,只能通过 a_{Cl^-} 来计算求得。因此,为了计算方便,往往从已知的 a_{Cl^-} 值求电极电位值,也就是采用式(2.35)计算电极电位。

另一形式的电极电位公式则是按照金属离子的活度来计算的,即氯化银电极的电极反应可分写成两步:

(A) $$Ag \Longrightarrow Ag^+ + e$$

(B) $$Ag^+ + Cl^- \Longrightarrow AgCl(固)$$

按照步骤(A)可得出

$$\varphi_{\Psi} = \varphi^{0'} + \frac{RT}{F} \ln a_{Ag^+} \tag{2.36}$$

这实质上是一个第一类可逆电极反应。由步骤(B)又知 Ag^+ 离子和 Cl^- 离子生成了难溶盐 AgCl。该难溶盐的溶度积 K_S(其数值可查表得到)为

$$K_S = a_{Ag^+} a_{Cl^-}$$

因此得到

$$a_{Ag^+} = \frac{K_S}{a_{Cl^-}}$$

将此关系代入式（2.36），有

$$\varphi_{平} = \varphi^{0'} + \frac{RT}{F}\ln K_S - \frac{RT}{F}\ln a_{Cl^-} \tag{2.37}$$

因为步骤（B）不是电化学反应（不得失电子），所以式（2.37）中的平衡电位 $\varphi_{平}$ 就是氯化银电极的平衡电位，即与式（2.35）中的 $\varphi_{平}$ 是一回事。因而，将式（2.37）与式（2.35）对比后可知

$$\varphi^0 = \varphi^{0'} + \frac{RT}{F}\ln K_S \tag{2.38}$$

应该注意，式（2.38）中 φ^0 与 $\varphi^{0'}$ 虽然都是标准电极电位，但它们是针对不同的电极反应而言的，因而具有不同的数值。

从上面的讨论可知，尽管第二类可逆电极本质上是对阳离子可逆的，但因为阳离子的活度受到阴离子活度的制约，所以该类电极的平衡电位仍然依赖于阴离子的活度。

第二类可逆电极由于可逆性好、平衡电位值稳定、电极制备比较简单，因而常被当作参比电极使用。

3. 第三类可逆电极

第三类可逆电极是由铂或其他惰性金属插入同一元素的两种不同价态离子的溶液中所组成的电极。例如，$Pt \mid Fe^{2+}(a_{Fe^{2+}})$，$Fe^{3+}(a_{Fe^{3+}})$；$Pt \mid Sn^{2+}(a_{Sn^{2+}})$，$Sn^{4+}(a_{Sn^{4+}})$；$Pt \mid Fe(CN)_6^{4-}$（$a_1$），$Fe(CF)_3^{6-}$（$a_2$）等电极。

在这类电极的组成中，惰性金属本身不参加电极反应，只起导电作用。电极反应由溶液中同一元素的两种价态的离子之间进行氧化还原反应来完成，因此这类可逆电极又称为氧化还原电极。

以 $Pt \mid Fe^{2+}(a_{Fe^{2+}})$，$Fe^{3+}(a_{Fe^{3+}})$，为例，其电极反应为

$$Fe^{3+} + e \Longrightarrow Fe^{2+}$$

电极电位方程式为

$$\varphi_{平} = \varphi^0 + \frac{RT}{F}\ln\frac{a_{Fe^{3+}}}{a_{Fe^{2+}}} \tag{2.39}$$

第三类可逆电极电位的大小主要取决于溶液中两种价态离子的活度之比。

4. 气体电极

由于气体在常温常压下不导电，须借助于铂或其他惰性金属起导电作用，使气体吸附在惰性金属表面，与溶液中相应的离子进行氧化还原反应并达到平衡状态，因此气体可逆电极就是在固相和液相界面上，气态物质发生氧化还原反应的电极。例如，氢电极

$$Pt, H_2(p_{H_2}) \mid H^+(a_{H^+})$$

电极反应为

$$2H^+ + 2e \Longrightarrow H_2(气)$$

电极电位方程式为

$$\varphi_{平} = \varphi^0 + \frac{RT}{2F}\ln\frac{a_{H^+}^2}{p_{H_2}} \quad\quad (2.40)$$

又如氧电极 $Pt, O_2(p_{O_2})|OH^-(a_{OH^-})$。它是由铂浸在被氧气所饱和的、含有氢氧根离子的溶液中所组成的。其电极反应为

$$O_2 + 2H_2O + 4e \Longrightarrow 4OH^-$$

电极电位方程式为

$$\varphi_{平} = \varphi^0 + \frac{RT}{4F}\ln\frac{p_{O_2}}{a_{OH^-}^4} \quad\quad (2.41)$$

2.3.5 标准电极电位和标准电化序

从能斯特方程式的推导中,我们已经知道标准电极电位 φ^0 是标准状态下的平衡电位。除了标准氢电极电位被人为规定为零外,其他电极的标准电极电位通常都用氢标电位表示。可以把各种标准电极电位按数值的大小排成一张次序表,这种表称为标准电化序或标准电位序(如表 2.3 所列)。表中的电极电位是从负到正排列的,而标准氢电极电位正好处于正、负值交界处。

表 2.3　25 ℃下水溶液中各种电极的标准电极电位及其温度系数

电极反应	φ^0/V	$\dfrac{d\varphi^0}{dT}/(mV \cdot K^{-1})$
$Li^+ + e \Longrightarrow Li$	-3.045	-0.59
$K^+ + e \Longrightarrow K$	-2.925	-1.07
$Ba^{2+} + 2e \Longrightarrow Ba$	-2.90	-0.40
$Ca^{2+} + 2e \Longrightarrow Ca$	-2.87	-0.21
$Na^+ + e \Longrightarrow Na$	-2.714	0.75
$Mg^{2+} + 2e \Longrightarrow Mg$	-2.37	0.81
$Al^{3+} + 3e \Longrightarrow Al$	-1.66	0.53
$2H_2O + 2e \Longrightarrow 2OH^- + H_2(气)$	-0.828	-0.80
$Zn^{2+} + 2e \Longrightarrow Zn$	-0.763	0.10
$Fe^{2+} + 2e \Longrightarrow Fe$	-0.440	0.05
$Cd^{2+} + 2e \Longrightarrow Cd$	-0.402	-0.09
$PbSO_4 + 2e \Longrightarrow Pb + SO_4^{2-}$	-0.355	-0.99
$Tl^+ + e \Longrightarrow Tl$	-0.336	-1.31
$Ni^{2+} + 2e \Longrightarrow Ni$	-0.250	0.31
$Pb^{2+} + 2e \Longrightarrow Pb$	-0.129	-0.38
$2H^+ + 2e \Longrightarrow H_2(气)$	$0.000\ 0$	0
$Cu^{2+} + e \Longrightarrow Cu^+$	0.153	0.07

续表 2.3

电极反应	φ^0/V	$\dfrac{\mathrm{d}\varphi^0}{\mathrm{d}T}/(\mathrm{mV}\cdot\mathrm{K}^{-1})$
$AgCl+e \Longrightarrow Ag+Cl^-$	0.222 4	−0.66
$Hg_2Cl_2+2e \Longrightarrow 2Hg+2Cl^-$	0.268 1	−0.31
$Cu^{2+}+2e \Longrightarrow Cu$	0.337	0.01
$2H_2O+O_2+4e \Longrightarrow 4OH^-$	0.401	—
$I_2+2e \Longrightarrow 2I^-$	0.534 6	−0.13
$Hg_2SO_4+2e \Longrightarrow 2Hg+SO_4^{2-}$	0.615 3	−0.83
$Fe^{3+}+e \Longrightarrow Fe^{2+}$	0.771	1.19
$Hg_2^{2+}+2e \Longrightarrow 2Hg$	0.789	−0.31
$Ag^++e \Longrightarrow Ag$	0.799 1	−1.00
$2Hg^{2+}+2e \Longrightarrow Hg_2^{2+}$	0.920	0.10
$Br_2+2e \Longrightarrow 2Br^-$	1.065 2	−0.61
$4H^++O_2+4e \Longrightarrow 2H_2O$	1.229	−0.85
$MnO_2+4H^++2e \Longrightarrow Mn^{2+}+2H_2O$	1.23	−0.61
$Tl^{3+}+2e \Longrightarrow Tl^+$	1.25	0.97
$Cr_2O_7^{2-}+14H^++6e \Longrightarrow 2Cr^{3+}+7H_2O$	1.33	—
$Cl_2+2e \Longrightarrow 2Cl^-$	1.359 5	−1.25
$PbO_2+4H^++2e \Longrightarrow Pb^{2+}+2H_2O$	1.455	−0.25
$Au^{3+}+3e \Longrightarrow Au$	1.50	—
$MnO_4^-+8H^++5e \Longrightarrow Mn^{2+}+4H_2O$	1.51	−0.64
$Au^++e \Longrightarrow Au$	1.68	—
$MnO_4^-+4H^++3e \Longrightarrow MnO_2+2H_2O$	1.695	−0.67

标准电极电位的正负程度反映了电极在进行电极反应时,相对于标准氢电极的得失电子的能力。电极电位越负,越容易失电子;电极电位越正,越容易得电子。电极反应和电池反应实质上都是氧化还原反应,因此,标准电化序也反映了某一电极相对于另一电极的氧化还原能力的大小。电极电位负的金属是较强的还原剂,电极电位正的金属是较强的氧化剂。

鉴于许多标准电极电位的数值已被精确测定,比较容易从有关资料中查阅到,因此借助于标准电极电位来分析各种氧化还原反应,可以找到一些解决问题的方法和途径。所以,标准电化序已成为分析氧化还原反应的热力学可能性的有力工具。

下面简单介绍标准电极电位在腐蚀与防护领域中的一些应用。

(1) 标准电化序在一定条件下反映了金属的活泼性。

标准电位负的金属比较容易失去电子,是活泼金属;而标准电位较正的金属不易失去电子,是不活泼金属。因此根据标准电化序可以粗略判断金属发生腐蚀的热力学可能性。电位越负,金属腐蚀的可能性越大。例如,锌和铁的标准电位较负($\varphi^0_{Zn/Zn^{2+}} = -0.763$ V, $\varphi^0_{Fe/Fe^{2+}} = -0.440$ V),它们在空气中和稀酸中都比较容易被腐蚀。而银和金的标准电位较正($\varphi^0_{Ag/Ag^+} = 0.799$ V, $\varphi^0_{Au/Au^+} = 1.68$ V),它们就不容易和稀酸发生反应,也不易在空气中被腐蚀。

需要指出的是,不能单纯根据标准电位来估计金属的耐蚀性。例如,铝的标准电位虽然很负($\varphi^0_{Al/Al^{3+}} = -1.66$ V),但由于铝表面极易生成一层氧化物膜,故在空气中比铁更耐腐蚀。

(2) 当两种或两种以上金属接触并有电解液存在时,可根据标准电化序初步估计哪种金属被加速腐蚀,哪种金属被保护。例如,铁与镁相接触,在有电解质溶液存在时就构成了腐蚀电池。因为铁的电位较正,成为腐蚀电池的阴极,不会发生腐蚀;而镁的电位较负,将作为腐蚀电池的阳极而发生腐蚀溶解。

(3) 标准电化序指出了金属(包括氢离子)在水溶液中的置换次序。

由于置换反应本质上也是氧化还原反应,所以可以用标准电化序对金属离子的置换次序作出估计。在简单盐的水溶液中,金属元素可以置换比它的标准电位更正的金属离子,例如

$$Cu + Hg^{2+} \longrightarrow Cu^{2+} + Hg$$
$$Fe + 2Ag^+ \longrightarrow Fe^{2+} + 2Ag$$

标准电位为负值的金属可以置换氢离子而析出氢气,但标准电位为正值的金属则不能与氢离子发生反应,例如

$$Zn + 2H^+ \longrightarrow Zn^{2+} + H_2$$
$$Cu + 2H^+ \longrightarrow\!\!\!\!| \ Cu^{2+} + H_2$$

金属间的置换反应在电化学生产中常常需要加以防止或利用。例如,当铜件表面镀银时,若铜件直接浸入电镀槽,则由于反应 $Cu + 2Ag^+ \longrightarrow Cu^{2+} + 2Ag$,将在零件表面生成一层疏松的结合力很差的“接触银”,影响镀层质量。因此,通常在电镀前,先将铜件置入浸汞液中,通过反应 $Cu + HgCl_2 \longrightarrow Hg(Cu) + CuCl_2$,在铜表面生成一层铜汞齐,使电极电位变正,电镀时就可以避免“接触银”的发生。

(4) 可以利用标准电化序初步估计电解过程中,溶液里的各种金属离子(包括氢离子)在阴极析出的先后顺序。

电解过程中,在阴极优先析出的金属离子应是电极电位较正、因而容易得电子的金属离子。例如,含有 Zn^{2+}, Ni^{2+}, Cu^{2+}, Ag^+ 等离子的水溶液中,金属的标准电位分别为 $\varphi^0_{Zn} = -0.763$ V, $\varphi^0_{Ni} = -0.25$ V, $\varphi^0_{Cu} = 0.34$ V, $\varphi^0_{Ag} = 0.80$ V。在电解时,金属在阴极优先析出的顺序有可能是 $Ag^+ \rightarrow Cu^{2+} \rightarrow Ni^{2+} \rightarrow Zn^{2+}$。当然,实际的析出顺序还与各种离子的浓度、离子间相互作用以及通电后各金属电极电位的变化等因素有关。这里仅仅指可能性。

(5) 利用标准电极电位可以初步判断可逆电池的正负极(仅对化学电池而言)和计算电池的标准电动势。例如:

$$Zn \mid Zn^{2+}(a_1) \parallel Cu^{2+}(a_2) \mid Cu$$

由于 $\varphi^0_{Zn} = -0.763$ V, $\varphi^0_{Cu} = 0.34$ V,故初步判断锌电极是负极(阳极),铜电极是正极(阴极)。若能根据标准电位和离子活度计算出各电极的平衡电位,那就可以准确判断了。此外,还可求出上述电池的标准电动势为

$$E^0 = \varphi^0_+ - \varphi^0_- = \varphi^0_{Cu} - \varphi^0_{Zn} = 1.103 \text{ V}$$

(6) 利用标准电位,可以初步判断氧化还原反应进行的方向。

电极电位较负的还原态物质具有较强的还原性,而对应的氧化态的氧化性却较弱。反之,电极电位较正的物质的氧化态具有较强的氧化性,而对应的还原态的还原性却较弱。氧化还原反应是在得电子能力强的氧化态物质和失电子能力强的还原态物质之间进行的。因此,只有电极电位较负的还原态物质和电极电位较正的氧化态物质之间才能进行氧化还原反应,且两者的电极电位相差越大,反应越容易进行和进行得越完全。利用这一规律,我们可以分析各种氧化还原反应自发进行的方向。例如,由标准锌电极和标准银电极组成化学电池时,电池反应平衡式为

$$Zn + 2Ag^+ \Longrightarrow Zn^{2+} + 2Ag$$

又因 φ_{Zn}^0 比 φ_{Ag}^0 负,故锌的还原性大于银,而 Ag^+ 离子的氧化性大于 Zn^{2+} 离子。在上述化学电池中,Zn 应为还原剂,Ag^+ 离子应为氧化剂。电池回路接通后,电池反应自发进行的方向为

$$Zn + 2Ag^+ \longrightarrow Zn^{2+} + 2Ag$$
$$\underset{2e}{\overbrace{\qquad\qquad}}$$

(7) 标准电极电位是计算许多物理化学参数的有用的物理量。标准电位不仅本身是一个比较直观的、可判断氧化还原反应的性质和方向的有用参数,而且电池电动势可以精确地测定。因此,通过标准电动势和标准电极电位的测量,可以求出不同类型反应的平衡常数、有关反应的焓变、熵变及电解质平均活度等多种物理化学参数。

最后,应当强调指出,运用标准电极电位序来分析电极反应的方向时,必须明确它有两个重大的局限性:

(1) 用标准电位进行分析时,只是指出了反应进行的可能性,而没有涉及反应以什么速度进行,即没有涉及动力学问题。

(2) 标准电位是有条件的相对的电化学数据,它是电极在水溶液中和标准状态下的氢标电位。对于非水溶液和各种气体反应以及固体在高温下的反应是不适用的。即使在水溶液中,也没有考虑反应物质的浓度、溶液中各物质的相互作用、溶液酸碱度、通气与否等具体的反应条件,因此只有参考的价值,而不是一种充分的判据。

2.4 不可逆电极

2.4.1 不可逆电极及其电位

在实际的电化学体系中,有许多电极并不能满足可逆电极条件,这类电极叫作不可逆电极。例如:铝在海水中所形成的电极,相当于 $Al|NaCl$;零件在电镀溶液中所形成的电极:$Fe|Zn^{2+}$,$Fe|CrO_4^{2-}$,$Cu|Ag^+$;等等。

不可逆电极的电位是怎样形成的呢?它又有哪些特点呢?下面以纯锌放入稀盐酸的情形为例来说明。开始时,溶液中没有锌离子,但有氢离子,故正反应为锌的氧化溶解,即

$$Zn \longrightarrow Zn^{2+} + 2e$$

逆反应为氢离子的还原,即

$$H^+ + e \longrightarrow H$$

随着锌的溶解,也开始发生锌离子的还原反应,即

$$Zn^{2+} + 2e \longrightarrow Zn$$

同时还会存在氢原子重新氧化为氢离子的反应, 即

$$H \longrightarrow H^{+} + e$$

这样, 电极上同时存在四个反应, 如图 2.16 所示。在总的电极反应过程中, 锌的溶解速度和沉积速度不相等, 氢的氧化和还原也如此。因此物质的交换是不平衡的, 即有净反应发生 (锌溶解和氢气析出)。这个电极显然是一种不可逆电极。所建立起来的电极电位称为不可逆电位或不平衡电位。它的数值不能按能斯特方程计算, 只能由实验测定。

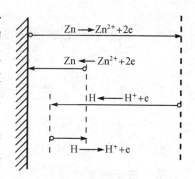

图中箭头长度表示反应速度大小

图 2.16　建立稳定电位的示意图

不可逆电位可以是稳定的, 也可以是不稳定的。当电荷在界面上交换的速度相等时, 尽管物质交换不平衡, 也能建立起稳定的双电层, 使电极电位达到稳定状态。稳定的不可逆电位叫稳定电位。对同一种金属, 由于电极反应类型和速度不同, 在不同条件下形成的电极电位往往差别很大, 如表 2.4 所列。不可逆电位的数值是很有实用价值的, 比如判断不同金属接触时的腐蚀倾向时, 用稳定电位比用平衡电位更接近实际情况。如铝和锌接触时, 就平衡电位来看, 铝比锌负 ($\varphi^{0}_{Al/Al^{3+}} = -1.66$ V, $\varphi^{0}_{Zn/Zn^{2+}} = -0.763$ V), 似乎铝易于腐蚀。而在 3% NaCl 溶液中测出的稳定电位表明, 锌将腐蚀 ($\varphi_{Al} = 0.63$ V, $\varphi_{Zn} = -0.83$ V), 这与实际的接触腐蚀规律是一致的。

表 2.4　不同电解液中金属的电极电位 (25 ℃)

金　属	φ(3% NaCl 溶液中)/V		φ(3% NaCl 溶液中 + 0.1% H_2O_2 溶液中)/V		φ^{0}/V
	开始	稳定	开始	稳定	
Al	-0.63	0.63	-0.52	-0.52	-1.67
Zn	-0.83	-0.83	-0.77	-0.77	-0.76
Cr	-0.02	0.23	0.40	0.60	-0.74
Ni	-0.13	-0.02	0.20	0.05	-0.25
Fe	-0.23	-0.50	-0.25	-0.50	-0.441

又如, 可以应用稳定电位值判断在不同镀液中镀铜的结合力。按照标准电化序, $\varphi^{0}_{Cu/Cu^{2+}} = 0.337$ V, $\varphi^{0}_{Fe/Fe^{2+}} = -0.441$ V, 因而铁零件浸入含铜离子的溶液时, 会发生下列置换反应:

$$Fe + Cu^{2+} \longrightarrow Cu + Fe^{2+}$$

结果在铁件表面沉积上一层疏松的"置换铜", 使以后电镀的铜层与基体的结合力很差。但在学了不可逆电极概念后, 就知道上述分析是根据标准状态下的平衡电位推测的, 具有很大片面性。在实际镀液中, 未通电时, 浸在镀铜液中的铁件 (铁电极) 是不可逆电极。因而上述置换反应是否发生, 要根据稳定电位来判断才对。根据测量结果, 铁和铜在不同镀铜液中的电极电位如表 2.5 所列。从表中可看出, 由于生成"置换铜"而降低镀层结合力的倾向如下: 焦磷酸盐镀铜液＞三乙醇胺碱性镀铜液＞氰化物镀铜液。在氰化镀液中, 由于生成很稳定的络离子 $[Cu(CN)_3]^{-}$, 使铜的平衡电位剧烈变负, 与铁的电位很接近, 因而没有置换铜产生, 可以获得结合力很好的镀层。

表 2.5　铁和铜在各种镀液中的电极电位

镀　液	铜的平衡电位/V	铁的稳定电位/V
焦磷酸盐镀铜液	−0.043 7	−0.421 7
三乙醇胺碱性镀铜液	−0.123	−0.25
氰化物镀铜液	−0.614	−0.619

2.4.2　不可逆电极类型

和可逆电极相对应,不可逆电极也可分为四类。

1. 第一类不可逆电极

第一类不可逆电极即当金属浸入不含该金属离子的溶液时所形成的电极电位,如 Zn|HCl,Zn|NaCl。这类电极与第一类可逆电极有相似之处。例如,锌放在稀盐酸溶液中,本来溶液中是没有锌离子的,但锌一旦浸入溶液就很快发生溶解,在电极附近产生了一定浓度的锌离子。这样,锌离子将参与电极过程,使最终建立起来的稳定电位与锌离子浓度有关。锌的标准电位是 −0.76 V,锌在 1 mol/dm³ HCl 溶液中的稳定电位是 −0.85 V,两个电极电位值是比较接近的。如果按能斯特方程计算,那么当锌的平衡电位为 −0.85 V 时,其锌离子浓度为 0.001~0.1 mol/dm³。显然,锌浸入稀盐酸溶液后,在电极附近很快达到这一锌离子浓度是可能的。因此,第一类不可逆电位往往与第一类可逆电极电位类似,电位的大小与金属离子浓度有关。

2. 第二类不可逆电极

一些标准电位较正的金属(Cu,Ag 等)浸在能生成该金属的难溶盐或氧化物的溶液中所组成的电极叫第二类不可逆电极,例如 Cu|NaOH,Ag|NaCl 等。由于生成的难溶盐、氧化物或氢氧化物的溶度积很小,故它们在溶液中很快达到饱和并在金属表面析出。这样就有了类似于第二类可逆电极的特征,即阴离子在金属/溶液界面溶解或沉积。例如,铜浸在氢氧化钠溶液中,由于铜与溶液反应生成一层氢氧化亚铜附着在金属表面,而氢氧化亚铜的溶度积很小($K_s = 1 \times 10^{-14}$),故铜在氢氧化钠溶液中建立的稳定电位就与阴离子活度(a_{OH^-})有关,即与溶液 pH 值有关。当 pH 值增加时,该电极电位向负移,类似于 Cu|CuOH(固),OH⁻ 电极的特征。

3. 第三类不可逆电极

第三类不可逆电极即金属浸入含有某种氧化剂的溶液所形成的电极,例如 Fe|HNO₃,Fe|K₂Cr₂O₇ 以及不锈钢浸在含有氧化剂的溶液中等。这类电极所建立起来的电极电位主要依赖于溶液中氧化态物质和还原态物质之间的氧化还原反应。因此,它类似于第三类可逆电极,称为不可逆的氧化还原电极。

4. 不可逆气体电极

一些具有较低的氢过电位*的金属在水溶液中,尤其是酸中,会建立起不可逆的氢电极电

---

* 氢过电位的概念详见第 7 章。

位。这时,电极反应主要是 $H \Longrightarrow H^+ + e$,但仍有反应 $M \Longrightarrow M^{n+} + ne$ 发生,后者的速度远小于前者。因此,电极电位值主要取决于氢的氧化还原过程,表现出气体电极的特征。因此,称为不可逆气体电极。例如,$Fe \mid HCl$,$Ni \mid HCl$ 等电极就属于这一类。

又如不锈钢在通气的水溶液中建立的电位,与氧的分压和氧在溶液中的扩散速度有密切关系,而与溶液中金属离子的浓度关系不大,表现出一定程度的氧电极的特征,可看作不可逆的氧电极电位。

2.4.3　可逆电位与不可逆电极电位的判别

如何判断给定电极是可逆的还是不可逆的呢?首先可根据电极的组成作出初步判断,符合可逆电极反应特点的就是可逆电极。例如,铜在硫酸铜溶液中形成的电极电位,从电极组成看为 $Cu \mid CuSO_4$,分析其电极反应为

$$Cu \Longrightarrow Cu^{2+} + 2e$$

符合第一类可逆电极的特点,可初步判断为第一类可逆电极。而铜浸在氯化钠溶液中,其电极组成为 $Cu \mid NaCl$,不符合四种可逆电极的组成。其主要的电极反应为

氧化反应:
$$Cu \longrightarrow Cu^+ + e$$
$$\underline{Cu^+ + Cl^- \longrightarrow CuCl}$$
$$Cu + Cl^- \longrightarrow CuCl + e$$

反应产生的 $CuCl$(氯化亚铜)的溶度积很小。

还原反应:
$$O + H_2O + 2e \longrightarrow 2OH^-$$

式中:O 为溶解在溶液中的氧,并吸附在金属/溶液界面。

因此,由上述电极反应也可初步判断属于第二类不可逆电极。

为了进行准确的判断,应进一步分析。我们已经知道,可逆电位可以用能斯特方程计算;而不可逆电位不符合能斯特方程的规律,不能用该方程计算。因此,可以用实验结果和理论计算结果进行比较的方法来判断。如果实验测量得到的电极电位与活度的关系曲线符合用能斯特方程计算出的理论曲线,就说明该电极是可逆电极。若测量值与理论计算值偏差很大,超出实验误差范围,那就是不可逆电极。

例如,实验测得 25 ℃时镉在不同浓度的 $CdCl_2$ 溶液中的电极电位如表 2.6 所列。试判断镉在上述浓度范围内是否形成可逆电极?

表 2.6　25 ℃时镉在不同浓度 $CdCl_2$ 溶液中的电极电位

$c_{CdCl_2}/(mol \cdot dm^{-3})$	10^{-6}	10^{-5}	10^{-4}	10^{-3}	10^{-2}	10^{-1}	10^{0}
φ_{Cd}/V	-0.54	-0.54	-0.52	-0.51	-0.48	-0.46	-0.45

若只从电极组成分析电极反应并作出判断,那么在不同浓度 $CdCl_2$ 溶液中都应是第一类可逆电极 $Cd \mid CdCl_2$。这是否正确呢?需要进一步分析:

由能斯特方程计算不同 Cd^{2+} 离子浓度下的镉的电位,并绘成电位 $\varphi_{平} \sim \lg a_{Cd^{2+}}$ 关系曲线,与按上述实验结果作出的 $\varphi \sim \lg a_{Cd^{2+}}$ 关系曲线进行比较(如图 2.17 所示)。结果表明,$\lg a_{Cd^{2+}}$ 在 $-1.0 \sim -4.5$ 范围内,实验值和理论值相符,故在这一浓度范围内,镉的电极电位是可逆的。但在较稀的溶液中($\lg a_{Cd^{2+}} < -4.5$ 时)实验值与理论值偏差很大,电位基本上不随 Cd^{2+} 浓度的减小而变化,表明这时镉的电位已不可逆了。

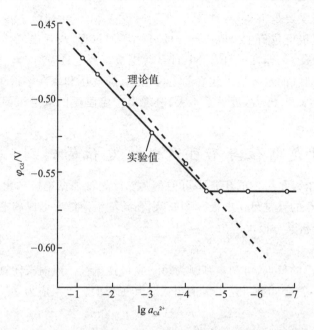

图 2.17　镉在不同浓度 $CdCl_2$ 溶液中的电极电位与活度的关系

2.4.4　影响电极电位的因素

从电极电位产生的机理可知，电极电位的大小取决于金属/溶液界面的双电层，因而影响电极电位的因素包含了金属的性质和外围介质的性质两大方面。前者包括金属的种类、物理化学状态和结构、表面状态；金属表面成相膜或吸附物的存在与否；机械变形与内应力；等等。后者包括溶液中各种离子的性质和浓度；溶剂的性质；溶解在溶液中的气体、分子和聚合物等的性质与浓度；温度、压力、光照和高能辐射；等等。总之，影响电极电位的因素是很复杂的，对任何一个电极体系，都必须进行具体分析，才能确定影响其电位变化的因素是什么。下面讨论影响电极电位的几个主要因素。

1. 电极的本性

电极的本性在这里指的是电极的组成。由于组成电极的氧化态物质和还原态物质不同，得失电子的能力也不同，因而形成的电极电位不同。这点从表 2.3 中可以看出。

2. 金属的表面状态

金属表面加工的精度，表面层纯度，氧化膜或其他成相膜的存在，原子、分子在表面的吸附等对金属的电极电位有很大影响，可使电极电位变化的范围达 1 V 左右。其中金属表面自然生成的保护性膜层的影响特别大。保护膜的形成多半使金属电极电位向正移，而保护膜破坏（如破裂、膜的孔隙增多增大等）或溶液中的离子对膜的穿透率增强时，往往使电极电位变负。电位的变化可达数百毫伏。

吸附在金属表面的气体原子，常常对金属的电极电位发生强烈影响。这些被吸附的气体可能本来是溶解在溶液中的，也可能是金属放入电解液以前就吸附在金属表面的。例如，铁在 1 mol/L KOH 溶液中，有大量氧吸附时的电极电位为 -0.27 V，有大量氢吸附时的电极电位是 -0.67 V。这一差别来源于不同气体原子的吸附。通常，有氧吸附时的金属电极电位将变正;有氢吸附时,电极电位变负。吸附气体对电极电位的影响一般为数十毫伏,有时达数百毫伏。

3. 金属的机械变形和内应力

变形和内应力的存在通常使电极电位变负,但一般影响不大,约数毫伏至数十毫伏。其原因可以这样来解释:在变形的金属上,金属离子的能量增高,活性增大,当它浸入溶液时就容易溶解而变成离子。因此,界面反应达到平衡时,所形成的双电层电位差就相对的负一些。如果由于变形或应力作用破坏了金属表面的保护膜,则电位也将变负。

4. 溶液的 pH 值

pH 值对电极电位有明显影响,表 2.7 中列出了同一金属在浓度为 1 mol/dm³ 的 HCl, KCl, KOH 等典型酸、碱、盐溶液中的电极电位。从表中可看出, pH 值的影响可使电极电位变化达数百毫伏。

表 2.7　金属在被 O_2 饱和的 1 mol/dm³ KCl, KOH 和 HCl 溶液中的电极电位

单位: V

溶　液	金　属					
	Ag	Ni	Zn	Cr	Fe	Cu
KCl	0.18	−0.02	−0.83	0.38	−0.49	0.03
KOH	0.10	0.05	−1.23	−0.31	−0.27	−0.03
HCl	0.202	−0.07	−1.225	—	−0.29	0.24

5. 溶液中氧化剂的存在

从表 2.4 可看出,加入氧化剂(H_2O_2)对电极电位的影响很大。在通常的金属腐蚀过程中,常遇到的氧化剂是溶解在电解液中的氧。氧化剂多半使电极电位变正,除了吸附氧的作用外,还可能因生成氧化膜或使原来的保护膜更加致密而使电位变正。

6. 溶液中络合剂的存在

当溶液中有络合剂时,金属离子就可能不再以水化离子形式存在,而是以某种络离子的形式存在,从而影响到电极反应的性质和电极电位的大小。例如,锌在含 Zn^{2+} 离子的溶液中的标准电位 $\varphi^0 = -0.763$ V,电极反应为

$$Zn \rightleftharpoons Zn^{2+} + 2e$$

或

$$Zn + xH_2O \rightleftharpoons Zn(H_2O)_x^{2+}（水合锌离子） + 2e$$

在溶液中加入 NaCN 后,发生络合反应:

$$Zn(H_2O)_x^{2+} + 4CN^- \rightleftharpoons Zn(CN)_4^{2-} + xH_2O$$

锌离子将以 $Zn(CN)_4^{2-}$ 络离子形式存在,电极反应变为

$$Zn + 4CN^- \rightleftharpoons Zn(CN)_4^{2-} + 2e$$

该反应对应的标准电位 $\varphi_{络}^0 = -1.260$ V。可见,加入络合剂 NaCN 之后,锌的电极电位变负了。

有络合剂存在时的标准电极电位 $\varphi_{络}^0$ 也可以用下式进行计算:

$$\varphi_{络}^0 = \varphi^0 + \frac{RT}{nF} \ln K_{不}$$

式中：$K_{\text{不}}$ 为络离子的不稳定常数；φ^0 为没有络合剂时的标准电位。如，上例中查表可知：

$$Zn \rightleftharpoons Zn^{2+} + 2e \qquad \varphi^0 = -0.763 \text{ V}$$

$$Zn(CN)_4^{2-} \rightleftharpoons Zn^{2+} + 4CN^- \qquad K_{\text{不}} = 1.3 \times 10^{-17}$$

故 25 ℃时，有

$$\varphi^0_{\text{络}} = -0.763 + \frac{0.059}{2} \lg (1.3 \times 10^{-17}) = -1.26 \text{ V}$$

不同的络合剂对同种金属的电极电位的影响不同，但总是使电位向更负的方向变化。如果溶液中有多种络合剂存在，则对电极电位的影响更为复杂，通常要通过实验来测定电位。

7. 溶剂的影响

电极在不同溶剂中的电极电位的数值是不同的。在讨论电极电位的形成时，已经知道电极电位既与物质得失电子有关，又与离子的溶剂化有关。因而，不同溶剂中，离子溶剂化不同，形成的电极电位亦不同。表 2.8 列出了某些电极在不同溶剂中的标准电位。

表 2.8　25 ℃时某些电极在不同溶剂中的标准电极电位

单位：V

电极	H_2O	CH_3OH	C_2H_5OH	NH_4	N_2H_4	$HCOOH$
$Li\|Li^+$	−3.045	−3.095	−3.042	−2.24	−2.20	−3.48
$Cs\|Cs^+$	−2.923	—	—	−1.95	—	−3.44
$Rb\|Rb^+$	−2.923	−2.912	—	−1.93	−2.01	−3.45
$K\|K^+$	−2.923	−2.921	—	−1.98	−2.02	−3.36
$Na\|Na^+$	−2.714	−2.728	−2.657	−1.85	−1.83	−3.42
$Ca\|Ca^{2+}$	−0.87	—	—	−1.74	−1.91	−3.20
$Zn\|Zn^{2+}$	−0.763	−0.74	—	−0.53	−0.41	−1.05
$Cd\|Cd^{2+}$	−0.483	−0.43	—	−0.20	−0.10	−0.75
$Pb\|Pb^{2+}$	−0.126	—	—	0.32	0.35	−0.72
$Ag\|AgBr,Br^-$	−0.085	−0.138	−0.132	—	—	—
$H_2\|H^+$	0.000	0	0	0	0	0
$Ag\|AgCl,Cl^-$	0.222	−0.010	−0.088	—	—	—
$Hg\|Hg_2Cl_2,Cl^-$	0.263	—	—	—	—	—
$Cu\|Cu^{2+}$	0.337	—	—	0.43	—	−0.14
$Cu\|Cu^+$	0.521	0.490	—	0.41	0.22	—
$Ag\|Ag^+$	0.799	0.764	—	0.83	—	−0.17

2.5　电位−pH 图

平衡电位的数值反映了物质的氧化还原能力，可以用来判断电化学反应进行的可能性。平衡电位的数值与反应物质的活度（或逸度）有关，对有 H^+ 离子或 OH^- 离子参与的反应来说,电极电位将随溶液 pH 值的变化而变化。因此,把各种反应的平衡电位和溶液 pH 值的函数关系绘制成图,就可以从图上清楚地看出一个电化学体系中,发生各种化学或电化学反应所必须具备的电极电位和溶液 pH 值条件,或者可以判断在给定条件下某化学反应或电化学反应进行的可能性。这种图称为电位-pH 图。

电位-pH 图首先由比利时学者鲍贝(Pourbaix)和他的同事们在 20 世纪 30 年代用于金属腐蚀问题的研究,很有成效。之后,电位-pH 图在电化学、无机化学、化学分析、地质和冶金科学等方面也都得到了广泛的应用。最简单的电位-pH 图只涉及一种元素(包括它的氧化物与氢化物)和水组成的体系。现在,鲍贝等人已将 90 种元素与水组成的电位-pH 图汇集成册。除了水与金属的电位-pH 图外,近年来,又把金属的电位-pH 图同金属的腐蚀与防护的实际情况密切结合起来,建立了多元体系的电位-pH 图和用动力学数据绘制的实验电位-pH 图。

本节主要讨论理论电位-pH 图的建立及其分析。至于它们的应用,请参阅金属腐蚀学相关参考书。

2.5.1 化学反应和电极反应的平衡条件

化学反应可写成通式

$$\sum \nu_i M_i = 0$$

式中:M_i 为反应物质;ν_i 为反应物质的化学计量数。由化学热力学可知,在等温等压条件下,化学反应达到平衡的条件是体系自由能的变化为零,即

$$\Delta G = 0$$

或

$$\sum \nu_i \mu_i = 0 \qquad (2.42)$$

式中:μ_i 为 i 物质的化学位。将化学位等温式 $\mu = \mu^0 + RT \ln a$ 代入式(2.42),则

$$\sum \nu_i (\mu_i^0 + RT \ln a_i) = 0$$

$$\sum \nu_i \ln a_i = -\frac{\sum \nu_i \mu_i^0}{RT}$$

因为

$$\ln K = -\frac{\sum \nu_i \mu_i^0}{RT}$$

所以

$$\sum \nu_i \ln a_i = \ln K \qquad (2.43)$$

这就是表示化学反应平衡条件的数学表达式,式中 K 为该反应的平衡常数。

电极反应可用以下通式表示,即

$$\sum \nu_i M_i + ne = 0$$

电极反应与化学反应的主要区别在于:除了物质的变化外,还有电荷的转移。因此,在电极反应平衡的能量条件中还应考虑电能的变化。根据式(2.5A),电极反应的平衡条件应是各反应物质电化学位的代数和为零,即

$$\sum \nu_i \bar{\mu}_i = 0 \qquad (2.5B)$$

或

$$\phi^M - \phi^S = \frac{\sum \nu_i \mu_i}{nF} + \frac{\mu_e}{F} \qquad (2.7)$$

$\phi^M - \phi^S$ 表示电极材料（金属）和溶液的内电位差，也就是电极的绝对电位。若用相对电极电位，如氢标电位 φ 来代替绝对电位，则根据式(2.12)，可将式(2.7)改写为

$$\varphi = \frac{\sum \nu_i \mu_i}{nF} \tag{2.44}$$

因此

$$\varphi = \frac{\sum \nu_i \mu_i^0}{nF} + \frac{RT}{nF} \sum \nu_i \ln a_i$$

令

$$\varphi^0 = \frac{\sum \nu_i \mu_i^0}{nF} = -\frac{RT}{nF} \ln K \tag{2.45}$$

则

$$\varphi = \varphi^0 + \frac{RT}{nF} \sum \nu_i \ln a_i \tag{2.46}$$

式中：ν_i 对还原态物质取负值，对氧化态物质取正值。

式(2.46)就是具体的电极反应平衡条件，也是能斯特方程的另一种表达方式。这表明，对电极反应来说，达到平衡的条件就是满足能斯特方程。对于金属与水组成的电化学体系，可以有三种典型的反应类型。下面具体讨论平衡电位和 pH 值对这三类反应平衡的影响。

1. 有 H^+ 离子参加，没有电子参加的化学反应

这类反应可以是发生在溶液中的均相反应，例如：

$$H_2CO_3 \Longrightarrow HCO_3^- + H^+$$

也可以是在固-液或气-液界面上的异相反应，例如：

$$Fe^{2+} + 2H_2O \Longrightarrow Fe(OH)_2(固) + 2H^+$$

$$CO_2(气) + H_2O \Longrightarrow HCO_3^- + H^+$$

其反应通式为

$$a A + c H_2O \Longrightarrow b\, B + m H^+ \tag{2.47}$$

按照式(2.43)，可得到反应的平衡条件如下：

因为

$$-a \lg a_A - c \lg a_{H_2O} + b \lg a_B + m \lg a_{H^+} = \lg K$$

$$-\lg a_{H^+} = pH$$

所以

$$\lg \frac{a_B^b}{a_A^a} = \lg K + m\, pH \tag{2.48A}$$

或

$$pH = -\frac{1}{m} \lg K - \frac{1}{m} \lg \frac{a_A^a}{a_B^b} \tag{2.48B}$$

从式(2.48A)、式(2.48B)可知，这类反应的平衡取决于溶液的 pH 值，而与电极电位无关。在一定的温度下，平衡常数 K 恒定不变，则 pH 值与电极电位无关，只随 $\dfrac{a_A^a}{a_B}$ 比值的变化而变化。因此，在电位-pH 图中，表示这类反应平衡条件的是一组平行于 φ 轴的垂线（如图 2.18 所示）。每一条垂线都对应于一定反应物质的活度或逸度。

2. 没有 H^+ 离子参加的电极反应

这类反应的通式为

$$a A + n e \Longrightarrow b B \tag{2.49}$$

例如：

$$Fe^{3+} + e \Longrightarrow Fe^{2+}$$

$$\mathrm{Fe^{2+}+2e \Longrightarrow Fe(固)}$$
$$\mathrm{Cl_2(气)+2e \Longrightarrow 2Cl^-}$$

都属于这类反应。其平衡条件可根据式(2.46)得出

$$\varphi = \varphi^0 + \frac{2.3RT}{nF}\lg\frac{a_A^a}{a_B^b} \tag{2.50}$$

显然,这类反应的平衡与溶液 pH 值无关,而取决于平衡电位。电极反应的平衡电位与 pH 无关,在一定温度下,它随比值 $\dfrac{a_A^a}{a_B^b}$ 的变化而变化。用电位-pH 图表示该类反应的平衡条件时,为一组平行于 pH 轴的水平线,各条水平线对应于一定的反应物质活度或逸度(如图 2.19 所示)。

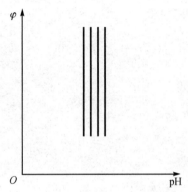

图 2.18　化学反应平衡条件

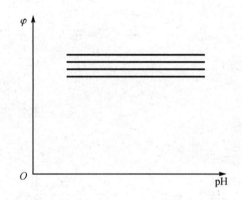

图 2.19　没有 H^+ 离子参与的电极反应的平衡条件

3. 有 H^+ 离子参加的电极反应

反应通式为

$$a\mathrm{A}+m\mathrm{H^+}+n\mathrm{e} \Longrightarrow b\mathrm{B}+c\mathrm{H_2O} \tag{2.51}$$

例如

$$\mathrm{MnO_4^- +8H^+ +5e \Longrightarrow Mn^{2+} +4H_2O}$$
$$\mathrm{Fe(OH)_3(固)+3H^+ +e \Longrightarrow Fe^{2+} +3H_2O}$$
$$\mathrm{2H^+ +2e \Longrightarrow H_2(气)}$$

该电极反应的平衡条件为

$$\varphi = \varphi^0 - \frac{2.3RT}{nF}m\,\mathrm{pH} + \frac{2.3RT}{nF}\lg\frac{a_A^a}{a_B^b} \tag{2.52}$$

可看出,这类反应的平衡既取决于溶液 pH 值,也取决于平衡电位。在一定的温度和 $\dfrac{a_A^a}{a_B^b}$ 比值条件下,电极反应的平衡电位将随 pH 值的变化而变化。

在电位-pH 图中,式(2.52)表达的函数关系将是一组平行的斜线(如图 2.20 所示)。每一条斜线对应于一定的反应物质活度或逸度。

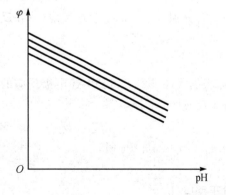

图 2.20　有 H^+ 离子参与的电极反应的平衡条件

如果把某一体系中各个反应的平衡条件绘制在同一个电位 pH 值坐标系中,就可以构成该体系的电位-pH 图。2.5.2 小节将介绍如何根据反应平衡条件建立理论电位-pH 图和对电位-pH 图进行分析。水是所有水溶液中最基本的组成,所以首先研究水的电化学平衡图。

2.5.2 水的电位-pH 图

1. 水的电位-pH 图的建立

水可以离解为氢离子和氢氧根离子,其电离反应为

$$H_2O \Longrightarrow H^+ + OH^- \tag{2.53}$$

根据式 (2.43),该反应的平衡条件为

$$\lg a_{H^+} + \lg a_{OH^-} = \lg K_W$$

因为

$$\lg K_W = -\frac{\sum \nu_i \mu_i^0}{2.3RT}$$

已知 25 ℃时,

$$\mu_{OH^-}^0 = -157.27 \text{ kJ/mol}$$

$$\mu_{H_2O}^0 = -237.19 \text{ kJ/mol}$$

$$\mu_{H^+}^0 = 0$$

所以,25 ℃时

$$\lg K_W = -\frac{(\mu_{H^+}^0 + \mu_{OH^-}^0 - \mu_{H_2O}^0)}{2.3RT} = -\frac{237\,190 - 157\,270}{2.3 \times 8.31 \times 298} = -14.00$$

即

$$\lg a_{H^+} + \lg a_{OH^-} = -14.00$$

在纯水中,H^+ 离子和 OH^- 离子的活度相等,根据 pH 值的定义 ($-\lg a_{H^+} = pH$),可得到水电离平衡的条件为

$$pH = 7.00 \tag{2.54}$$

由于纯水体系中存在 H_2O,H^+,OH^- 三种组分,因而纯水中还能发生下列两种电极反应:

(a) $$2H^+ + 2e \Longrightarrow H_2(气)$$

(b) $$2H_2O \Longrightarrow O_2(气) + 4H^+ + 4e$$

若分别以 φ_a^0 和 φ_b^0 表示反应(a)和反应(b)的标准电极电位,那么已知 25 ℃,有

$$\varphi_a^0 = 0.000 \text{ V}$$

$$\varphi_b^0 = 1.229 \text{ V}$$

故,根据式(2.52)可得到上述电极反应的平衡条件如下:

对于反应(a)

$$\varphi_a = -0.059\,1\,pH - 0.029\,6\,\lg p_{H_2} \tag{2.55A}$$

当 $p_{H_2} = 101\,325$ Pa 时,

$$\varphi_a = -0.059\,1\,pH \tag{2.55B}$$

对于反应(b)

$$\varphi_b = 1.229 - 0.059\,1\,pH + 0.014\,8\,\lg p_{O_2} \tag{2.56A}$$

当 $p_{O_2}=101\,325\ \text{Pa}$ 时，

$$\varphi_b=1.229-0.059\,1\ \text{pH} \qquad (2.56\text{B})$$

根据各反应的平衡关系式(2.54)、式(2.55B)、式(2.56B)，在电位-pH 坐标系中作图，即可以得到一条平行于 φ 轴的垂线和两条斜率为 $-0.059\,1$、间隔 1.229 V 的平行线ⓐ和ⓑ，如图 2.21 所示。该图就是 25 ℃，氢和氧的平衡压力为 101 325 Pa 时的水的电位-pH 图。由于 pH＝7 是众所周知的水溶液酸碱性的分界线，通常可省略 pH＝7 这条垂线，只标出线ⓐ和线ⓑ。如果氢和氧的平衡压力不是 101 325 Pa 时，则对应于不同的气体平衡压力，可在 φ-pH 图中得到两组平行线，直线的斜率仍为 0.059 1（如图 2.22 所示）。

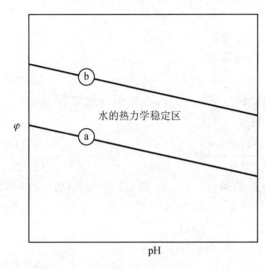

图 2.21　25 ℃时水的电位-pH 图
（$p_{H_2}=p_{O_2}=101\,325\ \text{Pa}$）

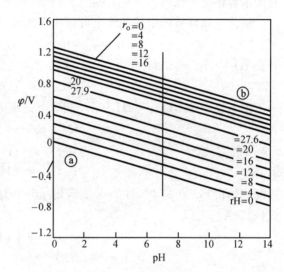

图 2.22　25 ℃时水的绝对中性条件

2. 对水的电位-pH 图的分析

从图 2.21 中，可以获得哪些有意义的信息呢？这就需要对该电位-pH 图作具体的分析讨论。

1）水的热力学稳定性

图 2.21 中，线ⓐ是反应(a)的平衡条件，线上的每一点都对应于不同 pH 值时的平衡电位。在线ⓐ的下方，对反应(a)来说，是处于不平衡状态的。也就是该区域中任意一点的电位都比反应(a)的平衡电位更负。这表明，相对于平衡状态，体系中有剩余负电荷的积累。在这种条件下，还原反应 $2H^+ +2e \longrightarrow H_2$（气）的速度将增大，以图趋近于平衡状态。因此，水倾向于发生还原反应而分解，析出氢气，并使溶液的酸度降低。

同理，线ⓑ为反应(b)的平衡条件，在线ⓑ的上方，任意一点的电位均比反应(b)的平衡电位更正，因而水倾向于因氧化反应 $2H_2O \longrightarrow O_2$（气）$+4H^+ +4e$ 而分解，析出氧气，并使溶液的酸性增加。

由此可见，只有在线ⓐ和ⓑ之间的区域内，水才不分解为氢气或氧气。因此，这个区域是 25 ℃，$p_{H_2}=p_{O_2}=101\,325\ \text{Pa}$ 条件下水的热力学稳定区。同时，也可以从图 2.21 中看到使水分解生成氢气或氧气所必须满足的热力学条件。

2）水的酸碱性

按照酸碱理论,规定 $a_{H^+} = a_{OH^-}$ 为水溶液的中性条件。$a_{H^+} > a_{OH^-}$ 时,溶液是酸性的。$a_{H^+} < a_{OH^-}$ 时,溶液是碱性的。如前所述,在水的电位–pH 图中,可以用电离平衡线 pH＝7 作为溶液的中性条件,即垂线(pH＝7)的左边为酸性溶液,右边为碱性溶液。

3）水的氧化还原性质

正如根据反应 $H_2O \rightleftharpoons H^+ + OH^-$,把 $a_{H^+} = a_{OH^-}$ 作为水的酸碱性质的中性条件一样,也可以从氧化还原的观点,根据水可按 $2H_2O \rightleftharpoons 2H_2 + O_2$ 分解成氢气和氧气,把 $p_{H_2} = 2p_{O_2}$ 时的水看作是中性的。

氧化还原性质的中性条件也可以用下式表示:

$$\lg p_{H_2} = \lg p_{O_2} + \lg 2 = \lg p_{O_2} + 0.30 \tag{2.57}$$

若设 $rO = -\lg p_{O_2}$,$rH = -\lg p_{H_2}$,则式(2.57)还可改写为

$$rH = rO - 0.30 \tag{2.58}$$

由于反应 $2H_2O \rightleftharpoons 2H_2 + O_2$ 实际上是水中电极反应(a)和反应(b)耦合的结果,即

$$4H^+ + 4e \rightleftharpoons 2H_2 \tag{a}$$

$$\underline{2H_2O \rightleftharpoons O_2 + 4H^+ + 4e} \tag{b}$$

$$2H_2O \rightleftharpoons 2H_2 + O_2 \tag{2.59}$$

因此,只有当 $\varphi_a = \varphi_b$ 时,才有可能满足 $p_{H_2} = 2p_{O_2}$ 的条件。将 rO 和 rH 代入式(2.55A)和式(2.56A),可得

$$\varphi_a = -0.059\ 1\ pH + 0.029\ 6\ rH$$

$$\varphi_b = 1.229 - 0.0591\ pH - 0.0148\ rO$$

根据 $\varphi_a = \varphi_b$,有

$$rH = 27.56 \tag{2.60}$$

$$rO = 27.86 \tag{2.61}$$

式(2.60)和式(2.61)的关系确实符合式(2.58),故它们就是 25 ℃时水的氧化还原性质的中性条件,在 φ–pH 图中是一条斜线(参见图 2.22)。

当水同时符合酸碱性和氧化还原性的中性条件时,水被认为是绝对中性的。对于水和稀水溶液来说,25 ℃时的绝对中性条件为

$$pH = 7.00$$
$$rH = 27.56$$
$$rO = 27.86$$
$$\varphi = 0.40\ V \tag{2.62}$$

这样,根据上述条件,可将水的电位–pH 图划分为四个区域,如图 2.23 所示。

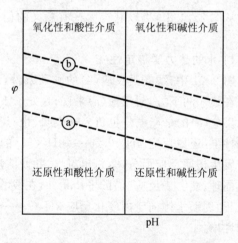

图 2.23　25 ℃时水的酸碱性和氧化还原性质

2.5.3　金属的电位-pH图

金属的电位-pH图通常是指压力为 101 325 Pa 和 25 ℃时,某金属在水溶液中不同价态时的电化学平衡图。它既可反映一定电位和 pH 值时金属的热力学稳定性及其不同价态物质的变化倾向,又能反映金属与其离子在水溶液中的反应条件,因此在金属腐蚀与防护学科中占有重要地位。

近年来,除了金属-水体系的电位-pH图外,又把金属的 φ-pH 图同腐蚀的实际情况结合起来,研究了多元体系的电位-pH图。此外,还用电位-pH图研究了闭塞腐蚀电池、缝隙腐蚀、点腐蚀和应力腐蚀等。

下面以 Fe-H$_2$O 系为例介绍金属的电位-pH图。

1. Fe-H$_2$O 系电化学平衡图的建立

在本节中已经看到,理论电位-pH图的建立可按以下步骤进行:

(1) 列出体系中可能存在的各种组分及其标准化学位数值。

(2) 根据各组分的特征和相互作用,推断体系中可能发生的各种化学反应和电极反应,查表得出或计算出电极反应的标准电位数值。

(3) 计算出各反应的平衡条件。

(4) 根据各反应的平衡条件,在电位-pH坐标系中作图,经综合整理即得到该体系的电位-pH图。

下面按照这一程序来建立 Fe-H$_2$O 系的电位-pH图。

Fe-H$_2$O 系中可能存在的各组分物质和它们的标准化学位见表 2.9,各组分物质的相互反应和它们的平衡条件见表 2.10。

平衡条件是根据各反应的类型,按式(2.48)、式(2.50)和式(2.52)计算出来的。例如25 ℃时:

表 2.9　Fe-H$_2$O 系中的物质组成及其标准化学位 μ^0(25 ℃)

物　态	名　称	化学符号	μ^0/(kJ·mol^{-1})
溶液态	水	H$_2$O	-238.446
	氢离子	H$^+$	0
	氢氧根离子	OH$^-$	-157.297
	亚铁离子	Fe^{2+}	-84.935
	铁离子	Fe^{3+}	-10.586
	亚铁酸氢根离子	HFeO$_2^-$	-337.606
固态	铁	Fe	0
	氢氧化亚铁	Fe(OH)$_2$	-483.545
	氢氧化铁	Fe(OH)$_3$	-694.544
气态	氢气	H$_2$	0
	氧气	O$_2$	0

表 2.10　Fe - H₂O 系中的反应及其平衡条件(25 ℃)

序　号	反应式	φ^0/V	平衡条件
(a)	$2H^+ + 2e \rightleftharpoons H_2$	0	$\varphi_a = -0.059\ 1\ pH$
(b)	$2H_2O \rightleftharpoons O_2 + 4H^+ + 4e$	1.229	$\varphi_b = 1.229 - 0.059\ 1\ pH$
1	$Fe^{2+} + 2e \rightleftharpoons Fe$	−0.440	$\varphi_1 = -0.44 + 0.029\ 6\ \lg a_{Fe^{2+}}$
2	$Fe(OH)_2 + 2H^+ + 2e \rightleftharpoons Fe + 2H_2O$	−0.045	$\varphi_2 = -0.045 - 0.059\ 1\ pH$
3	$Fe(OH)_3 + H^+ + e \rightleftharpoons Fe(OH)_2 + H_2O$	0.271	$\varphi_3 = 0.271 - 0.059\ 1\ pH$
4	$Fe(OH)_3 + e \rightleftharpoons HFeO_2^- + H_2O$	−0.810	$\varphi_4 = 0.810 - 0.059\ 1\ \lg a_{HFeO_2^-}$
5	$Fe(OH)_3 + 3H^+ + e \rightleftharpoons Fe^{2+} + 3H_2O$	1.057	$\varphi_5 = 1.057 - 0.177\ 3\ pH - 0.059\ 1\ \lg a_{Fe^{2+}}$
6	$Fe^{3+} + e \rightleftharpoons Fe^{2+}$	0.771	$\varphi_6 = 0.771 - 0.059\ 1\ \lg \dfrac{a_{Fe^{3+}}}{a_{Fe^{2+}}}$
7	$Fe(OH)_2 + 2H^+ \rightleftharpoons Fe^{2+} + 2H_2O$	—	$\lg a_{Fe^{2+}} = 13.29 - 2\ pH$
8	$Fe(OH)_2 \rightleftharpoons HFeO_2^- + H^+$	—	$\lg a_{HFeO_2^-} = -18.30 + pH$
9	$Fe(OH)_3 + 3H^+ \rightleftharpoons Fe^{3+} + 3H_2O$	—	$\lg a_{Fe^{3+}} = 4.84 - 3\ pH$
10	$HFeO_2^- + 3H^+ + 2e \rightleftharpoons Fe + 2H_2O$	0.493	$\varphi_{10} = 0.493 - 0.088\ 6\ pH + 0.029\ 6\ \lg a_{HFeO_2^-}$

反应(1)　$Fe^{2+} + 2e \rightleftharpoons Fe$

这是没有 H^+ 离子参与的电极反应,其平衡条件为

$$\varphi = \varphi^0 + \frac{0.059\ 1}{n} \lg \frac{a_A^a}{a_B^b}$$

从表 2.10 中可查得 $\varphi^0 = -0.440$ V, $n = 2$,故

$$\varphi_1 = -0.440 + 0.029\ 6\ \lg a_{Fe^{2+}} \tag{2.63}$$

分别设 $a_{Fe^{2+}}$ 为 10^0 mol/L,10^{-2} mol/L,10^{-4} mol/L,10^{-6} mol/L,根据式(2.63),可在电位- pH 图中得到一组平行的水平线(见图 2.24 中第①组平行线)。

反应(2)　$Fe(OH)_2 + 2H^+ + 2e \rightleftharpoons Fe + 2H_2O$

已知 $\varphi^0 = -0.045$ V,根据有 H^+ 离子参与的电极反应的平衡条件式(2.52),可得到反应(2)的平衡条件为

$$\varphi_2 = \varphi^0 - \frac{0.059\ 1\ m}{n} pH + \frac{0.059\ 1}{n} \lg \frac{a_{Fe(OH)_2}}{a_{Fe}\ a_{H_2O}^2} = -0.045 - 0.059\ 1\ pH \tag{2.64}$$

由于 φ_2 只与 pH 值有关,与其他反应物质浓度无关,因此在电位- pH 图中得到的是一条斜率为 −0.059 1 的斜线(见图 2.24 中直线②)。

反应(7)　$Fe(OH)_2 + 2H^+ \rightleftharpoons Fe^{2+} + 2H_2O$

其平衡常数为

$$K = \frac{a_{Fe^{2+}}\ a_{H_2O}^2}{a_{Fe(OH)_2}\ a_{H^+}^2} = \frac{a_{Fe^{2+}}}{a_{H^+}^2}$$

故　　　　　　　　$\lg K = \lg a_{Fe^{2+}} - 2\lg a_{H^+} = \lg a_{Fe^{2+}} + 2\ pH$

已知 25 ℃时,$K = 10^{13.29}$,将此值代入上式得

$$\lg a_{Fe^{2+}} = 13.29 - 2\,pH \tag{2.65}$$

根据式(2.65),可得到 $a_{Fe^{2+}}$ 随 pH 值变化的一组平行的垂直线(见图 2.24 中第⑦组平行线)。

用同样的方法,可以得出 $Fe-H_2O$ 系中各个反应的平衡条件(参见表 2.9)及其电位-pH 图线,抹去各图线相交后多余的部分,就可汇总成整个体系的电位-pH 图,如图 2.24 所示。该图中每一组直线上的圆圈内的编号对应于表 2.9 中各平衡条件的编号;各直线旁的数字则代表可溶性离子活度的对数值。图中两条平行的虚线ⓐ和ⓑ即水的电位-pH 图线,分别代表表 2.9 中反应(a)和(b)在 $p_{H_2}=101\,325\ Pa$ 和 $p_{O_2}=101\,325\ Pa$ 时的平衡条件。

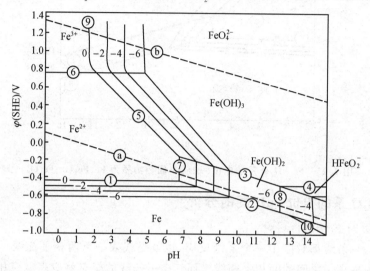

图 2.24　$Fe-H_2O$ 系的电位-pH 图(固相物质为 $Fe,Fe(OH)_2,Fe(OH)_3$)

图 2.24 是基于 $Fe,Fe(OH)_2,Fe(OH)_3$ 为固相时的平衡反应得到的。若以 Fe,Fe_2O_3,Fe_3O_4 作为固相,则可得到表 2.11 和图 2.25。

表 2.11　$Fe-H_2O$ 系中的反应及其平衡条件

编　号	反应式	平衡条件
(a)	$2H^+ 2e \Longrightarrow H_2$	$\varphi_a = -0.059\,1\,pH$
(b)	$2H_2O \Longrightarrow O_2 + 4H^+ + 4e$	$\varphi_b = 1.229 - 0.059\,1\,pH$
1	$Fe^{2+} + 2e \Longrightarrow Fe$	$\varphi_1 = -0.440 + 0.029\,6\,\lg a_{Fe^{2+}}$
2	$Fe_3O_4 + 8H^+ + 8e \Longrightarrow 3Fe + 4H_2O$	$\varphi_2 = -0.085 - 0.059\,1\,pH$
3	$3Fe_2O_3 + 2H^+ + 2e \Longrightarrow 2Fe_3O_4 + H_2O$	$\varphi_3 = 0.221 - 0.059\,1\,pH$
4	$Fe_3O_4 + 2H_2O + 2e \Longrightarrow 3HFeO_2^- + H^+$	$\varphi_4 = -1.82 + 0.029\,6\,pH - 0.089\,\lg a_{HFeO_2^-}$
5	$Fe_2O_3 + 6H^+ + 2e \Longrightarrow 2Fe^{2+} + 3H_2O$	$\varphi_5 = 0.728 - 0.177\,pH - 0.059\,1\,\lg a_{Fe^{2+}}$
6	$Fe^{3+} + e \Longrightarrow Fe^{2+}$	$\varphi_6 = 0.771 + 0.059\,1\,\lg \dfrac{a_{Fe^{3+}}}{a_{Fe^{2+}}}$
7	$Fe_3O_4 + 8H^+ + 2e \Longrightarrow 3Fe^{2+} + 4H_2O$	$\varphi_7 = 0.980 - 0.236\,pH - 0.089\,\lg a_{Fe^{2+}}$
8	$HFeO_2^- + 3H^+ + 2e \Longrightarrow Fe + 2H_2O$	$\varphi_8 = 0.493 - 0.089\,pH + 0.029\,6\,\lg a_{HFeO_2^-}$
9	$Fe_2O_3 + 6H^+ \Longrightarrow 2Fe^{3+} + 3H_2O$	$\lg a_{Fe^{3+}} = -0.72 - 3\,pH$

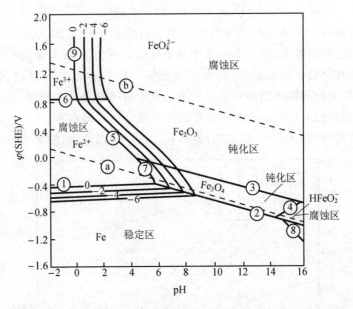

图 2.25　Fe－H_2O 系的电位－pH 图（固相物质为 Fe，Fe_3O_4，Fe_2O_3）

2. Fe－H_2O 系的电位－pH 图的分析

下面以图 2.24 为例进行讨论：

（1）图中每一条线都对应于一个平衡反应，也就是代表一条两相平衡线。如线①表示固相铁和液相的亚铁离子之间的两相平衡线。而三条平衡线的交点就应表示三相平衡点，如①，②和⑦三条线的交点是 Fe，$Fe(OH)_2$ 和 Fe^{2+} 离子的三相平衡点。因此，电位－PH 图也被称为电化学相图。从图中可以清楚地看出各相的热力学稳定范围和各种物质生成的电位和 pH 条件。例如，在线①，②，⑩以下的区域是铁的热力学稳定区域。在水中，在这个电位和 pH 范围内，从热力学的观点看，铁是能够稳定存在的。若要生成 $Fe(OH)_2$，则必须满足线②，③，⑦，⑧所包围的范围内的电位和 pH 值。

（2）可以从电位－pH 图中了解金属的腐蚀倾向。在腐蚀学中，人为规定可溶性物质在溶液中的浓度小于 10^{-6} mol/L 时，它的溶解速度可视为无限小，即可把该物质看成是不溶解的。因此，金属电位－pH 图中的 10^{-6} mol/L 等溶解度线就可以作为金属腐蚀与不腐蚀的分界限。如果在平衡条件的计算中，有关离子的浓度都取 10^{-6} mol/L，则可以得到简化了的电位－pH 图，又称为金属腐蚀图（如图 2.26 所示）。该图可被划分成以下三个区域：

① 免蚀区（或稳定区）。该区域内金属处于热力学稳定状态，不发生腐蚀。如图 2.26 中所示的铁稳定区，是铁和氢的稳定区域。在它所包含的电位和 pH 值条件下，铁不发生腐蚀。

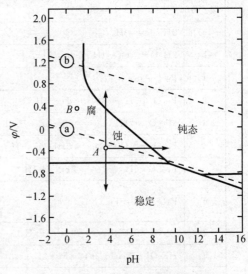

图 2.26　Fe－H_2O 系的腐蚀状态图

但有 H^+ 离子还原为 H 原子或氢分子,故热力学上有向金属中渗氢和产生氢脆的可能性。

② 腐蚀区。该区域内稳定存在的是金属的各种可溶性离子,如 Fe^{2+},Fe^{3+} 和 $HFeO_2^-$ 等离子。对金属而言,处于热力学不稳定状态,有可能发生腐蚀。在图 2.26 中,铁若处于 A 位置,则在该电位与 pH 值下,体系中将发生如下反应:

阳极反应:　　　　　　　　　　$Fe \longrightarrow Fe^{2+} + 2e$

阴极反应:　　　　　　　　　　$2H^+ + 2e \longrightarrow H_2$

腐蚀电池反应:　　　　　　　　$Fe + 2H^+ \longrightarrow Fe^{2+} + H_2$

因此,铁将发生析氢腐蚀。由于有 H 原子或氢分子形成,故也有渗氢和氢脆的可能性。

若铁处在位置 B,这时的电位高于ⓐ线,低于ⓑ线,因此不会发生析氢反应,而将发生氧的还原反应,即腐蚀电池反应为

阳极反应:　　　　　　　　　　$Fe \longrightarrow Fe^{2+} + 2e$

阴极反应:　　　　　　　　$2H^+ + \dfrac{1}{2}O_2 + 2e \longrightarrow H_2O$

电池反应:　　　　　　　$Fe + 2H^+ + \dfrac{1}{2}O_2 \longrightarrow Fe^{2+} + H_2O$

铁的这种腐蚀过程称为吸氧腐蚀。

③ 钝化区。该区内稳定存在的是难溶性的金属氧化物、氢氧化物或难溶性盐。这些固态物质若能牢固覆盖在金属表面上,则有可能使金属失去活性而不发生腐蚀。例如,在 Fe-H_2O 系的钝化区内,铁被 $Fe(OH)_2$ 或 $Fe(OH)_3$(或 Fe_2O_3 和 Fe_3O_4)所覆盖。若氧化物膜层是致密无孔的,则铁将被保护而免于腐蚀。

(3)可以根据电位-pH 图寻求控制腐蚀的途径。如上所述,在不同的电位和 pH 值条件下,金属腐蚀的倾向是不同的。因此,可以通过改变电位或 pH 来控制金属的腐蚀。例如对图 2.26 中处于位置 A 的铁,欲防止其腐蚀,可以采取以下措施:

① 利用一定的装置,人为地将铁的电极电位降低到免蚀区。

② 利用一定的装置或向体系中加入某些缓蚀性物质(阳极钝化型缓蚀剂),使铁的电极电位升高到钝化区。

③ 调整溶液的 pH 值,使其在 9 和 13 之间,也可使铁进入钝化区。

(4)从电位-pH 图判断金属电沉积的可能性。由图 2.24 可知,线ⓐ在线①之上,故在酸性溶液中,阴极上易于析氢而不易于沉积铁。在中性和碱性溶液中,又容易在阴极表面生成铁的氧化物或氢氧化物而钝化,因此在简单铁离子的水溶液中,铁的沉积是很困难的。

2.5.4　电位-pH 图的局限性

前面介绍的电位-pH 图都是根据热力学数据建立的,称为理论电位-pH 图。理论电位-pH 图有严密的理论基础,因而得到广泛的应用和持续的发展。但是,实际的电化学体系往往是复杂的,与根据热力学数据建立的理论电位-pH 图有较大的差别。因此,用理论电位-pH 图解决实际问题时,必须考虑到它的局限性。其局限性主要表现在以下几方面:

(1)理论电位-pH 图是一种热力学的电化学平衡图,因而只能给出电化学反应的方向和热力学可能性,而不能给出电化学反应的速度。

(2)建立电位-pH 图时,是以金属与溶液中的离子和固相反应产物之间的平衡作为先决

条件的。但在实际体系中,可能偏离这种平衡。此外,理论电位-pH 图中没有考虑"局外物质"对平衡的影响。如水溶液中往往存在 Cl^-,SO_4^{2-} 等离子,它们对电化学平衡的影响常常是不能忽略的。

(3)理论电位-pH 图中的钝化区是以金属氧化物、氢氧化物或难溶盐的稳定存在为依据的。而这些物质的保护性能究竟如何,并不能从理论电位-pH 图中反映出来。

(4)理论电位-pH 图中所表示的 pH 值是指平衡时整个溶液的 pH 值。而在实际的电化学体系中,金属表面上各点的 pH 值可能是不同的。通常,阳极反应区的 pH 值比整体溶液的 pH 值要低,而阴极反应区的 pH 值要高些。

电位-pH 图的局限性也反映了电化学热力学理论的局限性。因此,为了使理论能指导实践,解决实际的电化学问题,不仅要深入研究电化学热力学,而且需要深入研究电极过程动力学。

思考题

1. 试分析两相间出现电位差的原因,并判断下列相间是否有电位差存在:

(1)铜 | 乙醇;

(2)铁 | 氨三乙酸水溶液;

(3)Al_2O_3 | 蒸馏水;

(4)Ni | NaCl(熔盐)。

2. 一个电化学体系中通常包括哪些相间电位?它们有哪些共性和区别?

3. 为什么不能测出电极的绝对电位?我们平常所用的电极电位值是如何得到的?

4. 什么叫盐桥?为什么说它能消除液界电位?真能完全消除吗?

5. "原电池之所以能源源不断地对外做功,是由于电池两极之间存在着电位差。也就是说电位差的存在是电能的来源。"这种说法对吗?为什么?

6. "可逆电池的电极是可逆的,因此由可逆电极组成的自发电池也一定是可逆电池。"这种观点对吗?为什么?

7. 根据吉布斯-亥姆荷茨方程说明吸热反应组成的原电池能否做电功?

8. 为什么不能用普通电压表测量电动势?应该怎样测量?

9. 实际测量中,我们常使用公式 $E = \varphi_+ - \varphi_-$,但又说原电池电动势不等于组成电池的两个电极的内电位差之代数和。怎样使这两者统一起来呢?

10. 试比较电化学反应和非电化学的氧化还原反应之间的区别。

11. 试比较原电池、电解池和腐蚀电池之间的同异。

12. 指出下列电池的正负极和阴阳极,并写出电池反应。

(1)丹尼尔电池 Zn | $ZnSO_4(1 \text{ mol/dm}^3)$ ‖ $CuSO_4(1 \text{ mol/dm}^3)$ | Cu;

(2)惠斯顿标准电池 $12.5\% Cd(Hg)$ | $CdSO_4 \cdot \frac{8}{3} H_2O$(饱和),$Hg_2SO_4$(固) | Hg;

(3)Ni | $NiSO_4(0.1 \text{ mol/dm}^3)$ | $NiSO_4(1 \text{ mol/dm}^3)$ | Ni;

(4)$Pt, O_2(p')$ | $NaOH(1 \text{ mol/dm}^3)$ | $O_2(p''), Pt$ (其中 $p' < p''$)。

13. 写出下列电极的电极反应,并判断它们属于哪一类电极:

(1)Ag | $AgNO_3(0.1 \text{ mol/dm}^3)$;

(2) Ag｜AgCl(固)，KCl(0.5 mol/dm^3)；

(3) Hg｜HgO(固)，NaOH(0.1 mol/dm^3)；

(4) Cu｜NaOH(0.1 mol/dm^3)；

(5) Pt｜Sn^{2+}(1 mol/dm^3)，Sn^{4+}(0.5 mol/dm^3)；

(6) Cd｜NaCl(1 mol/dm^3)；

(7) Zn｜ZnSO$_4$(10^{-5} mol/dm^3)；

(8) Zn｜ZnSO$_4$(0.1 mol/dm^3)。

14. "稳定的电位就是平衡电位，不稳定的电位就是不平衡电位。"这种说法对吗？为什么？

15. 钢铁零件在盐酸中容易发生腐蚀溶解，而铜零件却不易腐蚀。这是为什么？

16. 将一根铁棒浸入水中一半，什么地方腐蚀溶解最严重？为什么？

17. 电位-pH 图和金属腐蚀图是一回事吗？为什么？

18. 举例叙述如何从理论上建立电位-pH 图。

19. 为什么金属的电位-pH 图中通常都要用虚线画出水的电位-pH 图线？

例　题

1. 可逆电池电动势计算

可逆电池的电动势可利用下面的方程计算，即

$$E = \varphi_+ - \varphi_- \tag{2.28}$$

$$E = E^0 + \frac{RT}{nF}\ln\frac{\prod a_{\text{反应物}}^{\nu}}{\prod a_{\text{生成物}}^{\nu}} \tag{2.24}$$

$$E^0 = \frac{RT}{nF}\ln K \tag{2.22}$$

[**例 2-1**]　写出电池 Zn｜ZnCl$_2$(0.1 mol/dm^3)，AgCl(固)｜Ag 的电极反应和电池反应，并计算该电池 25 ℃时的电动势。

[**解**]

电极反应：　　　$(-)$ Zn $\longrightarrow$ Zn^{2+} + 2e

$(+)$ 2AgCl + 2e $\longrightarrow$ 2Ag + 2Cl$^-$

电池反应：　　　Zn + 2AgCl $\longrightarrow$ Zn^{2+} + 2Ag + 2Cl$^-$

计算电动势可有不同方法，结果一样。

方法 1　直接用式 (2.24) 计算电动势 E，其中的 E^0 可根据电极反应查表得到

$$\varphi^0(\text{Ag}｜\text{AgCl},\text{Cl}^-) = 0.222 \text{ V}$$

$$\varphi^0(\text{Zn}｜\text{Zn}^{2+}) = -0.763 \text{ V}$$

故 $E^0 = \varphi^0(\text{Ag}｜\text{AgCl},\text{Cl}^-) - \varphi^0(\text{Zn}｜\text{Zn}^{2+}) = 0.985$ V。又已知 $n = 2$，查表得 0.1 mol/dm^3 ZnCl$_2$ 溶液中 $\gamma_\pm = 0.5$，25 ℃时，$\dfrac{2.3RT}{F} = 0.059\ 1$，故得到

$$E = E^0 + \frac{2.3RT}{2F}\lg\frac{a_{\text{Zn}} a_{\text{AgCl}}^2}{a_{\text{Zn}^{2+}} a_{\text{Ag}}^2 a_{\text{Cl}^-}^2} = E^0 - \frac{2.3RT}{2F}\lg(a_{\text{Zn}^{2+}} a_{\text{Cl}^-}^2) = 1.082 \text{ V}$$

方法 2　先查表得出电池反应的 ΔG^0 值,再根据 $\Delta G^0 = -nFE^0$ 求出 E^0。其他步骤同方法 1。

方法 3　先分别求出 φ_+ 和 φ_- (电极电位解法见例 2−2),然后利用式(2.28)求 E。

2. 电极电位的计算

平衡电极电位可以通过能斯特方程进行计算。若电极反应为

$$O + ne \Longleftrightarrow R$$

则电极的平衡电位为

$$\varphi_{平} = \varphi^0 + \frac{RT}{nF}\ln\frac{a_O}{a_R} \tag{2.31}$$

式中: φ^0 为该电极的标准电极电位。计算平衡电位时,首先要弄清电极反应是什么,根据电极反应查表得到 φ^0 值和代入有关反应物质的活度或浓度,才能正确运用公式进行计算。

[例 2−2]　求 25 ℃时氯化银电极 $Ag|AgCl$(固),KCl(0.5 mol/dm³)的平衡电位。

[解]

先写出电极反应:

$$Ag + Cl^- \longrightarrow AgCl + e$$

这是第二类可逆电极,可用两种方法求平衡电位 $\varphi_{平}$。

方法 1　按能斯特方程应有

$$\varphi_{平} = \varphi^0 + \frac{RT}{F}\ln\frac{1}{a_{Cl^-}}$$

查表知 $\varphi^0 = 0.222\ V$,0.5 mol/dm³ KCl 溶液中 $\gamma_\pm = 0.651$。应注意所查的 φ^0 值应是氯化银电极的标准电位,即相对于电极反应的标准电位,而不是银电极(反应 $Ag \longrightarrow Ag^+ + e$)的标准电位。

综上

$$\varphi_{平} = \varphi^0 - \frac{RT}{F}\ln a_{Cl^-} = 0.222 - 0.059\,1\,\lg(0.5 \times 0.651) = 0.250\,8\ V$$

方法 2

如果查不到氯化银电极的标准电位,那就可以根据银电极的标准电位 $\varphi^{0'}$ 和氯化银的溶度积 K_S,由式(2.37)求 $\varphi_{平}$,得

$$\varphi_{平} = \varphi^{0'} + \frac{RT}{F}\ln K_S - \frac{RT}{F}\ln a_{Cl^-} \tag{2.37}$$

查表得 $\varphi^{0'} = 0.799\ V$,25 ℃时 AgCl 的溶度积 $K_S = 1.7 \times 10^{-10}$。

综上
$$\varphi_{平} = 0.799 + 0.059\,1\,\lg(1.7 \times 10^{-10}) - 0.059\,1\,\lg(0.5 \times 0.651)$$
$$= 0.250\,8\ V$$

3. 浓差电池电动势的计算

无迁移浓差电池实际上是由两个独立的、化学组成相同而浓度不同的化学电池反极性串联而成的,没有液界电位,故电池总电动势为 $E = E_左 + E_右$。对 1−1 价型电解质溶液组成的无迁移浓差电池可按下式计算电动势 E,即

$$E = \pm\frac{2RT}{F}\ln\frac{a'_\pm}{a''_\pm} \tag{2.26}$$

式中：电池两端电极对阴离子可逆时用负号，对阳离子可逆时用正号。

有迁移浓差电池由于液/液界面的存在，电池总电动势中包含了液体接界电位，其数值与离子迁移数有关。对 1-1 价型电解质组成的有迁移浓差电池可用下式计算电动势 E：

电极对正离子可逆时：

$$E = 2t_- \frac{RT}{F} \ln \frac{a''_{\pm}}{a'_{\pm}} \qquad (2.25A)$$

电极对负离子可逆时：

$$E = 2t_+ \frac{RT}{F} \ln \frac{a'_{\pm}}{a''_{\pm}} \qquad (2.25B)$$

[例 2-3]　25 ℃时，0.1 mol/dm³ $AgNO_3$ 和 0.01 mol/dm³ $AgNO_3$ 溶液中 Ag^+ 离子的平均迁移数为 0.467。试计算：

(1) 下列两个电池在 25 ℃时的电动势：

ⓐ $Ag|AgNO_3(0.01\ mol/dm^3)\parallel AgNO_3(0.1\ mol/dm^3)|Ag$

ⓑ $Ag|AgNO_3(0.01\ mol/dm^3)|AgNO_3(0.1\ mol/dm^3)|Ag$

(2) 求 $AgNO_3(0.01\ mol/dm^3)|AgNO_3(0.1\ mol/dm^3)$ 在 25 ℃时的液界电位。

[解]

(1) 查表知 25 ℃时，$\varphi^0(Ag|Ag^+) = 0.799\ V$

$\qquad$ 0.1 mol/dm³ $AgNO_3$ 溶液中 $\gamma_{\pm} = 0.733$

$\qquad$ 0.01 mol/dm³ $AgNO_3$ 溶液中 $\gamma_{\pm} = 0.892$

电池ⓐ：$\qquad$ (-) $Ag \longrightarrow Ag^+ + e$

$\qquad\qquad\qquad$ (+) $Ag^+ \longrightarrow Ag - e$

因为 $\qquad\qquad\qquad \varphi_+ = \varphi^0 + \dfrac{2.3RT}{F} \lg(0.1 \times 0.733)$

$\qquad\qquad\qquad\qquad \varphi_- = \varphi^0 + \dfrac{2.3RT}{F} \lg(0.01 \times 0.892)$

所以 $\quad E_a = \varphi_+ - \varphi_- = \dfrac{2.3RT}{F}[\lg(0.1 \times 0.733) - \lg(0.01 \times 0.892)] = 0.054\ V$

电池ⓑ：是有迁移浓差电池，对正离子可逆，故用式(2.25A)计算。已知 $t_+ = 0.467$，故

$$t_- = 1 - t_+ = 0.533$$

$$E_b = 2t_- \frac{2.3RT}{F} \lg \frac{a''_{\pm}}{a'_{\pm}} = 0.058\ V$$

(2) 对比电池ⓐ和电池ⓑ可知，两者的电动势组成中，仅相差一个 0.01 mol/dm³ $AgNO_3$|
0.1 mol/dm³ $AgNO_3$ 的液界电位 φ_j，因此

$$\varphi_j = E_b - E_a = 0.004\ V$$

4. 电动势与电极电位的应用举例

1) 电动势法计算热力学函数

恒温恒压下，某化学反应如果可以在可逆电池中发生，那么就可以测出电池电动势后，利用下列关系式求出有关的热力学函数。反过来，也可以从已知的热力学函数计算电池电动势。

$$-\Delta G = nFE \qquad (2.14A)$$

$$-\Delta H = nFE - nFT\left(\frac{\partial E}{\partial T}\right)_p \quad (2.19)$$

$$Q_p = -\Delta H = nFE - nFT\left(\frac{\partial E}{\partial T}\right)_p$$

$$\Delta S = nF\left(\frac{\partial E}{\partial T}\right)_p \quad (2.18)$$

式中：Q_p 为电池反应热效应，J/mol。

[例 2 - 4]　电池 $Zn|ZnCl_2(0.05 \ mol/dm^3)$，AgCl(固)|Ag 在 25 ℃时的电动势为 1.015 V，电动势的温度系数是 -4.92×10^{-4} V/K。计算电池反应的自由能变化、反应热效应与熵变。

[解]

电极反应：　$(-) \ Zn \longrightarrow Zn^{2+} + 2e$

　　　　　　$(+) \ 2AgCl + 2e \longrightarrow 2Ag + 2Cl^-$

电池反应：　　$Zn + 2AgCl \longrightarrow Zn^{2+} + 2Ag + 2Cl^-$

已知 $n = 2$，故

$$-\Delta G = nFE = -195\ 995 \ J/mol$$

$$\Delta S = nF\left(\frac{\partial E}{\partial T}\right)_p = -95 \ J/K \cdot mol$$

$$Q_p = -\Delta H = nFE - nFT\left(\frac{\partial E}{\partial T}\right)_p = -224.2 \ kJ/mol$$

2）电动势法计算反应平衡常数

可根据式（2.22），从 E^0 计算电化学反应的反应平衡常数 K：

$$E^0 = \frac{RT}{nF}\ln K \quad (2.22)$$

[例 2 - 5]　在 25 ℃时，电池 $Zn|Zn^{2+}(a_1=0.1) \parallel Cu^{2+}(a_2=0.01)|Cu$ 的标准电动势为 1.103 V，求 25 ℃时该电池的电动势和反应平衡常数。

[解]

电池反应：　　　　$Zn + Cu^{2+} \longrightarrow Zn^{2+} + Cu$

$$E = E^0 - \frac{2.3RT}{2F}\lg\frac{a_1}{a_2} = 1.073 \ V$$

因为

$$E^0 = \frac{RT}{nF}\ln K$$

所以

$$\lg K = \frac{nF}{2.3RT}E^0 = 37.33$$

$$K = 2.14\times10^{37}$$

平衡常数如此之大，说明该反应进行得十分完全。这么大的平衡常数用化学方法是难以测出的，而用电化学方法却能准确地测出，表明了电化学方法的优越性。

3）电动势法求难溶盐的溶度积和溶解度

难溶盐在溶液中的离解平衡为

$$M_{\nu_+} A_{\nu_-} = \nu_+ M_+ + \nu_- A$$

其溶度积 K_S 为

$$K_S = a_M^{\nu_+} a_A^{\nu_-}$$

若用浓度积 k_S 表示,则为 $k_S=c_M^{\nu_+}c_A^{\nu_-}$,故

$$K_S=\gamma_\pm^\nu k_S$$

式中:$\gamma_\pm$ 为平均活度系数;$\nu=\nu_++\nu_-$。可以有多种方法求溶度积,但以电化学方法(电动势法)最准确。电动势法就是组成一个包含待测难溶盐的电池,根据例 2-2 中第二类可逆电极电位解法 2 的原理求出难溶盐溶度积。

[**例 2-6**] 电池 Ag|AgSCN(固),KSCN(0.1 mol/dm³)‖AgNO₃(0.1 mol/dm³)|Ag 在 18 ℃时测得电动势为(586±1) mV。试计算 AgSCN 的溶解度。假设在两种溶液中平均活度系数均为 0.76。

[**解**]

电极反应: (−) $Ag+SCN^- \longrightarrow AgSCN+e$

    (+) $Ag^++e \longrightarrow Ag$

电池反应: $Ag^++SCN^- \longrightarrow AgSCN$

根据电极反应可知

$$\varphi_+=\varphi^0(Ag\mid Ag^+)+\frac{2.3RT}{F}\lg a_{Ag^+}$$

而阳极反应可写成多步形式:

$$Ag \longrightarrow Ag^++e \tag{A}$$

$$Ag^++SCN^- \longrightarrow AgSCN \tag{B}$$

则

$$\varphi_-=\varphi^0(Ag\mid Ag^+)+\frac{2.3RT}{F}\lg a'_{Ag^+}$$

由于

$$K_S=a'_{Ag^+}a_{SCN^-}$$

故

$$\varphi_-=\varphi^0(Ag\mid Ag^+)+\frac{2.3RT}{F}\lg \frac{K_S}{a_{SCN^-}}$$

因此

$$E=\varphi_+-\varphi_-=\frac{2.3RT}{F}\lg a_{Ag^+}-\frac{2.3RT}{F}\lg \frac{K_S}{a_{SCN^-}}$$

$$\lg K_S=\lg (a_{Ag^+}\,a_{SCN^-})-\frac{FE}{2.3RT}$$

已知 $c_{Ag^+}=0.1$ mol/dm³,$c_{SCN^-}=-0.1$ mol/dm³,$\gamma_\pm=0.76$,$E=(0.586\pm0.001)$ V。查表知 18 ℃时,$\dfrac{2.3RT}{F}=0.0577$。

故

$$\lg K_S=\lg(0.1\times0.76)^2-\frac{0.586\pm0.001}{0.0577}=-12.39\pm0.02$$

$$K_S=(4.1\pm0.2)\times10^{-13} (mol/dm^3)^2$$

根据溶度积很容易算出难溶盐的溶解度,即

因为

$$a_{Ag^+}=\frac{K_S}{a_{SCN^-}}=5.4\times10^{-12}$$

所以

$$c_{Ag^+}=\frac{a_{Ag^+}}{\gamma_\pm}=\frac{5.4\times10^{-12}}{0.76}=7.1\times10^{-12} \text{ mol/dm}^3$$

由于 AgSCN 溶解时 $c_{Ag^+} = c_{AgSCN}$，故 AgSCN 的溶解度 $c_{AgSCN} = 7.1 \times 10^{-12}$ mol/dm³。

4）电动势法求活度或活度系数

因为可逆电池电动势或可逆电位与反应物质的活度有关，故可测出电动势或平衡电位后，利用能斯特方程式计算活度与活度系数。

[**例 2-7**] 25 ℃时，电池 Cd｜CdCl₂（0.01 mol/dm³），AgCl（固）｜Ag 的电动势为 0.758 5 V，标准电动势为 0.573 2 V。试计算该 CdCl₂ 溶液中的平均活度系数 $\gamma_\pm$。

[**解**]

电极反应：
$$（-）\ Cd \longrightarrow Cd^{2+} + 2e$$
$$（+）\ 2AgCl + 2e \longrightarrow 2Ag + 2Cl^-$$

电池反应：
$$Cd + 2AgCl \longrightarrow Cd^{2+} + 2Ag + 2Cl^-$$

按照电池反应可知

$$E = E^0 - \frac{2.3RT}{2F} \lg (a_{Cd^{2+}}\ a_{Cl^-}^2)$$

$$= E^0 - \frac{2.3RT}{2F} \lg [(c_{Cd^{2+}}\ \gamma_\pm)(c_{Cl^-}\ \gamma_\pm)^2]$$

$$= E^0 - \frac{2.3RT}{2F} \lg (4c^3 \gamma_\pm^3)$$

式中：c 为 CdCl₂ 的摩尔浓度。已知 $c = 0.01$ mol/dm³，$E = 0.758\ 5$ V，$E^0 = 0.573\ 2$ V，$n = 2$，故

$$\lg (4c^3 \gamma_\pm^3) = \frac{2F}{2.3RT}(E^0 - E)$$

$$\lg (4 \times 10^{-6} \gamma_\pm^3) = \frac{2 \times (0.573\ 2 - 0.758\ 5)}{0.059\ 1} = -6.27$$

$$4 \times 10^{-6} \gamma_\pm^3 = 5.37 \times 10^{-7}$$

$$\gamma_\pm^3 = 0.134\ 3$$

$$\gamma_\pm = 0.51$$

[**例 2-8**] 测得电池 Pt，H₂（101 325 Pa）｜HCl（m），AgCl（固）｜Ag 在 25 ℃下不同 HCl 浓度时的电动势 E 的数据如下：

$m/(\text{mol} \cdot \text{kg}^{-1})$	0.005	0.01	0.02	0.03	0.1
E/V	0.498 4	0.461 2	0.430 2	0.410 6	0.352 4

试求 Ag｜AgCl（固），Cl⁻ 电极的标准电位 φ^0 及 0.1 mol/kg HCl 的平均活度系数 $\gamma_\pm$。

[**解**]

电极反应：
$$（-）\frac{1}{2}H_2 \longrightarrow H^+ + e$$
$$（+）\ AgCl + e \longrightarrow Ag + Cl^-$$

电池反应：
$$\frac{1}{2}H_2 + AgCl \longrightarrow Ag + Cl^- + H^+$$

与例 2-7 同理：
$$E = E^0 - \frac{RT}{F}\ln (a_{H^+}\ a_{Cl^-}) = E^0 - \frac{RT}{F}\ln (\gamma_\pm m)^2$$

$$= E^0 - \frac{2RT}{F} \ln \gamma_\pm - \frac{2RT}{F} \ln m$$

移项得
$$E + \frac{2RT}{F} \ln m = E^0 - \frac{2RT}{F} \ln \gamma_\pm$$

换成常用对数,在 25 ℃时上式变为
$$E + 0.118\ 3 \lg m = E^0 - 0.118\ 3 \lg \gamma_\pm \tag{A}$$

若能查表得到 E^0 值,则可求出不同 HCl 浓度下的平均活度 $\gamma_\pm$ 值。若无法查到 E^0 值,则可以根据题给的数据求 E^0。下面介绍一种外推法求 E^0 值。

根据活度系数的半经验公式(适用于浓度低于 0.1 mol/kg 的情况)
$$-\lg \gamma_\pm = A\sqrt{I} - BI \tag{B}$$

其中 A、B 为常数。对于水溶液,A 在 25 ℃时为 0.509。对于 1—1 价电解质,离子强度 $I = \frac{1}{2}\sum m_i z_i^2 = m$。将式(B)代入式(A),可得

$$E + 0.118\ 3 \lg m = E^0 + 0.060\ 2\sqrt{m} - 0.118\ 3\,Bm$$

令 $y = E + 0.118\ 3 \lg m - 0.060\ 2\sqrt{m} = E^0 - 0.118\ 3\,Bm$,因 y 与 m 是线性关系,故可以 y 为纵坐标对 m 作图,外推到 $m = 0$ 处,截距即 E^0 值。y 值可按 $y = E + 0.118\ 3 \lg m - 0.060\ 2\sqrt{m}$ 计算。

由本例所给数据可计算得出下表:

$m/(\mathrm{mol \cdot kg^{-1}})$	0.005	0.01	0.02	0.03	0.1
y/V	0.222 0	0.221 6	0.220 8	0.220 1	0.215 4

按表中数值,以 y 对 m 作图,外推到 $m = 0$ 处,可得 $y = E^0 = 0.222\ 4$ V(作图略)。

因为
$$E^0 = \varphi^0(\mathrm{Ag \mid AgCl, Cl^-}) - \varphi^0(\mathrm{H_2 \mid H^+}) = \varphi^0(\mathrm{Ag \mid AgCl, Cl^-})$$

所以
$$\varphi^0(\mathrm{Ag \mid AgCl, Cl^-}) = 0.222\ 4 \text{ V}$$

当 $m = 0.1$ mol/kg 时,可由式(A)得出(也可由 $y\text{-}m$ 曲线上得到)

$$\lg \gamma_\pm = \frac{E^0 - E}{0.118\ 3} - \lg m = -0.098\ 7$$

$$\gamma_\pm = 0.796\ 7$$

5)电动势法求离子迁移数

可以利用有迁移浓差电池的电动势公式计算离子迁移数。

[例 2-9] $\mathrm{S_1}$ 和 $\mathrm{S_2}$ 分别代表 0.544 3 mol/dm³ 和 0.271 1 mol/dm³ $\mathrm{H_2SO_4}$ 在无水甲醇中的溶液。已知 25 ℃时,有

(1) 电池 $\mathrm{Pt, H_2(101\ 325\ Pa) \mid S_1, Hg_2SO_4(固) \mid Hg}$ 的电动势为 598.9 mV;

(2) 电池 $\mathrm{Pt, H_2(101\ 325\ Pa) \mid S_2, Hg_2SO_4(固) \mid Hg}$ 的电动势为 622.6 mV;

(3) 电池 $\mathrm{Hg \mid Hg_2SO_4(固), S_1 \mid S_2, Hg_2SO_4(固) \mid Hg}$ 的电动势为 17.49 mV。

试求 25 ℃时硫酸的阴离子和阳离子在无水甲醇溶液中的迁移数。假设迁移数与浓度无关,且在该溶液中硫仅以硫酸根离子的形式存在。

[解]

将电池(1)与电池(2)的负极连在一起,就构成了一个无迁移浓差电池 $\mathrm{Hg \mid Hg_2SO_4(固)}$,

$S_1 | H_2(101\ 325\ Pa), Pt - Pt, H_2(101\ 325\ Pa) | S_2, Hg_2SO_4(固) | Hg$，该电池的总电动势为

$$E = E_2 - E_1 = \frac{3RT}{2F} \ln \frac{a_{\pm,1}}{a_{\pm,2}}$$

而电池（3）恰为相应的有迁移浓差电池，且两端电极对阴离子可逆，故可得出（推导过程略）

$$E_3 = 3t_+ \frac{RT}{2F} \ln \frac{a_{\pm,1}}{a_{\pm,2}}$$

进而得到

$$t_+ = \frac{E_3}{E_2 - E_1} = \frac{17.49}{622.6 - 598.9} = 0.74$$

$$t_- = 1 - t_+ = 0.26$$

习　题

1. 已知化学反应 $3H_2(101\ 325\ Pa) + Sb_2O_3(固) \Longrightarrow 2Sb + 3H_2O$ 在 25 ℃时有 $\Delta G^0 = -836\ 4\ J/mol$。试计算下列电池的电动势，并指出电池的正负极：

$$Pt | H_2(101\ 325\ Pa) | H_2O(pH=3) | Sb_2O_3(固) | Sb$$

2. 计算 25 ℃时下列电池的电动势（需要的数据自己查表）：

(1) $Pt, H_2(101\ 325\ Pa) | HCl(0.1\ mol/kg) | O_2(101\ 325\ Pa), Pt$；

(2) $Pt | SnCl_2(0.001\ mol/kg), SnCl_4(0.01\ mol/kg) \parallel FeCl_3(0.01\ mol/kg), FeCl_2(0.001\ mol/kg) | Pt$；

(3) $Ag | AgNO_3(0.1\ mol/kg) \parallel AgNO_3(1\ mol/kg) | Ag$。

3. 将甘汞电极和氯电极（氯气分压为 101 325 Pa）浸入 KCl 溶液中构成原电池，分别写出电池和电极反应式。当 KCl 溶液浓度为 1.0 mol/kg 和 0.1 mol/kg 时，它们的电池电动势各是多少？

4. 欲求下列电极的标准电极电位，试设计出相应的电池，写出电池反应和计算标准电位的公式：

(1) $Ag | Ag^+$

(2) $Pb | Pb^{2+}$

(3) $Pt | Fe^{2+}, Fe^{3+}$

5. 试构成总反应如下的可逆电池，并写出计算电池电动势的公式：

(1) $Zn + Hg_2SO_4(固) \Longrightarrow ZnSO_4 + 2Hg$

(2) $Pb + 2HCl \Longrightarrow PbCl_2(固) + H_2(气)$

6. 试组成一个电池，使它的电动势等于下列半电池的电极电位，并计算出 25 ℃时的电动势：

$$Ag | AgCl(固), KCl(0.1\ mol/kg)$$

7. 已知 25 ℃时 0.01 mol/kg 和 0.1 mol/kgNaCl 溶液中 Na^+ 离子的平均迁移数是 0.389。试计算下列电池的电动势之差（可用浓度代替活度计算）。从计算结果中，你发现了什么？

(1) $Pt, Cl_2(101\ 325\ Pa) | NaCl(0.1\ mol/kg) \parallel NaCl(0.01\ mol/kg) | Cl_2(101\ 325\ Pa), Pt$

(2) $Pt, Cl_2(101\ 325\ Pa) | NaCl(0.1mol/kg), NaCl(0.01\ mol/kg) | Cl_2(101\ 325\ Pa), Pt$

8. 有一反应为 $H_2(101\ 325\ Pa)+I_2=2HI(a=1)$,试求:

(1) 电池表达式;

(2) 该电池的电动势 (35 ℃时),并根据电动势值判断电池表达式中正、负极是否写对;

(3) 该反应的 ΔG^0 值;

(4) 该反应的平衡常数 K 值;

(5) 如果把上述反应式改写成

$$\frac{1}{2}H_2(101\ 325\ Pa)+\frac{1}{2}I_2=HI(a=1)$$

以上各问的答案是否会改变?

9. 电池 $Pt,H_2(101\ 325\ Pa)|S\parallel KCl(0.1\ mol/kg),Hg_2Cl_2(固)|Hg$ 中,当 S 代表某一未知 pH 值的缓冲溶液时,电池电动势 $E=0.74\ V$。计算溶液 S 的 OH^- 离子浓度。

10. 已知 $Hg|Hg_2^{2+}$ 的标准电极电位在 25 ℃时是 0.799 V,25 ℃时 Hg_2SO_4 的溶度积 K_s 是 6.5×10^{-7}。试计算下列半电池 25 ℃时的标准电极电位:

$$Hg|Hg_2SO_4(固),SO_4^{2-}$$

11. 25 ℃时电池 $Ag|AgCl(固),HCl(a),Hg_2Cl_2(固)|Hg$ 的电动势为 45.5 mV,温度系数 $\dfrac{\partial E}{\partial T}=0.338\ mV/K$。求 25 ℃时,通过 $1\ F$ 电量时的电池反应的 $\Delta G,\Delta H,\Delta S$。

12. 电池 $Zn|ZnSO_4(a_1=1)\parallel CuSO_4(a_2=1)|Cu$ 在 20 ℃和 25 ℃时电动势分别为 1.101 V 和 1.103 V。求此原电池在 20 ℃时的 $Q_p,\Delta H$ 和平衡常数 K。

13. 已知　$Cu^{2+}+2e=Cu$　　$\varphi^0=0.337\ V$

　　　　　$Cu^++e=Cu$　　　$\varphi^0=0.520\ V$

求反应 $Cu^{2+}+e\Longrightarrow Cu^+$ 的 φ^0 值和 ΔG 值,并判断在标准状态下此反应自发进行的可能性及进行的方向。

14. 从平衡常数计算电动势。已知反应 $2H_2O(气)\Longrightarrow 2H_2(气)+O_2(气)$ 在 25 ℃时的平衡常数 $K_p=9.7\times10^{-81}$ 以及水蒸气压为 3 200 Pa。求 25 ℃时电池 $Pt,H_2(101\ 325\ Pa)|H_2SO_4(0.01\ mol/kg)|O_2(101\ 325\ Pa),Pt$ 的电动势。在 0.01 mol/kg H_2SO_4 溶液中的离子平均活度系数 $\gamma_\pm=0.544$。

15. 在含 0.01 mol/kg $ZnSO_4$ 和 0.01 mol/kg $CuSO_4$ 的混合溶液中放两个铂电极,25 ℃时用无限小的电流进行电解,同时充分搅拌溶液。已知溶液 pH 值为 5,试粗略判断:

(1) 哪种离子首先在阴极析出?

(2) 当后沉积的金属开始沉积时,先析出的金属离子所剩余的浓度是多少?

16. 25 ℃时 $Pb|Pb^{2+}$ 电极的标准电极电位为 $-126.3\ mV$,$Pb|PbF_2(固),F^-$ 的标准电极电位为 $-350.2\ mV$,求 PbF_2 的溶度积 K_s。

17. 电池 $Zn|ZnCl_2(m),Hg_2Cl_2(固)|Hg$ 在 25 ℃时,有

(a) 当 $m=0.251\ 48\ mol/kg$ 时,电池电动势 $E=1.100\ 85\ V$。

(b) 当 $m=0.005\ 0\ mol/kg$ 时,电池电动势 $E=1.224\ 4\ V$。

试计算两个 $ZnCl_2$ 溶液的离子平均活度系数之比值。

18. 有以下两个电池:

(a) $Ag|AgCl(固),S_1|H_2,Pt-Pt,H_2|S_2,AgCl(固)Ag$

(b) $Ag|AgCl(固),S_1|S_2,AgCl(固)|Ag$

已知 S_1 为 0.082 mol/kg 的 HCl 乙醇溶液,S_2 为 0.008 2 mol/kg 的 HCl 乙醇溶液,在 25 ℃ 时电动势 $|E_a|$=82.2 mV,电动势 $|E_b|$=57.9 mV。

(1) 求在 S_1 和 S_2 中的离子平均活度系数的比值;

(2) 求 H^+ 离子在稀 HCl 乙醇溶液中的迁移数;

(3) 假定 $\lambda_0(HCl)$=83.8 S·cm²/eq,求 H^+ 离子和 Cl^- 离子在乙醇中的极限当量电导值。

19. 试计算下列反应的平衡条件的数学表达式:

(1) $Cr_2O_7^{2-}+14H^++6e=2Cr^{3+}+7H_2O$

(2) $Hg_2Cl_2+2e=2Hg+2Cl^-$

(3) $Cd(OH)_2+OH^-=HCdO_2^-+H_2O$

20. 根据图 2.24 回答以下问题:

(1) 当 $a_{Fe^{2+}}=10^{-2}$ 时,直线①和线②将大约在什么 pH 条件下相交?

(2) 当 $a_{Fe^{2+}}=10^{-4}$ 时,在什么条件下会生成 $Fe(OH)_2$ 沉淀?

(3) 当溶液 pH 值为 5,$a_{Fe^{2+}}=1$ 时,电极电位从 0 V 变化到 0.4 V,$Fe-H_2O$ 系中可能会发生什么反应?

21. 已知锌在水溶液中($Zn-H_2O$ 系)可能发生的反应(水本身的反应除外),有

$Zn^{2+}+2e=Zn$ $\varphi^0=-0.763$ V

$Zn(OH)_2+2H^+=Zn^{2+}+2H_2O$ $lg\,K=10.96$

$ZnO_2^{2-}+2H^+=Zn(OH)_2$ $lg\,K=29.78$

$Zn(OH)_2+2H^++2e=Zn+2H_2O$ $\varphi^0=-0.437$ V

$ZnO_2^{2-}+4H^++2e=Zn+2H_2O$ $\varphi^0=0.44$ V

试建立 $Zn-H_2O$ 系的理论腐蚀图,并说明当锌在水溶液中的稳定电位为 -0.82 V 时,在什么 pH 条件下,锌有可能腐蚀?当电位为 -1.00 V 时,在什么 pH 条件下,锌有可能不腐蚀?

第3章 电极/溶液界面的结构与性质

3.1 概　述

3.1.1 研究电极/溶液界面性质的意义

各类电极反应都发生在电极/溶液的界面上,因而界面的结构和性质对电极反应有很大影响。这一影响主要表现在以下两方面。

1. 界面电场对电极反应速度的影响

界面电场是由电极/溶液相间存在的双电层所引起的。而双电层中符号相反的两个电荷层之间的距离非常小,因而能产生巨大的场强。例如,当双电层电位差(电极电位)为 1 V,而界面两个电荷层的间距为 10^{-8} cm 时,其场强可达 10^8 V/cm。已知电极反应是得失电子的反应,也就是有电荷在相间转移的反应。因此,在如此巨大的界面电场下,电极反应速度必将发生极大的变化,甚至某些在其他场合难以发生的化学反应也得以进行。特别有意义的是,电极电位可以被人为地、连续地加以改变,因而可以通过控制电极电位来有效、连续地改变电极反应速度。这正是电极反应区别于其他化学反应的一大优点。

2. 电解液性质和电极材料及其表面状态的影响

电解质溶液的组成和浓度,电极材料的物理、化学性质及其表面状态均能影响电极/溶液界面的结构和性质,从而对电极反应性质和速度有明显的作用。例如,在同一电极电位下,同一种溶液中,析氢反应 $2H^+ + 2e = H_2$ 在铂电极上进行的速度比在汞电极上进行的速度快 10^7 倍以上。溶液中表面活性物质或络合物的存在也能改变电极反应速度,如水溶液中苯骈三氮唑的少量添加,就可以抑制铜的腐蚀溶解。

因此,要深入了解电极过程的动力学规律,就必须了解电极/溶液界面的结构和性质。对界面有了深入的研究,才能达到有效地控制电极反应性质和反应速度的目的。

3.1.2 理想极化电极

在电化学中,所谓"电极/溶液界面"实际上是指两相之间的一个界面层,即与任何一相基体性质不同的相间过渡区域。电化学所研究的界面结构主要是指这一过渡区域中剩余电荷和电位的分布以及它们与电极电位的关系,而界面性质则主要指界面层的物理化学特性,尤其是电性质。

由于界面结构与界面性质之间有着密切的内在联系,因而研究界面结构的基本方法是测定某些重要的、反映界面性质的参数(如界面张力、微分电容、电极表面剩余电荷密度等)及其与电极电位的函数关系。把这些实验测定结果与根据理论模型推算出来的数值相比较,如果理论值与实验结果比较一致，那么该结构模型就有一定的正确性。但是，不论测定哪种界面参数，都必须选择一个适合于进行界面研究的电极体系。那么，满足什么条件才是适合的电极体系呢？为了回答这个问题，先来看一下电极体系的等效电路。

通常情况下，直流电通过一个电极时，可能起到以下两种作用：

（1）参与电极反应而被消耗掉。由于要维持一定的反应速度，就需要电路中有电流源源不断地通过电极，以补充电极反应所消耗的电量，因此这部分电流相当于通过一个负载电阻而被消耗。

（2）参与建立或改变双电层。由于形成有一定电极电位的双电层结构，只需要一定数量的电量，故这部分电流的作用类似于给电容器充电，只在电路中引起短暂的充电电流。因此，一个电极体系可以等效为图 3.1(a) 所示的电路。

显然，为了研究界面的结构和性质，就希望界面上不发生电极反应，使外电源输入的全部电流都用于建立或改变界面结构和电极电位，即可等效为图 3.1(b) 中的电路。这样，就可以方便地把电极电位改变到所需要的数值，并可定量地分析建立这种双电层结构所需要的电量。这种不发生任何电极反应的电极体系称为理想极化电极。

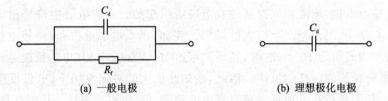

(a) 一般电极　　　　　　　　　　　　(b) 理想极化电极

图 3.1　电极体系的等效电路

绝对的理想极化电极是不存在的。只有在一定的电极电位范围内，某些真实的电极体系可以满足理想极化电极的条件。例如，由纯净的汞和去除了氧和其他氧化性或还原性杂质的高纯度氯化钾溶液所组成的电极体系中，只在电极电位比 0.1 V 更正时能发生汞的氧化溶解反应：

$$2Hg = Hg_2^{2+} + 2e$$

当电极电位比 −1.6 V 更负时，能发生钾的还原反应：

$$K^+ + e = K(汞齐)$$

因此，该电极在 +0.1～−1.6 V 的电位范围内，没有任何电极反应发生，可作为理想极化电极使用。

3.2　电毛细现象

3.2.1　电毛细曲线及其测定

任何两相界面都存在着界面张力，电极/溶液界面也不例外。但对电极体系来说，界面张力不仅与界面层的物质组成有关，而且与电极电位有关。这种界面张力随电极电位变化的现象叫作电毛细现象。界面张力与电极电位的关系曲线叫作电毛细曲线。

常用毛细管静电计测取液态金属电极的电毛细曲线,其装置如 3.2 所示。图中充满毛细管 k 的汞作为研究电极。由于界面张力的作用,汞与溶液的接触面形成弯月面。假定毛细管壁被溶液完全润湿,界面张力 σ 与汞柱的高度 h 成正比,即可以由汞柱高度 h 计算界面张力 σ 值。图 3.2 中 1 为辅助电极兼参比电极,通常采用甘汞电极。实验中,可通过外电源 3 向汞电极充电,改变其电极电位。通过调节储汞瓶的位置使汞弯月面位置保持恒定(可通过显微镜进行观察)。这样,就可以在不同电极电位下测得汞柱高度 h,并由 h 计算出界面张力 σ。

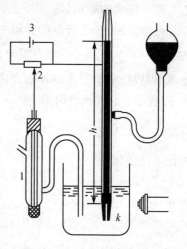

对于理想极化电极,界面的化学组成不发生变化,因而在不同电位下测得的界面张力的变化只能是电极电位改变所引起的。因此,可以根据实验结果绘制出 σ-φ 曲线。

图 3.2　毛细管静电计示意图

实验测出的电毛细曲线近似于具有最高点的抛物线,如图 3.3 所示。为什么界面张力与电极电位之间有这样的变化规律呢?我们知道,汞/溶液界面存在着双电层,即界面的同一侧带有相同符号的剩余电荷。无论是带正电荷还是带负电荷,由于同性电荷之间的排斥作用,都力图使界面扩大,与界面张力力图使界面缩小的作用恰好相反,因此,带电界面的界面张力比不带电时要小。电极表面电荷密度越大,界面张力就越小。而电极表面剩余电荷密度的大小与电极电位密切相关,因而有了图 3.3 所示的 σ-φ 关系曲线。

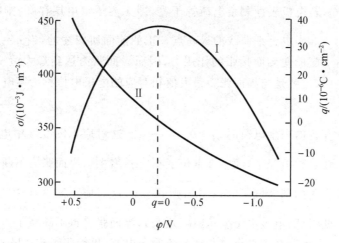

图 3.3　汞电极上的电毛细曲线(Ⅰ)和表面剩余电荷密度-电位曲线(Ⅱ)

3.2.2　电毛细曲线的微分方程

可以用热力学方法从理论上推导出界面张力和电极电位之间的关系式。根据吉布斯(Gibbs)等温吸附方程,界面张力的变化与界面上吸附的粒子性质和吸附量有关,即

$$\mathrm{d}\sigma = -\sum \Gamma_i \mathrm{d}\mu_i \tag{3.1}$$

式中: σ 为界面张力(单位:J/cm^2); Γ_i 为 i 粒子的表面吸附量(单位:mol/cm^2),表示单位界面

上 i 粒子吸附的摩尔数。

一般情况下,不带电的固相中没有可以自由移动而在界面吸附的粒子,因而对固/液界面,式(3.1)中 $\sum \Gamma_i \mathrm{d}\mu_i$ 一项只需要考虑液相中的吸附粒子。但对电极电位可以变化的电极体系来说,可以把电子看作一种能自由移动并在界面发生吸附的粒子。若电极表面剩余电荷密度为 q,则电子的表面吸附量为

$$\Gamma_e = -\frac{q}{F} \tag{3.2}$$

其化学位变化为

$$\mathrm{d}\mu_e = -F\mathrm{d}\varphi \tag{3.3}$$

因此

$$\Gamma_e \mathrm{d}\mu_e = q\mathrm{d}\varphi \tag{3.4}$$

如果把电子这一组分单独列出,则吉布斯吸附方程变为如下形式:

$$\mathrm{d}\sigma = -\sum \Gamma_i \mathrm{d}\mu_i - q\mathrm{d}\varphi \tag{3.5}$$

因为理想极化电极的界面上没有化学反应发生,所以溶液中的物质组成不变,对每一个组分说来,均有 $\mathrm{d}\mu_i = 0$,于是式(3.5)可简化为

$$\partial\sigma = -q\partial\varphi$$

或

$$q = -\left(\frac{\partial\sigma}{\partial\varphi}\right)_{\mu_i} \tag{3.6}$$

这就是用热力学方法推导出的电毛细曲线的微分方程,通常称为李普曼(Lippman)公式。式中 q 的单位为 $\mathrm{C/cm^2}$, φ 的单位为 V, σ 的单位为 $\mathrm{J/cm^2}$。

由式(3.6)可知,若电极表面剩余电荷等于零,即无离子双电层存在,则有 $q = 0$, $\frac{\partial\sigma}{\partial\varphi} = 0$。这种情况对应于图3.3中电毛细曲线的最高点。正如前面所叙述的,当 $q = 0$ 时,界面上没有因同性电荷相斥所引起的使界面扩张的作用力,因而界面张力达到最大值。表面电荷密度 q 等于零时的电极电位,也就是与界面张力最大值相对应的电极电位称为零电荷电位,常用符号 φ_0 表示。

当电极表面存在正的剩余电荷时, $q > 0$,则 $\frac{\partial\sigma}{\partial\varphi} < 0$,这对应于图3.3中电毛细曲线的左半部分(上升分支)。在这种情况下,随电极电位变正($|q|$增大),界面张力不断减小。

当电极表面存在负的剩余电荷时, $q < 0$,则 $\frac{\partial\sigma}{\partial\varphi} > 0$,这对应于图3.3中电毛细曲线的右半部分(下降分支)。此时,随电极电位变负($|q|$增大),界面张力也不断减小。

综上,不论电极表面存在正剩余电荷还是负剩余电荷,界面张力都将随剩余电荷数量的增加而降低。

显然,根据李普曼公式,可以直接通过电毛细曲线的斜率求出某一电极电位下的电极表面剩余电荷密度 q,也可以方便地判断电极的零电荷电位值和表面剩余电荷密度的符号。

3.2.3 离子表面剩余量

电极/溶液界面存在着离子双电层时,金属一侧的剩余电荷来源于电子的过剩或不足。双电层溶液一侧的剩余电荷则由正、负离子在界面层的浓度变化所造成,即各种离子在界面层中

的浓度不同于溶液内部的主体浓度，发生了吸附现象（如图 3.4 所示）。我们把界面层溶液一侧垂直于电极表面的单位截面积液柱中，有离子双电层存在时 i 离子的摩尔数与无离子双电层存在时 i 离子的摩尔数之差定义为 i 离子的表面剩余量。显然，溶液一侧的剩余电荷密度 q_s 应该对应于界面层所有离子的表面剩余量之和，即

$$q_s = \sum z_i F \Gamma_i \tag{3.7}$$

式中，z_i 为 i 离子的价数。同时，按照电中性原则，应该有

$$q_s = -q \tag{3.8}$$

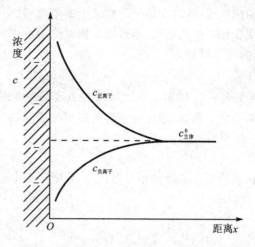

图 3.4　界面层中离子浓度的变化

利用电毛细曲线可以测定离子表面剩余量。根据式(3.5)，若保持电极电位恒定和除 i 组分外的其他各组分化学位不变，即

$$d\varphi = 0$$
$$d\mu_{j \neq i} = 0$$

那么可得到 i 离子在一定电极电位时的离子表面剩余量，即

$$\Gamma_i = -\left(\frac{\partial \sigma}{\partial \mu_i}\right)_{\varphi, \mu_{k \neq i}} \tag{3.9}$$

从理论上讲，测出 μ_i 与 σ 的关系曲线后，就可以由式(3.9)计算离子表面剩余量。但在实际工作中，由于下面两种原因，不可能直接应用式(3.9)，而需要推导一个能实际应用的计算公式。

第一，实际测量电毛细曲线时，为了保持热力学上的严谨性，避免液体接界电位的形成，参比电极和研究电极是放在同一溶液中的。这样，改变组分 i 的浓度，使化学位 μ_i 发生变化时，参与参比电极反应的 k 离子的浓度也会改变，从而使参比电极电位发生变化。因此，为了满足式(3.9)要求电极电位恒定的条件，就不适宜采用氢标电位，而应该用相对于同一溶液中参比电极的相对电位，也就是说，需要把氢标电位 φ 换算成相对电位 φ'，即

$$\varphi' = \varphi - \varphi_R \tag{3.10}$$

则

$$d\varphi' = d\varphi - d\varphi_R \tag{3.11A}$$

或

$$d\varphi = d\varphi' + d\varphi_R \tag{3.11B}$$

式中：φ_R 为参比电极的氢标电位值，$d\varphi_R$ 可以根据能斯特方程得知。

当参比电极对正离子可逆时：

$$d\varphi_R = \frac{d\mu_+}{z_+ F} \tag{3.12}$$

当参比电极对负离子可逆时：

$$d\varphi_R = \frac{d\mu_-}{z_- F} \tag{3.13}$$

式中：μ_+，μ_- 分别为正离子和负离子的化学位；z_+，z_- 分别为正离子和负离子的化合价。

第二，电解质 MA 将在水溶液中发生电离反应如下：

$$MA = \nu_+ M^{z+} + \nu_- A^{z-}$$

如前所述,欲改变其中一种离子的浓度,就必然引起带有相反电荷的另一种离子发生相应的浓度变化。也就是说,不可能单独改变溶液中某一种离子的浓度和化学位。但是根据化学位的加和性,可知

$$d\mu_{MA} = \nu_+ \, d\mu_+ + \nu_- \, d\mu_- \tag{3.14}$$

电解质 MA 的浓度是可以人为地改变的。因而可利用式(3.14),通过 $d\mu_{MA}$ 来计算离子表面剩余量。例如,参比电极对负离子可逆时,将式(3.11A)和式(3.13)代入式(3.5),得

$$d\sigma = -q \, d\varphi' - \frac{q \, d\mu_-}{z_- F} - \Gamma_+ \, d\mu_+ - \Gamma_- \, d\mu_-$$

在维持研究电极的相对电位 φ' 不变的条件下,$d\varphi' = 0$,故

$$d\sigma = -\frac{q \, d\mu_-}{z_- F} - \Gamma_+ \, d\mu_+ - \Gamma_- \, d\mu_- \tag{3.15}$$

将式(3.14)代入式(3.15),得

$$d\sigma = -\frac{\Gamma_+}{\nu_+} d\mu_{MA} - \left(\frac{q + z_- F\Gamma_- - \dfrac{z_- \nu_-}{\nu_+}F\Gamma_+}{z_- F} \right) d\mu_- \tag{3.16}$$

根据电中和原则,应有

$$q_s = z_+ F\Gamma_+ + z_- F\Gamma_- = -q \tag{3.17}$$

$$\nu_+ z_+ + \nu_- z_- = 0 \tag{3.18}$$

将式(3.17)和式(3.18)代入式(3.16),得

$$d\sigma = -\frac{\Gamma_+}{\nu_+} d\mu_{MA}$$

$$\Gamma_+ = -\nu_+ \left(\frac{\partial \sigma}{\partial \mu_{MA}} \right)_{\varphi'} \tag{3.19}$$

以平均活度 $a_\pm$ 表示,电解质的化学位变化为

$$d\mu_{MA} = (\nu_+ + \nu_-) RT \, d\ln a_\pm \tag{3.20}$$

把式(3.20)代入式(3.19),得

$$\Gamma_+ = -\frac{\nu_+}{(\nu_+ + \nu_-)RT} \left(\frac{\partial \sigma}{\partial \ln a_\pm} \right)_{\varphi'} \tag{3.21}$$

同理,可推导出参比电极对正离子可逆时,负离子的表面剩余量 Γ_- 的计算公式如下:

$$\Gamma_- = -\frac{\nu_-}{(\nu_+ + \nu_-)RT} \left(\frac{\partial \sigma}{\partial \ln a_\pm} \right)_{\varphi'} \tag{3.22}$$

式(3.21)和式(3.22)就是新导出的、可以实际应用的求解离子表面剩余量的公式。

具体求解离子表面剩余量的步骤如下:

(1) 测量不同浓度电解质溶液的电毛细曲线,如图 3.5 所示。

(2) 从各条电毛细曲线上取同一相对电位下的 σ 值,作出 $\sigma - \ln a_\pm$ 关系曲线。

(3) 根据 $\sigma - \ln a_\pm$ 关系曲线,求出某一浓度下的斜率 $\left(\dfrac{\partial \sigma}{\partial \ln a_\pm} \right)_{\varphi'}$,即可通过式(3.21)或式(3.22)求得该浓度下的离子表面剩余量 Γ_i。

图 3.6 是在浓度为 0.1 mol/L 的各种电解质溶液中,汞电极上正、负离子表面剩余量随电极电位变化的曲线。图中离子表面剩余量是用 $z_i F\Gamma_i$ 表示的,称为离子表面剩余电荷密度。

每一条曲线上都用小竖线标出了该溶液中汞电极的零电荷电位的位置。

从图 3.6 可看出,当电极表面带负电时(对应于图中曲线的右半部分),正离子表面剩余量随电极电位变负而增大;负离子表面剩余量则随电位变负而出现很小的负值,表明有很少的负吸附。这些变化符合电极表面剩余电荷和正、负离子间的静电作用规律。

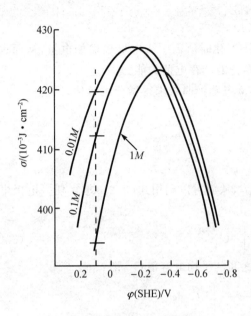

图 3.5　不同浓度的 HCl 溶液中,
汞电极上的电毛细曲线

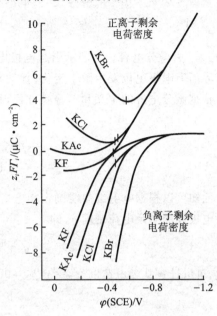

图 3.6　在 0.1 mol/L 溶液中,正、负离子
表面剩余量随电极电位的变化

当电极表面带正电时(对应于图 3.6 中曲线的左半部分),随着电极电位变正,负离子的表面剩余量急剧增大,而正离子表面剩余量也随之增加。这些变化已不能单纯用静电作用来解释了。它表明,在电极与正、负离子之间除了静电作用外,还存在着其他的相互作用。那么,还有哪些因素会引起离子表面剩余量呢?它们对双电层结构和性质会带来什么影响呢?这正是研究界面结构时需要探索的问题。

3.3　双电层的微分电容

3.3.1　双电层的电容

已知一个电极体系中,界面剩余电荷的变化将引起界面双电层电位差的改变,因而电极/溶液界面具有储存电荷的能力,即具有电容的特性。由此可知,理想极化电极上没有电极反应发生,可以等效成一个电容性元件,参见图 3.1(b)。如果把理想极化电极作为平行板电容器处理,也就是说,把电极/溶液界面的两个剩余电荷层比拟成电容器的两个平行板,那么由物理学可知,该电容器的电容值为一常数,即

$$C = \frac{\varepsilon_0 \varepsilon_r}{l}$$

(3.23)

式中:ε_0 为真空中的介电常数;ε_r 为实物相的相对介电常数;l 为电容器两平行板之间的距离,常用单位为 cm;C 为电容,常用单位为 $\mu F/cm^2$。

然而,实验表明,界面双电层的电容并不完全像平行板电容器那样是恒定值,而是随着电极电位的变化而变化的。因此,应该用微分形式来定义界面双电层的电容,称为微分电容,即

$$C_d = \frac{dq}{d\varphi} \tag{3.24}$$

式中:C_d 为微分电容。它表示引起电极电位微小变化时所需引入电极表面的电量,从而也表征了界面上电极电位发生微小变化(扰动)时所具备的储存电荷的能力。

根据微分电容的定义和李普曼方程,很容易从电毛细曲线求得微分电容值,因为

$$q = -\frac{\partial \sigma}{\partial \varphi}$$

所以

$$C_d = -\frac{\partial^2 \sigma}{\partial \varphi^2} \tag{3.25}$$

已知可以根据电毛细曲线确定零电荷电位 φ_0,从而可以利用式(3.24)求得任一电极电位下的电极表面剩余电荷密度 q,即

$$q = \int_0^q dq = \int_{\varphi_0}^\varphi C_d d\varphi \tag{3.26}$$

因此,可以计算从零电荷电位 φ_0 到某一电位 φ 之间的平均电容值 C_i,即

$$C_i = \frac{q}{\varphi - \varphi_0} = \frac{1}{\varphi - \varphi_0} \int_{\varphi_0}^\varphi C_d d\varphi \tag{3.27}$$

式中:C_i 为积分电容。从式(3.27)可以看出微分电容与积分电容之间的联系。

3.3.2 微分电容的测量

双电层的微分电容可以被精确地测量出来。经典的方法是交流电桥法,本节着重从测量原理上介绍这一种方法。其他还有各种快速测定微分电容的方法,如载波扫描法、恒电流方波法和恒电位方波法等。有兴趣者可参阅参考文献[20]、[21]等。

所谓交流电桥法,就是在处于平衡电位或直流电极化的电极上叠加一个小振幅(通常小于 10 mV)的交流电压,用交流电桥测量与电解池阻抗相平衡的串联等效电路的电容值和电阻值,进而计算出研究电极的双电层电容。

交流电桥法测定微分电容的基本线路如图 3.7 所示。该基本线路由交流电桥、交流信号

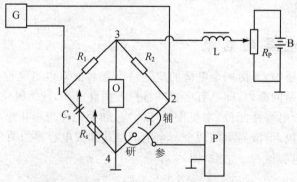

图 3.7 交流电桥法测定微分电容的基本线路

源 G、直流极化回路、电极电位测量回路 4 部分组成。

R_1、R_2 为交流电桥的比例臂,由高周波电阻箱(无感电阻箱)组成,通常取 $R_1=R_2$。第三臂由标准电阻箱 R_s 和标准电容箱 C_s 组成,用以模拟电解池的等效电路。第四臂为电解池。为了突出所要研究的对象——微分电容,通常在电解池设计时,采用滴汞电极(理想极化电极)作为研究电极,用面积比滴汞电极大得多的惰性电极——铂电极作辅助电极。这样,辅助电极上的阻抗可忽略不计,整个电解池可以等效为图 3.8 所示的简单串联等效电路。其中 R_l 为溶液电阻,C_d 为研究电极的界面电容。电桥平衡示零部分为示波器 O。

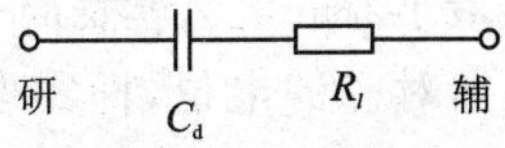

图 3.8　交流电桥法测量微分电容时的电解池等效电路

由直流电源 B、可变电阻 R_P、扼流圈 L 及电解池组成直流极化回路。调节 R_P 可使研究电极电位维持在所需要的数值上。扼流圈 L 的作用是防止直流极化电路对示波器示零的分路作用。研究电极的电极电位借助于参比电极,用电位差计 P 测量。

测量时,小振幅的交流电压由交流讯号源 G 加到电桥的 1、2 两端。调节 R_s 和 C_s 使之分别等于电解池等效电路的电阻和电容部分时,电桥 3、4 两端点的电位相等,即 3、4 两点间无信号输出,电桥平衡,示波器示零。根据电解池的等效电路,读取 R_s 和 C_s 的数值后,可以得到如下结果:

$$\frac{R_1}{R_2}=\frac{Z_s}{Z_x}$$

其中

$$Z_s=R_s+\frac{1}{\mathrm{j}\omega C_s}, \quad Z_x=R_l+\frac{1}{\mathrm{j}\omega C_d}$$

故

$$\frac{R_1}{R_2}=\frac{R_s}{R_l}$$

$$\frac{R_1}{R_2}=\frac{C_d}{C_s}$$

进而得

$$R_l=\frac{R_2}{R_1}R_s \tag{3.28}$$

$$C_d=\frac{R_1}{R_2}C_s \tag{3.29}$$

当 $R_1=R_2$ 时,$R_l=R_s$,$C_d=C_s$。应该指出,实际测量结果中所得电容 C_d 是总的界面电容值,为了和电化学中习惯采用的双电层微分电容的单位一致,还应将测量值除以电极面积。

如果对同一电极体系能测量出不同电极电位下的微分电容值,那么就可以作出微分电容 C_d 相对于电极电位 φ 的变化曲线了。该关系曲线称为微分电容曲线。通过微分电容曲线可获得有关界面结构和界面特性的信息。

3.3.3　微分电容曲线

在不同浓度氯化钾溶液中测得滴汞电极的微分电容曲线示于图 3.9 中。从图中可以看到,微分电容是随电极电位和溶液浓度而变化的。在同一电位下,随着溶液浓度的增加,微分电容值也增大。如果把双电层看作平行板电容器,则电容增大,意味着双电层的有效厚度减小,即两个剩余电荷层之间的有效距离减小。这表明,随着浓度的变化,双电层的结构也会发生变化。

在稀溶液中,微分电容曲线将出现最小值(见图 3.9 中曲线 1,2,3)。溶液越稀,最小值越明显。随着浓度的增加,最小值逐渐消失。实验表明,出现微分电容最小值的电位就是同一电极体系的电毛细曲线最高点所对应的电位,即零电荷电位。因而零电荷电位也把微分电容曲线分成了两部分,左半部分($\varphi > \varphi_0$)电极表面剩余电荷密度 q 为正值,右半部分($\varphi < \varphi_0$)的电极表面剩余电荷密度 q 为负值。

还可以看出,电极表面剩余电荷较少时,即在零电荷电位附近的电极电位范围内,微分电容随电极电位的变化比较明显,而剩余电荷密度增大时,电容值也趋于稳定值,进而出现电容值不随电位变化的所谓"平台"区。在曲线的左半部分($q > 0$),平台区对应的 C_d 值为 $32 \sim 40 \ \mu F/cm^2$;在曲线的右半部分($q < 0$),平台区对应的 C_d 值为 $16 \sim 20 \ \mu F/cm^2$。这表明,由阴离子组成的双电层和由阳离子组成的双电层在结构上有一定差异。

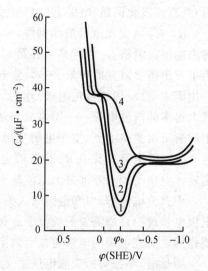

1—0.000 1 mol/L KCl;2—0.001 mol/L KCl;
3—0.01 mol/L KCl;4—0.1 mol/L KCl

图 3.9　滴汞电极在不同浓度氯化钾溶液中的微分电容曲线

如何从理论上解释上述微分电容曲线的变化规律,说明界面结构及其影响因素对微分电容的影响,这正是建立双电层结构模型时要考虑的一项重要内容。根据微分电容曲线所提供的信息来研究界面结构与性质的实验方法叫作微分电容法。

应用微分电容曲线,还可以求得给定电极电位下的电极表面剩余电荷密度 q。根据微分电容的定义

$$C_d = \frac{dq}{d\varphi}$$

积分后可得到

$$q = \int C_d d\varphi + 积分常数$$

由于 φ_0 条件下 $q = 0$,故以此作为边界条件代入上式,得

$$q = \int_{\varphi_0}^{\varphi} C_d d\varphi \tag{3.30}$$

因此,电极电位为 φ 时的 q 值相当于图 3.10 中的阴影部分。

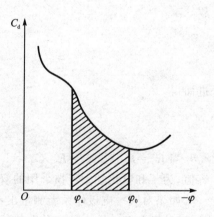

图 3.10　利用微分电容曲线计算电极表面剩余电荷密度 q 值

与用电毛细曲线法求 q 值相比,微分电容法更为精确和灵敏,这是因为前者是利用 σ - φ 曲线的斜率求 q,而后者是利用 C_d - φ 曲线下方的面积求 q。也就是说,应用电毛细曲线法时,测量的界面参数 σ 是 q 的积分函数($\sigma = -\int q d\varphi$);应用微分电容法时,测量的界面参数 C_d 是 q 的微分函数 $\left(C_d = \frac{dq}{d\varphi}\right)$。通常情况下,微分函数总是能比积分函数更灵敏地反映原函数的细微变化。因此,微分电容法更精确、更灵敏。

迄今为止,电毛细曲线的直接测量只能在液态金属(汞、镓等)电极上进行,而微分电容的测量还可以在固体电极上直接进行。在实际工作中,微分电容法的应用较为广泛一些。不过,应用微分电容法时,往往需要依靠电毛细曲线法来确定零电荷电位。因而微分电容法和电毛细曲线法都是研究界面结构与性质的重要实验方法,二者不可偏废。

3.4　双电层的结构

在前面两节中,通过界面参数的测量,得出了一些基本的实验事实。为了解释这些实验现象,需要了解电极/溶液界面具有什么样的结构,即界面剩余电荷是如何分布的。为此,人们曾提出过各种界面结构模型;上述实验事实又可被用来检验这些界面结构模型是否正确。

随着电化学理论和实验技术的发展,界面结构模型也不断发展,日臻完善。下面主要介绍迄今为人们所普遍接受的基本观点和有代表性的界面结构模型。

3.4.1　电极/溶液界面的基本结构

从第 2 章中已知,在电极/溶液界面存在着两种相间相互作用:一种是电极与溶液两相中的剩余电荷所引起的静电作用;另一种是电极和溶液中各种粒子(离子、溶质分子和溶剂分子等)之间的短程作用,如特性吸附、偶极子定向排列等,它只在零点几个纳米的距离内发生。这两种相间相互作用决定着界面的结构和性质。

静电作用是一种长程性质的相互作用。它使符号相反的剩余电荷力图相互靠近,趋向于紧贴着电极表面排列,形成图 3.11 所示的紧密双电层结构,简称紧密层。但是,电极和溶液两相中的荷电粒子都不是静止不动的,而是处于不停的热运动之中。热运动促使荷电粒子倾向于均匀分布,从而使剩余电荷不可能完全紧贴着电极表面分布,而具有一定的分散性,形成所谓的分散层。这样,在静电作用和粒子热运动的矛盾作用下,电极/溶液界面的双电层将由紧密层和分散层两部分组成,如图 3.12 所示。

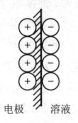

图 3.11　电极/溶液界面的
紧密双电层结构

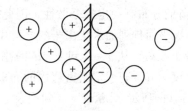

图 3.12　考虑了热运动干扰时的电极/溶液
界面双电层结构

由于双电层结构的分散性,也就是剩余电荷分布的分散性取决于静电作用和热运动的对立统一结果,因而在不同条件的电极体系中,双电层的分散性不同。当金属与电解质溶液组成电极体系时,在金属相中,由于自由电子的浓度很大(可达 10^{25} mol/dm³),少量剩余电荷(自由电子)在界面的集中并不会明显破坏自由电子的均匀分布,因此可以认为金属中全部剩余电荷都是紧密分布的,金属内部各点的电位均相等。在溶液相中,当溶液总浓度较高、电极表面电荷密度较大时,由于离子热运动比较困难,对剩余电荷分布的影响较小,而电极与溶液相间的静电作用较强,对剩余电荷的分布起到了主导作用,因此溶液中的剩余电荷(水化离子)也倾向于紧密分布,从而形成图 3.11 所示的紧密双电层。如果溶液总浓度较低,或电极表面电荷密度较小,那么离子热运动的作用增强,而静电作用减弱,因而形成如图 3.13 所示的紧密层与分散层共存的结构。

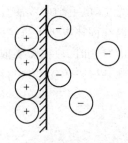

图 3.13　金属/溶液界面的双电层结构

同样道理,如果由半导体材料和电解质溶液组成电极体系,那么在固相(半导体相)中,由于载流子浓度较小(约 10^{17} mol/dm³),故剩余电荷的分布也将具有一定的分散性,可形成图 3.12 所示的双电层结构。为此,需要约定,本书中讨论界面结构与性质时,如无特殊说明,则"电极"均指金属电极。

在紧密层中,还应该考虑到电极与溶液两相间短程相互作用对剩余电荷分布的影响,这一点将在 3.4.3 小节介绍。如果只考虑静电作用,那么可以得出,一般情况下电极/溶液界面剩余电荷分布和电位分布如图 3.14 所示。

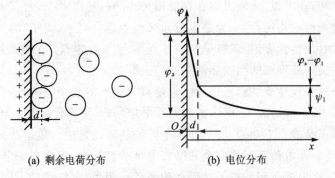

(a) 剩余电荷分布　　　　　(b) 电位分布

图 3.14　金属/溶液界面剩余电荷与电位的分布

由图 3.14 可知,在双电层的金属一侧,剩余电荷集中在电极表面,而在双电层的溶液一侧,剩余电荷的分布有一定的分散性。因此,双电层是由紧密层和分散层两部分组成的。图中 d 为紧贴电极表面排列的水化离子的电荷中心与电极表面的距离,也就是离子电荷能接近电极表面的最小距离。从 $x=0$ 到 $x=d$ 的范围内不存在剩余电荷,这一范围即紧密层。显然,紧密层的厚度为 d。若假定紧密层内的介电常数为恒定值,则该层内的电位分布是线性变化的(如图 3.14(b) 所示)。从 $x=d$ 到剩余电荷为零(溶液中)的双电层部分即分散层。其电位分布是非线性变化的。图 3.14(b) 中给出了最简单的情况。

距离电极表面 d 处的平均电位称 ψ_1 电位。在没有考虑紧密层内具体结构的情况下,常习惯地把 ψ_1 电位定义为距离电极表面一个水化离子半径处的平均电位。实际上,从后面的讨论中将看到,在不同结构的紧密层中,d 的大小是不同的。因此把 ψ_1 电位看作距离电极表面 d 处,即离子电荷能接近电极表面的最小距离处的平均电位更合适些。也可以把 ψ_1 电位看作紧密层与分散层交界面的平均电位。

若以 φ_a 表示整个双电层的电位差,则由图 3.14 可知,紧密层电位差的数值为 ($\varphi_a - \psi_1$);分散层电位差的数值为 ψ_1。须指出,φ_a 与 ψ_1 均是相对于溶液深处的电位(规定为零)而言的。

由于双电层电位差由紧密层电位差与分散层电位差两部分组成，即 $\varphi_a=(\varphi_a-\psi_1)+\psi_1$，因此，可以利用下式计算双电层电容：

$$\frac{1}{C_d}=\frac{\mathrm{d}\varphi_a}{\mathrm{d}q}=\frac{\mathrm{d}(\varphi_a-\psi_1)}{\mathrm{d}q}+\frac{\mathrm{d}\psi_1}{\mathrm{d}q}=\frac{1}{C_紧}+\frac{1}{C_分} \tag{3.31}$$

即把双电层的微分电容看作由紧密层电容 $C_紧$ 和分散层电容 $C_分$ 串联组成，如图 3.15 所示。

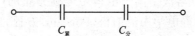

$$C_紧 \qquad C_分$$

图 3.15　双电层微分电容的组成

3.4.2　斯特恩(Stern)模型

亥姆荷茨在 19 世纪末曾根据电极与溶液间的静电作用，提出紧密双电层模型，即把双电层比拟为平行板电容器，描述为图 3.11 所示的结构。该模型基本上可以解释界面张力随电极电位变化的规律和微分电容曲线上所出现的平台区。但是，由于它解释不了界面电容随电极电位和溶液总浓度变化而变化，以及在稀溶液中零电荷电位下微分电容最小等基本实验事实，因此一般认为亥姆荷茨的模型还很不完善。

20 世纪初，古依(Gouy)和恰帕曼(Chapman)根据粒子热运动的影响，提出了分散层模型。该模型认为，溶液中的离子在静电作用和热运动作用下按位能场中粒子的波耳兹曼分配律分布，完全忽略了紧密层的存在。尽管它能较好地解释微分电容最小值的出现和电容随电极电位的变化，但理论计算的微分电容值却比实验测定值大得多，而且解释不了微分电容曲线上"平台区"的出现。

1924 年，斯特恩在汲取前两种理论模型中合理部分的基础上，提出了双电层静电模型。该模型认为双电层是由紧密层和分散层两部分组成的，具有图 3.14 所示的物理图像，被后人称为斯特恩模型。由于这一模型对分散层的讨论比较深入细致，对紧密层的描述很简单，并且采用了与古依-恰帕曼相同的数学方法处理分散层中剩余电荷和电位的分布及推导出相应的数学表达式(双电层方程式)，因此在现代电化学中，又常将斯特恩模型称为古依-恰帕曼-斯特恩模型或 GCS 分散层模型。

1. 双电层方程式的推导

现以 1-1 价电解质溶液为例，说明推导双电层方程式的基本思路。

(1) 从粒子在界面电场中服从波耳兹曼分布出发，假设离子与电极之间除了静电作用外没有其他相互作用；双电层的厚度比电极曲率半径小得多，因而可将电极视为平面电极处理，即认为双电层中电位只是 x 方向的一维函数。这样，按照波耳兹曼分布律，在距电极表面 x 处的液层中，离子的浓度分布为

$$c_+=c \cdot \exp\left(-\frac{\psi F}{RT}\right) \tag{3.32}$$

$$c_-=c \exp\left(\frac{\psi F}{RT}\right) \tag{3.33}$$

式中：c_+，c_- 分别为正、负离子在电位为 ψ 的液层中的浓度；ψ 为距离电极表面 x 处的电位；c 为远离电极表面($\psi=0$)处的正、负离子浓度，也即电解质溶液的体浓度。

因此，在距电极表面 x 处的液层中，剩余电荷的体电荷密度为

$$\rho = Fc_+ - Fc_-$$

$$\rho = cF\left[\exp\left(-\frac{\psi F}{RT}\right) - \exp\frac{\psi F}{RT}\right] \tag{3.34}$$

式中：ρ 为体电荷密度。

（2）忽略离子的体积，假定溶液中离子电荷是连续分布的（实际上离子具有粒子性，离子电荷是不连续分布的），可应用静电学中的泊松（Poisson）方程，把剩余电荷的分布与双电层溶液一侧的电位分布联系起来。

当电位为 x 的一维函数时，泊松方程具有如下形式：

$$\frac{\partial^2 \psi}{\partial x^2} = -\frac{\partial E}{\partial x} = -\frac{\rho}{\varepsilon_0 \varepsilon_r} \tag{3.35}$$

式中：E 为电场强度。其他字符意义如前所述。

将式（3.34）代入式（3.35），得

$$\frac{\partial^2 \psi}{\partial x^2} = -\frac{cF}{\varepsilon_0 \varepsilon_r}\left[\exp\left(-\frac{\psi F}{RT}\right) - \exp\frac{\psi F}{RT}\right] \tag{3.36}$$

利用数学关系式 $\dfrac{\partial^2 \psi}{\partial x^2} = \dfrac{1}{2}\dfrac{\partial}{\partial \psi}\left(\dfrac{\partial \psi}{\partial x}\right)^2$，可将式（3.36）写成

$$\partial\left(\frac{\partial \psi}{\partial x}\right)^2 = -\frac{2cF}{\varepsilon_0 \varepsilon_r}\left[\exp\left(-\frac{\psi F}{RT}\right) - \exp\frac{\psi F}{RT}\right]\partial\psi$$

将上式从 $x=d$ 到 $x=\infty$ 积分，并根据 GCS 模型的物理图像可知：$x=d$ 时，$\psi=\psi_1$；$x=\infty$ 时，$\psi=0$，$\dfrac{\partial \psi}{\partial x}=0$。积分结果如下：

$$\left(\frac{\partial \psi}{\partial x}\right)^2_{x=d} = \frac{2cRT}{\varepsilon_0 \varepsilon_r}\left[\exp\left(-\frac{\psi_1 F}{RT}\right) + \exp\frac{\psi_1 F}{RT} - 2\right]$$

$$= \frac{2cRT}{\varepsilon_0 \varepsilon_r}\left[\exp\left(\frac{\psi_1 F}{2RT}\right) - \exp\left(-\frac{\psi_1 F}{2RT}\right)\right]^2$$

$$= \frac{8cRT}{\varepsilon_0 \varepsilon_r}\sinh^2\frac{\psi_1 F}{2RT} \tag{3.37}$$

按照绝对电位符号的规定，当电极表面剩余电荷密度 q 为正值时，$\psi>0$；而随距离 x 的增加，ψ 值将逐渐减小，即 $\dfrac{\partial \psi}{\partial x}<0$。因此，$\left(\dfrac{\partial \psi}{\partial x}\right)^2$ 开方后应取负值。这样，由式（3.37）可得

$$\left(\frac{\partial \psi}{\partial x}\right)_{x=d} = -\sqrt{\frac{2cRT}{\varepsilon_0 \varepsilon_r}}\left[\exp\left(\frac{\psi_1 F}{2RT}\right) - \exp\left(-\frac{\psi_1 F}{2RT}\right)\right]$$

$$= -\sqrt{\frac{8cRT}{\varepsilon_0 \varepsilon_r}}\sinh\frac{\psi_1 F}{2RT} \tag{3.38}$$

（3）将双电层溶液一侧的电位分布与电极表面剩余电荷密度联系起来，以便更明确地描述分散层结构的特点。

应用静电学的高斯（Gauss）定律，电极表面电荷密度 q 与电极表面（$x=0$）电位梯度的关系为

$$q = -\varepsilon_0 \varepsilon_r\left(\frac{\partial \psi}{\partial x}\right)_{x=0} \tag{3.39}$$

由图 3.14 知,由于荷电离子具有一定体积,溶液中剩余电荷靠近电极表面的最小距离为 d。在 $x=d$ 处,$\psi=\psi_1$。由于从 $x=0$ 到 $x=d$ 的区域内不存在剩余电荷,ψ 与 x 的关系是线性的,因此

$$\left(\frac{\partial \psi}{\partial x}\right)_{x=0}=\left(\frac{\partial \psi}{\partial x}\right)_{x=d}$$

故

$$q=-\varepsilon_0\varepsilon_r\left(\frac{\partial \psi}{\partial x}\right)_{x=d} \tag{3.40}$$

把式(3.38)代入式(3.40),可得

$$q=\sqrt{2cRT\varepsilon_0\varepsilon_r}\left[\exp\left(\frac{\psi_1 F}{2RT}\right)-\exp\left(-\frac{\psi_1 F}{2RT}\right)\right]$$

$$=\sqrt{8cRT\varepsilon_0\varepsilon_r}\sinh\frac{\psi_1 F}{2RT} \tag{3.41A}$$

对于 $z-z$ 价型电解质,式(3.41A)可写成

$$q=\sqrt{8cRT\varepsilon_0\varepsilon_r}\sinh\frac{|z|\psi_1 F}{2RT} \tag{3.41B}$$

式(3.41)就是 GCS 模型的双电层方程式。它表明了分散层电位差的数值(ψ_1)和电极表面电荷密度(q)、溶液浓度(c)之间的关系。通过式(3.41)可以讨论分散层的结构特征和影响双电层结构分散性的主要因素。

根据图 3.14,作为最简单的情况,可假设 d 是不随电极电位变化的常数。因而,可将紧密层作为平行板电容器处理,其电容值 $C_{紧}$ 为恒定值,即

$$C_{紧}=\frac{q}{\varphi_a-\psi_1}=常数$$

故

$$q=C_{紧}(\varphi_a-\psi_1) \tag{3.42}$$

将式(3.40)代入式(3.41A)中,得到

$$q=C_{紧}(\varphi_a-\psi_1)=\sqrt{8cRT\varepsilon_0\varepsilon_r}\sinh\frac{\psi_1 F}{2RT}$$

进而

$$\varphi_a=\psi_1+\frac{1}{C_{紧}}\sqrt{8cRT\varepsilon_0\varepsilon_r}\sinh\frac{\psi_1 F}{2RT}$$

或

$$\varphi_a=\psi_1+\frac{1}{C_{紧}}\sqrt{2cRT\varepsilon_0\varepsilon_r}\left[\exp\left(\frac{\psi_1 F}{2RT}\right)-\exp\left(-\frac{\psi_1 F}{2RT}\right)\right] \tag{3.43}$$

由于式(3.43)把电极/溶液界面双电层的总电位差 φ_a 与 ψ_1 联系在一起,故该式比式(3.41)在讨论界面结构时更为实用。从式(3.43)中可以分析由剩余电荷所形成的相间电位 φ_a 是如何分配在紧密层和分散层中的,以及溶液浓度和电极电位的变化对电位分布会有什么影响。

2. 对双电层方程式的讨论

(1) 当电极表面电荷密度 q 和溶液浓度 c 都很小时,双电层中的静电作用能远小于离子热运动能,即 $|\psi_1|F\ll RT$。式(3.41)和式(3.43)可按级数展开,略去高次项,得到

$$q = \sqrt{\frac{2c\,\varepsilon_0\varepsilon_r}{RT}}\,F\psi_1 \tag{3.44}$$

$$\varphi_a = \psi_1 + \frac{1}{C_{\text{紧}}}\sqrt{\frac{2c\,\varepsilon_0\varepsilon_r}{RT}}\,F\psi_1 \tag{3.45}$$

在很稀的溶液中，c 小到足以使式(3.45)右方第二项忽略不计时，可得出 $\varphi_a \approx \psi_1$。这表明，此时剩余电荷和相间电位分布的分散性很大，双电层几乎全部是分散层结构，并可认为分散层电容近似等于整个双电层的电容。若将分散层等效为平行板电容器，则由式(3.44)得到

$$C_{\text{分}} = \frac{q}{\psi_1} = \sqrt{\frac{2c\,\varepsilon_0\varepsilon_r}{RT}}\,F \tag{3.46}$$

与平行板电容器公式 $C = \dfrac{\varepsilon_0\varepsilon_r}{l}$ 比较，可知

$$l = \frac{1}{F}\sqrt{\frac{RT\varepsilon_0\varepsilon_r}{2c}} \tag{3.47}$$

式中：l 为平行板电容器的极间距离，因而在这里可以代表分散层的有效厚度，也称为德拜长度。它表示分散层中剩余电荷分布的有效范围。由式(3.47)可看出，分散层有效厚度与 $\sqrt{c}$ 成反比，与 $\sqrt{T}$ 成正比。因此，溶液浓度增加或温度降低，将使分散层有效厚度 l 减小，从而分散层电容 $C_{\text{分}}$ 增大。这就解释了为什么微分电容值随溶液浓度的增加而增大(参见图3.9)。

（2）当电极表面电荷密度 q 和溶液浓度 c 都比较大时，双电层中静电作用能远大于离子热运动能，即 $|\psi_1|F \gg RT$。这时，式(3.43)中右方第二项远大于第一项。可以认为 $|\varphi_a| >$ $|\psi_1|$，即双电层中分散层所占比例很小，主要是紧密层结构，故 $\varphi_a \approx (\varphi_a - \psi_1)$。因此，可略去式(3.43)中右方第一项和第二项中较小的指数项，得到

$$\varphi_a \approx \pm\frac{1}{C_{\text{紧}}}\sqrt{2cRT\varepsilon_0\varepsilon_r}\,\exp\!\left(\pm\frac{\psi_1 F}{2RT}\right) \tag{3.48}$$

式中，对正的 φ_a 值取正号，对负的 φ_a 值取负号。将式(3.48)改写成对数形式，为

当 $\psi_1 > 0$ 时

$$\psi_1 \approx -A + \frac{2RT}{F}\ln\varphi_a - \frac{RT}{F}\ln c \tag{3.49}$$

当 $\psi_1 < 0$ 时

$$\psi_1 \approx A - \frac{2RT}{F}\ln(-\varphi_a) + \frac{RT}{F}\ln c \tag{3.50}$$

式中：A 为常数，$A = \dfrac{2RT}{F}\ln\dfrac{1}{C_{\text{紧}}}\sqrt{2RT\varepsilon_0\varepsilon_r}$。

由式(3.49)和式(3.50)可知，当相间电位 φ_a 的绝对值增大时，$|\psi_1|$ 也会增大，但两者是对数关系，因而 $|\psi_1|$ 的增加比 $|\varphi_a|$ 的变化要缓慢得多。随着 $|\varphi_a|$ 的增大，分散层电位差在整个双电层电位差中所占的比例越来越小。当 φ_a 的绝对值增大到一定程度时，ψ_1 即可忽略不计了。另外，溶液浓度的增加，也会使 $|\psi_1|$ 减小。25 ℃时，溶液浓度增大 10 倍，$|\psi_1|$ 减小约 59 mV。这表明双电层结构的分散性随溶液浓度的增加而减小了。

双电层结构分散性的减小意味着它的有效厚度减小，因而界面电容值增大，这就较好地说明了微分电容随电极电位绝对值和溶液总浓度增大而增加的原因。

（3）根据斯特恩模型，还可以从理论上估算表征分散层特征的某些重要参数（ψ_1，$C_\mathrm{分}$，有效厚度 l 等），有利于进一步深入分析双电层的结构，也可以与实验结果进行比较以验证该理论模型的正确性。例如，在已知电极表面剩余电荷密度和溶液浓度时，可由式（3.41）计算 ψ_1 的值。对式（3.41）微分，可得到下式，并可用此式计算分散层电容 $C_\mathrm{分}$，即

$$C_\mathrm{分} = \frac{\mathrm{d}q}{\mathrm{d}\psi_1} = \frac{F}{RT}\sqrt{8cRT\varepsilon_0\varepsilon_r}\cosh\frac{\psi_1 F}{2RT} \tag{3.51}$$

如果把微分电容曲线（参见图 3.9）远离 φ_0 处的平台区的电容值当作紧密层电容值 $C_\mathrm{紧}$，那么电极表面带负电时，$C_\mathrm{紧} \approx 18~\mu\mathrm{F/cm}^2$；电极表面带正电时，$C_\mathrm{紧} \approx 36~\mu\mathrm{F/cm}^2$。将这些数值代入式（3.43），即可得到不同浓度下 φ_a 和 ψ_1 之间的关系曲线，如图 3.16 所示。从图中可以更加直观地了解 φ_a，ψ_1 和 c 三者之间的关系，以及电极电位和溶液总浓度对双电层结构分散性的影响。根据理论估算所作出的图 3.16 与根据 NaF 溶液中测得的微分电容值所作出的 $\psi_1 - \varphi$ 关系曲线（如图 3.17 所示）吻合得相当好。

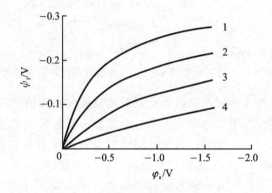

电解质浓度 c（mol/L）：1—0.001；2—0.01；3—0.1；4—1

图 3.16　1 – 1 价电解质溶液中 φ_a，ψ_1 和 c 三者之间的关系

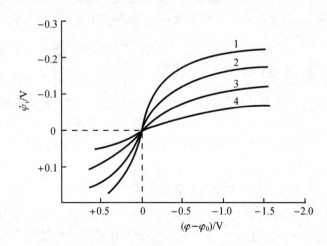

电解质浓度 c（mol/L）：1—0.001；2—0.01；3—0.1；4—1

图 3.17　利用 NaF 溶液中测得的数据计算得出的 $\psi_1 - \varphi$ 曲线

还可以根据前面所取的 $C_\mathrm{紧}$ 值，利用式（3.41）、式（3.43）和式（3.51）等计算出分散层的微分电容，作出理论微分电容曲线，如图 3.18 所示。这组曲线与在不同浓度 KCl 溶液中汞电极

上测得的微分电容曲线(见图 3.9)也能较好地吻合。

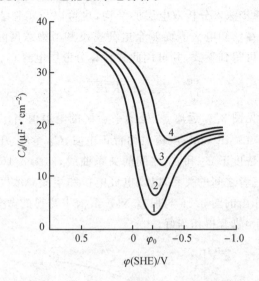

电解质浓度 c(mol/L)：1—0.0001；2—0.001；3—0.01；4—0.1

图 3.18　按照斯特恩模型计算的 1-1 价型电解质溶液中的理论微分电容曲线

上述讨论表明,斯特恩模型能比较好地反映界面结构的真实情况。但是,该模型在推导双电层方程式时作了一些假设,例如假设介质的介电常数不随电场强度变化,把离子电荷看成点电荷并假定电荷是连续分布的,等等。这就使得斯特恩双电层方程式对界面结构的描述只能是一种近似的、统计平均的结果,而不能用作准确计算。例如,按照该模型可以计算 ψ_1 电位的数值,但这一数值应该被理解为某种宏观统计平均值。因为每一个离子附近都存在着离子电荷引起的微观电场,所以即使是与电极表面等距离的平面上,也并不是等电位的。

斯特恩模型的另一个重要缺点是对紧密层的描述过于粗糙。它只简单地把紧密层描述成厚度 d 不变的离子电荷层,而没有考虑到紧密层组成的细节及由此引起的紧密层结构与性质上的特点。

3.4.3　紧密层的结构

20 世纪 60 年代以来,在承认斯特恩模型的基础上,许多学者(如弗鲁姆金、鲍克利斯和格来亨等)对紧密层结构模型作了补充和修正,从理论上更为详细地描绘了紧密层的结构。本小节以 BDM(Bockris - Davanathan - Muller)模型为主,综合介绍现代电化学理论关于紧密层结构的基本观点。

1. 电极表面的"水化"和水的介电常数的变化

水分子是强极性分子,能在带电的电极表面定向吸附,形成一层定向排列的水分子偶极层。即使电极表面剩余电荷密度为零,由于水偶极子与电极表面的镜像力作用和色散力作用,也仍然会有一定数量的水分子定向吸附在电极表面,如图 3.19 所示。水分子的吸附覆盖度可达 70% 以上,好像电极表面水化了一样。在通常情况下,紧贴电极表面的第一层是定向排列的水分子偶极层,第二层才是由水化离子组成的剩余电荷层,如图 3.20 所示。

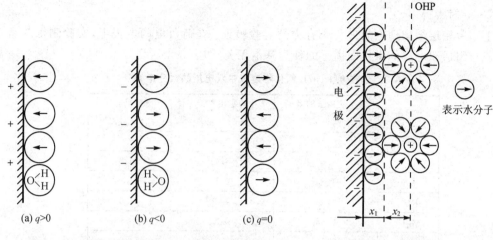

| 图 3.19　电极/溶液界面上的水分子偶极层 | 图 3.20　外紧密层结构示意图 |

同时,第一层水分子可由于在强界面电场中定向排列而导致介电饱和,其相对介电常数降低到 5~6,比通常水的相对介电常数(25 ℃时约为78)小得多。从第二层水分子开始,相对介电常数随距离的增加而增大,直至恢复到水的正常相对介电常数值。在紧密层内,即离子周围的水化膜中,相对介电常数可达 40 以上。

2. 没有离子特性吸附时的紧密层结构

溶液中的离子除了因静电作用而富集在电极/溶液界面外,还可能由于与电极表面的短程相互作用而发生物理吸附或化学吸附。这种吸附与电极材料、离子本性及其水化程度有关,被称为特性吸附。大多数无机阳离子不发生特性吸附,只有极少数水化能较小的阳离子,如 Tl^+,Cs^+ 等离子能发生特性吸附。反之,除 F^- 离子外,几乎所有的无机阴离子都或多或少地发生特性吸附。有无特性吸附,紧密层的结构是有差别的。

当电极表面荷负电时,双电层溶液一侧的剩余电荷由阳离子组成。由于大多数阳离子与电极表面只有静电作用而无特性吸附作用,而且阳离子的水化程度较高,因此阳离子不容易逸出水化膜而突入水偶极层。这种情况下的紧密层将由水偶极层与水化阳离子层串联组成(如图 3.20 所示),称为外紧密层。外紧密层的有效厚度 d 为从电极表面($x=0$ 处)到水化阳离子电荷中心的距离。若设 x_1 为第一层水分子层的厚度,x_2 为一个水化阳离子的半径,则

$$d = x_1 + x_2 \tag{3.52}$$

距离电极表面为 d 的液层,即最接近电极表面的水化阳离子电荷中心所在的液层称为外紧密层平面或外亥姆荷茨平面(OHP)。

3. 有离子特性吸附时的紧密层结构

电极表面荷正电时,构成双电层溶液一侧剩余电荷的阴离子水化程度较低,又能进行特性吸附,因而阴离子的水化膜遭到破坏,即阴离子能够逸出水化膜,取代水偶极层中的水分子而直接吸附在电极表面,形成图 3.21 所示的紧密层。这种紧密层称为内紧密层。

阴离子电荷中心所在的液层称为内紧密层平面或内亥姆荷茨平面(IHP)。由于阴离子直接与金属表面接触,故内紧密层的厚度仅为一个离子半径,比外紧密层厚度小很多。因此,可

根据内紧密层与外紧密层厚度的差别解释微分电容曲线上,为什么 $q>0$ 时的紧密层(平台区)电容比 $q<0$ 时大得多。

对上述紧密层结构理论的另一个有力的实验验证:在荷负电的电极上,实验测得的紧密层电容值与组成双电层的水化阳离子的种类基本无关(如表 3.1 所列)。

表 3.1　在 0.1 eq/L 氯化物溶液中双电层的微分电容[*]

离 子	未水化离子的半径 /(10^{-1} nm)	估计的水化离子半径 /(10^{-1} nm)	微分电容[**] /(μF·cm^{-2})
H_3O^+	—	—	16.6
Li^+	0.60	3.4	16.2
K^+	1.33	4.1	17.0
Rb^+	1.48	4.3	17.5
Mg^{2+}	0.65	6.3	16.5
Sr^{2+}	1.13	6.7	17.0
Al^{3+}	0.50	6.1	16.5
La^{3+}	1.15	6.8	17.1

注:[*] 由于在较浓溶液和远离 φ_0 处双电层的分散性很小,基本上为紧密层结构,故实验测得的微分电容值可代表紧密层电容。

　　[**] 这里指的是 $q=-12\ \mu C/cm^2$ 下的微分电容。

若按照斯特恩模型,紧密层由水化阳离子紧贴电极表面排列而组成,不同水化阳离子的半径不同,紧密层厚度也不同,则紧密层电容应有差别。显然,这一结论与实验结果(参见表 3.1)并不一致。但若按照上述外紧密层结构模型,水分子偶极层也相当于一个平行板电容器,则可把紧密层电容等效为水偶极层电容和水化阳离子层电容的串联(如图 3.22 所示),故得

$$\frac{1}{C_{紧}}=\frac{1}{C_{H_2O}}+\frac{1}{C_+} \tag{3.53}$$

式中:$C_{紧}$ 为紧密层电容;C_{H_2O} 为水偶极层电容;C_+ 为水化阳离子层电容。

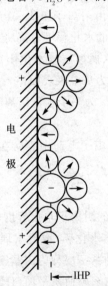

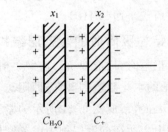

图 3.21　内紧密层结构示意图　　　　图 3.22　外紧密层的等效电容

根据式(3.23)、式(3.52)和图 3.22,可将式(3.53)变换为

$$\frac{1}{C_紧} = \frac{x_1}{\varepsilon_0 \varepsilon_{H_2O}} + \frac{x_2}{\varepsilon_0 \varepsilon_+} \tag{3.54}$$

式中:ε_{H_2O} 为水偶极层的相对介电常数,设 $\varepsilon_{H_2O} \approx 5$;$\varepsilon_+$ 为水偶极层与 OHP 之间的介质的相对介电常数,设 $\varepsilon_+ \approx 40$。由于 x_1 和 x_2 差别不大,而 $\varepsilon_{H_2O} \ll \varepsilon_+$,在式(3.54)中右边第二项比第一项小得多,可以忽略不计,因此

$$\frac{1}{C_紧} \approx \frac{x_1}{\varepsilon_0 \varepsilon_{H_2O}} \tag{3.55}$$

式(3.55)表明,紧密层电容只取决于水偶极层的性质,与阳离子种类无关,因而接近于常数。

若取 $\varepsilon_{H_2O} = 5$,$x_1 = 0.28$ nm,$\varepsilon_0 = 8.85 \times 10^{-10}$ μF/cm 代入式(3.55)中,则可计算出 $C_紧 \approx 16$ μF/cm^2。这个结果与表 3.1 所列出的实验值十分接近,从而证明了上述紧密层结构模型的正确性。

3.5 零电荷电位

前面已经提及,电极表面剩余电荷为零时的电极电位称为零电荷电位,用 φ_0 表示。其数值大小是相对于某一参比电极所测量出来的。由于电极表面不存在剩余电荷时,电极/溶液界面就不存在离子双电层,故也可以将零电荷电位定义为电极/溶液界面不存在离子双电层时的电极电位。

需要指出,剩余电荷的存在是形成相间电位的重要原因,但不是唯一的原因。因而,当电极表面剩余电荷为零时,尽管没有离子双电层存在,但任何一相表面层中带电粒子或偶极子的非均匀分布仍会引起相间电位。例如,溶液中某些离子的特性吸附、偶极分子的定向排列、金属表面原子的极化等都可能引起同一相中的表面电位(参见图 2.1),从而形成一定的相间电位。因此,零电荷电位仅仅表示电极表面剩余电荷为零时的电极电位,而不表示电极/溶液相间电位或绝对电极电位的零点。绝不可把零电荷电位与绝对电位的零点混淆起来。

零电荷电位可以通过实验测定,且测定的方法很多。经典的方法是通过测量电毛细曲线,求得与最大界面张力所对应的电极电位值,即为零电荷电位(参见图 3.3)。这种方法比较准确,但只适用于液态金属,如汞、汞齐和熔融态金属。对于固态金属,则可通过测量与界面张力有关的参数随电极电位变化的最大值或最小值来确定零电荷电位,例如测量固体的硬度、润湿性、气泡附着在金属表面时的临界接触角等。图 3.23 所示为通过测量金属硬度与电极电位的关系曲线来确定零电荷电位的一个例子。此外,还有一些其他方法。例如,利用比表面积很大的固态电极在不同电位下形成双电层时离子吸附量的变化来确定 φ_0;利用金属中电子的光敏发射现象求 φ_0 值等。

目前,最精确的测量方法是根据稀溶液的微分电容曲线最小值确定 φ_0。溶液越稀,微分电容最小值越明显,如图 3.24 所示。测量微分电容曲线时,有机分子的特性吸附(或脱附)和电极反应的发生也会引起电容峰值,从而造成微分电容曲线上两个峰值之间出现的极小值,而这一极小值并不是零电荷电位。因而,在测量中应避免这类现象的干扰。

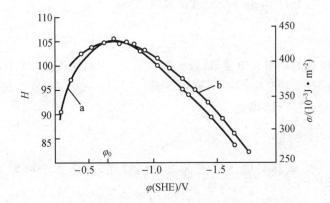

图 3.23 在 1 eq/L Na_2SO_4 溶液中，Tl 的硬度 $H-\varphi$ 曲线(a)和饱和铊汞齐的 $\sigma-\varphi$ 曲线(b)

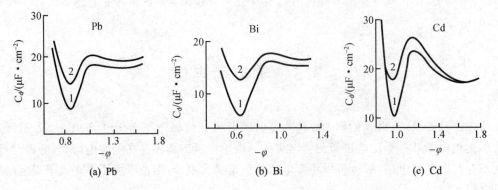

1—0.001 mol/L NaF；2—0.01 mol/L NaF

图 3.24 铅、铋、镉在不同浓度 NaF 溶液中的微分电容曲线

大量实验事实证明，零电荷电位的数值受多种因素影响：如不同材料的电极或同种材料不同晶面在同样溶液中会有不同的零电荷电位值；电极表面状态不同，会测得不同的 φ_0 值；溶液的组成，包括溶剂本性、溶液中表面活性物质的存在、酸碱度以及温度，氢和氧的吸附等因素也都对零电荷电位的数值有影响。这些因素的影响，可以通过零电荷电位形成的物理本质予以解释。

不同测量方法中实验条件控制的不同和上述多种因素对零电荷电位大小的影响，使得不同的人用不同方法所测得的 φ_0 值往往不一致，缺乏可比性。表 3.2 给出了一些在室温下的 φ_0 值，其中类汞金属的 φ_0 值多数是用微分电容法在高纯度金属表面上获得的。

由于零电荷电位是一个可以测量的参数，因而在电化学中有重要的用途。

首先，可以通过零电荷电位判断电极表面剩余电荷的符号和数量。若已知汞在稀 KCl 溶液中的零电荷电位为 -0.19 V，那么由此可知电极电位为 -0.10 V 的汞电极上带有正电荷，但比电极电位为 0.10 V 的汞电极上的剩余正电荷要少得多。

其次，电极/溶液界面的许多重要性质是与电极表面剩余电荷的符号和数量有关的，因而会依赖于相对于零电荷电位的电极电位值。这些性质主要如下：双电层中电位的分布、界面电容、界面张力、各种粒子在界面的吸附行为、溶液对金属电极的湿润性、气泡在金属电极上的附着、电动现象及金属与溶液间的光电现象等。其中，许多性质在零电荷电位下表现出极限值,如界面张力在 φ_0 处达到最大值,微分电容则在 φ_0 处达到最小值(稀溶液),有机分子的吸附量在 φ_0 处达到最大值,而在 $\varphi=\varphi_0$ 时溶液对电极的润湿性最差等。根据这些特征,有助于人们对界面性质和界面反应的深入研究。

表 3.2 室温下,水溶液中的零电荷电位(相对于标准氢电极电位)

电极材料	溶液组成	φ_0/V
不吸附氢的金属(类汞金属)		
Hg	0.01 mol/L NaF	−0.19
Ga	0.008 mol/L $HClO_4$	−0.6
Pb	0.01~0.001 mol/L NaF	−0.56
Tl	0.001 mol/L NaF	−0.71
Cd	0.001 mol/L NaF	−0.75
Cu	0.01~0.001 mol/L NaF	0.09
Sb	0.002 mol/L NaF	−0.14
	0.002 mol/L $KClO_4$	−0.15
Sn	0.001 mol/L K_2SO_4	−0.38
In	0.01 mol/L NaF	−0.65
Bi(多晶)	0.000 5 mol/L H_2SO_4	−0.40
	0.002 mol/L KF	−0.39
Bi(111)面	0.01 mol/L KF	−0.42
Ag(多面)	0.000 5 mol/L Na_2SO_4	−0.7
Ag(111 面)	0.001 mol/L KF	−0.46
Ag(100 面)	0.005 mol/L NaF	−0.61
Ag(110 面)	0.005 mol/L NaF	−0.77
Au(多晶)	0.005 mol/L NaF	0.25
Au(111 面)	0.005 mol/L NaF	0.50
Au(100 面)	0.005 mol/L NaF	0.38
Au(110 面)	0.005 mol/L NaF	0.19
铂系金属		
Pt	0.3 mol/L HF+0.12 mol/L KF (pH=2.4)	0.185
Pt	0.5 mol/L Na_2SO_4+0.005 mol/L H_2SO_4	0.16
Pd	0.05 mol/L Na_2SO_4+0.001 mol/L H_2SO_4 (pH=3)	0.10

基于上述情况,在界面结构和电极过程动力学的研究中,有时采用相对于零电荷电位的相对电极电位更为方便。它可以方便地提供电极表面荷电情况、双电层结构、界面吸附等方面的有关信息,这是氢标电位所做不到的。我们把以零电荷电位作为零点的电位标度称为零标,这种电位标度下的相对电极电位就叫作零标电位。后面在 3.4 节中讨论界面结构时,所采用的

双电层电位差 φ_a 就是零标电位,即

$$\varphi_a = \varphi - \varphi_0 \tag{3.56}$$

式中:φ 为氢标电位。

需要说明的是,用零标电位研究电化学热力学问题是不适宜的,这是因为研究热力学问题时需要有一个统一的参比电极电位作为零点,以便于比较与判断不同电极体系组成电池后反应进行的方向和平衡条件以及计算电池电动势等。而零标电位是以每一个电极体系自己的零电荷电位作为零点的,不同的电极体系有不同的零电荷电位值。因此,不同电极体系的零标电位是不能通用、没有可比性的。

3.6 电极/溶液界面的吸附现象

在"物理化学"课程中已学过,某种物质的分子、原子或离子在界面富集或贫乏的现象称为吸附。按照吸附作用力的性质,可分为物理吸附和化学吸附。在电极/溶液界面上同样会发生吸附现象,但由于界面上存在着一定范围内连续变化的电场,致使电极/溶液界面的吸附现象比一般界面吸附更为复杂,除了共同的规律外,还有它自己特殊的规律性。

当电极表面带有剩余电荷时,会在静电作用下使荷相反符号电荷的离子聚集到界面区,这种吸附现象称为静电吸附。除此之外,溶液中的各种粒子还可能因非静电作用力而发生吸附,称为特性吸附。本节只讨论特性吸附现象。

凡是能在电极/溶液界面发生吸附而使界面张力降低的物质,就叫作表面活性物质。表面活性物质可以是溶液中的离子(如除 F^- 离子以外的卤素离子,以及 S^{2-} 离子和 $N(C_4H_9)_4^+$ 离子等)、原子(如氢原子、氧原子)及分子(如多元醇、硫脲、苯胺及其衍生物等有机分子)。

由于在溶液中,电极表面是"水化"了的,即吸附了一层水分子,因此溶液中的表面活性粒子只有脱去部分水化膜,挤掉原来吸附在电极表面的水分子,才有可能与电极表面发生短程相互作用而聚集在界面。这些短程作用包括镜像力、色散力等物理作用和类似于化学键的化学作用。表面活性粒子脱水化和取代水分子的过程将使体系自由能增加,而短程相互作用将使体系自由能减少。当后者超过前者,使体系总的自由能减少时,吸附作用就发生了。由此可见,表面活性物质在界面的特性吸附行为取决于电极与表面活性粒子之间、电极与溶剂分子之间、表面活性粒子与溶剂分子之间的相互作用。因此,不同的物质发生特性吸附的能力不同,同一物质在不同的电极体系中的吸附行为也不相同。

电极/溶液界面的吸附现象对电极过程动力学有重大的影响。表面活性粒子不参与电极反应时,它们的吸附会改变电极表面状态和双电层中电位的分布,从而影响反应粒子在电极表面的浓度和电极反应的活化能,使电极反应速度发生变化。当表面活性粒子是反应粒子或反应产物(包括中间产物)时,就会直接影响到有关步骤的动力学规律。因而,在实际工作中,人们常利用界面吸附现象对电极过程的影响来控制电化学过程。例如,在电镀溶液中加入少量表面活性物质作为添加剂以获得光亮细致的镀层;在介质中加入少量表面活性物质作为缓蚀剂以抑制金属的腐蚀等。因此,研究界面吸附现象,不仅对从理论上深入了解电极过程动力学有重要意义,而且具有重要的实际意义。

3.6.1 无机离子的吸附

大多数无机阴离子是表面活性物质,并具有典型的离子吸附规律;而无机阳离子的表面活性很小,只有少数离子,如 Tl^+,Th^{4+},La^{3+} 等离子才表现出表面活性。下面以阴离子为例,讨论离子吸附的规律。

图 3.25 所示为 0.5 mol/L Na_2SO_4 溶液中分别加入 KCl,KBr,KI 和 K_2S 时汞电极的电毛细曲线。由于 SO_4^{2-} 离子表面活性很小,故可假定 Na_2SO_4 溶液中不发生阴离子的特性吸附。这样,我们可以根据加入其他阴离子后界面张力的变化来判断离子的吸附作用。从图 3.25 中可看出,阴离子的吸附与电极电位有密切关系,吸附主要发生在比零电荷电位更正的电位范围,即发生在带异号电荷的电极表面。在带同号电荷的电极表面上,当剩余电荷密度稍大时,静电斥力大于吸附作用力,阴离子很快就脱附了。汞电极的界面张力重新增大,电毛细曲线与无特性吸附时(Na_2SO_4 溶液)的曲线完全重合。因此,阴离子的特性吸附作用发生在比零电荷电位更正的电位范围和零电荷电位附近。电极电位越正,阴离子的吸附量也越大,如图 3.26 所示。

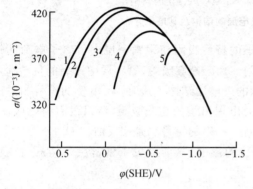

1——0.5 mol/L Na_2SO_4;

2——0.5 mol/L Na_2SO_4+0.01 mol/L KCl;

3——0.5 mol/L Na_2SO_4+0.01 mol/L KBr;

4——0.5 mol/L Na_2SO_4+0.01 mol/L KI;

5——0.5 mol/L Na_2SO_4+0.05 mol/L K_2S

图 3.25　阴离子特性吸附对电毛细曲线的影响

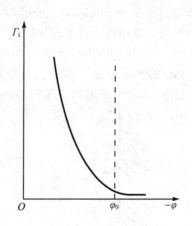

图 3.26　阴离子吸附量与电极电位之间的关系示意图

从图 3.25 中还可看出,在同一种溶液中,加入相同浓度的不同阴离子时,同一电位下界面张力下降的程度不同。这表明不同阴离子的吸附能力或表面活性是不同的。界面张力下降越多,表明该种离子的表面活性越强。实验表明,几种常见的阴离子在汞电极上的吸附能力(表面活性)有如下顺序:

$$SO_4^{2-} < OH^- \ll Cl^- < Br^- < I^- < S^{2-}$$

图 3.25 还表明,阴离子的吸附使电毛细曲线最高点,即零电荷电位向负方向移动,表面活性愈强的离子引起 φ_0 负移的程度也愈大。这是由于阴离子的吸附改变了双电层结构的缘故。如图 3.27 所示,在电极表面没有剩余电荷,也没有特性吸附时,电极/溶液界面上不存在离子双电层(如图 3.27(a)所示),电极电位就是零电荷电位 $\varphi_{0,1}$(见图 3.25 中曲线 1)。若发生阴

离子特性吸附,则由于吸附阴离子与溶液中的阳离子之间的静电作用而在溶液相中形成一个双电层,称为吸附双电层,如图 3.27(b)所示。设吸附双电层电位差为 φ'。于是,吸附双电层的形成使有特性吸附时的零电荷电位比没有特性吸附时向负移动了 $|\varphi'|$ 值。而且,因为吸附双电层是建立在溶液一侧的,其电位差 φ' 分布在分散层中,因而有 $\psi_1 = \varphi'$。

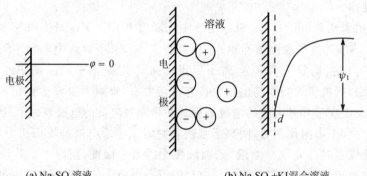

(a) Na$_2$SO$_4$溶液　　　　　　　　(b) Na$_2$SO$_4$+KI混合溶液

图 3.27　在 Na$_2$SO$_4$ 溶液和 Na$_2$SO$_4$＋KI 混合溶液中
零电荷电位时双电层的结构及其电位分布

当电极表面带有正的剩余电荷时,因阴离子的特性吸附使得紧密层中负离子电荷超过了电极表面的正剩余电荷,这一现象称为超载吸附。由于超载吸附,紧密层中过剩的负电荷又静电地吸引溶液中的阳离子,形成如图 3.28 所示的三电层结构。这时,ψ_1 电位的符号与总的电极电位 φ_a 相反。因为只有存在特性吸附时才会出现离子的超载吸附,所以没有特性吸附时,ψ_1 与 φ_a 的符号总是一致的,而有超载吸附时,ψ_1 与 φ_a 的符号总是相反的。

图3.29表示了阴离子吸附对微分电容曲线的影响。从前面关于紧密层结构的讨论中已

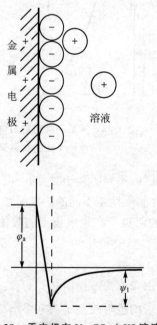

图 3.28　汞电极在 Na$_2$SO$_4$＋KI 溶液的
三电层结构及其电位分布

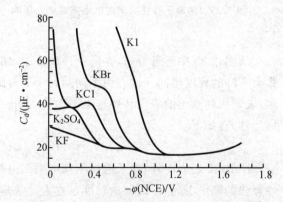

图 3.29　阴离子吸附对微分电容曲线的影响

知,阴离子吸附时将脱去水化膜,挤进水偶极层,直接与电极表面接触,形成内紧密层结构,从而使紧密层有效厚度减小,微分电容值增大。因此,在零电荷电位附近和比零电荷电位正的电位范围内,微分电容曲线比无特性吸附时升高了。

如前所述,绝大多数阳离子的表面活性都很小,可作为非表面活性物质处理。少数阳离子发生特性吸附时,具有与阴离子类似的规律,如使界面张力下降,微分电容升高,零电荷电位移动等。不过,由于阳离子所带电荷符号不同,零电荷电位将向正方向移动,故阳离子的吸附也主要发生在比零电荷电位更负的电位范围内和零电荷电位附近。

3.6.2　有机物的吸附

1. 有机物吸附对界面结构与性质的影响

表面活性有机分子发生特性吸附的规律及其对界面性质的影响也可以通过电毛细曲线和微分电容曲线观察到。图 3.30 表明向 1 mol/L NaCl 溶液中加入不同浓度的叔戊醇后,在零电荷电位附近,界面张力下降,零电荷电位向正电位方向移动。这表明吸附发生在零电荷电位附近的一定电位范围内,而且表面活性有机分子的浓度越高,发生吸附的电位范围越宽,界面张力下降得越多。

发生零电荷电位移动的原因,在于表面活性有机分子是极性分子,它们在电极表面吸附并定向排列,取代了原来在电极表面定向吸附的水分子,形成一个新的附加的吸附偶极子层,使电极表面剩余电荷为零时的相间电位差发生了变化,故零电荷电位向正或向负移动。

近年来,人们更广泛地用微分电容法研究界面吸附现象。图 3.31 所示为有机分子吸附时,微分电容曲线变化的典型图形。从图 3.31 中可看到,零电荷电位附近的电位范围内,微分电容值下降,两侧则出现电容峰值。而且,随着表面活性物质浓度的增加(即吸附覆盖度增大),微分电容降低得越多。这种变化是由于表面活性有机分子的介电常数通常比水小,而分子体积比水分子大得多所引起的。当有机分子取代水分子吸附在电极表面时,使双电层内的

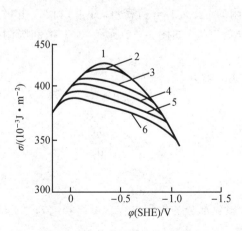

叔戊醇浓度(mol/L):1—0;2—0.01;3—0.05;
4—0.1;5—0.2;6—0.4

图 3.30　在含有不同叔戊醇 (t-$C_5H_{11}OH$)的
1 mol/L NaCl 溶液中测得的电毛细曲线

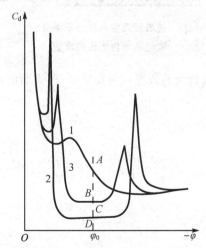

1—未加入表面活性有机物;2—达到饱和吸附覆盖;
3—未达到饱和吸附覆盖

图 3.31　有机分子吸附对微分电容曲线的影响

介电常数减小而有效厚度增大,根据 $C = \dfrac{\varepsilon_0 \varepsilon_r}{l}$ 的关系,界面电容将减小。随着有机分子浓度的增加,吸附覆盖度也将增大,因而微分电容减小得更多。当电极表面全部被有机分子吸附覆盖(饱和吸附覆盖)时,所测得的电容值全部是被覆盖表面的电容,因而出现极限值。

在吸附电位范围的边界为什么会出现电容峰呢?这是因为我们测量的是微分电容,电容与电位有关,即

$$C_d = \frac{dq}{d\varphi}$$

而根据式(3.27),$q = C\varphi_a$,其中 C 为积分电容。假设吸附覆盖度为 θ,被覆盖部分的积分电容为 C',未被覆盖部分的积分电容为 C,那么

$$q = C\varphi_a(1-\theta) + C'\varphi_a\theta \tag{3.57}$$

$$C_d = \frac{dq}{d\varphi} = C(1-\theta) + C'\theta - \frac{\partial\theta}{\partial\varphi}(C-C')\varphi_a \tag{3.58}$$

式中:C,C' 可视为常数。在吸附电位范围内,吸附覆盖度 θ 基本不变,因而可忽略 $\dfrac{\partial\theta}{\partial\varphi}$ 项,C_d 接近于常数。但在开始吸附或开始脱附的电位下,即吸附电位区的边界,吸附覆盖度的变化很大,也就是 $\left|\dfrac{\partial\theta}{\partial\varphi}\right|$ 变化很大,因而导致 C_d 值急剧增加,出现电容峰值。这种电容峰通常被称

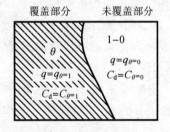

图 3.32 被表面活性有机分子部分覆盖的电极表面的模型

为吸脱附峰。显然,这时的电容值并不代表界面电容的真实数值,故也是一种假电容峰。我们可以根据出现吸脱附峰的电位粗略地估计表面活性有机物的吸脱附电位,判断发生有机物特性吸附的电位范围。

利用微分电容曲线还可以估算电极表面的吸附覆盖度 θ。假设电极表面被覆盖部分和未被覆盖部分是彼此独立的。以 $q_{\theta=0}$ 表示未覆盖表面的电荷密度,以 $q_{\theta=1}$ 表示完全覆盖(饱和吸附时)表面的电荷密度,并可以代表电极表面覆盖部分的电荷密度(如图3.32所示)。未饱和吸附的电极表面可看成是部分覆盖的,其表面电荷密度 q 为

$$q = \theta q_{\theta=1} + (1-\theta)q_{\theta=0} \tag{3.59}$$

故

$$
\begin{aligned}
C_d &= \frac{dq}{d\varphi} \\
&= \theta\left(\frac{dq}{d\varphi}\right)_{\theta=1} + (1-\theta)\left(\frac{dq}{d\varphi}\right)_{\theta=0} - (q_{\theta=0} - q_{\theta=1})\frac{d\theta}{d\varphi} \\
&= \theta\, C_{\theta=1} + (1-\theta)C_{\theta=0} - (q_{\theta=0} - q_{\theta=1})\frac{d\theta}{d\varphi} \tag{3.60}
\end{aligned}
$$

式中:$C_{\theta=1}$ 和 $C_{\theta=0}$ 分别表示完全覆盖部分和未覆盖部分的界面电容。可以看出,式(3.60)实际上就是式(3.58)。如前所述,在零电荷电位附近的吸附电位范围内,$\dfrac{\partial\theta}{\partial\varphi} \approx 0$,故

$$C_d = \theta\, C_{\theta=1} + (1-\theta)C_{\theta=0}$$

$$\theta = \frac{C_{\theta=0} - C_d}{C_{\theta=0} - C_{\theta=1}} \tag{3.61}$$

由于 $C_{\theta=1}$ 相当于式(3.58)中的 C'，$C_{\theta=0}$ 即 C，故从图 3.31 中可知 $C_{\theta=0}-C_{\theta=1}$ 为该图中 AC 线段，$C_{\theta=0}-C_\mathrm{d}$ 为 AB 线段。因此

$$\theta = \frac{AB}{AC}$$

这样，只要通过实验测量出没有吸附、未饱和吸附、饱和吸附三种情况下的微分电容曲线，就可以近似计算未饱和吸附时 φ_0 附近的吸附覆盖度了，并可在已知饱和吸附量 Γ_∞ 的前提下，按 $\Gamma_i=\theta\Gamma_\infty$ 计算给定情况下有机分子的吸附量。

上述计算方法虽然简单，但由于式(3.60)和式(3.61)都是根据假设的吸附模型，即式(3.59)所推导出来的，因而在热力学上是不严谨的，只能作为一种粗略的估算而已。

2. 吸附过程体系自由能的变化

表面活性粒子能在界面吸附的必要条件是吸附过程伴随着体系自由能的降低，也就是说，吸附自由能应该是负值。那么，有机分子在电极/溶液界面吸附时，体系自由能的变化可能来自哪些方面呢？主要有以下四方面。

(1) 活性粒子与溶剂间的相互作用：在水溶液中，当溶质分子从溶液内部富集到界面层时，既会因增加水的短程有序四面体结构的稳定性而使体系自由能降低，又会因粒子溶剂化程度的减少而使体系自由能升高。各种含有极性基团的有机物(如醇、酸、胺、醛等)分子都是由不能水化的碳氢链部分(憎水部分)和能水化的极性基团(亲水部分)所组成的。所以，在水溶液中，这些有机分子倾向于憎水部分逸出溶液，亲水部分留在溶液中，从而在界面形成了如图 3.33 所示的吸附方式，使得体系自由能降低。

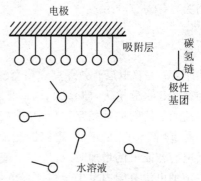

图 3.33　有机分子在电极/溶液界面的"非特性"吸附方式

这种吸附方式不涉及电极与有机分子之间的相互作用，因而活性粒子的吸附行为与电极性质无关，而类似于它们在空气/溶液界面的吸附行为，故可称为"非特性"吸附方式。

(2) 活性粒子与电极表面的相互作用：包括静电作用和化学作用两种。静电作用指镜像力、色散力引起的金属表面与离子及偶极子之间的短程相互作用，以及表面剩余电荷与偶极子之间的相互作用等。化学作用指电极表面与活性粒子之间发生了一定程度的电子转移，形成性质和强度接近于化学键的吸附键。这些相互作用可导致发生物理吸附或化学吸附，使体系自由能降低。

(3) 吸附层中活性粒子的相互作用：吸附层中的活性粒子之间可能存在引力，如范德华力、异号离子间的静电引力等。也可能存在斥力，如同号离子间的静电斥力、中性粒子间的斥力等。这类相互作用的特点是与吸附覆盖度密切相关，吸附覆盖度越大，相互作用越强。粒子间出现斥力时将使体系自由能升高，而出现引力，则体系自由能降低。

(4) 活性粒子与水偶极层的相互作用：有机分子吸附时，将挤掉原来水偶极层中的若干水分子，即伴随着水分子的脱附。这一脱附过程将使体系自由能升高。

由此可见，伴随有机分子吸附过程的自由能变化取决于上述四项相互作用的综合结果。如果这四项因素的总和是使体系自由能降低，则吸附过程就得以实现。需要指出，上述讨论并

不包括离子型活性粒子(无机离子或有机离子)的离子电荷与电极表面剩余电荷之间的静电吸附作用。

从上面的分析可知,影响活性粒子吸附的主要因素是活性粒子的化学性质及浓度、电极表面的化学性质和表面剩余电荷密度。因此,不同的活性粒子在同一电极表面,或同一活性物质在不同电极表面及不同电极电位下的吸附行为是不同的,从而表现出吸附行为的"选择性"或"特性"。

3. 有机分子吸附的特点

根据大量实验事实,可以总结出有机分子吸附的基本规律。

1) 电极电位或电极表面剩余电荷密度的影响

前面已提及,只有在一定的电极电位范围内才发生有机分子的特性吸附。其原因可根据体系能量的变化作如下解释:若将双电层比拟成平行板电容器,则电容器的能量 W 为

$$W = \frac{1}{2}q\varphi \tag{3.62}$$

因为 $q = C\varphi$,$C = \dfrac{\varepsilon_0 \varepsilon_r}{d}$

所以
$$W = \frac{1}{2}\frac{q^2}{C} = \frac{d}{2\varepsilon_0\varepsilon_r}q^2 \tag{3.63}$$

式中: d 为双电层有效厚度。当有机分子吸附时,由于有机分子的相对介电常数比水分子小,而体积比水分子大,即 d 大,因而使体系能量升高。在一定的电极电位下,即当 q 一定时,如果前面叙述的四种相互作用中使体系自由能降低的因素占优势,则吸附过程能自发地发生。但是,随着 $|q|$ 的增大,电容器能量迅速增加。当增加到吸附过程所减少的自由能不足以补偿电容器能量的增加时,有机分子就脱附了,而代之以水分子的吸附。因而,有机分子只能在一定的电位范围内发生吸附。零电荷电位下,电极表面剩余电荷密度为零,因而有机分子具有最大的吸附能力,吸附电位范围通常在零电荷电位附近,如图 3.34 所示。

对于离子型的活性物质,还应考虑到离子电荷与电极表面剩余电荷的静电作用。因而,有机离子的特性吸附电位范围往往明显地向与离子电荷异号的电位方向偏移,如图 3.35 所示。例如季胺阳离子在汞电极上的吸附电位范围可向负方向扩展到 -1.6 V 左右。

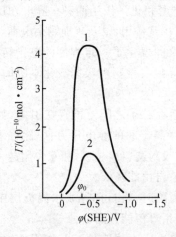

图 3.34　有机分子吸附电位范围示意图

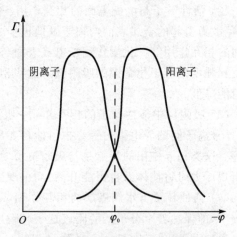

图 3.35　有机离子吸附电位范围示意图

电极电位对某些有机分子吸附的排列方式也有重大影响。通常,简单的脂肪族化合物在整个吸附电位范围内,吸附方式没有明显变化;而芳香族和杂环化合物则在不同电位下出现两种吸附方式。当 $\varphi > \varphi_0$ 时,由于 π 电子云和电极表面正电荷之间的相互作用,倾向于以苯环平面与电极平行的"平卧"方式吸附;当 $\varphi < \varphi_0$ 时,则转变为苯环平面与电极表面垂直的"直立"方式吸附。某些碳链不长而亲水基团较多的有机分子(如多元醇、多乙烯多胺和多醚等)有较大的相对介电常数,吸附电位范围很宽,在汞电极上的吸附电位可负于 -1.8 V。这类活性物质的吸附排列方式随电位的变化呈现出比较复杂的形式。

2) 表面活性物质的结构、性质与浓度的影响

饱和脂肪族化合物的表面活性在很大程度上取决于极性基团。如碳氢链数目相同的脂肪族化合物,其表面活性顺序通常为羧酸>胺>醇>酯。又如正丁基化合物,因极性基不同,其表面活性可有以下顺序:

$$=CO > \ =S > \ -SH > \ -COOH > \ -CHO > \ -CN > \ -OH$$

同一系列的脂肪族化合物的表面活性则与碳氢链长度有关,碳氢链越长,表面活性越大。例如,脂肪醇的表面活性顺序顺序为

$$C_2H_5OH < n\text{-}C_3H_7OH < n\text{-}C_4H_9OH < n\text{-}C_5H_{11}OH$$

对有相同碳原子数,不同支链的同素异构体来说,则支链越多,表面活性越小。例如,丁醇的同素异构物的表面活性顺序为

$$CH_3(CH_2)_2CH_2OH > CH_3CH_2\underset{|}{\overset{}{C}}HOH > \overset{CH_3}{\underset{CH_3}{}}CHCH_2OH > \overset{CH_3}{\underset{CH_3}{}}\overset{CH_3}{|}COH$$

芳香族化合物的吸附性能与脂肪族化合物不同。含有相同极性基团时,芳香族化合物的表面活性比脂肪族大,而且随着苯环数目的增多,芳香族化合物的表面活性也增大很多倍,例如萘基化合物比苯基化合物的活性大。这可能是由于芳香族化合物分子中的 π 电子云与电极表面剩余电荷或镜像电荷相互作用的结果。曾有人试验用氟取代苯环中的氢原子,结果 π 电子云密度减小很多,该化合物的表面活性也减小了。这种 π 电子效应也可通过不饱和烃的活性比饱和烃大且表面活性随双键数目的增多而增强等规律中反映出来。

一般情况下,表面活性物质的浓度增大,有利于活性粒子的吸附。从图 3.30 和图 3.31 中可看出这一规律。在汞电极上,通常随着活性物质浓度的增加,界面吸附程度增大,吸附电位范围也略有扩大。

3) 电极材料的影响

电极材料性质和聚集状态不同,均对活性分子的吸附有影响。同一种有机物,在不同的金属电极表面的吸附行为可以有很大区别。例如,脂肪醇在锌的表面上强烈吸附,在镉表面只有微弱的吸附能力,而在银表面则完全不吸附。这主要是由于不同金属表面的自由能不同,金属表面与活性粒子的相互作用不同以及金属表面的亲水性不同所造成的。当活性分子与电极表面相互作用的差别不大时,不同金属表面吸附程度的差异主要来自水分子吸附自由能的差别。如镉的亲水性很强(水的吸附能高),而苯胺在镉表面的吸附能力确实比在汞表面低;又如己醇可以在较宽的电位范围内在汞表面吸附,而在铁表面却无明显的吸附现象,这也与水分子在铁表面的吸附自由能比在汞表面高是一致的。

实验表明,在负电荷的电极表面,表面活性物质的脱附电位往往差别不大。有人在研究

Pb,Cd,Hg,Zn 等金属电极上的吸附电位范围时发现,尽管这些金属电极的零电荷电位不同,差别可达 0.5 V 以上,然而许多表面活性物质在这些电极表面负电荷区的脱附电位的差别却不超过 0.1～0.2 V 的范围,而且脱附电位越负,差别越小。因此,在实际工作中,作为一种粗略的估计,可以忽略金属本性的影响,而得到表 3.3 所列的各类表面活性物质的负电荷区脱附电位的范围。至于正电荷区的脱附电位则难以测量,原因是大多数电极材料在正剩余电荷密度较大时就会发生金属的阳极溶解和阴离子的强烈吸附,从而干扰了实验测定。

表 3.3　各类表面活性有机物的负脱附电位范围

表面活性物质（按浓度 0.1% 估计）	负脱附电位/V（氢标）
有机阴离子（磺酸、脂肪酸）	$-0.8 \sim -1.1$
芳香烃,酚	$-0.8 \sim -1.1$
脂肪醇,胺	$-1.1 \sim -1.3$
有机阳离子（季铵盐）	$-1.4 \sim -1.6$
多聚型活性物质（动物胶、"平平加"）	$-1.6 \sim -1.8$

以上讨论只涉及了不参与电极反应的有机物的吸附行为及其规律,这种情况多半发生在汞电极或类汞金属电极上。对于一些具有催化活性的电极,如铂和铂族金属,有机分子可能会发生脱氢、自氢化、氧化和分解等化学反应,往往还生成一些吸附态的中间粒子。在这种情况下,有机物的吸附过程已经是不可逆的了,因而本小节所讨论的研究方法和吸附规律已不适用。

3.6.3　氢原子和氧原子的吸附

1. 研究氢和氧吸附行为的方法及基本实验结果

氢和氧的吸附对金属表面电化学性质有重大影响。它可以改变双电层结构和电极电位的大小,影响电极反应速度。因此,研究氢和氧的吸附对金属腐蚀与防护有重要意义。

但是,在出现氢和氧的吸附的电位范围内,可能同时发生电化学过程,例如:

$$H_{吸} \Longleftrightarrow H^+ + e$$
$$O_{吸} + 2H^+ + 2e \Longleftrightarrow H_2O$$

式中：$H_{吸}$,$O_{吸}$ 分别表示吸附氢原子和吸附氧原子。

这样,发生氢或氧吸附的电极体系已不再具备理想极化电极的性质了,因此不能用微分电容法和电毛细曲线法来研究氢和氧的吸附。目前,常用的方法有两种：充电曲线法和电位扫描法。下面分别进行介绍。

1）充电曲线法

充电曲线法就是在恒定的电流密度下,对电极进行阳极或阴极充电,记录下电极电位随时间的变化,然后根据电流与时间的乘积,作出通过电极的电量与电极电位之间的关系曲线（即充电曲线）的一种实验研究方法。

例如,图 3.36 所示为把光滑铂电极浸入被氢所饱和的 HCl 溶液中所测得的阳极充电曲线。该曲线由三个斜率不同的区域组成。根据充电曲线的斜率,可以计算电极的电容值,即

$$C_d = \frac{\partial Q}{\partial \varphi} = \left(\frac{\partial \varphi}{\partial Q}\right)^{-1} \tag{3.64}$$

式中：Q 为单位电极表面上通过的电量。根据计算结果，在第 1 段的电位范围内，电极的电容高达 2 000 $\mu F/cm^2$ 远远超过了双电层的电容值（20 $\mu F/cm^2$ 左右）。这表明，该电位区域中通过的电量主要用于改变氢的吸附量，即消耗于吸附氢原子的电化学氧化反应：

$$H_{吸} \longrightarrow H^+ + e$$

因此，常将此区域称为"氢吸附区"。

在第 2 段，计算的电极电容值为 20～50 $\mu F/cm^2$，与双电层电容值相近。这表明，该电位范围内吸附氢原子已经很少了，充入的电量主要用于双电层的充电，故称为"双电层区"。

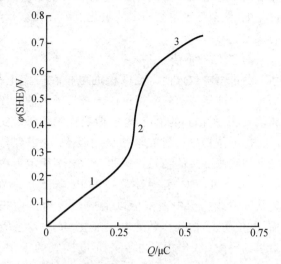

图 3.36　铂在 HCl 溶液中的充电曲线

在第 3 段，开始出现氧的吸附，即在电极表面形成吸附氧原子或生成氧化物（PtO，PtO_2 等），故计算的电容值又升高了。这一段称为"氧吸附区"。

如果到达"氧吸附区"后立即反向充电，则可得到阴极充电曲线。阴极充电曲线仍由以上三个区域组成，但顺序相反：首先出现的是吸附氧和氧化物还原的"氧吸附区"，其次是"双电层区"，最后是氢离子还原生成吸附氢原子的"氢吸附区"。然而，阴极充电曲线与阳极充电曲线并不完全重合，主要在氧吸附区形成了"滞后环"，这表明氧的吸附过程是不可逆的。

根据充电曲线可近似地计算氢原子的吸附量。设开始充电时，单位电极表面上氢原子的吸附量为 Γ_H，达到氢吸附区终点时氢的吸附量为 $\Gamma_{H,0}$，则消耗于吸附氢氧化反应的电量为 $(\Gamma_H - \Gamma_{H,0})F$。若以 q_1 和 q_2 分别表示开始充电时和氢吸附区终点时的电极表面电荷密度，则消耗于双电层充电的电量为 $q_2 - q_1$。当电极上没有其他电化学反应发生时，对单位电极表面所充的全部电量 Q 应为

$$Q = (\Gamma_H - \Gamma_{H,0})F + (q_2 - q_1) \tag{3.65}$$

由于 $\Gamma_{H,0}$ 很小，故可忽略不计。又已知

$$q_2 - q_1 = \int_{\varphi_1}^{\varphi_2} C_d \mathrm{d}\varphi = C(\varphi_2 - \varphi_1) \tag{3.66}$$

式中：φ_1，φ_2 分别为开始充电和氢吸附区终点时的电极电位；C 为这一电位区间的双电层积分电容。故有

$$Q = \Gamma_H F + C(\varphi_2 - \varphi_1)$$

$$\Gamma_H = \frac{Q - C(\varphi_2 - \varphi_1)}{F} = \frac{jt - C(\varphi_2 - \varphi_1)}{F} \tag{3.67}$$

式中：j 为充电电流密度；t 为开始充电到氢吸附区终点所经历的时间。

显然，为了能通过式（3.67）正确计算 Γ_H，必须保证充电电量只用于氧化原来存在于电极表面的吸附氢原子和对双电层充电。但实际上在吸附氢原子氧化的同时，还会发生溶解氢的再吸附，从而消耗部分电量。因此，在实验中必须采取措施减小这一误差，例如先将电极浸在为氢所饱和的溶液中建立起吸附平衡，然后通入惰性气体（如高纯氮气或氩气），用来排除溶解

在溶液中的绝大部分氢分子,这样处理后再进行阳极充电。也可以采取较大阳极电流密度进行充电,使全部吸附氢原子的氧化过程在几毫秒的短时间内完成,从而忽略掉氢的再吸附引起的误差。

2) 电位扫描法

通过恒电位仪使研究电极的电位在一定电位范围内按三角波信号重复地连续变化(扫描),以示波器或 $X - Y$ 记录仪记录扫描时的电流-电位曲线。这种方法称为电位扫描法或循环伏安法,所得到的电流-电位曲线称为循环伏安曲线。

用电位扫描法研究氢和氧的吸附,可得到与充电曲线法一致的结果。例如,图 3.37 所示为在 2.3 mol/L H_2SO_4 溶液中测得的 Pt 电极上的循环伏安曲线。图中横坐标以上的曲线为正向扫描(电位变正)曲线。随着电位变正,依次发生吸附氢的脱附(氧化)、双电层正充电或氧的吸附。横坐标以下的曲线为反向扫描曲线,随电位变负,依次发生氧的脱附(还原)、双电层充电或氢的吸附。

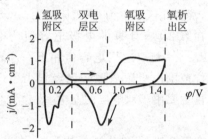

图 3.37 Pt 电极在 2.3 mol/L H_2SO_4 溶液中的循环伏安曲线

从图 3.37 中还可看到,氢在铂电极上的吸附电位和脱附电位几乎在同一电位范围发生,即氢的吸脱附过程基本上是可逆的。而氧的吸附电位和脱附电位却相差甚远,说明氧吸脱附过程的不可逆性。

2. 氢原子吸附的特点

实验表明,在常温下,由分子间作用力所引起的氢的物理吸附作用很弱,可以忽略不计。氢分子又是价饱和的,因而也不以分子态发生化学吸附。因此,通常情况下,氢在金属表面是以原子态发生化学吸附的。这表明,氢的吸附过程伴随有氢分子的分解,分解生成的氢原子与金属表面相互作用而形成吸附键。吸附氢原子和自由氢原子的性质是不同的。因为吸附过程中放出了大量的吸附热,所以吸附氢原子的能量要低得多。

由于氢分子分解为氢原子的热效应为 428 kJ/mol,因此只有金属表面对氢原子的亲和力很大,以至于氢原子的吸附热大于 214 kJ/mol 时,才有可能使氢以原子吸附状态存在比以分子态存在具有更低的能量,从而发生氢分子的分解和氢原子的吸附。所以说,氢的吸附是有选择性的,它只在某些金属表面发生。实验表明,氢的吸附主要发生在 Pt,Pd 等铂族以及 Fe,Ni 等过渡族金属表面。而在 Hg 及 Cd,Zn,Pb 等类汞金属上,还从未发现过较大量的氢的吸附。

在图 3.37 中,除了看到氢吸附的可逆性外,还可看到氢吸附区的伏安曲线上出现两个峰值,表明氢的吸附是分两步进行的。实验研究发现,这一现象与吸附热随吸附覆盖度增加而减小有关(如图 3.38 所示)。开始吸附时,氢在金属表面的吸附覆盖度较低,氢原子与金属的结合较强,吸附热较大。而随着吸附覆盖度的增加,氢的吸附热越来越小,吸附键强度也就越来越小。这种变化可能是由于电极表面不均匀,先吸附的氢原子占据了能量低的位置所引起的,也可能是吸附粒子之间相互排斥的结果。因此,在图 3.37 中,电位向正扫描到 0.2 V 前,吸附键较弱的氢原子就先脱附了,而吸附键较强的那部分氢原子到 0.2~0.4 V 时才脱附,于是出现两个脱附峰。

从图 3.38 中还可看到阴离子对氢吸附的影响。在同样的覆盖度下,氢的吸附热依阴离子不同而按以下顺序减小：

$$OH^- > SO_4^{2-} > Cl^- > Br^-$$

因而,在 NaOH 溶液中,氢的吸附键强度最大,脱附电位最正,即最不易脱附。而在 HBr 溶液中,氢的吸附键强度最小,脱附电位最负,更靠近氢电极的平衡电位。

氢原子吸附后,将改变电极/溶液界面的结构和电位分布,如图 3.39(a)所示。由于氢原子是强还原剂,易于失电子,因而形成吸附键后,氢原子中的电子有向金属转移的趋势,在一定程度上使氢原子带正电,金属表面带负电,形成一个附加的吸附双电层,并在相间产生一个负的电位差。除此之外,由于吸附氢向金属内部的扩散,还可能引起基体金属韧性降低和脆性断裂,造成材料或构件的破坏。

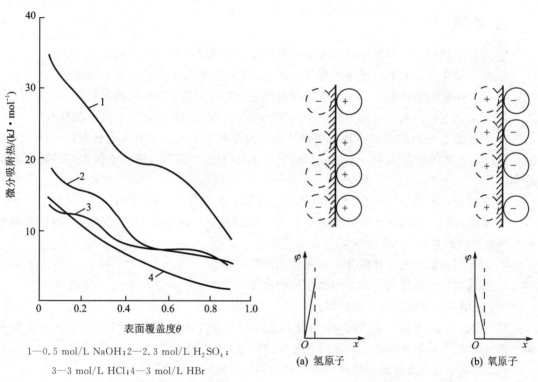

1—0.5 mol/L NaOH;2—2.3 mol/L H$_2$SO$_4$;
3—3 mol/L HCl;4—3 mol/L HBr

图 3.38　吸附覆盖度对铂电极上氢的
微分吸附热的影响

(a) 氢原子　　　(b) 氧原子

图 3.39　氢原子和氧原子的吸附所
形成的双电层及其电位分布

3. 氧吸附的特点

氧的吸附行为相当复杂,迄今为止人们对它的了解仍是不够清晰的。与氢分子类似,氧分子只在低温下发生物理吸附。在常温下,主要是氧原子和各种含氧粒子的吸附。这些含氧粒子大部分是在氧的逐步还原或 OH$^-$(或 H$_2$O)的逐步氧化过程中形成并发生吸附的。例如,在 NaOH 溶液中,随着电位变正,首先发生 OH$^-$ 离子的吸附,随后是 OH(氢氧基)和氧原子的生成与吸附,最后生成氧化物层。而当电位从平衡电位向负移动时,在氧的还原过程中依次生成 O^{2-}(过氧离子)或 HO$_2$,以及 OH 或 H$_2$O$_2$ 等能在电极上吸附的含氧粒子。这些含氧粒子的吸附电位范围没有确定的界限,常常交错在一起。它们吸附后,又可能进一步反应生成各种各样的氧化物或氢氧化物。基于上述原因,造成了氧吸附行为的复杂性。

氧吸附的另一个特点是吸附过程的明显的不可逆性。如前所述,正、反充电曲线上出现"滞后环"和循环伏安曲线上氧的吸附电位与脱附电位的明显差异(如图 3.37 所示),即氧吸附区电位扫描曲线的不对称性等实验结果都说明了这一重要特性。

氧吸附后,不仅使电极/溶液界面结构和电极电位发生变化(如图 3.39(b)所示),而且使电极的许多重要性质发生变化。例如,由于生成氧化物或氢氧化物而形成表面膜层,或由于吸附作用本身而改变电极表面状态,使电极反应的活化能增大,大大降低了反应速度。又如氧吸附后,其他表面活性物质在电极表面的吸附能力减弱,从而使一些通过吸附起作用的添加剂的效力降低,或者使某些与形成吸附态中间产物有关的电化学反应(如析氢过程)的反应速度发生变化。

思考题

1. 自发形成的双电层和强制形成的双电层在性质和结构上有无不同?为什么?

2. 理想极化电极和不极化电极有什么区别?它们在电化学中有什么重要用途?

3. 什么是电毛细现象?为什么电毛细曲线是具有极大值的抛物线形状?

4. 标准氢电极的表面剩余电荷是否为零?用什么办法能确定其表面带电状况?

5. 你能根据电毛细曲线的基本规律分析气泡在电极上的附着力与电极电位有什么关系吗?为什么有这种关系?(提示:液体对电极表面的润湿性越高,气体在电极表面的附着力就越小。)

6. 在微分电容曲线中,为什么当电极电位绝对值较大时会出现"平台"?

7. 双电层的电容为什么会随电极电位的变化而变化?试根据双电层结构的物理模型和数学模型予以解释。

8. 双电层的积分电容和微分电容有什么区别和联系?

9. 试述交流电桥法测量微分电容曲线的原理。

10. 影响双电层结构的主要因素是什么?为什么?

11. 什么是 ψ_1 电位?能否说 ψ_1 电位的大小只取决于电解质总浓度而与电解质本性无关?ψ_1 电位的符号是否总是与双电层总电位的符号一致?为什么?

12. 试述双电层方程式的推导思路。推导的结果说明了什么问题?

13. 如何通过微分电容曲线和电毛细曲线的分析来判断不同电位下的双电层结构?

14. 比较用微分电容法和电毛细曲线法求解电极表面剩余电荷密度的优缺点。

15. 什么是特性吸附?哪些类型的物质具有特性吸附的能力?

16. 用什么方法可以判断有无特性吸附及估计吸附量的大小?为什么?

17. 试根据微分电容曲线和电毛细曲线的变化,说明有机分子的特性吸附有哪些特点。

18. 有机表面活性物质在电极上的特性吸附为什么有一定的吸附电位范围?无机离子发生特性吸附时,有没有一定的吸附电位范围?

19. 利用电毛细曲线和微分电容曲线研究氢和氧的吸附时有什么困难?为什么?

20. 试小结一下微分电容曲线上出现峰值的原因可能有哪些。

21. 什么是零电荷电位?为什么说它不是电极绝对电位的零点?

22. 氢和氧的吸附各有哪些主要特点?

23. 据你所知,可以用哪些方法确定某一个电极体系的零电荷电位?

例　题

（1）根据斯特恩物理模型分析给定条件（不同浓度、电位、吸附情况等）下的双电层结构。双电层的结构特征常用结构示意图、离子浓度分布图和电位分布图来描述。

［例 3-1］ 画出电极 $Cd|CdCl_2(a=0.001)$ 在平衡电位时的双电层结构示意图和双层内电位分布图。已知该电极的零电荷电位为 -0.71 V。

［解］

电极反应：$Cd \Longleftrightarrow Cd^{2+} + 2e$

故电极的平衡电位：$\varphi_{\text{平}} = \varphi^0 + \dfrac{RT}{2F}\ln a_{Cd^{2+}}$

查表知 $\varphi^0 = -0.404$ V。设温度为 25 ℃

则　$\varphi_{\text{平}} = -0.404 + \dfrac{2.3RT}{2F}\lg 0.001 = -0.493$ V

已知 $\varphi_0 = -0.71$ V，故可判断电极表面带正电荷；又已知 Cd^{2+} 离子活度为 0.001，表明溶液很稀，双电层具有分散性。因此，该电极在平衡电位下的双电层结构与电位分布应为图 3.40 所示。

（2）根据电毛细曲线和微分电容曲线分析双电层结构和界面吸附现象。

［例 3-2］ 根据图 3.41 所给的实验数据，你能得出该电极体系界面吸附现象的哪些信息？图中，曲线 1 为汞在 0.5 mol/kg Na_2SO_4 溶液中测出的曲线，曲线 2 为汞在 0.5 mol/kg $Na_2SO_4 + C_7H_{15}OH$ 溶液中测出的曲线。

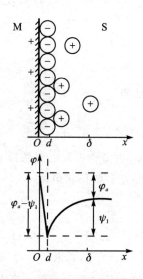

图 3.40　双电层结构与电位分布

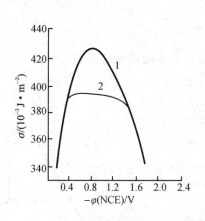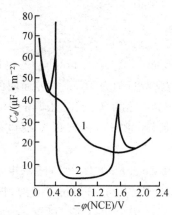

图 3.41　实验数据曲线

［解］

0.5 mol/kg Na_2SO_4 溶液可看作不含表面活性物质的溶液。对比曲线 1 和曲线 2 可知，在 Na_2SO_4 溶液中加入 $C_7H_{15}OH$ 后，电极表面张力下降，微分电容下降。这表明 $C_7H_{15}OH$ 是表面活性物质，在电极表面发生了特性吸附。微分电容曲线 2 上的两个峰值为该物质的吸脱附峰,故可判断 $C_7H_{15}OH$ 的吸附电位范围为 $-0.4\sim-1.4\ V$。这从电毛细曲线 2 上界面张力下降的范围可以得到验证。

(3) 计算界面性质的有关参数,如微分电容与积分电容、表面剩余电荷密度、离子表面剩余量等。

[例 3-3] 汞在稀电解质溶液中的微分电容曲线如图 3.42 所示。由图可知 $\varphi_0 = -0.19\ V$,φ_0 时的微分电容为 $4\ \mu F/cm^2$;$\varphi_3 = -0.55\ V$,φ_3 时的微分电容为 $18\ \mu F/cm^2$。已知 $\varphi_2 = -0.45\ V$,求 φ_3 时的表面剩余电荷密度。

[解]

已知
$$C_d = \frac{dq}{d\varphi}$$

$$q = \int C_d d\varphi + 积分常数$$

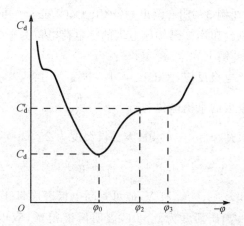

图 3.42 汞在稀电解质溶液中的微分电容曲线

若以 φ_0 时 $q=0$ 为边界条件代入上式,则可得电位为 φ 时的 q 值:

$$q = \int_{\varphi_0}^{\varphi} C_d d\varphi$$

现在,已知 $\varphi_0 - -0.19\ V$,该电位下的 $C_d = 4\ \mu F/cm^2 = 0.04\ F/m^2$,$\varphi_2 = -0.45\ V$,$\varphi_3 = -0.55\ V$,紧密层电容($\varphi_2$ 与 φ_3 时的电容)$C_d' \approx 18\ \mu F/cm^2 = 0.18\ F/m^2$。若将 φ_0 与 φ_3 之间的微分电容曲线近似看成折线,则有

$$q = \int_{\varphi_0}^{\varphi} C_d d\varphi = \frac{1}{2}(C_d' + C_d)(\varphi_2 - \varphi_0) + C_d'(\varphi_3 - \varphi_2) = -0.046\ 6\ C/m^2$$

习 题

1. 已知电极 $Ni|NiSO_4(1\ mol/kg)$ 的电极表面剩余电荷密度为 $2\times10^{-5}\ C/m^2$,双电层中溶液的相对介电常数近似为 40,试求界面间的场强。

2. 测得汞在 $0.1\ mol/kg$ KCl 水溶液中的电毛细曲线如图 3.43 所示,求 $\varphi = -0.35\ V$ 时电极表面的剩余电荷密度。

3. 假设电极 $Zn|ZnSO_4(a=1)$ 的双电层电容与电极电位无关,数值为 $36\ \mu F/cm^2$。已知该电极的 $\varphi_\mp = -0.763\ V$,$\varphi_0 = -0.63\ V$。试求:

(1) 平衡电位时的表面剩余电荷密度。

(2) 在电解质溶液中加入 $1\ mol/L$ 的 NaCl 后,电极表面剩余电荷密度和双电层电容会有什么变化?

(3) 通过一定大小的电流,使电极电位变化到 $\varphi = 0.32\ V$ 时的电极表面剩余电荷密度。

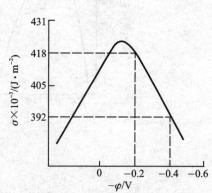

图 3.43 电毛细曲线

4. 画出 $Ag|AgNO_3$(0.002 mol/kg)电极在零电荷电位($\varphi_0 = -0.7$ V)和平衡电位时的双电层结构示意图和双电层内离子浓度分布与电位分布图。

5. 某电极的微分电容曲线如图 3.44 所示。试画出图中 $\varphi_0, \varphi_1, \varphi_2$ 三个电位下的双电层结构示意图和电位分布图,并列式说明 ψ_1 电位的大小。

6. 已知汞在 0.5 mol/kg Na_2SO_4 溶液中的电毛细曲线和微分电容曲线如图 3.45 中曲线 1 所示。加入某物质后,这两条曲线变为曲线 2。试分析加入了什么类型的物质?并画出对应于图 3.45 中 φ_0 处汞在后一种溶液中的双电层结构示意图和电位分布图。

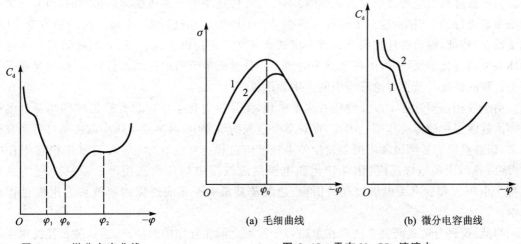

图 3.44　微分电容曲线

(a) 毛细曲线　　　　(b) 微分电容曲线

图 3.45　汞在 Na_2SO_4 溶液中

7. 假定在电位 $\varphi_a - b$,φ_a 和 $\varphi_a + b$ 下汞电极与溶液间的界面张力分别为 $\sigma_1, \sigma_2, \sigma_3$。试证明电位 φ_a 下的电容 C 和界面张力 σ 之间存在着下列关系(b 为数值很小的常数):

$$C = -\frac{\sigma_1 + \sigma_3 - 2\sigma_2}{b^2}$$

8. 已知 25 ℃时汞在 KCl 水溶液中的零电荷电位是 -0.19 V,溶液的相对介电常数为 40,电极表面剩余电荷密度为 0.1 C/m^2。试求该电极电位为 0.11 V 时,在浓度为 0.001 mol/L 和 0.1 mol/L 的溶液中的 ψ_1 电位值,并由计算结果说明两种浓度下双电层结构有什么不同?为什么?

9. 某阳离子缓蚀剂对钢的缓蚀作用是由于它在钢表面吸附的结果。在 1 mol/L H_2SO_4 溶液中加入这种缓蚀剂时,发现几乎对钢没有缓蚀作用。但再加入一些食盐后,缓蚀效果良好。经实验测定,铁在 10^{-3} mol/L H_2SO_4 溶液中的微分电容曲线最低点的电位为 -0.37 V,而钢在加有上述缓蚀剂的硫酸溶液中的稳定电位为 $-0.25 \sim -0.27$ V。试分析出现上述现象的原因。

第4章 电极过程概述

从前几章中已知,无论在原电池还是电解池中,整个电池体系的电化学反应(电池反应)过程至少包含阳极反应过程、阴极反应过程、反应物质在溶液中的传递过程(液相传质过程)三部分。就稳态进行的电池反应而言,上述每一个过程传递净电量的速度都是相等的,因而三个过程是串联进行的。但是,这三个过程又往往是在不同的区域进行着,并有不同的物质变化(或化学反应)特征,因而彼此之间又具有一定的独立性。正是由于这一点,我们在研究一个电化学体系中的电化学反应时,能够把整个电池反应分解成单个的过程加以研究,以便清楚地了解各个过程的特征及其在电池反应中的作用和地位。

由于液相传质过程不涉及物质的化学变化,而且对电化学反应过程有影响的主要是电极表面附近液层中的传质作用。因此,在对单个过程的研究中,对溶液本体中的传质过程研究得不多,而着重研究了阴极和阳极上发生的电极反应过程。在电化学中,人们习惯把发生在电极/溶液界面上的电极反应、化学转化和电极附近液层中的传质作用等一系列变化的总和统称为电极过程。有关电极过程的历程、速度及其影响因素的研究内容就称为电极过程动力学。

当然,这种分解式研究方法存在忽略各个过程之间相互作用的缺点,而这种相互作用又常常是不可忽视的。例如,阳极反应产物在溶液中溶解后,能够迁移到阴极区,影响阴极过程;溶液本体中传质方式及其强度的变化会影响到电极附近液层中的传质作用等。因此,在电化学动力学的学习与研究中,一方面要着重了解各单个过程的规律,另一方面也要注意各个过程之间的相互影响、相互联系。只有把这两方面综合起来考虑,才能对电化学动力学有全面和正确的认识。

综上,电化学动力学的核心是电极过程动力学,我们从本章起介绍电极过程动力学的基本规律,并注意到整个电化学体系中各过程之间的相互影响。

4.1 电极的极化现象

4.1.1 什么是电极的极化

从第2章中知道,处于热力学平衡状态的电极体系(可逆电极),由于氧化反应和还原反应速度相等,电荷交换和物质交换都处于动态平衡之中,因而净反应速度为零,电极上没有电流通过,即外电流等于零。这时的电极电位就是平衡电位。如果电极上有电流通过,就有净反应发生,这表明电极失去了原有的平衡状态。这时,电极电位将因此而偏离平衡电位。这种有电流通过时电极电位偏离平衡电位的现象叫作电极的极化。例如,在硫酸镍溶液中,镍为阴极通以不同电流密度时,电极电位的变化如表4.1所列。镍电极的电位随电流密度所发生的偏离平衡电位的变化即为电极的极化。

表 4.1　15 ℃ 时 0.5 mol/L NiSO$_4$ 溶液(pH＝5)中,镍的阴极电位 φ_c 与电流密度 j_c 之间的关系

$j_c/(\text{mA}\cdot\text{cm}^{-2})$	0.00	0.14	0.28	0.56	0.84	1.20	2.00	4.00
$-\varphi_c/\text{V}$	0.29	0.54	0.58	0.61	0.62	0.63	0.64	0.65

实验表明,在电化学体系中发生电极极化时,阴极的电极电位总是变得比平衡电位更负,阳极的电极电位总是变得比平衡电位更正。因此,电极电位偏离平衡电位向负移称为阴极极化,向正移称为阳极极化。在一定的电流密度下,电极电位与平衡电位的差值称为该电流密度下的过电位,用符号 η 表示,即

$$\eta = \varphi - \varphi_{平}$$

过电位 η 是表征电极极化程度的参数,在电极过程动力学中有重要的意义。习惯上取过电位为正值。因此规定:阴极极化时,$\eta_c = \varphi_{平} - \varphi_c$;阳极极化时,$\eta_a = \varphi_a - \varphi_{平}$。

应当说明的是,实际中遇到的电极体系,在没有电流通过时,并不都是可逆电极。也就是说,在电流为零时,测得的电极电位可能是可逆电极的平衡电位,也可能是不可逆电极的稳定电位。因而,又往往把电极在没有电流通过时的电位统称为静止电位 $\varphi_{静}$,把有电流通过时的电极电位(极化电位)与静止电位的差值称为极化值,用 $\Delta\varphi$ 表示,即

$$\Delta\varphi = \varphi - \varphi_{静}$$

在实际问题的研究中,采用极化值 $\Delta\varphi$ 往往更方便一些。但是,应该注意到极化值与过电位之间的区别。

4.1.2　电极极化的原因

为什么会发生电极极化现象呢? 事物发展的根本原因在于事物内部的矛盾性。电极的极化现象和其他自然现象一样,也是一定矛盾运动的宏观表现。当有电流通过电极时,电极/溶液界面上发生了哪些新的矛盾呢? 第 1 章中已指出,电极体系是两类导体串联组成的体系。断路时,两类导体中都没有载流子的流动,只在电极/溶液界面上有氧化反应与还原反应的动态平衡及由此所建立的相间电位(平衡电位)。而有电流通过电极时,就表明外线路和金属电极中有自由电子的定向运动,溶液中有正、负离子的定向运动,以及界面上有一定的净电极反应,使得两种导电方式得以相互转化。这种情况下,只有界面反应速度足够快,能够将电子导电带到界面的电荷及时地转移给离子导体,才不致使电荷在电极表面积累起来,造成相间电位差的变化,从而保持住未通时的平衡状态。可见,有电流通过时,产生了一对新的矛盾。一方为电子的流动,它起着在电极表面积累电荷、使电极电位偏离平衡状态的作用,即极化作用;另一方是电极反应,它起着吸收电子运动所传递过来的电荷、使电极电位恢复平衡状态的作用,可称为去极化作用。电极性质的变化就取决于极化作用和去极化作用的对立统一。

实验表明,电子运动速度往往是大于电极反应速度的,因而通常是极化作用占主导地位。也就是说,当有电流通过时,阴极上由于电子流入电极的速度大而造成负电荷的积累,阳极上由于电子流出电极的速度大而造成正电荷积累。因此,阴极电位向负移动,阳极电位则向正移动,都偏离了原来的平衡状态,产生所谓的"电极极化"现象。由此可见,电极极化现象是极化与去极化两种矛盾作用的综合结果,其实质是电极反应速度跟不上电子运动速度而造成的电荷在界面的积累,即产生电极极化现象的内在原因正是电子运动速度与电极反应速度之间的矛盾。一般情况下,因电子运动速度大于电极反应速度,故通电时,电极总是表现出极化现象。

但也有两种特殊的极端情况,即理想极化电极与理想不极化电极。如第3章中所述,所谓理想极化电极就是在一定条件下电极上不发生电极反应的电极。这种情况下,通电时不存在去极化作用,流入电极的电荷全都在电极表面不断地积累,只起到改变电极电位,即改变双电层结构的作用。因此,可根据需要,通以不同的电流密度,使电极极化到人们所需要的电位。像研究双电层结构时常用到的滴汞电极在一定的电位范围内就属于这种情况。反之,如果电极反应速度很大,以至于去极化与极化作用接近于平衡,有电流通过时电极电位几乎不变化,即电极不出现极化现象。这类电极就是理想不极化电极。例如,常用的饱和甘汞电极等参比电极,在电流密度较小时,就可以近似看作不极化电极。

4.1.3 极化曲线

实验表明,过电位值是随通过电极的电流密度不同而不同的。一般情况下,电流密度越大,过电位绝对值也越大。因此,过电位虽然是表示电极极化程度的重要参数,但一个过电位值只能表示出某一特定电流密度下电极极化的程度,而无法反映出整个电流密度范围内电极极化的规律。为了完整而直观地表达出一个电极过程的极化性能,通常需要通过实验测定过电位或电极电位随电流密度变化的关系曲线(如图4.1所示),叫作极化曲线。

图4.1中电流密度为零时的电极电位为静止电位。随着电流密度的增大,电极电位逐渐向负偏移。这样,我们不仅可以从极化曲线上求得任一电流密度下的过电位或极化值,而且可以了解整个电极过程中电极电位变化的趋势和比较不同电极过程的极化规律。例如图4.1中,在氰化镀锌溶液中测得的极化曲线(曲线2)比在简

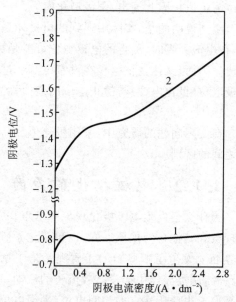

图 4.1 锌在 0.38 mol/L $ZnCl_2$ 溶液(1)和氰化镀锌溶液(2)中的阴极极化曲线

单的锌盐($ZnCl_2$)溶液中测的极化曲线(曲线1)要陡得多,即电极电位的变化要剧烈得多。这表明锌电极在溶液2中比在溶液1中容易极化。因此,尽管锌电极在两种溶液中的平衡电位相差不大,但是通电以后,在不同溶液中,电极反应性质有所区别,因而极化性能不同。电极反应的特点说明它是有电子参与的氧化还原反应,故可用电流密度来表示电极反应的速度。假设电极反应为

$$O + ne \Longrightarrow R \tag{4.1}$$

按照异相化学反应速度的表示方法,该电极反应速度为

$$v = \frac{1}{S} \frac{dc}{dt} \tag{4.2}$$

式中:v 为电极反应速度;S 为电极表面的面积;c 为反应物浓度;t 为反应时间。

根据法拉第定律,产生1克当量物质的变化,电极上需要通过1法拉第(F)电量。因此,电极上有1摩尔物质还原或氧化,就需要通过 nF 电量。n 为电极反应中一个反应粒子所消

耗的电子数,即式(4.1)中参与电极反应的电子数 n。因此,可以把电极反应速度用电流密度表示为

$$j = nFv = nF\frac{1}{S}\frac{\mathrm{d}c}{\mathrm{d}t} \tag{4.3}$$

当电极反应达到稳定状态时,外电流将全部消耗于电极反应,因此实验测得的外电流密度值就代表了电极反应速度。

由此可知,稳态时的极化曲线实际上反映了电极反应速度与电极电位(或过电位)之间的特征关系。因此,在电极过程动力学研究中,测定电极过程的极化曲线是一种基本的实验方法。极化曲线上某一点的斜率 $\mathrm{d}\varphi/\mathrm{d}j$(或 $\mathrm{d}\eta/\mathrm{d}j$)称为该电流密度下的极化度。它具有电阻的量纲,有时也被称为反应电阻。实际工作中,有时只需衡量某一电流密度范围内的平均极化性能,故不必求某一电流密度下的极化度,而采用一定电流密度范围内的平均极化度 $\Delta\varphi/\Delta j$ 的概念。

极化度表示某一电流密度下电极极化程度变化的趋势,因而反映了电极过程进行的难易程度:极化度越大,电极极化的倾向也越大,电极反应速度的微小变化就会引起电极电位的明显改变。或者说,电极电位显著变化时,反应速度却变化甚微,这表明电极过程不容易进行,受到的阻力比较大。反之,极化度越小,则电极过程越容易进行。图 4.1 中的两条极化曲线的斜率差别很大,说明在所测量的电流密度范围内。总的说来,电极 2 的极化度要大得多,因而该电极过程比电极过程 1 难于进行。实际情况也确实如此,在氰化镀锌溶液中锌的沉积速度比在 $ZnCl_2$ 溶液中要慢。

4.1.4　极化曲线的测量

测量极化曲线的具体实验方法很多,根据自变量的不同,可将各种方法分为两大类,即控制电流法(恒电流法)和控制电位法(恒电位法)。恒电流法就是给定电流密度,测量相应的电极电位,从而得到电位与电流密度之间的关系曲线(极化曲线)。其中,电流密度是自变量,电极电位是因变量,其函数关系为 $\varphi = f(j)$。这种测量方法设备简单,容易控制,但不适合于出现电流密度极大值的电极过程和电极表面状态发生较大变化的电极过程。恒电位法则是控制电极电位,测量相应的电流密度值而作出极化曲线,其函数关系为 $j = f(\varphi)$。该测量方法的适用范围较广泛。

按照电极过程是否与时间因素有关,又可将测量方法分为稳态法和暂态法。稳态法是测定电极过程达到稳定状态后的电流密度与电极电位的关系。此时电流密度与电极电位不随时间改变,外电流就代表电极反应速度。暂态法则是测量电极过程未达到稳态时的电流密度与电极电位的变化规律,包含着时间因素对电极过程的影响。

有关极化曲线的测量方法将在电化学测试技术课程中详述,这里仅介绍测量极化曲线的基本原理。以经典恒电流法为例,基本测量线路如图 4.2 所示。图中左半部分为极化回路:B 为电源,可用 45 V 乙电池或蓄电池组。$R_0 \sim R_3$ 为一组不同阻值的可变电阻(如 $R_0 = 1$ kΩ, $R_1 = 10$ kΩ, $R_2 = 100$ kΩ, $R_3 = 1$ MΩ),与电源 B 串联组成恒电流源。调节可变电阻值可获得不同数值的恒定电流。mA 为毫安表,S 为单刀开关。"研"为研究电极(或称工作电极),"辅"为辅助电极(或称对极),二者共同置于带隔膜的 H 形容器中组成电解池。借助于辅助电极,电流可通过整个电解池而使研究电极极化。

为了测量电极在给定电流密度下的电极电位,还需要另一个辅助的电极——参比电极(图 4.1 中的"参")与研究电极组成测量回路,如图 4.2 右半部分所示。参比电极通过中间容器 F、盐桥 G 和鲁金毛细管 L 与研究电极连接,由电位差计 P 测量电极电位的数值。这个回路与第 2 章中介绍的测量电极电位(或电动势)的线路大体相同。增添鲁金毛细管 L 是为了减少通电后溶液欧姆降对测量结果的影响。因此,鲁金毛细管的尖嘴应尽量靠近研究电极表面。

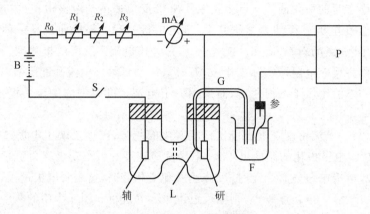

图 4.2　经典法极化曲线测量线路

　　综上可知,整个测量极化曲线的线路是由两个回路组成的。其中极化回路中有电流通过,用以控制和测量通过研究电极的电流密度。测量回路用以测量研究电极的电位,该回路中几乎没有电流通过。根据所测出的一系列电流密度与电极电位值,就可作出研究电极上所进行的电极过程的极化曲线了。

　　用恒电位法测定极化曲线时,为了控制电位,需用恒电位仪取代恒电流源,其基本线路如图 4.3 所示。该基本线路也是由极化回路和测量回路组成的。极化回路是由研究电极引出导线接到恒电位仪的"研"端,通过仪器内部的直流极化电源,再由"辅"端引出导线与辅助电极相连接所组成的回路。测量电路是由研究电极引出导线与恒电位仪的"⊥"端相连,再由"参"端与参比电极相连所组成的。电极电位通过恒电位仪予以控制。所需要给定的电位值可用恒电位仪上的"给定电位"旋钮

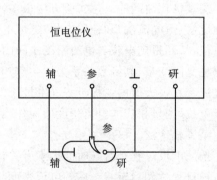

图 4.3　恒电位法测量极化曲线的基本线路

手动调节,也可以用恒电位仪外接信号发生器自动调节。不同的给定电位值和相应的电流值分别从恒电位仪上的电压表和电流表上读出。

　　如果函数 $\varphi = f(j)$ 和 $j = f(\varphi)$ 都是单值函数,那么恒电流法和恒电位法测量的结果大致相同。若两个函数关系中一个是多值函数,另一个是单值函数,则两种测量方法得出的结果有时可能相差很多,这在选择测量方法时需要加以注意。

4.2　原电池和电解池的极化图

前面的讨论都是针对单个电极的情况。那么,对于由两个电极所组成的电化学体系——原电池或电解池来说,电极的极化会带来什么样的影响呢? 就单个电极而言,不论是在电解池还是原电池中,都仍然遵循着极化的一般规律:作为阴极时,电极电位变负;作为阳极时,电极电位变正。但是,有电流通过时,在原电池中和在电解池中所引起的两电极之间电位差的变化却不相同,其原因在于原电池与电解池作为两类不同的电化学体系,它们的阴、阳极的极性(电位的正负)恰恰是相反的。这点可通过图 4.4 和图 4.5 加以说明。

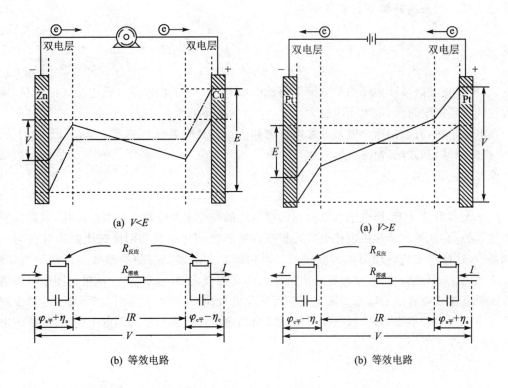

图 4.4　有电流通过时原电池端电压变化的示意图及其等效电路

图 4.5　有电流通过时电解池端电压变化的示意图及其等效电路

图 4.4 和图 4.5 分别表示当电流通过时,原电池和电解池两极间电位差(电池端电压)的变化情况及相应的等效电路。对原电池来说,断路时,阴极为正极,阳极为负极,故电池电动势为

$$E = \varphi_{c\text{平}} - \varphi_{a\text{平}} \tag{4.4}$$

通电后,原电池的氧化还原反应是自发进行的,电流从阳极流入,从阴极流出,在溶液中形成一个与电动势的方向相反的欧姆电压降。同时,电极极化的结果使电位较正的阴极电位负移,而电位较负的阳极电位正移,因而两极间的电位差变小了。

如果以 V 表示电池端电压，I 表示通过电池的电流，R 表示溶液电阻，则从图 4.4 中可以看出

$$V = \varphi_c - \varphi_a - IR \tag{4.5}$$

故

$$V = (\varphi_{c平} - \eta_c) - (\varphi_{a平} + \eta_a) - IR$$

$$= E - (\eta_c + \eta_a) - IR \tag{4.6}$$

显然，$V < E$。随着电流密度的增大，阴极过电位、阳极过电位及溶液欧姆降都会增大，因而电池端电压变得更小。

对电解池来说，情况正好相反。从图 4.5 中看出，断路时的电池电动势为

$$E = \varphi_{a平} - \varphi_{c平} \tag{4.7}$$

与外电源接通后，电流从阳极(正极)流入，从阴极(负极)流出，形成与电动势方向相同的溶液欧姆电压降。因而电解池端电压为

$$V = \varphi_a - \varphi_c + IR \tag{4.8}$$

于是

$$V = (\varphi_{a平} + \eta_a) - (\varphi_{c平} - \eta_c) + IR$$

$$= E + (\eta_a + \eta_c) + IR \tag{4.9}$$

可见，电极极化和溶液欧姆降的形成使电解池的端电压大于断路时的电池电动势。而且，通过电解池的电流密度越大，端电压也越大。

在电化学中，有时把两个电极的过电位之和 $(\eta_a + \eta_c)$ 称为电池的超电压，若以 $V_{超}$ 表示超电压，则式(4.6)和式(4.7)又可以写成

原电池：

$$V = E - V_{超} - IR \tag{4.10}$$

电解池：

$$V = E + V_{超} + IR \tag{4.11}$$

由于大多数情况下，原电池或电解池的端电压的变化主要来源于电极的极化，因而在研究电池体系的动力学时，常常把表征电极过程特性的阴极极化曲线和阳极极化曲线画在同一个坐标系中，这样组成的曲线图称为极化图。极化图在金属腐蚀与防护领域应用得相当广泛。图 4.6 和图 4.7 分别给出了原电池和电解池的典型的极化图(示意图)。从极化图中可以清楚地看出原电池或电解池的端电压随电流密度变化的规律，与图 4.4 和图 4.5 相比，显然要清楚和直观得多。但须指出的是，极化图只能反映出因电极极化而引起的端电压变化，反映不出溶液欧姆电压降的影响。

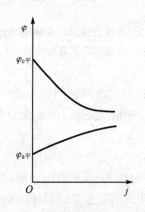

图 4.6　原电池极化图(示意图)

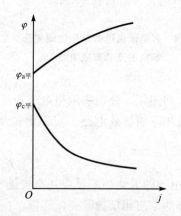

图 4.7　电解池极化图(示意图)

4.3　电极过程的基本历程、速度控制步骤及准平衡态

4.3.1　电极过程的基本历程

前面讲过,电极过程是指电极/溶液界面上发生的一系列变化的总和。因此,电极过程并不是一个简单的化学反应,而是由一系列性质不同的单元步骤串联组成的复杂过程。有些情况下,除了连续进行的步骤外,还有平行进行的单元步骤存在。一般情况下,电极过程大致由以下各单元步骤串联组成:

(1) 反应粒子(离子、分子等)向电极表面附近液层迁移,称为液相传质步骤。

(2) 反应粒子在电极表面或电极表面附近液层中进行电化学反应前的某种转化过程,如反应粒子在电极表面的吸附、络合离子配位数的变化或其他化学变化。通常,这类过程的特点是没有电子参与反应,反应速度与电极电位无关。这一过程称为前置的表面转化步骤,或简称前置转化。

(3) 反应粒子在电极/溶液界面上得到或失去电子,生成还原反应或氧化反应的产物。这一过程称为电子转移步骤或电化学反应步骤。

(4) 反应产物在电极表面或表面附近液层中进行电化学反应后的转化过程。如反应产物自电极表面脱附、反应产物的复合、分解、歧化或其他化学变化。这一过程称为随后的表面转化步骤,简称随后转化。

(5) 反应产物生成新相,如生成气体、固相沉积层等,称为新相生成步骤。或者,反应产物是可溶性的,产物粒子自电极表面向溶液内部或液态电极内部迁移,称为反应后的液相传质步骤。

一个具体的电极过程并不一定包含所有上述五个单元步骤,可能只包含其中的若干个。但是,任何电极过程都必定包括(1)、(3)、(5)三个单元步骤。例如,图 4.8 表示银氰络离子在阴极还原的电极过程,它只包括四个单元步骤:

(1) 液相传质
$$Ag(CN)_3^{2-}(溶液深处) \longrightarrow Ag(CN)_3^{2-}(电极表面附近)$$

(2) 前置转化
$$Ag(CN)_3^{2-} \longrightarrow Ag(CN)_2^- + CN^-$$

(3) 电子转移(电化学反应)
$$Ag(CN)_2^- + e \longrightarrow Ag(吸附态) + 2CN^-$$

(4) 生成新相或液相传质
$$Ag(吸附态) \longrightarrow Ag(结晶态)$$
$$2CN^-(电极表面附近) \longrightarrow 2CN^-(溶液深处)$$

有些情况下,电极过程可能更复杂些,比如除了串联进行的单元步骤外,还可能包含并联进行的单元步骤。图 4.9 表明,在氢离子的阴极还原过程中,氢分子的生成可能是由两个并联进行的电子转移步骤所生成的吸附氢原子复合而成的。有些单元步骤本身又可能由几个步骤串联组成,如涉及多个电子转移的电化学步骤,由于氧化态粒子同时获取两个电子的几率很

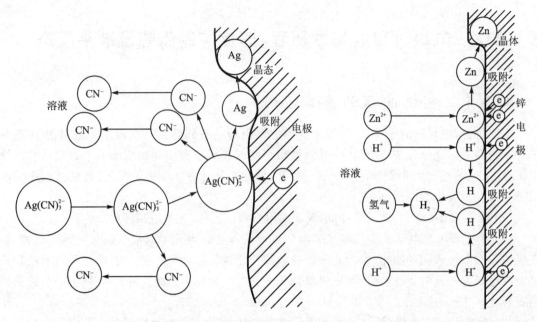

图 4.8　银氰络离子阴极还原过程示意图　　　　**图 4.9　氢离子阴极还原过程示意图**

小,故整个电化学反应步骤往往要通过几个单个电子转移的步骤串联进行而完成。对一个具体的电极过程,必须通过实验来判断其反应历程,而不可以主观臆测。

4.3.2　电极过程的速度控制步骤

电极过程中任何一个单元步骤都需要一定的活化能才能进行。从化学动力学可知,反应速度与标准活化自由能之间存在以下指数关系:

$$v \propto e^{-\Delta G^0/(RT)}$$

式中:v 为反应速度;ΔG^0 是以整个电极过程的初始反应物的自由能为起始点计量的活化能;R 为摩尔气体常量;T 为热力学温度。

某一单元步骤的活化能的大小取决于该步骤的特性。不同的步骤有不同的活化能,从而有不同的反应速度。这里所说的速度是指在同一反应条件(电极体系、温度、压力和电场强度等)下,假定其他步骤不存在,仅某个单元步骤单独进行时的速度。它体现了该步骤的反应潜力,即可能达到的速度。然而,当几个步骤串联进行时,在稳态条件下,各步骤的实际进行速度应当相等。这表明,各单元步骤之间的相互制约导致串联进行时有些步骤的反应潜力并未充分发挥。那么,在这种情况下,各单元步骤进行的实际速度取决于什么呢? 这时的实际反应速度将取决于各单元步骤中进行得最慢的那个步骤,即各单元步骤的速度都等于最慢步骤的速度。这一点,可用下面这个例子说明。比如,有一个班学生参加义务劳动,要把一堆书从楼下搬到楼上的书库里去。为此,他们排成了一列,一个接一个地往楼上传递。全班中,每个人的体力不同,能传书的最大速度也就不同。显然,整个队伍传书的速度要取决于体力最弱、传得最慢的那个同学。其他同学虽然有能力传得更快些,但这一潜力发挥不出来。因此,这个最弱的学生的传书速度就控制了全班的传书速度。

我们就把控制整个电极过程速度的单元步骤(最慢步骤)称为电极过程的速度控制步骤,

也可简称控制步骤。显然,控制步骤速度的变化规律也就成了整个电极过程速度的变化规律了。只有提高控制步骤的速度,才有可能提高整个电极过程的速度。因此,确定一个电极过程的速度控制步骤,在电极过程动力学研究中有着重要的意义。

需要说明的是,电极过程中各单元步骤的"快"与"慢"是相对的。当电极反应进行的条件改变时,可能使控制步骤的速度大大提高,或者使某个单元步骤的速度大大降低,以至于原来的控制步骤不再是整个电极过程的最慢步骤。这时,相比较而言,另一个最慢的单元步骤就成了控制步骤。例如,原来在自然对流条件下由液相中扩散过程控制的电极过程,当采用强烈的搅拌而大大提高了传质速度时,假如电子转移步骤的速度不够快,那么相对而言,电子转移步骤就可能变成最慢的步骤。这样,电极过程的速度控制步骤就从传质步骤转化为电子转移步骤了。

有些情况下,控制步骤可能不止一个。例如,根据理论计算,若两个单元步骤的标准活化能相差不到 4 kJ/mol,则它们的反应速度相差不足 5 倍。因此,当两个单元步骤的速度都很慢,它们的活化能又相差不多时,就可能同时成为速度控制步骤。又如,在发生控制步骤的转化时,总会有一个新、旧控制步骤都起作用的过渡阶段。不止一个控制步骤的情况称为混合控制。混合控制下的电极过程动力学规律将更为复杂,但其中仍有一个控制步骤起着比较主要的作用。

既然控制步骤决定着整个电极过程的速度,那么根据电极极化产生的内在原因可知,整个电极反应速度与电子运动速度的矛盾实质上决定于控制步骤速度与电子运动速度的矛盾,电极极化的特征因而也取决于控制步骤的动力学特征。因此,习惯上常按照控制步骤的不同将电极的极化分成不同类型。根据电极过程的基本历程,常见的极化类型是浓差极化和电化学极化。

所谓浓差极化是指单元步骤(1),即液相传质步骤成为控制步骤时引起的电极极化。例如锌离子从氯化锌溶液中阴极还原的过程。未通电时,锌离子在整个溶液中的浓度是一样的。通电后,阴极表面附近的锌离子从电极上得到电子而还原为锌原子。这样就消耗了阴极附近溶液中的锌离子,在溶液本体和阴极附近的液层之间形成了浓度差。如果锌离子从溶液主体向电极表面的扩散(液相传质)不能及时补充被消耗掉的锌离子数量,那么即使电化学反应步骤($Zn^{2+}+2e\longrightarrow Zn$)跟得上电子运动速度,但由于电极表面附近锌离子浓度减小而使电化学反应速度降低,在阴极上仍然会有电子的积累,使电极电位变负。产生这类极化现象时必然伴随着电极附近液层中反应离子浓度的降低及浓度差的形成,这时的电极电位相当于同一电极浸入比主体溶液浓度小的稀溶液中的平衡电位,比在原来溶液(主体溶液)中的平衡电位要负一些。因此,人们往往把这类极化归结为浓度差的形成所引起的,并称之为浓差极化或浓度极化。

所谓电化学极化则是当单元步骤(3)(反应物质在电极表面得失电子的电化学反应步骤)速度最慢时所引起的电极极化现象。以镍离子在镍电极上的还原过程为例,未通电时,阴极上存在着镍的氧化还原反应的动态平衡,即

$$Ni^{2+}+2e\Longleftrightarrow Ni$$

通电后,电子从外电源流入阴极,还原反应速度增大,出现了净反应,即

$$Ni^{2+}+2e\longrightarrow Ni$$

但还原反应需要一定的时间才能完成,即有一个有限的速度,来不及将外电源输入的电子完全

吸收,因而在阴极表面积累了过量的电子,使电极电位从平衡电位向负移动。因此,人们将这类由于电化学反应迟缓而控制电极过程所引起的电极极化叫作电化学极化。有关电化学极化和浓差极化的动力学规律,后面将逐章介绍。

除此之外,还有因表面转化步骤(前置转化或随后转化)成为控制步骤时的电极极化,称为表面转化极化;由于生成结晶态(如金属晶体)新相时,吸附态原子进入晶格的过程(结晶过程)迟缓而成为控制步骤所引起的电极极化,称为电结晶极化;等等。

应该说明,对于电极极化或过电位的分类,目前电化学界并无统一看法。例如,有人把扩散步骤迟缓和表面转化步骤迟缓造成电极表面附近反应粒子浓度变化所引起的电极极化统称为浓差极化;有人则把电子转移步骤及其前后的表面转化步骤成为控制步骤产生的电极极化统称为电化学极化或活化极化;等等。考虑到不同的单元步骤有不同的动力学规律,本书没有采用后面提到的这些观点。

4.3.3　准平衡态

由于控制步骤是最慢步骤,根据理论计算可知,两个单元步骤的标准活化能若相差 $16\ kJ/mol$,则它们在常温下的速度可相差 800 倍之多。通常各单元步骤的活化能可达到的数量级为 $10^2\ kJ/mol$。因此,控制步骤与其他步骤的活化能相差几十 kJ/mol 是完全可能的。这样,我们就可以认为电极过程的其他单元步骤(非控制步骤)可能进行的速度要比控制步骤的速度快得多。因此,当电极过程以一定的净速度,即控制步骤的速度进行时,可认为非控制步骤的平衡状态几乎没有遭到破坏,近似地处于平衡状态。

例如,对电极反应 $O + ne \longrightarrow R$,假设电极过程控制步骤的绝对反应速度为 j^*;电极过程稳态进行时,整个过程的净反应速度为 $j_净$。那么,由于 $j_净$ 应等于控制步骤的净反应速度,故应有

$$j_净 = j^* - j^*_逆$$

式中:$j^*_逆$ 为控制步骤的逆向反应绝对速度。由上式可知

$$j_净 \leqslant j^*$$

其他非控制步骤(比如电子转移步骤)的绝对反应速度为 $\vec{j}$(还原反应)和 $\overleftarrow{j}$(氧化反应),由于 $\vec{j}$ 和 $\overleftarrow{j}$ 均比 j^* 大得多,故也比 $j_净$ 要大得多。然而,对于稳态进行的电极过程,电子转移步骤的净反应速度也应该是整个电极反应的净速度,即

$$j_净 = \vec{j} - \overleftarrow{j}$$

故

$$\vec{j} = \overleftarrow{j} + j_净$$

由于 $\overleftarrow{j} \gg j_净,\vec{j} \gg j_净$,故可忽略上式中的 $j_净$,从而得到

$$\vec{j} \approx \overleftarrow{j}$$

既然还原反应和氧化反应的速度近似于相等,这就意味着电子转移步骤仍然接近于平衡状态。我们把非控制步骤这种类似于平衡的状态称为准平衡态。对准平衡态下的过程可以用热力学方法而无需用动力学方法去处理,使问题得到了简化。比如,对非控制步骤的电子转移步骤,由于处于准平衡态,故可以用能斯特方程计算电极电位;对准平衡态下的表面转化步骤,可以用吸附等温式计算吸附量;等等。但是必须明确,只要有电流通过电极,整个电极过程就

都不再处于可逆平衡状态了,其中各单元步骤自然也不再是平衡的了。引入准平衡态的概念,仅仅是一种为简化问题而采取的近似处理方法。

4.4　电极过程的特征

电极反应是在电极/溶液界面上进行的、有电子参与的氧化还原反应。由于电极材料本身是电子传递的介质,电极反应中涉及的电子转移能够通过电极与外电路接通,因而氧化反应和还原反应可以在不同的地点进行。有电流通过时,对一个电化学体系来说,往往根据净反应性质划分为阳极区和阴极区。以电解池中锌的氧化与还原反应为例:在阳极与溶液的界面上,净反应为氧化反应 $Zn \longrightarrow Zn^{2+} + 2e$,电子从阳极流向外电路;在阴极/溶液界面上,净反应为还原反应 $Zn^{2+} + 2e \longrightarrow Zn$,电子从外电路流入阴极而参加反应。

又由于电极/溶液界面存在着双电层和界面电场,第 3 章中已提及,界面电场中的电位梯度可高达 10^8 V/cm,对界面上有电子参与的电极反应有活化作用,可大大加快电极反应的速度,因而电极表面起着类似于异相反应中催化剂表面的作用。综上,可以把电极反应看成是一种特殊的异相催化反应。

基于电极反应的上述特点,以电极反应(电化学反应)为核心的电极过程也就具有如下动力学的特征:

(1)电极过程服从一般异相催化反应的动力学规律。例如,电极反应速度与界面的性质及面积有关。真实表面积的变化、活化中心的形成与毒化、表面吸附及表面化合物的形成等影响界面状态的因素对反应速度都有较大影响。又如,电极过程的速度与反应物或反应产物在电极表面附近液层中的传质动力学,与新相生成(金属电结晶、气泡生成等)的动力学都有密切的关系,等等。

(2)界面电场对电极过程进行速度有重大影响。虽然一般催化剂表面上也可能存在表面电场,但该表面电场通常是不能人为控制的;而电极/溶液界面的界面电场不仅有强烈的催化作用,而且界面的电位差,即电极电位是可以在一定范围内、人为地、连续地加以改变的。在不同的电极电位(不同界面电场)下电极反应速度不同,从而达到人为连续地控制电极反应速度的目的。这一特征正是电极过程区别于一般异相催化反应的特殊性,也是我们在电极过程动力学中要着重研究的规律。

(3)如前所述,电极过程是一个多步骤的、连续进行的复杂过程。每一个单元步骤都有自己特定的动力学规律。稳态进行时,整个电极过程的动力学规律取决于速度控制步骤,即有与速度控制步骤类似的动力学规律。其他单元步骤(非控制步骤)的实际速度也与控制步骤速度相等,这些步骤的反应潜力远没有充分发挥,通常可将它们视为处于准平衡态。

根据电极过程的上述特征以及电极过程的基本历程,我们可看到,虽然影响电极过程的因素多种多样,但只要抓住电极过程区别于其他过程的最基本的特征——电极电位对电极反应速度的影响,抓住电极过程中的关键环节——速度控制步骤,那么就能在繁杂的因素中,弄清楚影响电极反应速度的基本因素及其影响规律,以便使电极反应按照所需要的方向和速度进行。而这些,正是研究电极过程动力学的目的所在。为此,对一个具体的电极过程,可以考虑按照以下四方面进行研究:

（1）弄清电极反应的历程。也就是整个电极反应过程包括哪些单元步骤，这些单元步骤的组合方式（串联还是并联）及其组合顺序。

（2）找出电极过程的速度控制步骤。混合控制时，可以不止有一个控制步骤。

（3）测定控制步骤的动力学参数。当电极过程处于稳态时，这些参数也就是整个电极过程的动力学参数。

（4）测定非控制步骤的热力学平衡常数或其他有关的热力学数据。

显然，进行以上各方面研究的核心是判断控制步骤和寻找影响控制步骤速度的有效方法。为此，应该首先了解各个单元步骤的动力学特征，然后通过实验测定被研究体系的动力学参数，综合得出该电极过程的动力学特征，随后再分析这些特征，如果与某个单元步骤的动力学特征相符，就可以判断该单元步骤是这个电极过程的速度控制步骤。

基于上述分析，本书后面将逐章介绍两个最基本的单元步骤——液相传质步骤和电子转移步骤的动力学特征，然后以氢电极为例介绍如何分析一个具体的电极过程。

思考题

1. 什么是电极的极化现象？电极产生极化的原因是什么？试用产生极化的原因解释阴极极化与阳极极化的区别。

2. 极化有哪些类型？为什么可以分成不同的类型？

3. 比较电解池和原电池的极化图，并解释两者为何不同。

4. 是否任何电极过程都存在着速度控制步骤？确定速度控制步骤对研究电极过程有何重要意义？

5. 试述电极过程的基本历程和特点。

6. 除电子转移步骤之外，其他电极过程的单元步骤能否用电流密度表示它们的速度？为什么？

7. 什么是准平衡态？为什么会出现准平衡态？

8. 有人说："在 0.01 mol/kg $CdSO_4$ 溶液中（pH＝5），由于镉的平衡电位为 -0.433 V，氢的平衡电位为 -0.295 V，因此电镀时，氢先在钢铁零件（作阴极）上析出。"这种说法对吗？为什么？

9. 假设在 0.01 mol/kg $ZnCl_2$ 溶液中镀锌，通过 4 A/dm^2 电流时，阴极发生浓差极化。有人说："如果能通过强烈搅拌消除浓度差，使放电所消耗的锌离子及时得到补充，阴极就不会发生极化了。"这种说法对吗？为什么？

10. 有人说，应该用过电位（或极化值）的大小判断某一电极过程进行的难易程度。也有人说，应该用极化度的大小判断电极过程进行的难易程度。你认为哪种说法正确？为什么？

11. 试总结、比较下列概念：平衡电位；标准电位；稳定电位；极化电位；过电位；极化值。

12. 试述测量极化曲线的基本原理。

例　题

本章主要介绍了电极极化的基本概念和电极过程的一般特征，因此可以应用这些基本概念和规律计算电极的过电位或极化值，初步判断电极过程进行的难易程度和控制步骤等。

　[例 4-1]　25 ℃时，用 0.01 A 电流电解 0.1 mol/L $CuSO_4$ 和 1 mol/L H_2SO_4 的混合水

溶液,测得电解槽两端电压为 1.86 V,阳极上氧析出的过电位为 0.42 V,已知两电极间溶液电阻为 50 Ω。试求阴极上铜析出的过电位(假定阴极上只有铜析出)。

[解]

电极反应:阳极 $\qquad 2H_2O \longrightarrow O_2 + 4H^+ + 4e$

阴极 $\qquad Cu^{2+} + 2e \longrightarrow Cu$

根据电解池的极化规律知,两端电压为

$$V = (\varphi_{a,平} - \varphi_{c,平}) + (\eta_a + \eta_c) + IR$$

故

$$\eta_c = V - (\varphi_{a,平} - \varphi_{c,平}) - \eta_a - IR$$

查表可知 $\qquad \varphi_a^0 = 1.229 \text{ V}$

$$\varphi_c^0 = 0.344\ 8 \text{ V}$$

在 0.1 mol/L $CuSO_4$ 中 $\qquad \gamma_\pm = 0.15$

在 1 mol/L H_2SO_4 中 $\qquad \gamma_\pm = 0.13$

则

$$\varphi_{a,平} = \varphi_a^0 + \frac{2.3RT}{4F} \ln a_{H^+}^4$$

$$= 1.229 + 0.0591 \lg(2 \times 0.13)$$

$$= 1.193 \text{ V}$$

$$\varphi_{c,平} = \varphi_c^0 + \frac{2.3RT}{2F} \ln a_{Cu^{2+}}$$

$$= 0.344\ 8 + \frac{0.059\ 1}{2} \lg(0.1 \times 0.15)$$

$$= 0.291 \text{ V}$$

已知 $I = 0.01$ A,$R = 50$ Ω,$\eta_a = 0.42$ V,$V = 1.86$ V,故有

$$\eta_c = 1.86 - (1.193 - 0.291) - 0.42 - 0.01 \times 50 = 0.038 \text{ V}$$

这就是铜在阴极上析出的过电位值。

[例 4-2]　已知电极反应 $O + e \longrightarrow R$ 在 25 ℃时的反应速度为 0.1 A/cm^2。根据各单元步骤活化能计算出电子转移步骤速度为 1.04×10^{-2} $mol/(m^2 \cdot s)$,扩散步骤速度为 0.1 $mol/(m^2 \cdot s)$。试判断该温度下的控制步骤。若这一控制步骤的活化能降低了 12 kJ/mol,那么会不会出现新的控制步骤?

[解]

因为电极反应速度可用电流密度表示,即 $j = nFv$,所以对电子转移步骤,其反应速度可表示为 $j_{电子} = nFv_{电子}$。已知 $n = 1$,有

$$j_{电子} = 1 \times 96\ 500 \times 1.04 \times 10^{-2} \approx 0.1 \text{ A/cm}^2$$

同理 $\qquad j_{扩散} = nFv_{扩散} = 1 \times 96\ 500 \times 0.1 = 0.965 \text{ A/cm}^2$

已知整个电极反应速度为 0.1 A/cm^2,可判断速度控制步骤是电子转移步骤。若电子转移步骤活化能降低 12 kJ/mol,则根据

$$v = Kc \exp\left(\frac{-W}{RT}\right)$$

式中:W 为活化能;c 为反应物浓度。设原来速度为 v_1,活化能降低后的速度为 v_2,则

$$v_1 = Kc \exp\left(\frac{-W_1}{RT}\right)$$

$$v_2 = Kc\exp\left(\frac{-W_2}{RT}\right) = v_1\exp\left(\frac{\Delta W}{RT}\right)$$

$$= 1.04 \times 10^{-2}\exp\left(\frac{12 \times 10^3}{8.31 \times 298}\right)$$

$$= 1.32 \ \mathrm{mol/(m^2 \cdot s)}$$

$$j'_{电子} = 1 \times 96\,500 \times 1.32 = 12.76 \ \mathrm{A/cm^2}$$

可见 $j'_{电子} \gg j_{扩散}$，速度控制步骤将发生变化。

习　题

1. 电解 1 mol/L H_2SO_4 和 0.1 mol/L $CuSO_4$ 混合溶液，当 Cu^{2+} 离子的浓度已经降低到 10^{-7} mol/L 时，阴极的电位等于多少？已知氢在铜上析出的过电位是 0.23 V，试问在不让氢析出的条件下，阴极电位最低能达到多少？

2. 用铂电极电解 0.5 mol/L 的 Na_2SO_4 水溶液，测得 25 ℃时阴极电位为 −1.23 V，溶液 pH 值为 6.5，计算该阴极过电位数值。

3. 25 ℃时，用两块锌板作电极在 0.1 mol/L $ZnSO_4$ 和 0.1 mol/L H_2SO_4 的混合水溶液中，以 0.1 A/cm^2 的电流密度进行电解。测得溶液欧姆电压降为 0.5 V。假设阳极极化可以忽略不计，氢在锌上的析出过电位为 1.06 V。求欲使阴极上只发生锌的沉积时的最高电解槽槽电压，以及此时锌在阴极沉积的过电位。

4. 实验测得铁在溶液 A 和溶液 B 中的两条阳极极化曲线，其实验数据如表 4.2 所列。请根据实验数据绘出极化曲线，并判断铁在哪种溶液中更容易腐蚀溶解？为什么？假定阳极反应只有 $Fe \longrightarrow Fe^{2+} + 2e$ 一种。

表 4.2　实验数据

$j_a/(\mathrm{A \cdot cm^{-2}})$	φ（在溶液 A 中）/V	φ（在溶液 B 中）/V
0	−0.400	−0.460
0.1	−0.380	−0.450
0.2	−0.365	−0.440
0.4	−0.330	−0.420
0.8	−0.270	−0.380
1.0	−0.240	−0.360

5. 20 ℃时，电极反应 $O + 2e \longrightarrow R$ 的速度为 96.5 mA/cm^2，其速度控制步骤为扩散步骤。若扩散步骤的活化能增加了 4 kJ/mol，试问该电极反应速度（以电流密度表示）是多少？与原来的速度相差多少？

6. 25 ℃时，电极反应 $Cu^{2+} + 2e \longrightarrow Cu$ 的速度为 193 A/m^2。已知扩散步骤反应速度为 1×10^{-3} $mol/(m^2 \cdot s)$，电子转移步骤的反应速度为 0.25 $mol/(m^2 \cdot s)$。试问：

(1) 该电极过程的控制步骤是什么？

(2) 如何根据计算结果说明非控制步骤处于准平衡态？

7. 25 ℃时，扩散控制的某电极反应速度为 3×10^{-2} $mol/(m^2 \cdot s)$。若通过强烈搅拌将扩散速度提高 1 000 倍，就可以使扩散步骤成为非控制步骤。为此，扩散活化能应改变多少？

8. 已知电池 $(-)Zn|ZnCl_2(1\ mol/kg)\parallel HCl(a=1)|H_2(101\ 325\ Pa)$，Pt$(+)$按上式正、负极的方向，即在外线路中从正极到负极通过 $1\times10^{-4}\ A/cm^2$ 的电流时，电池两端的电压为 1.24 V。如果溶液欧姆电压降为 0.1 V，1 mol/L $ZnCl_2$ 水溶液中的平均活度系数 $\gamma_\pm=0.33$，试问：

(1) 该电池在通过上述外电流时，是自发电池（原电池）还是电解池？

(2) 锌电极上发生的是阴极极化还是阳极极化？

(3) 已知 $j=1\times10^{-4}\ A/cm^2$，氢电极上的过电位为 0.164 V，锌电极在该电流密度下的过电位值是多少？

第 5 章　液相传质步骤动力学

液相传质步骤是整个电极过程中的一个重要环节,这是因为液相中的反应粒子需要通过液相传质向电极表面不断地输送,而电极反应产物又需要通过液相传质过程离开电极表面,只有这样,才能保证电极过程连续地进行下去。在许多情况下,液相传质步骤不但是电极过程中的重要环节,而且可能成为电极过程的控制步骤,由它来决定整个电极过程动力学的特征。例如,当一个电极体系所通过的电流密度很大、电化学反应速度很快时,电极过程往往由液相传质步骤所控制,或者这时电极过程由液相传质步骤和电化学反应步骤共同控制,但其中液相传质步骤控制占有主要地位。由此可见,研究液相传质步骤动力学的规律具有非常重要的意义。

事实上,电极过程的各个单元步骤是连续进行的,并且相互影响。因此,要想单独研究液相传质步骤,首先要假定电极过程的其他各单元步骤的速度非常快,处于准平衡态,以便使问题的处理得以简化,从而得到单纯由液相传质步骤控制的动力学规律,然后再综合考虑其他单元步骤对它的影响。这种处理问题的方法,是在进行科学研究和理论分析时常用的科学方法。

液相传质动力学,实际上是讨论电极过程中电极表面附近液层中物质浓度变化的速度。这种物质浓度的变化速度,固然与电极反应的速度有关,但如果假定电极反应速度很快,即把它当作一个确定的因素来对待,那么这种物质浓度的变化速度就主要取决于液相传质的方式及其速度。因此,我们要首先研究液相传质的几种方式。

5.1　液相传质方式

5.1.1　液相传质的三种方式

在液相传质过程中有三种传质方式,即电迁移、对流和扩散。

1. 电迁移

在第 1 章中已经讲过,电解质溶液中的带电粒子(离子)在电场作用下沿着一定的方向移动,这种现象就叫作电迁移。

电化学体系是由阴极、阳极和电解质溶液组成的。当电化学体系中有电流通过时,阴极和阳极之间就会形成电场。在这个电场的作用下,电解质溶液中的阴离子就会定向地向阳极移动,而阳离子定向地向阴极移动。这种带电粒子的定向运动使得电解质溶液具有导电性能。显然,由于电迁移作用也使溶液中的物质进行了传输,因此电迁移是液相传质的一种重要方式。

应该指出,通过电迁移作用而传输到电极表面附近的离子,有些是参与电极反应的,有一些则不参加电极反应,而只起到传导电流的作用。

由于电迁移作用而使电极表面附近溶液中某种离子浓度发生变化的数量,可用电迁流量

来表示。所谓流量,就是在单位时间内,在单位截面积上流过的物质的量,常用摩尔数来表示。由第 1 章可知,电迁流量为

$$J_i = \pm c_i v_i = \pm c_i u_i E \tag{5.1}$$

式中:J_i 为 i 离子的电迁流量,$mol/(cm^2 \cdot s)$;c_i 为 i 离子的浓度,mol/cm^3;v_i 为 i 离子的电迁移速度,cm/s;u_i 为 i 离子的淌度,$cm^2/(s \cdot V)$;E 为电场强度,V/cm;$\pm$ 表示阳离子和阴离子运动方向不同,阳离子电迁移时用"+"号,阴离子电迁移时用"-"号。

由式(5.1)可知,电迁流量与 i 离子的淌度成正比,与电场强度成正比,与 i 离子的浓度成正比,即与 i 离子的迁移数有关。也就是说,溶液中其他离子的浓度越大,i 离子的迁移数就越小,当通过一定电流时,i 离子的电迁流量也越小。

2. 对　流

对流是一部分溶液与另一部分溶液之间的相对流动。通过溶液各部分之间的这种相对流动,也可进行溶液中的物质传输过程。因此,对流也是一种重要的液相传质方式。

根据产生对流的原因的不同,可将对流分为自然对流和强制对流两大类。

溶液中各部分之间由于存在密度差或温度差而引起的对流,叫作自然对流。这种对流在自然界中是大量存在的,自然发生的。例如,在原电池或电解池中,由于电极反应消耗了反应粒子而生成了反应产物,故可能使得电极表面附近液层的溶液密度与其他地方不同,从而由于重力作用而引起自然对流。此外,电极反应可能引起溶液温度的变化,电极反应也可能有气体析出,这些都能够引起自然对流。

强制对流是用外力搅拌溶液引起的。搅拌溶液的方式有多种,例如:在溶液中通入压缩空气引起的搅拌叫作压缩空气搅拌;在溶液中采用棒式、桨式搅拌器或采用旋转电极,这时引起的搅拌叫作机械搅拌。这些搅拌方法均可引起溶液的强制对流。此外,采用超声波振荡器等振动的方法,也可引起溶液的强制对流。

通过自然对流和强制对流作用,可以使电极表面附近流层中的溶液浓度发生变化,其变化量用对流流量来表示。i 离子的对流流量为

$$J_i = v_x c_i \tag{5.2}$$

式中:J_i 为 i 离子的对流流量,$mol/(cm^2 \cdot s)$;c_i 为 i 离子浓度,mol/cm^3;v_x 为 与电极表面垂直方向上的液体流速,cm/s。

3. 扩　散

当溶液中存在着某一组分的浓度差,即在不同区域内某组分的浓度不同时,该组分将自发地从浓度高的区域向浓度低的区域移动,这种液相传质运动叫作扩散。

在电极体系中,当有电流通过电极时,由于电极反应消耗某种反应粒子并生成了相应的反应产物,因此就使得某一组分在电极表面附近液层中的浓度发生了变化。在该液层中,反应粒子的浓度由于电极反应的消耗而有所降低;而反应产物的浓度却比溶液本体中的浓度高。于是,反应粒子将向电极表面方向扩散,而反应产物粒子将向远离电极表面的方向扩散。

电极体系中的扩散传质过程是一个比较复杂的过程,整个的扩散过程可分为非稳态扩散和稳态扩散两个阶段,现简要分析如下。

假定电极反应为阴极反应,反应粒子是可溶的,而反应产物是不溶的。

当电极上有电流通过时,在电极上发生电化学反应。电极反应首先消耗电极表面附近液

层中的反应粒子，于是该液层中反应粒子的浓度 c_i 开始降低，从而导致在垂直于电极表面的 x 方向上产生了浓度差，或者说导致在 x 方向上产生了 i 离子的浓度梯度 $\mathrm{d}c_i/\mathrm{d}x$。在这个扩散推动力的作用下，溶液本体中的反应粒子开始向电极表面液层中扩散。

在电极反应的初期，由于反应粒子浓度变化不太大，浓度梯度较小，因此向电极表面扩散过来的反应粒子的数量远远少于电极反应所消耗的数量，而且扩散所发生的范围主要在离电极表面较近的区域内；随着电极反应的不断进行，由于扩散过来的反应粒子的数量远小于电极反应的消耗量，因此使浓度梯度加大，同时发生浓度差的范围也不断扩展，这时在发生扩散的液层（可称为扩散层）中，反应粒子的浓度随着时间的不同和距电极表面的距离不同而不断地变化，如图 5.1 所示。

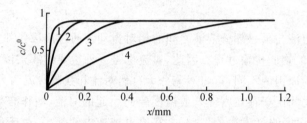

开始极化后经历的时间 t：1—0.1 s；2—1 s；3—10 s；4—100 s

图 5.1　反应粒子的暂态浓度分布

由图 5.1 可以看出，扩散层中各点的反应粒子浓度是时间和距离的函数，即

$$c_i = f(x, t)$$

这种反应粒子浓度随 x 和 t 不断变化的扩散过程，是一种不稳定的扩散传质过程。这个阶段内的扩散称为非稳态扩散或暂态扩散。由于非稳态扩散中，反应粒子的浓度是 x 与 t 的函数，问题比较复杂一些，因此将在 5.4 节中进行专门讨论。

如果随着时间的推移，扩散的速度不断提高，有可能使扩散补充过来的反应粒子数与电极反应所消耗的反应粒子数相等，则可以达到一种动态平衡状态，即扩散速度与电极反应速度相平衡。这时，反应粒子在扩散层中各点的浓度分布不再随时间变化而变化，而仅仅是距离的函数，即

$$c_i = f(x)$$

这时，存在浓度差的范围即扩散层的厚度不再变化，i 离子的浓度梯度是一个常数。在扩散的这个阶段中，虽然电极反应和扩散传质过程都在进行，但二者的速度恒定并且相等，整个过程处于稳定状态。这个阶段的扩散过程就称为稳态扩散。

在稳态扩散中，通过扩散传质输送到电极表面的反应粒子恰好补偿了电极反应所消耗的反应粒子，其扩散流量可由菲克（Fick）第一定律来确定，即

$$J_i = -D_i\left(\frac{\mathrm{d}c_i}{\mathrm{d}x}\right) \tag{5.3}$$

式中：J_i 为 i 离子的扩散流量，$\mathrm{mol}/(\mathrm{cm}^2 \cdot \mathrm{s})$；$D_i$ 为 i 离子的扩散系数，即浓度梯度为 1 时的扩散流量，cm^2/s；$\dfrac{\mathrm{d}c_i}{\mathrm{d}x}$ 为 i 离子的浓度梯度，$\mathrm{mol}/\mathrm{cm}^4$；负号"—"表示扩散传质方向与浓度增大的方向相反。

对于扩散传质过程的讨论,可简要归纳如下:

(1) 稳态扩散与非稳态扩散的区别,主要看反应粒子的浓度分布是否为时间的函数,即稳态扩散时 $c_i = f(x)$;非稳态扩散时 $c_i = f(x, t)$。

(2) 非稳态扩散时,扩散范围不断扩展,不存在确定的扩散层厚度;只有在稳态扩散时,才有确定的扩散范围,即存在不随时间改变的扩散层厚度。

(3) 即使在稳态扩散时,由于反应粒子在电极上不断消耗,溶液本体中的反应粒子不断向电极表面进行扩散传质,溶液本体中的反应粒子浓度也在不断下降,因此严格说来,在稳态扩散中也存在着非稳态因素,把它看作稳态扩散,只是为讨论问题方便而作的近似处理。

5.1.2　液相传质三种方式的相对比较

为了加深对三种传质方式的理解,可以从下述几方面对它们进行比较:

(1) 从传质运动的推动力来看:电迁移传质的推动力是电场力。对流传质的推动力,对于自然对流来说是由于密度差或温度差的存在,其实质是溶液的不同部分存在着重力差;对于强制对流来说,其推动力是搅拌外力。扩散传质的推动力是由于存在着浓度差,或者说是由于存在着浓度梯度,其实质是由于溶液中的不同部位存在着化学位梯度。

(2) 从所传输的物质粒子的情况来看:电迁移所传输的物质只能是带电粒子,即是电解质溶液中的阴离子或阳离子。扩散和对流所传输的物质,既可以是离子,也可以是分子,甚至可能是其他形式的物质微粒。在电迁移传质和扩散传质过程中,溶质粒子与溶剂粒子之间存在着相对运动;在对流传质过程中,是溶液的一部分相对于另一部分做相对运动,而在运动着的一部分溶液中,溶质与溶剂一起运动,它们之间不存在明显的相对运动。

(3) 从传质作用的区域来看:可将电极表面及其附近的液层大致划分为双电层区、扩散层区和对流区,如图 5.2 所示。

在图 5.2 中,d 为双电层厚度,δ 为扩散层厚度,c^0 是溶液本体浓度,c^s 是电极表面附近液层的浓度,c_+ 和 c_- 分别为阳离子和阴离子的浓度,$s-s'$ 表示电极表面位置。

由图 5.2 可知,从电极表面到 x_1 处,其距离为 d,这是双电层区。距离 d 表示双电层的厚度。在此区域内,由于电极表面所带电荷不同,故阴离子和阳离子的浓度有所不同。图中电极表面带负电荷,因此在电极表面阳离子的浓度 c_+ 高于阴离子浓度 c_-,到达双电层的边界时,即

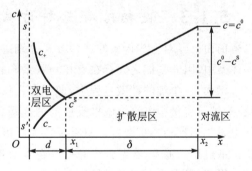

图 5.2　阴极极化时扩散层厚度示意图

在 x_1 处有 $c_+ = c_-$,这时的离子浓度以 c^s 表示。一般来说,当电解质溶液的浓度不太低时,双电层厚度 $d = 10^{-7} \sim 10^{-6}$ cm,即只有零点几个纳米到几个纳米厚。在这个区域内,可以认为各种离子的浓度分布只受双电层电场的影响,而不受其他传质过程的影响,故在讨论电极表面附近的液层时,往往把 x_1 处看作 $x=0$ 点。

图 5.2 中,从 x_1 到 x_2 的距离 δ 表示扩散层厚度。前面已经谈到,对于非稳态扩散过程,扩散层厚度是随时间而改变的,因此不存在确定的扩散层厚度。图中所表示的距离 δ 只代表稳态扩散时的扩散层厚度。在这个区域中的主要传质方式是电迁移和扩散。在一般情况下,

扩散层的厚度为 $10^{-3} \sim 10^{-2}$ cm,从宏观来看非常接近于电极表面。根据流体力学可知,在如此靠近电极表面的流层中,液体对流的速度很小。越靠近电极表面,对流速度越小。因此,在这个区域对流传质的作用很小。

当溶液中含有大量局外电解质时,反应离子的迁移数很小。在这种情况下考虑传质作用时,反应粒子的电迁移传质作用可以忽略不计。因此,可以说扩散传质是扩散层中的主要传质方式。在许多实际的电化学体系中,电解质溶液中往往都含有大量的局外电解质。因此,在考虑扩散层中的传质作用时,往往只考虑扩散作用,通常所说的电极表面附近的液层,也主要指的是扩散层。以后凡不加特殊说明时,都是按这种思路来处理问题的。

在稳态扩散层存在着浓度梯度,若表面反应粒子浓度为 c^s,溶液本体中的反应粒子浓度为 c^0,扩散层厚度为 δ,则浓度梯度为 $\dfrac{c^0 - c^s}{\delta}$。

图 5.2 中,x_2 点以外的区域称为对流区,这个区域离电极表面比较远,可以认为该区域中各种物质的浓度与溶液本体浓度相同。在一般情况下,这个区域中的对流传质作用远远大于电迁移传质作用,因此可将后者忽略不计,认为在对流区只有对流传质才起主要作用。

从上述讨论可知,在电解液中,当电极上有电流通过时,三种传质方式可能同时存在,但在一定的区域中或在一定的条件下,起主要作用的传质方式往往只是其中的一种或两种。如果电极反应消耗了反应粒子,则所消耗的反应粒子应该由溶液本体中传输过来才能得到补充;如果电解质溶液中含有大量局外电解质,不考虑电迁移传质作用的话,那么向电极表面传输反应粒子的过程将由对流和扩散两个连续步骤串联完成。又因为对流传质的速度远大于扩散传质的速度,所以液相传质的速度主要由扩散传质过程所控制。根据控制步骤的概念,扩散动力学的特征就可以代表整个液相传质过程动力学的特征,因此本章实质上主要是讨论扩散动力学的特征。只有当对流传质过程不容忽视时,才把对流传质和扩散传质结合起来进行讨论。

5.1.3　液相传质三种方式的相互影响

前面已经对液相传质的三种方式分别进行了讨论。但是,由于三种方式共存于电解液同一体系中,因此它们之间存在着相互联系和相互影响。

例如,在单纯的扩散过程中,即不存在任何其他传质作用时,随着电极反应不断消耗反应粒子,扩散流量很难赶上电极反应的消耗量;同时,溶液本体浓度 c^0 也会有所降低。因此,实际上是达不到稳态扩散的。只有反应粒子能通过其他传质方式及时得到补充,才可能实现稳态扩散过程。通常,在溶液中总是存在着对流作用的,在远离电极表面处,对流速度 $\gg$ 扩散速度。因此,只有当对流与扩散同时存在时,才能实现稳态扩散过程,故常常把一定强度的对流作用的存在,作为实现稳态扩散过程的必要条件。

又如,当电解液中没有大量的局外电解质存在时,电迁移的作用不能忽略。此时电迁移将对扩散作用产生影响,根据具体情况不同,电迁移和扩散之间可能是互相叠加的作用,也可能是互相抵消的作用。例如,在电解池中,当阴极上发生金属阳离子的还原反应时,电迁移与扩散作用两者方向相同,因此是两者的相互叠加作用使溶液本体中的金属阳离子向电极表面附近液层中移动;而当阴离子在阴极上还原时,如 $Cr_2O_7^{2-}$ 离子在阴极上还原为铬,电迁移与扩散两者作用方向相反,起互相抵消的作用。阳极附近的情况也与此类似,当阳极的氧化反应是金属原子失掉电子变为金属离子时,金属离子的电迁移与扩散两者作用方向相同,是互相叠加作用；而当发生 $Fe^{2+} - e \longrightarrow Fe^{3+}$ 这类低价离子氧化变为高价离子的反应时，Fe^{2+} 离子的迁移和扩散作用两者方向相反，互相抵消。

5.2 稳态扩散过程

在 5.1 节中说过，本章主要讨论的是扩散动力学的特征和规律。由于稳态扩散问题要比非稳态扩散问题简单，故我们首先来研究稳态扩散过程。

5.2.1 理想条件下的稳态扩散过程

为了讨论问题的方便，先从最简单的情况讨论起，即首先讨论单纯扩散过程的规律。

由于扩散与电迁移以及对流三种传质方式总是同时存在，故在一般的电解池装置中，无法研究单纯扩散传质过程的规律。为了能简便地研究单纯扩散过程的规律，人们人为地设计了一定的装置，在此装置中可以排除电迁移传质作用的干扰，并且把扩散区与对流区分开，从而得到一个单纯的扩散过程。由于这种条件是人为创造的理想条件，因此把这种条件下的扩散过程叫作理想条件下的稳态扩散过程。

研究理想条件下稳态扩散的装置如图 5.3 所示。

该装置是一个特殊设计的电解池。电解池本身是由一个很大的容器及左侧所接的长度为 l 的毛细管组成的。容器中的溶液为硝酸银和大量硝酸钾的混合溶液；电解池的阴极为银电极，其面积大小几乎与毛细管横截面积相同，而阳极为铂电极；在大容器中设有机械搅拌器。

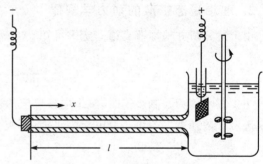

图 5.3 研究理想稳态扩散过程的装置

1. 理想稳态扩散的实现

该装置实际上是一个在银电极上沉积银的电解池。电解质 $AgNO_3$ 中离解出来的 Ag^+ 离子可不断地在银电极上还原沉积出来。大量的局外电解质 KNO_3，可以离解出大量的 K^+ 离子，而 K^+ 离子是不在阴极上发生还原反应的。因此，在液相传质过程中，Ag^+ 离子的电迁流量很小，可以忽略不计。

在大容器中的搅拌器可以产生强烈的搅拌作用，从而使电解液产生强烈的对流作用，可使 Ag^+ 离子分布均匀，也就是说，在大容器中各处的 $c^0_{Ag^+}$ 是相同的；而毛细管内径相对很小，可以认为搅拌作用对毛细管内的溶液不发生影响，即对流传质作用不能发展到毛细管中，在毛细管中只有扩散传质才起作用。因此，可以得到截然分开的扩散区和对流区，如图 5.4 所示。

Ag^+ 离子在毛细管一端的银阴极上放电。因为大容器的容积远远大于毛细管的容积，所以当通电量不太大时，可以认为大容器中的 Ag^+ 离子浓度 $c^0_{Ag^+}$ 不发生变化。电解池通电以后，在阴极上有 Ag^+ 离子放电，在电极表面附近液层中 Ag^+ 离子浓度开始下降，由原来的 $c^0_{Ag^+}$ 变为 $c^s_{Ag^+}$（表示电极表面附近的 Ag^+ 离子浓度）。随着通电时间的延长，浓度差逐渐向外发展。当浓度差发展到 $x=l$ 处,即发展到毛细管与大容器相接处时,由于对流作用,使该点的 Ag^+ 离子浓度始终等于大容器中的 Ag^+ 离子浓度 $c^0_{Ag^+}$,即 Ag^+ 离子可以由此向毛细管内扩散,以便及时补充电极反应所消耗的 Ag^+ 离子。因而,当达到稳态扩散时,Ag^+ 的浓度差就被限定在毛细管内,即扩散层厚度等于 l。

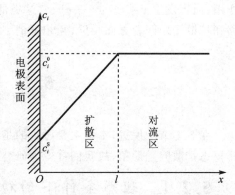

图 5.4 理想稳态扩散过程中,电极表面附近液层中反应粒子的浓度分布示意图

由上述分析可知,在毛细管区域内,由于可以不考虑电迁移和对流作用,因而可以实现只有单纯扩散作用的传质过程,也就是说实现了理想条件下的稳态扩散。这时,在毛细管区域内 Ag^+ 离子的浓度分布与时间无关,与距离 x 的关系是线性关系,即浓度梯度 $c^0_{Ag^+}$ 是一个常数。也就是说,因为扩散层厚度等于 l,所以毛细管中 Ag^+ 离子的浓度梯度 $\dfrac{\mathrm{d}c}{\mathrm{d}x}=\dfrac{c^0-c^S}{l}=$ 常数。

2. 理想稳态扩散的动力学规律

由上述分析并根据菲克第一定律可知,Ag^+ 离子的理想稳态扩散流量为

$$J_{Ag^+}=-D_{Ag^+}\frac{\mathrm{d}c_{Ag^+}}{\mathrm{d}x}=-D_{Ag^+}\frac{c^0_{Ag^+}-c^S_{Ag^+}}{l} \tag{5.4}$$

当扩散步骤为控制步骤时,整个电极反应的速度就由扩散速度来决定,此时可以用电流密度来表示扩散速度。若以还原电流为正值,则电流的方向与 x 轴方向即流量的方向相反,于是有

$$j_c=F(-J_{Ag^+})=FD_{Ag^+}\frac{c^0_{Ag^+}-c^S_{Ag^+}}{l} \tag{5.5}$$

式(5.5)可以扩展为一般形式。假设电极反应为

$$O+ne\Longrightarrow R$$

则稳态扩散的电流密度为

$$j=nF(-J_i)=nFD_i\frac{c^0_i-c^S_i}{l} \tag{5.6}$$

在电解池通电之前,$j=0$,$c^0_i=c^S_i$。通电以后,随着电流密度 j 的增大,电极表面反应粒子浓度 c^S_i 下降。当 $c^S_i=0$ 时反应粒子的浓度梯度达到最大值,扩散速度也最大,此时的扩散电流密度为

$$j_d=nFD_i\frac{c^0_i}{l} \tag{5.7}$$

式中:j_d 称为极限扩散电流密度。这时的浓差极化就称为完全浓差极化。

将式(5.7)代入式(5.6)中,可得

$$j=j_d\left(1-\frac{c^S_i}{c^0_i}\right) \tag{5.8}$$

或
$$c_i^{\rm S}=c_i^0\left(1-\frac{j}{j_{\rm d}}\right) \tag{5.9}$$

从式(5.9)中可以看出,若 $j>j_{\rm d}$ 则 $c_i^{\rm S}<0$,当然是不可能的。这就进一步证实,$j_{\rm d}$ 就是理想稳态扩散过程的极限电流密度。当出现 $j_{\rm d}$ 时,扩散速度达到了最大值,电极表面附近放电粒子浓度为零,扩散过来一个放电粒子,立刻就消耗在电极反应上了。但 $c_i^{\rm S}$ 不能小于零,因此扩散速度也就不可能再大了。

出现 $j_{\rm d}$ 是稳态扩散过程的重要特征。以后还要讲到,可以根据是否有极限扩散电流密度出现来判断整个电极过程是否由扩散步骤来控制。

5.2.2　真实条件下的稳态扩散过程

由前面的讨论已经知道,一定强度的对流的存在,是实现稳态扩散的必要条件。在理想稳态扩散装置中,也是因为有了对流作用才实现稳态扩散的。在真实的电化学体系中,也总是有对流作用的存在,并与扩散作用重叠在一起。因此,真实体系中的稳态扩散过程,严格来说是一种对流作用下的稳态扩散过程,或可以称为对流扩散过程,而不是单纯的扩散过程。

此外,在理想条件下,人为地将扩散区与对流区分开了。但在真实的电化学体系中,扩散区与对流区是互相重叠、没有明确界限的。因此,真实体系中的稳态扩散有与理想稳态扩散相同的一面,即在扩散层内都是以扩散作用为主的传质过程,故二者具有类似的扩散动力学规律。二者又有不同的一面,即在理想稳态扩散条件下,扩散层有确定的厚度,其厚度等于毛细管的长度 l;而在真实体系中,由于对流作用与扩散作用的重叠,故只能根据一定的理论来近似地求得扩散层的有效厚度。也只有知道了扩散层的有效厚度以后,才可能借用理想稳态扩散的动力学公式,推导出真实条件下的扩散动力学公式。

对流扩散又可分为两种情况,一种是自然对流条件下的稳态扩散,另一种是强制对流条件下的稳态扩散。由于很难确定自然对流的流速,因此对自然对流下的稳态扩散做定量的讨论很困难。我们将只讨论在强制对流条件下的稳态扩散过程。

为了定量地解决强制对流条件下的稳态扩散动力学问题,列维契(B. T. Левич)将流体力学的基本原理与扩散动力学相结合,提出了对流扩散理论,用该理论可以比较成功地处理异相界面附近的液流现象及其有关的传质过程。列维契对流扩散理论的数学推导比较复杂,下面我们只介绍该理论的要点。

1. 电极表面附近的液流现象及传质作用

假设有一个薄片平面电极,处于由搅拌作用而产生的强制对流中。如果液流方向与电极表面平行,并且当流速不太大时,则该液流属于层流。设冲击点为 y_0 点,液流的切向流速为 u_0。

在符合上述条件的层流中,由于在电极表面附近液体的流动受到电极表面的阻滞作用(这种阻滞作用可理解为摩擦阻力,在流体力学中称为动力黏滞),故靠近电极表面的液流速度减小,而且离电极表面越近,液流流速 u 就越小。在电极表面即 $x=0$ 处,$u=0$。而在比较远离电极表面的地方,电极表面的阻滞作用消失,液流流速为 u_0,如图 5.5 所示。

我们把从 $u=0$ 到 $u=u_0$ 所包含的液流层,即靠近电极表面附近的液流层,叫作"边界层",其厚度以 $\delta_{\rm B}$ 表示。$\delta_{\rm B}$ 的大小与电极的几何形状和流体动力学条件有关。根据流体力学理论,可以推导出以下近似关系式:

$$\delta_B \cong \sqrt{\frac{\nu y}{u_0}} \tag{5.10}$$

式中：u_0 为液流的切向初速度；ν 为动力黏滞系数，又称为动力黏度系数，$\nu = \dfrac{\text{黏度系数 } \eta}{\text{密度 } \rho}$；$y$ 为电极表面上某点距冲击点 y_0 的距离。

由式(5.10)可以看出，电极表面上各点处的 δ_B 的厚度是不同的，离冲击点越近，δ_B 厚度越小，而离冲击点越远，δ_B 的厚度越大，如图 5.6 所示。

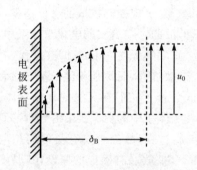

图 5.5　电极表面上切向液流速度的分布

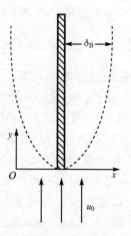

图 5.6　电极表面上边界层的厚度分布

此外，根据扩散传质理论，在紧靠电极表面附近有一很薄的液层。在该液层中存在着反应粒子的浓度梯度，故存在着反应粒子的扩散作用。我们把这一薄液层称为"扩散层"，其厚度以 δ 表示。扩散层与边界层的关系，如图 5.7 所示。

从图 5.7 可知，扩散层包含在边界层之内。但值得注意的是，扩散层与边界层二者是完全不同的概念。在边界层中，存在着液流流速的速度梯度，可以实现动量的传递，动量传递的大小取决于溶液的动力黏度系数 ν；而在扩散层中，则存在着反应粒子的浓度梯度，在此层内能实现物质的传递，物质传递的多少取决于反应粒子的扩散系数 D_i。一般来说，ν 和 D_i 在数值上差别很大，例如在水溶液中，一般 $\nu = 10^{-2}\ \text{cm}^2/\text{s}$，而 $D_i = 10^{-5}\ \text{cm}^2/\text{s}$，相差三个数量级。这就说明，动量的传递要比物质的传递容易得多。因此，δ_B 也就比 δ 要大得多。

根据流体动力学理论，可以推算出 δ 与 δ_B 之间的近似关系，即

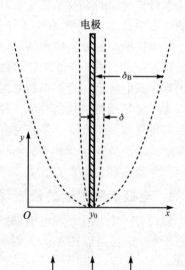

图 5.7　电极表面上边界层 δ_B 和扩散层 δ 的厚度

$$\frac{\delta}{\delta_B} \cong \left(\frac{D_i}{\nu}\right)^{1/3} \tag{5.11}$$

2. 扩散层的有效厚度

由上述讨论可知,在边界层中的 $x > \delta$ 处,完全依靠切向对流作用来实现传质过程;而在 $x < \delta$ 处,即在扩散层内,主要是靠扩散作用来实现传质过程。但是在此层以内, $u \neq 0$,即仍有很小速度的对流存在,因此也存在着一定程度的对流传质作用。这就是说,在真实的电化学体系中,扩散层与对流层重叠在一起,不能将两者截然分开,而且即使在扩散层中,距电极表面 x 距离不同的各点处,对流的速度也不相等。因此,各点的浓度梯度也不是常数,如图 5.8 所示。

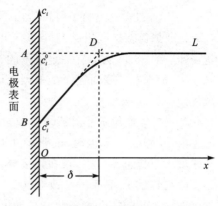

图 5.8　电极表面附近液层中反应粒子浓度的实际分布

既然各点的浓度梯度不同,而且扩散层的边界也不明确,那么扩散层的厚度如何计算呢? 在这种情况下,通常是作近似处理,即根据 $x = 0$ 处(此处 $u = 0$,故不受对流影响)的浓度梯度来计算扩散层厚度的有效值,也就是计算扩散层的有效厚度。

在图 5.8 中, B 点的浓度为 c_i^s, AL 所对应的浓度为 c_i^0,自 B 点作 $\overparen{BL}$ 的切线与 $\overparen{AL}$ 相交于 D 点,图中的长度 AD 就表示扩散层的有效厚度 $\delta_{有效}$。经过这种近似处理以后,就可以得到

$$\left(\frac{\mathrm{d}c_i}{\mathrm{d}x} \right)_{x=0} = \frac{c_i^0 - c_i^s}{\delta_{有效}} = 常数 \tag{5.12}$$

或者

$$\delta_{有效} = \frac{c_i^0 - c_i^s}{(\mathrm{d}c_i/\mathrm{d}x)_{x=0}} \tag{5.13}$$

根据这种近似处理,就可以用 $\delta_{有效}$ 代表扩散层厚度 δ。

根据前面的分析,将式(5.10)代入式(5.11)中,得到

$$\delta \approx D_i^{1/3} \nu^{1/6} y^{1/2} u_0^{-1/2} \tag{5.14}$$

式(5.14)中的 δ 是对流扩散层的厚度。按式(5.14)计算的 δ 与式(5.13)中的 $\delta_{有效}$ 大致相等,故 $\delta_{有效}$ 中已包含了对流对扩散的影响。

从式(5.14)可以看出,对流扩散中的扩散层厚度 δ 与理想扩散中的扩散层厚度 δ 不同,它不仅与离子的扩散运动特性 D_i 有关,而且还与电极的几何形状(距 y_0 的距离 y)及流体动力学条件(u_0 和 ν)有关。这就说明,在扩散层 δ 中的传质运动,确实受到了对流作用的影响。此外,从式(5.14)与式(5.10)的对比中还可以看出,扩散层厚度 δ 与边界层厚度 δ_B 也不同, δ_B 只与 y、 u_0 和 ν 有关,而 δ 除与上述三个因素有关之外,还与 D_i 有关。这就说明,在扩散层 δ 内,确实有扩散传质作用。因此我们说,在对流扩散的扩散层中,既有扩散传质作用,也有对流传质作用,这与理想条件下的稳态扩散是完全不相同的。

3. 对流扩散的动力学规律

将对流扩散层的厚度式(5.14)代入理想稳态扩散动力学公式(5.6)和式(5.7)中,就可以得到对流扩散动力学的基本规律,即

$$j = nFD_i \frac{c_i^0 - c_i^s}{\delta} \approx nFD_i^{2/3} \nu^{-1/6} y^{-1/2} u_0^{1/2} (c_i^0 - c_i^s) \tag{5.15}$$

$$j_d = nFD_i \frac{c_i^0}{\delta} \approx nFD_i^{2/3} \nu^{-1/6} y^{-1/2} u_0^{1/2} c_i^0 \qquad (5.16)$$

从式(5.15)和式(5.16)中可以看出,对流扩散具有如下特征:

(1) 与理想稳态扩散相比,对流扩散电流 j 不是与扩散系数 D_i 成正比,而是与 $D_i^{2/3}$ 成正比。这说明,由于扩散层中有一定强度的对流存在,使对流扩散电流 j 受扩散系数 D_i 的影响相对减小了,而增加了受对流影响的因素,因此可以说,对流扩散电流 j 是由 $j_{扩散}$ 和 $j_{对流}$ 两部分组成的。

(2) 对流扩散电流 j 受对流传质的影响,体现在 j 受与对流有关的各因素的影响上:

① j 和 j_d 与 $u_0^{1/2}$ 成正比,说明 j 和 j_d 的大小与搅拌强度有关。可以通过提高搅拌强度的方法来增大反应电流,这一点在许多电化学过程中是有很大实际意义的。此外,还可以根据搅拌强度改变以后 j_d 是否发生改变这一特征,来判断电极过程是否由扩散步骤控制的。

② j 与 $\nu^{-1/6}$ 成正比,说明对流扩散电流受到溶液黏度的影响。

③ j 与 $y^{-1/2}$ 成正比,说明在电极表面不同位置上(距冲击点不同距离的各处),由于受到对流作用的影响不同,因而其扩散层厚度不均匀,扩散对流的电流 j 也不均匀。

5.2.3 旋转圆盘电极

从对流扩散理论可以看出,电极表面上各处受到的搅拌作用的影响并不均匀,从而使电极表面上的电流密度分布也不均匀。这样,在电极表面上的每一部分的"反应潜力"就可能得不到充分的利用;同时又可能引起反应产物分布的不均匀性,从而给电化学领域的研究和生产带来许多问题。例如,由于电流密度分布不均匀,使电极表面各处的极化条件不同,所以在研究电极反应时,会使数据处理复杂化;又如,在电镀生产过程中,阴极产物分布的不均匀,就会造成镀层厚度的不均匀,从而使电镀层的性能下降。

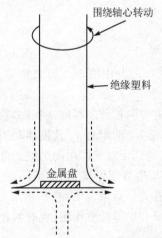

围绕轴心转动

绝缘塑料

金属盘

图 5.9 旋转圆盘电极示意图

为了使电极表面各处受到均匀的搅拌作用,从而使电极表面各处的电流密度均匀分布,人们设计了一种理想的搅拌方式。采用这种搅拌方式的电极,就是旋转圆盘电极,如图 5.9 所示。将制成圆盘状的金属电极,镶嵌在非金属绝缘支架上,由金属圆盘引出导线和外电源相接,这就构成了旋转圆盘电极。

当旋转圆盘电极围绕着垂直于圆盘中心的轴迅速旋转时,与圆盘中心相接触的溶液被旋转离心力甩向圆盘边缘,于是溶液从圆盘中心的底部向上流动,对圆盘中心进行冲击;当溶液上升到与圆盘接近时,又被离心力甩向圆盘边缘。这样,在由电极旋转而产生的液体对流中,对流的冲击点 y_0 就是圆盘的中心点。

下面我们来研究旋转圆盘电极表面附近液层中的扩散动力学规律。

首先,由于圆盘中心是对流冲击点,故越接近圆盘边缘处,其 y 值越大。由式(5.14)知,扩散层厚度 $\delta \propto y^{1/2}$,即可得出离圆盘中心越远则扩散层厚度越厚的结论。

其次,离圆盘中心越远,由电极旋转离心力引起的溶液切向对流速度 u_0 也越大,由式(5.14)知,扩散层厚度 $\delta \propto u_0^{-1/2}$,即可得出离圆盘中心越远,则扩散层越薄的结论。

显然,在旋转圆盘引起的对流扩散中,对电极表面附近液层的扩散层厚度存在着两种具有相反影响的因素,但这两种影响恰好是同比例的。例如,当旋转圆盘电极的转速为 $n_0(\text{r/s})$ 时,圆盘上各点的切向线速度 $u_0 = 2\pi n_0 y$,则 $u_0^{-1/2} y^{1/2} = (2\pi n_0)^{-1/2} =$ 常数,故由式(5.14)知

$$\delta \approx D_i^{1/3} \nu^{1/6} \cdot 常数$$

即圆盘上各点的扩散层厚度是个与 y 值无关的数值。也就是说,在旋转圆盘电极上各点的扩散层厚度是均匀的,从而在旋转圆盘电极上电流密度也是均匀分布的。这样,就克服了平面电极表面受对流作用影响不均匀的缺点,给电化学研究带来了极大的方便。因此,在电化学研究中,旋转圆盘电极得到越来越广泛的应用。

如果旋转圆盘电极的转速为 $n_0(\text{r/s})$,则旋转圆盘电极的角速度为 $\omega = 2\pi n_0$。根据流体力学理论,通过数学计算可以得到扩散层厚度 δ 的表达式,即

$$\delta = 1.62 D_i^{1/3} \nu^{1/6} \omega^{-1/2} \tag{5.17}$$

将式(5.17)分别代入式(5.15)和式(5.16),则可得到

$$j = 0.62\, nFD_i^{2/3} \nu^{-1/6} \omega^{1/2} (c_i^0 - c_i^S) \tag{5.18}$$

$$j_d = 0.62\, nFD_i^{2/3} \nu^{-1/6} \omega^{1/2} c_i^0 \tag{5.19}$$

式(5.18)和式(5.19)就是旋转圆盘电极表面附近液层扩散动力学的公式。上述公式只适用于有大量局外电解质存在时的二元电解质溶液。

目前,在电化学研究工作中,还广泛使用一种带环的旋转圆盘电极,称为旋转圆环-圆盘电极,如图 5.10 所示。

这种电极由设在中间的圆盘电极和分布在圆盘周围的圆环电极所组成。两电极之间相隔一定的距离,并彼此绝缘。两个电极分别有导线与外电源相接。利用圆环-圆盘电极可以研究或发现电极过程中产生的不稳定中间产物。例如,可以控制圆环电极的电极电位为某一定值(即与圆盘电极电位相差一个恒定值),以使圆盘电极上的中间产物到达圆环电极上时,能进一步发生氧化或还原反应,并达到极限电流

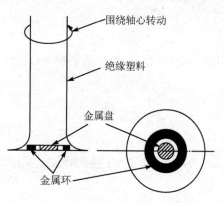

图 5.10　旋转圆环-圆盘电极示意图

密度。这样,可以根据所得到的极化曲线的形状和具体数据,来研究中间产物的组成及其电极过程动力学规律。

5.2.4　电迁移对稳态扩散过程的影响

在前面的讨论中,由于在电解液中都加入了大量的局外电解质,故可以忽略电迁移作用的影响。但是,当电解液中不加入或只少量加入局外电解质时,就必须考虑在电场作用下放电粒子的电迁移作用及其对扩散电流密度的影响。

为了便于理解,我们以仅含 $AgNO_3$ 的溶液在阴极表面附近液层中的传质过程为例。

$AgNO_3$ 在溶液中电离成 Ag^+ 离子和 NO_3^- 离子。电化学体系通电以后,Ag^+ 离子在阴极上放电,电极表面附近液层中的 Ag^+ 离子浓度降低,因此溶液本体中的 Ag^+ 离子将向电极表面扩散;NO_3^- 离子虽然不参加电极反应,但在电场作用下将向阳极迁移,故在阴极表面附近

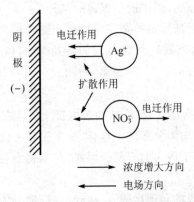

图 5.11 电迁移对稳态扩散影响的示意图

液层中的浓度也会下降,于是 NO_3^- 离子也会自溶液本体向阴极表面附近液层中扩散。经过一定时间达到稳态扩散以后,溶液中各处的离子浓度不再随时间而改变。

现在分别讨论当达到稳态扩散以后阴、阳离子的运动情况。其运动情况如图 5.11 所示。

由图 5.11 可见,NO_3^- 离子在电场力作用下发生电迁移,电迁移的方向指向远离阴极表面的方向;但由于电迁移,使阴极表面附近液层中的 NO_3^- 离子浓度降低,因此会产生方向指向阴极表面的扩散作用。当达到稳态扩散以后,溶液中每一点的离子浓度恒定,这就意味着通过每一点的 NO_3^- 离子的电迁流量和扩散流量恰好相等。由于两个流量的方向相反,因此电迁移作用和扩散作用两者恰好相互抵消。

同样,对于 Ag^+ 离子来说,也存在着电迁移作用和扩散作用,但两个作用的方向相同,故二者具有叠加作用。

若以 c_+,u_+,D_+ 和 c_-,u_-,D_- 分别表示 Ag^+ 离子及 NO_3^- 离子的浓度、离子淌度和扩散系数,则由式(5.1)可得出,Ag^+ 离子和 NO_3^- 离子的电迁流量分别为

$$J_{+,\text{电迁}} = +c_+ u_+ E \tag{5.20}$$

$$J_{-,\text{电迁}} = -c_- u_- E \tag{5.21}$$

由式(5.3)可得出,Ag^+ 离子和 NO_3^- 离子扩散流量分别为

$$J_{+,\text{扩散}} = -D_+ \frac{dc_+}{dx} \tag{5.22}$$

$$J_{-,\text{扩散}} = -D_- \frac{dc_-}{dx} \tag{5.23}$$

若以 J_+ 和 J_- 分别表示 Ag^+ 离子和 NO_3^- 离子总的传质流量,则有

$$J_- = J_{-,\text{扩散}} + J_{-,\text{电迁}}$$

$$= -D_- \frac{dc_-}{dx} - c_- u_- E = 0 \tag{5.24}$$

$$J_+ = J_{+,\text{扩散}} + J_{+,\text{电迁}}$$

$$= -D_+ \frac{dc_+}{dx} + c_+ u_+ E \tag{5.25}$$

如果用电流密度表示,则有

$$j_- = F J_- = 0 \tag{5.26}$$

$$j_+ = F(-J_+) = F\left(D_+ \frac{dc_+}{dx} - c_+ u_+ E\right) \tag{5.27}$$

式(5.27)中含有 D_+ 和 u_+ 两个系数,为了简化,可以用消元法消去 u_+ 而只留下 D_+。

在"物理化学"课程中已知,扩散系数 D_i 与离子淌度 u_i 之间的关系为

$$D_i = \frac{RT}{zF} u_i \tag{5.28}$$

因为 Ag^+ 离子为 1 价，所以式(5.28)中 $z=1$，故有

$$D_+ = \frac{RT}{F} u_+ \tag{5.29}$$

又考虑到 $AgNO_3$ 为 1 - 1 价电解质，故有 $c_+ = c_-$，进而由式(5.24)导出

$$c_+ E = -\frac{RT}{F} \frac{dc_+}{dx} \tag{5.30}$$

将式(5.29)和式(5.30)代入式(5.27)中，可以得到

$$j_+ = 2FD_+ \frac{dc_+}{dx} \tag{5.31}$$

由于只有 Ag^+ 离子参加电极反应，稳态电极反应速度 $j = j_+$，故

$$j = 2FD_+ \frac{dc_+}{dx} = 2j_{+,扩散} \tag{5.32}$$

从上述讨论可知，对于 1 - 1 价型的电解质，当完全没有局外电解质存在时，由于电迁移作用的影响，可使电极反应速度比单纯扩散作用下的扩散电流密度增大一倍。当然，如果出现极限扩散电流密度，其数值也将增大一倍。这个结论不但适用于像 $AgNO_3$ 这样的 1 - 1 价型电解质，也同样适用于 $z-z$ 价型的电解质。

对于非 $z-z$ 价型电解质，或者在少量局外电解质存在的情况下，虽然电迁移影响的定量关系式不同于上面推导的各式，但是其影响规律是一致的，即凡是正离子在阴极上还原或负离子在阳极上氧化，则反应离子的电迁移总是使稳态电流密度增大；而负离子在阴极上还原或正离子的阳极上氧化时，反应离子的电迁移将使稳态电流密度减小。

5.3　浓差极化的规律及判别方法

当电极过程由液相传质的扩散步骤控制时，电极所产生的极化就是浓差极化。因此，通过研究浓差极化的规律，即通过浓差极化方程式及其极化曲线等特征，就可以正确地判断电极过程是否是由扩散步骤控制的，进而可以研究如何有效地利用这类电极过程来为科研和生产服务。

5.3.1　浓差极化的规律

以下列简单的阴极反应为例，并在电解液中加入大量局外电解质，从而可以忽略反应离子电迁移作用的影响：

$$O + ne \Longleftrightarrow R$$

式中：O 为氧化态物质，即反应粒子；R 为还原态物质，即反应产物；n 为参加反应的电子数。

由于扩散步骤是电极过程的控制步骤，因此可以认为电子转移步骤进行得足够快，其平衡状态基本上未遭到破坏。当电极上有电流通过时，其电极电位可借用能斯特方程式来表示，即

$$\varphi = \varphi^0 + \frac{RT}{nF} \ln \frac{\gamma_O c_O^s}{\gamma_R c_R^s} \tag{5.33}$$

式中：γ_O 为反应粒子 O 在 c_O^S 浓度下的活度系数；γ_R 为反应产物 R 在 c_R^S 浓度下的活度系数。

如果假定活度系数 γ_O 和 γ_R 不随浓度而变化，则在通电以前的平衡电位可表示为

$$\varphi_\text{平} = \varphi^0 + \frac{RT}{nF}\ln\frac{\gamma_O c_O^0}{\gamma_R c_R^0} \tag{5.34}$$

有了上述这些条件之后，我们就可以分两种情况来讨论浓差极化的规律。

1. 当反应产物生成独立相时

有时，阴极反应的产物为气泡或固体沉积层等独立相，这些产物不溶于电解液。在这种情况下，可以认为

$$\gamma_R c_R^0 = 1$$
$$\gamma_R c_R^S = 1 \tag{5.35}$$

也就是说，当产物不溶时，可以认为通电前后反应产物活度为 1，于是式（5.33）和式（5.34）变为

$$\varphi = \varphi^0 + \frac{RT}{nF}\ln\gamma_O c_O^S \tag{5.36}$$

$$\varphi_\text{平} = \varphi^0 + \frac{RT}{nF}\ln\gamma_O c_O^0 \tag{5.37}$$

由式（5.9）可以得到

$$c_O^S = c_O^0\left(1 - \frac{j}{j_d}\right) \tag{5.38}$$

将式（5.38）代入式（5.36）中，可以得到

$$\begin{aligned}
\varphi &= \varphi^0 + \frac{RT}{nF}\ln\gamma_O c_O^0 + \frac{RT}{nF}\ln\left(1 - \frac{j}{j_d}\right)\\
&= \varphi_\text{平} + \frac{RT}{nF}\ln\left(1 - \frac{j}{j_d}\right)
\end{aligned} \tag{5.39}$$

由此可以得到浓差极化的极化值 $\Delta\varphi$，即

$$\Delta\varphi = \varphi - \varphi_\text{平} = \frac{RT}{nF}\ln\left(1 - \frac{j}{j_d}\right) \tag{5.40}$$

当 j 很小时，由于 $j \ll j_d$，故将式（5.40）按级数展开并略去高次项，可以得到

$$\Delta\varphi = -\frac{RT}{nF}\frac{j}{j_d} \tag{5.41}$$

式（5.39）、式（5.40）和式（5.41）就是当产物不溶时浓差极化的动力学方程式，即表示浓差极化的极化值与电流密度之间关系的方程式。也就是说，当 j 较大时，j 与 $\Delta\varphi$ 之间含有对数关系，而当 j 很小时，j 与 $\Delta\varphi$ 之间是直线关系。

如果将式（5.39）画成极化曲线，则可得到如图 5.12 所示的图形。

如果将 φ 与 $\lg\left(1 - \frac{j}{j_d}\right)$ 之间的关系作图，则可得到如图 5.13 所示的直线关系。

在图 5.13 中，直线的斜率 $\tan\alpha = \frac{2.3RT}{nF}$。若由作图得出了直线的斜率值，则可由其求得参加反应的电子数 n。

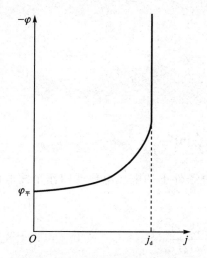

图 5.12　产物不溶时的浓差极化曲线

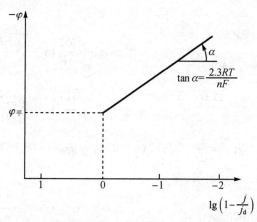

图 5.13　φ 与 $\lg\left(1-\dfrac{j}{j_d}\right)$ 之间的直线关系

2. 当反应产物可溶时

有时,阴极电极反应的产物可溶于电解液,或者生成汞齐,即反应产物是可溶的。这时,式(5.35)不再成立,即 $\gamma_R c_R^S \neq 1$,因此,要想求得浓差极化方程式,应首先知道反应产物在电极表面附近的浓度 c_R^S 是多少。

反应产物生成的速度与反应物消耗的速度,用克当量表示时是相等的,均为 $\dfrac{j}{nF}$。而产物的扩散流失速度为 $\pm D_R\left(\dfrac{\partial c_R}{\partial x}\right)_{x=0}$,其中产物向电极内部扩散(生成汞齐)时用正号,产物向溶液中扩散时用负号。显然,在稳态扩散下,产物在电极表面的生成速度应等于其扩散流失速度,假设产物向溶液中扩散,于是有

$$\frac{j}{nF} = D_R\left(\frac{c_R^S - c_R^0}{\delta_R}\right)$$

或

$$c_R^S = c_R^0 + \frac{j\delta_R}{nFD_R} \tag{5.42}$$

由于反应前的产物浓度 $c_R^0 = 0$,故可将式(5.42)写成

$$c_R^S = \frac{j\delta_R}{nFD_R} \tag{5.43}$$

又由式(5.7)已知,$j_d = nFD_i\dfrac{c_i^0}{l}$,若用 δ_O 表示扩散层厚度,则有

$$c_O^0 = \frac{j_d\delta_O}{nFD_O} \tag{5.44}$$

同时,由式(5.9)有

$$c_O^S = c_O^0\left(1 - \frac{j}{j_d}\right) \tag{5.45}$$

将式(5.43)、式(5.44)和式(5.45)代入式(5.33)中,可以得到

$$\varphi = \varphi^0 + \frac{RT}{nF}\ln\frac{\gamma_O c_O^S}{\gamma_R c_R^S}$$

$$= \varphi^0 + \frac{RT}{nF}\ln\frac{\gamma_O \dfrac{j_d\delta_O}{nFD_O}\left(1-\dfrac{j}{j_d}\right)}{\gamma_R \dfrac{j\delta_R}{nFD_R}}$$

$$= \varphi^0 + \frac{RT}{nF}\ln\frac{\gamma_O\delta_O D_R}{\gamma_R\delta_R D_O} + \frac{RT}{nF}\ln\left(\frac{j_d-j}{j}\right) \tag{5.46}$$

当 $j = \dfrac{1}{2}j_d$ 时,式(5.46)右方最后一项为零,这种条件下的电极电位就叫作半波电位,通常以 $\varphi_{1/2}$ 表示,即

$$\varphi_{1/2} = \varphi^0 + \frac{RT}{nF}\ln\frac{\gamma_O\delta_O D_R}{\gamma_R\delta_R D_O} \tag{5.47}$$

由于在一定对流条件下的稳态扩散中,δ_O 与 δ_R 均为常数;又由于在含有大量局外电解质的电解液和稀汞齐中,γ_O,γ_R,D_O,D_R 均随浓度 c_O 和 c_R 变化很小,也可以将它们看作常数,因此可以将 $\varphi_{1/2}$ 看作只与电极反应性质(反应物与反应产物的特性)有关而与浓度无关的常数。于是,式(5.46)可写为

$$\varphi = \varphi_{1/2} + \frac{RT}{nF}\ln\left(\frac{j_d-j}{j}\right) \tag{5.48}$$

式(5.48)就是当反应产物可溶时的浓差极化方程式。其相应的极化曲线如图 5.14 和图 5.15 所示。

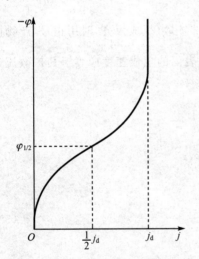

图 5.14　产物可溶时的浓差极化曲线

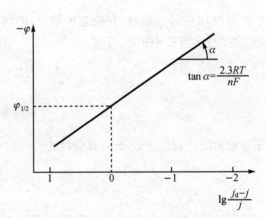

图 5.15　φ 与 $\lg\dfrac{j_d-j}{j}$ 之间的直线关系

5.3.2　浓差极化的判别方法

可以根据是否出现浓差极化的动力学特征,来判别电极过程是否由扩散步骤控制。

现将浓差极化的动力学特征总结如下:

(1) 当电极过程受扩散步骤控制时,在一定的电极电位范围内,出现一个不受电极电位变

化影响的极限扩散电流密度 j_d，而且 j_d 受温度变化的影响较小，即 j_d 的温度系数较小。

（2）浓差极化的动力学公式为

$$\varphi = \varphi_平 + \frac{RT}{nF} \ln \left(1 - \frac{j}{j_d}\right) \qquad （产物不溶）$$

或

$$\varphi = \varphi_{1/2} + \frac{RT}{nF} \ln \left(\frac{j_d - j}{j}\right) \qquad （产物可溶）$$

因此，当用 φ 对 $\lg \left(1 - \frac{j}{j_d}\right)$ 或 $\lg \left(\frac{j_d - j}{j}\right)$ 作图时，可以得到直线关系，直线的斜率为 $\frac{2.3RT}{nF}$。

（3）电流密度 j 和极限扩散电流密度 j_d 随着溶液搅拌强度的增大而增大，这是因为搅拌强度增大时，溶液的流动速度增大。根据对流扩散理论，此时的扩散层厚度减薄，由此而导致 j 和 j_d 的增大。

（4）扩散电流密度与电极表面的真实表面积无关，而与电极表面的表观面积有关。这是由于 j 取决于扩散流量的大小，而扩散流量的大小与扩散流量所通过的截面积（电极表观面积）有关，而与电极表面的真实面积无关。

可以根据上述动力学特征，来判别电极过程是否由扩散步骤所控制。

值得注意的是，如果仅用其中一个特征来判别，条件是不充分的，也可能会出现判断错误。例如，可以根据是否出现 j_d 来判断电极过程是否受扩散步骤所控制。但是，如果仅根据出现了极限电流密度就判断该过程受扩散步骤控制，那么这个结论就不够充分，这是因为当电子转移步骤之前的某些步骤（例如前置转化步骤或催化步骤等）成为电极过程的控制步骤时，也都可能出现极限电流密度（如动力极限电流密度、吸附极限电流密度、反应粒子穿透有机吸附层的极限电流密度等）。而如果用几个特征互相配合来进行判断，则可以得到正确的结论。例如，在电极过程中出现了极限电流密度以后，再改变对溶液的搅拌强度，如果极限电流密度随搅拌强度而改变，则可以判断该电极过程受扩散步骤所控制。这是因为除了极限扩散电流密度受搅拌强度的影响之外，上述的其他几个极限电流密度均不受搅拌强度的影响。有时，在更复杂的情况下，需要从上述几个动力学特征来进行全面综合判断，才能得出可靠的结论。

5.4　非稳态扩散过程

5.1 节中介绍了稳态扩散与非稳态扩散的概念。我们已经知道，即使能够建立稳态扩散过程，也必须先经过非稳态扩散过程的过渡阶段。因此，要完整地研究扩散过程动力学规律，必须要研究非稳态扩散过程。

研究非稳态扩散过程有着十分重要的意义：一是可以通过研究非稳态扩散过程，进一步了解稳态扩散过程建立的可能性和所需要的时间；二是在现代电化学测试技术中，为了实现快速测试，往往直接利用非稳态扩散过程阶段。因此，掌握非稳态扩散过程的规律是十分重要的。

5.4.1　菲克第二定律

前面已经讲过，稳态扩散与非稳态扩散的主要区别，在于扩散层中各点的反应粒子浓度是否与时间有关。即在稳态扩散时，$c_i = f(x)$；而在非稳态扩散中，$c_i = f(x, t)$。根据研究稳态扩散过程的思路，要研究扩散动力学规律，就要先求出扩散流量，然后根据扩散流量求出扩散电流密度，最后再求出电流密度与电极电位的关系。研究非稳态扩散的动力学规律，基本上也要按照这种思路来处理。

在非稳态扩散中，某一瞬间的非稳态扩散流量可表示为

$$J_i = -D_i \left(\frac{\mathrm{d}c_i}{\mathrm{d}x} \right)_t$$

由于浓度梯度与时间有关，即浓度梯度不是一个常数，因此要求出扩散流量 J_i，就必须首先求出 $c_i = f(x, t)$ 的函数关系，也就是首先要对菲克第二定律求解。而菲克第二定律的数学表达式可由菲克第一定律推导出来。

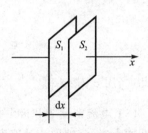

图 5.16　两个平行液面间的扩散

假设有两个相互平行的液面，两液面之间的距离为 $\mathrm{d}x$，液面 S_1 和 S_2 的面积均为单位面积，如图 5.16 所示。在图 5.16 中，通过液面 S_1 的扩散粒子浓度为 c，通过液面 S_2 的扩散粒子浓度为 $c' = c + \dfrac{\mathrm{d}c}{\mathrm{d}x} \mathrm{d}x$。于是，根据菲克第一定律，流入液面 S_1 的扩散流量为

$$J_1 = -D \frac{\mathrm{d}c}{\mathrm{d}x}$$

而流出液面 S_2 的扩散流量为

$$J_2 = -D \frac{\mathrm{d}}{\mathrm{d}x} \left(c + \frac{\mathrm{d}c}{\mathrm{d}x} \mathrm{d}x \right)$$

$$= -D \frac{\mathrm{d}c}{\mathrm{d}x} - D \frac{\mathrm{d}^2 c}{\mathrm{d}x^2} \mathrm{d}x$$

S_1 和 S_2 两个液面所通过的扩散流量之差，就表示在单位时间内，在相距为 $\mathrm{d}x$ 的两个单位面积之间所积累的扩散粒子的摩尔数，于是有

$$J_1 - J_2 = D \frac{\mathrm{d}^2 c}{\mathrm{d}x^2} \mathrm{d}x$$

如果将上式除以体积 $\mathrm{d}V (\mathrm{d}V = 1 \times 1 \times \mathrm{d}x = \mathrm{d}x)$，则等于由非稳态扩散而导致的单位时间内在单位体积中积累的扩散粒子的摩尔数，该数值恰好是 S_1 和 S_2 两液面之间在单位时间内的浓度变化 $\dfrac{\mathrm{d}c}{\mathrm{d}t}$，于是有

$$\frac{\mathrm{d}c}{\mathrm{d}t} = \frac{J_1 - J_2}{\mathrm{d}V} = \frac{D \dfrac{\mathrm{d}^2 c}{\mathrm{d}x^2} \mathrm{d}x}{\mathrm{d}x} = D \frac{\mathrm{d}^2 c}{\mathrm{d}x^2}$$

若改写为偏微分形式，则有

$$\frac{\partial c}{\partial t} = D \frac{\partial^2 c}{\partial x^2} \tag{5.49}$$

式（5.49）就是大家熟知的菲克第二定律，也就是在非稳态扩散过程中，扩散粒子浓度 c 随距电极表面的距离 x 和时间 t 变化的基本关系式。

菲克第二定律是一个二次偏微分方程，求出它的特解就可以知道 $c_i = f(x, t)$，的具体函

数关系。而要求出其特解,就需要知道该方程的初始条件和边界条件。由于在不同的电极形状和极化方式等条件下,具有不同的初始条件与边界条件,得到的方程特解也不同,因此要根据不同的情况进行具体分析。

下面主要讨论平面电极和球形电极表面附近液层中的非稳态扩散规律。为了便于讨论,假设扩散系数 D_i 不随被讨论的粒子浓度 c_i 而变化,而且不考虑电迁移和对流传质对非稳态扩散过程的影响。

5.4.2　平面电极上的非稳态扩散

讨论平面电极上的非稳态扩散的规律,实际上就是要根据平面电极的特点来确定菲克第二定律的初始条件和边界条件,然后再根据这些条件求得该方程式的特解。

这里所说的平面电极,指的是一个大平面电极中的一小块电极面积。因此,在这种条件下,可以认为与电极表面平行的液面上各点的粒子浓度相同,即粒子只沿着与电极表面垂直的 x 方向进行一维扩散。同时,由于溶液体积很大而电极面积很小,故可以认为在距离电极表面足够远的液层中,通电后的粒子浓度与通电前的初始浓度相等,这种条件称为半无限扩散条件,可表示为 $c_i(\infty, t) = c_i^0$。

通过上述分析,可以得到式(5.49)的初始条件和一个边界条件:

初始条件

$$\text{当 } t = 0 \text{ 时,} \quad c_i(x, 0) = c_i^0 \tag{5.50}$$

边界条件

$$\text{当 } x \to \infty \text{ 时,} \quad c_i(\infty, t) = c_i^0 \tag{5.51}$$

要对式(5.49)求解,还需要确定另外一个边界条件,而它要根据具体的极化条件才能确定。如果极化条件不同,则边界条件不同,所求得的特解的形式就不同。

下面就三种不同的极化条件分别进行讨论。

1. 完全浓差极化

当扩散步骤为控制步骤,阴极电极电位很负(或外加一个很大的阴极极化电位)时,电极表面附近液层中的反应粒子浓度 $c_i^S = 0$,从而出现极限扩散电流密度 j_d,这种条件下的浓差极化,就称为完全浓差极化。

因此,在完全浓差极化条件下的边界条件为

$$c_i(0, t) = 0 \tag{5.52}$$

通过上述分析可知,在平面电极发生完全浓差极化的条件下,式(5.50)、式(5.51)和式(5.52)就是菲克第二定律的初始条件和边界条件。有了这些条件之后,就可以通过数学运算求得式(5.49)的特解。

常用的数学运算方法是拉普拉斯(Laplace)变换法。其运算过程如下:将式(5.49)两边的原函数变为象函数,然后根据式(5.50)、式(5.51)和式(5.52)所确定的初始条件和边界条件,求出以象函数表示的微分方程解,最后再通过反变换将象函数还原为原函数。我们略去纯数学运算过程,而着重讨论解的形式和物理意义。

通过拉普拉斯变换,可以得出式(5.49)特解的形式为

$$c_i(x, t) = c_i^0 \text{erf}\left(\frac{x}{2\sqrt{D_i t}}\right) \tag{5.53}$$

式中的"erf"为高斯误差函数的表示符号。高斯误差函数可定义为

$$\text{erf}(\lambda) = \frac{2}{\sqrt{\pi}} \int_0^\lambda e^{-y^2} dy \tag{5.54}$$

式(5.54)是一个定积分,式中的 y 为辅助变量,在积分的上下限代入式中后就可消去。在我们所要讨论的情况下,$\lambda = \dfrac{x}{2\sqrt{D_i t}}$。

由于式(5.53)反映了反应粒子 c_i 随 x 和 t 变化的情况,而式中又含有高斯误差函数,因此为了弄清反应粒子在非稳态扩散过程中的浓度分布情况,就必须首先了解误差函数的性质。误差函数的性质可用图 5.17 表示。

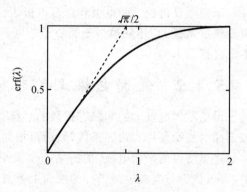

图 5.17　高斯误差函数的性质

由图 5.17 可以看出,误差函数最重要的特性如下:

(1) 当 $\lambda = 0$ 时,$\text{erf}(\lambda) = 0$;

(2) 当 $\lambda \to \infty$ 时,$\text{erf}(\lambda) = 1$,一般只要 $\lambda \geqslant 2$,就有 $\text{erf}(\lambda) \approx 1$;

(3) 曲线起点的斜率为 $\left(\dfrac{\text{derf}(\lambda)}{d\lambda}\right)_{\lambda=0} = \dfrac{2}{\sqrt{\pi}}$,由此可以看出,当 λ 值较小(通常为 $\lambda < 0.2$)时,$\text{erf}(\lambda) \approx \dfrac{2\lambda}{\sqrt{\pi}}$。

误差函数只能解出近似值,其数值可以从表 5.1 中查出。从表中的数据,也可直接看出误差函数的基本性质,即:当 $\lambda = 0$ 时,$\text{erf}(\lambda) = 0$;当 $\lambda \geqslant 2$ 时,$\text{erf}(\lambda) \approx 1$;当 $\lambda < 0.2$ 时,$\text{erf}(\lambda) \approx \dfrac{2\lambda}{\sqrt{\pi}}$。

表 5.1　高斯误差函数的近似值

λ	$\text{erf}(\lambda)$	λ	$\text{erf}(\lambda)$	λ	$\text{erf}(\lambda)$
0.0	0.000 0	0.8	0.742 1	1.6	0.976 3
0.1	0.112 5	0.9	0.796 9	1.7	0.983 8
0.2	0.222 7	1.0	0.842 7	1.8	0.989 1
0.3	0.328 6	1.1	0.880 2	1.9	0.992 8
0.4	0.428 4	1.2	0.910 3	2.0	0.995 3
0.5	0.520 4	1.3	0.934 0	2.5	0.999 59
0.6	0.603 9	1.4	0.952 3	3.0	0.999 98
0.7	0.677 8	1.5	0.966 1		

在了解了上述误差函数的基本性质以后,就可以利用这些基本性质来讨论完全浓差极化条件下的非稳态扩散规律了。

可将式(5.53)所表示的解的形式改写为

$$\frac{c_i}{c_i^0} = \mathrm{erf}\left(\frac{x}{2\sqrt{D_i t}}\right) \tag{5.55}$$

由式(5.55)可见,在所讨论的情况下,$\mathrm{erf}(\lambda) = \dfrac{c_i}{c_i^0}$,故用 $\dfrac{c_i}{c_i^0}$ 对 λ 作图,可得到图 5.18,其图形与图 5.17 的图形完全相同。

若将图 5.18 的横坐标改为距电极表面的距离 x,则该图就是在电极表面附近液层中反应粒子浓度的非稳态分布图。显然,其浓度分布形式与误差函数曲线是相同的,因此也具有相同的性质,即:在 $x = 0$(相当于 $\lambda = 0$)处,$c_i = 0$;而在 $x \geqslant 4\sqrt{D_i t}$(相当于 $\lambda = \dfrac{x}{2\sqrt{D_i t}} \geqslant 2$)处,$c_i \approx c_i^0$。

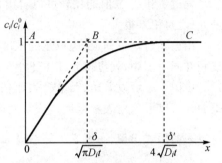

**图 5.18　电极表面附近液层中反应
粒子的暂态浓度分布**

由此可以看出,在 $x \leqslant 4\sqrt{D_i t}$ 的范围内,存在着反应粒子的浓度梯度,且浓度梯度随时间 t 而变化;而在 $x \geqslant 4\sqrt{D_i t}$,可以认为反应粒子的浓度基本上不再变化。因此,可以把 $4\sqrt{D_i t}$ 看成是非稳态扩散中扩散层的"总厚度",或称为扩散层的"真实厚度",以 δ' 表示,即

$$\delta' = 4\sqrt{D_i t}$$

如果将式(5.53)对 x 微分,则可得到

$$\frac{\partial c_i}{\partial x} = \frac{c_i^0}{\sqrt{\pi D_i t}} \exp\left(-\frac{x^2}{4 D_i t}\right) \tag{5.56}$$

式(5.56)表明,浓度梯度是个随 x 和 t 而变化的变量,但由于电极反应发生在电极/溶液界面上,因此影响极化条件下非稳态扩散流量的主要是 $x = 0$ 处的浓度梯度。

若将 $x = 0$ 代入式(5.56),则可以得到

$$\left(\frac{\partial c_i}{\partial x}\right)_{x=0} = \frac{c_i^0}{\sqrt{\pi D_i t}} \tag{5.57}$$

前面已经讲过,在某一瞬间的非稳态扩散流量为

$$J_i = -D_i\left(\frac{\mathrm{d}c_i}{\mathrm{d}x}\right)_t$$

若用扩散电流密度表示,则为

$$j = nFD_i\left(\frac{\mathrm{d}c_i}{\mathrm{d}x}\right)_t \tag{5.58}$$

若将式(5.57)代入式(5.58),则可得到完全浓差极化条件下的非稳态扩散电流密度,即

$$j_d = nFD_i\frac{c_i^0}{\sqrt{\pi D_i t}} \tag{5.59}$$

将式(5.59)与对流扩散中的式(5.16)相比较,由于在对流扩散中,有

$$j_d = nFD_i\frac{c_i^0}{\delta} \tag{5.60}$$

故可以看出，式(5.59)中的$\sqrt{\pi D_i t}$相当于对流扩散中的扩散层有效厚度δ。因此，可以把$\delta = \sqrt{\pi D_i t}$称为非稳态扩散中在$t$时刻的扩散层"有效厚度"。在图5.18中，自$x=0$处作浓度分布曲线OC的切线，切线与直线AC的交点为B，AB的长度即代表扩散层的"有效厚度"。直线AC表示浓度c_i与c_i^0之比等于1。

通过δ和δ'数值的比较可以看出，在某一瞬间，非稳态扩散层的"有效厚度"δ和其真实厚度δ'之间相差很大。

由上述讨论可知，反应粒子的浓度分布是随时间而变化的，如果将不同时间的浓度分布曲线画在同一图中，就可得到5.1.1小节中图5.1所示的那一组曲线。

由图5.1可以看出，离电极表面任何一点的浓度c_i都随时间的延长而降低。因此，这一组曲线可以形象地表示浓度差或浓度梯度的发展情况。同时，由式(5.53)可以看出，x与t总是以$\dfrac{x}{\sqrt{t}}$的形式出现，$\dfrac{x}{\sqrt{t}}$就表示等浓度面的条件。随着时间的延长，等浓度面按$\dfrac{x}{\sqrt{t}}$的关系向前推进，但推进的速度却越来越慢。

此外，从式(5.53)还可看出，当$t \to \infty$时，$\lambda = \dfrac{x}{2\sqrt{D_i \pi}} \to 0$，故$\mathrm{erf}(\lambda) \to 0$，即$\dfrac{c_i}{c_i^0} \to 0$，也就是说，当$t \to \infty$时，$c_i \to 0$。这就表明，当仅存在扩散作用时，$c_i$随$t$无限变化，始终不能建立稳态扩散。

综上所述，可以得到在完全浓差极化条件下的非稳态扩散过程的特点：

(1) $c_i(x,t) = c_i^0 \mathrm{erf}\left(\dfrac{x}{2\sqrt{D_i t}}\right)$；

(2) $\delta = \sqrt{\pi D_i t}$，$\delta' = 4\sqrt{D_i t}$；

(3) $j_d = nFD_i \dfrac{c_i^0}{\sqrt{\pi D_i t}} = nFc_i^0 \sqrt{\dfrac{D_i}{\pi t}}$。

上述三个特点都反映了扩散过程的非稳定性，即c_i，δ和j_d都随着时间而不断变化。由此可以得出如下结论：在只有扩散传质作用存在的条件下，从理论上讲，平面电极的半无限扩散是不可能达到稳态的。

但在实际的电化学体系中，在绝大多数情况下，液相中的对流传质作用总是存在的，非稳态扩散过程不会持续很长的时间，当非稳态扩散层的有效厚度δ接近或等于由于对流作用形成的对流扩散层厚度时，电极表面的液相传质过程就可以转入稳态。

液相中存在的对流情况不同，由非稳态扩散过渡到稳态扩散所需要的时间也不相同。在只有自然对流作用存在时，其扩散层有效厚度大约为10^{-2} cm。可以计算出，只需要几秒钟，就可以由非稳态扩散过渡到稳态扩散。假如采用搅拌措施，则扩散层有效厚度会减小，从而使稳态扩散建立得更快些。而如果在电化学体系中电流密度很小、反应中不产生气相产物、体系保持恒温以及避免振动存在时，则非稳态扩散过程可能会持续十分钟以上，甚至可能会更长些。

2. 产物不溶时恒电位阴极极化

在浓差极化条件下，可以认为电子转移步骤处于平衡态，因此电极电位可用能斯特方程式来表示，即

$$\varphi = \varphi^0 + \frac{RT}{nF} \ln c_i^{\mathrm{S}}$$

这就是说,电极电位 φ 的大小取决于反应粒子的表面浓度 c_i^{S},当处在恒电位极化条件下时,因电位恒定,故可以认为反应粒子的表面浓度 c_i^{S} 也不变。由此,可得到另一个边界条件,即

$$c_i(0,t) = c_i^{\mathrm{S}} = 常数 \tag{5.61}$$

这样,根据式(5.50)、式(5.51)和式(5.61)所确定的初始条件和边界条件,可求得菲克第二定律的特解为

$$c_i(x,t) = c_i^0 + (c_i^0 - c_i^{\mathrm{S}}) \mathrm{erf}\left(\frac{x}{2\sqrt{D_i t}}\right) \tag{5.62}$$

用与完全浓差极化条件下同样的处理方法,将式(5.62)对 x 微分,可求出在 $x=0$ 处的浓度梯度,即

$$\left(\frac{\partial c_i}{\partial x}\right)_{x=0} = \frac{c_i^0 - c_i^{\mathrm{S}}}{\sqrt{\pi D_i t}} \tag{5.63}$$

进而可以求得阴极扩散电流密度,即

$$j = nF(c_i^0 - c_i^{\mathrm{S}})\sqrt{\frac{D_i}{\pi t}} \tag{5.64}$$

由式(5.62)、式(5.63)和式(5.64)可以看出,在恒电位极化条件($c_i^{\mathrm{S}}=$常数)下所求得的公式,与在完全浓差极化条件下所求得的相应的公式——式(5.53)、式(5.57)和式(5.59)完全类似,只是在各相应的公式中都相差了一个 c_i^{S} 项。实际上,可以把完全浓差极化条件看作恒电位极化条件下的一个特例,即在 $c_i^{\mathrm{S}}=$常数$=0$ 时,式(5.62)、式(5.63)和式(5.64)就变成了式(5.53)、式(5.57)和式(5.59)。这种关系与稳态扩散中的 $c_i^{\mathrm{S}}=0$ 和 $c_i^{\mathrm{S}}\neq0$ 的情况类似。

从式(5.64)可以看出,当 $c_i^{\mathrm{S}}\neq0$ 时,扩散电流密度 j 总是随时间变化而变化,从而也就反映出扩散过程随时间而改变的不稳定性。扩散电流密度随时间而变化的规律如图 5.19 所示。与在完全浓差极化条件下一样,在恒电位极

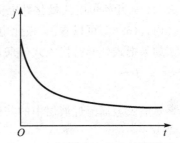

图 5.19　扩散电流密度-时间曲线

化条件下,也只有当存在对流传质作用时,才可能由非稳态扩散过程转化为稳态扩散过程,即当扩散层有效厚度 $\sqrt{\pi D_i t}$ 接近或等于对流扩散层的有效厚度时,扩散过程由非稳态过渡到稳态。

3. 恒电流阴极极化

恒电流阴极极化,就是在阴极极化过程中保持电极表面上的电流密度恒定,由式(5.58)可以得出

$$j = nFD_i\left(\frac{\partial c_i}{\partial x}\right)_{x=0}$$

当 j 恒定时,有如下关系:

$$\left(\frac{\partial c_i}{\partial x}\right)_{x=0} = \frac{j}{nFD_i} = 常数 \tag{5.65}$$

式(5.65)为恒电流极化条件下的另一个边界条件,再加上由式(5.50)和式(5.51)所确定的初始条件和边界条件,就可以对菲克第二定律求解,所求得的特解形式为

$$c_i(x,t) = c_i^0 + \frac{j}{nF}\left[\frac{x}{D_i}\text{erfc}\left(\frac{x}{2\sqrt{D_i t}}\right) - 2\sqrt{\frac{t}{D_i\pi}}\exp\left(-\frac{x^2}{4D_i}\right)\right] \tag{5.66}$$

式(5.66)中的 $\text{erfc}(\lambda) = 1 - \text{erf}(\lambda)$,称为高斯误差函数的共轭函数。

下面根据式(5.66)来讨论恒电流极化条件下的非稳态扩散特征。

(1)由于电极反应发生在电极表面,因此我们最感兴趣的是各种粒子的表面浓度。由式(5.66)可知,当 $x = 0$ 时,可求出反应粒子在某一时刻 t 的表面浓度为

$$c_i(0,t) = c_i^0 - \frac{2j}{nF}\sqrt{\frac{t}{\pi D_i}} \tag{5.67}$$

由式(5.67)可知,当 $\frac{2j}{nF}\sqrt{\frac{t}{\pi D_i}} = c_i^0$ 时,$c_i(0,t) = 0$,即反应粒子的表面浓度为零。显然,使 $c_i(0,t) = 0$ 的时间应为

$$\sqrt{t} = \frac{nF\sqrt{\pi D_i}}{2j}c_i^0 \tag{5.68}$$

把在恒电流极化条件下使电极表面反应粒子浓度降为零所需要的时间,称为过渡时间,一般用 τ_i 表示。由式(5.68)可得

$$\tau_i = \frac{n^2 F^2 \pi D_i}{4j^2}(c_i^0)^2 \tag{5.69}$$

当反应粒子表面浓度 $c_i(0,t) = 0$ 时,只有依靠其他电极反应才能保持极化电流密度不变,因此,当 $c_i(0,t) = 0$ 时,电极电位发生突跃,以发生其他新的电极反应。因此,也常把过渡时间定义为:从开始恒电流极化到电极电位发生突跃所经历的时间。

由式(5.69)可以看出,极化电流密度 j 越小,或反应粒子浓度 c_i^0 越大,则过渡时间越长。

如果把式(5.69)代入式(5.67)中,则可得

$$c_i(0,t) = c_i^0\left[1 - \left(\frac{t}{\tau_i}\right)^{1/2}\right] \tag{5.70}$$

对电极表面附近液层中的其他粒子如 k 粒子,其表面浓度 $c_k(0,t)$ 也可用 τ_i 表示,其关系式为

$$c_k(0,t) = c_k^0 - c_i^0\left(\frac{\nu_k}{\nu_i}\right)\left(\frac{D_i}{D_k}\right)^{1/2}\left(\frac{t}{\tau_i}\right)^{1/2} \tag{5.71}$$

式中:ν_i 和 ν_k 分别为 i 粒子和 k 粒子的化学计量数,对反应粒子取正值,对产物粒子取负值。

由式(5.70)和式(5.71)可知,无论反应粒子还是反应产物粒子,其表面浓度都是与 $\sqrt{t}$ 呈线性关系的,如图5.20所示。

(2)根据式(5.66),如果以 c_i 对 x 作图,在不同时间,则有不同的浓度分布曲线,如图5.21所示。由式(5.65)可知,在 $x = 0$ 处,图中各曲线的斜率相等,即 $\left(\dfrac{\partial c_i}{\partial x}\right)_{x=0} = $ 常数。

(3)知道了各种粒子的表面浓度随时间变化的规律以后,就可以讨论恒电流极化条件下非稳态扩散中电极电位 φ 与时间 t 之间的关系了。

设电极反应为 $O + ne \Longleftrightarrow R$,并且假定不考虑活度系数对溶液浓度的影响,即认为 γ_O 和 γ_R 都为1。

当反应产物 R 不溶时,则恒电流极化条件下的电极电位仅取决于反应粒子 O 在电极表面

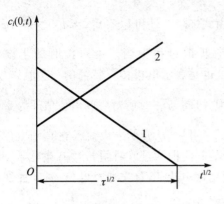

1—反应粒子;2—反应产物粒子

图 5.20 反应粒子和反应产物粒子
表面浓度随时间的变化

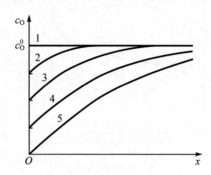

$1—t=0;2—t=\tau/16;3—t=\tau/4;4—t=9\tau/16;5—t=\tau$

图 5.21 恒电流极化时,电极表面附近液层中
反应粒子浓差极化的发展

的浓度 $c_O(0,t)$。

由式(5.36)有

$$\varphi = \varphi^0 + \frac{RT}{nF}\ln \gamma_O c_O^S$$

由于假定 $\gamma_O = 1$,且 c_O^S 就是上述所说的 $c_O(0,t)$,因此可得到出在某一时刻 t 的电极电位为

$$\varphi_t = \varphi^0 + \frac{RT}{nF}\ln c_O(0,t) \tag{5.72}$$

若将式(5.70)代入式(5.72)中,则可得

$$\varphi_t = \varphi^0 + \frac{RT}{nF}\ln c_O^0 + \frac{RT}{nF}\ln \frac{\tau_O^{1/2} - t^{1/2}}{\tau_O^{1/2}} \tag{5.73}$$

式(5.73)就是恒电流极化条件下,当反应产物不溶时,电极电位随时间变化的方程式。由式(5.73)可见,随着时间的延长,电极电位 φ_t 变负,当 $t = \tau_O$ 时,$c_O(0,t) = 0$,这时 $\varphi_t \to -\infty$,即此时电极电位发生突变。

当反应产物可溶时,按式(5.71),并考虑在式 $O + ne \Longleftrightarrow R$ 中,$\gamma_O = 1$,$\gamma_R = -1$,可得

$$c_R(0,t) = c_R^0 + c_O^0 \left(\frac{D_O}{D_R}\right)^{1/2} \left(\frac{t}{\tau_O}\right)^{1/2} \tag{5.74}$$

由于通电之前反应产物的粒子浓度为零,即 $c_R^0 = 0$,并且假定 $D_O = D_R$、$\gamma_O = \gamma_R = 1$,故式(5.70)和式(5.74)代入式(5.32)中,可得

$$\begin{aligned}
\varphi_t &= \varphi^0 + \frac{RT}{nF}\ln \frac{\gamma_O c_O^S}{\gamma_R c_R^S} \\
&= \varphi^0 + \frac{RT}{nF}\ln \frac{c_O^0 [1 - (t/\tau_O)^{1/2}]}{c_R^0 + c_O^0 (D_O/D_R)^{1/2}(t/\tau_O)^{1/2}} \\
&= \varphi^0 + \frac{RT}{nF}\ln \frac{\tau_O^{1/2} - t^{1/2}}{t^{1/2}}
\end{aligned} \tag{5.75}$$

由式(5.75)可以看出,与反应产物不溶时类似,随着时间的延长,φ_t 变负,当 $t = \tau_O$ 时,$\varphi_t \to -\infty$,即此时发生电位的突跃,如图 5.22 所示。

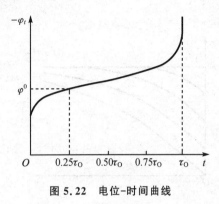

图 5.22　电位-时间曲线

同时,由式(5.75)还可以看出,当 $t = \dfrac{\tau_O}{4}$ 时,$\varphi_{1/4} = \varphi^0$,它与稳态扩散过程中当产物可溶时的半波电位 $\varphi_{1/2}$ 相类似,也是表示电极体系特征的一个特殊电位。在图 5.22 中,时间为 $\dfrac{\tau_O}{4}$ 时所对应的电位值即为 φ^0。

从图 5.22 可见,从开始恒电流极化直到电位发生突变所对应的时间即为过渡时间 τ_O。在电化学测试技术中常常利用这一特征,首先通过电位-时间曲线的测量求得 τ_O 值,然后用 φ_t 对 $\lg \dfrac{\tau_O^{1/2} - t^{1/2}}{\tau_O^{1/2}}$ 作图,或用 φ_t 对 $\lg \dfrac{\tau_O^{1/2} - t^{1/2}}{t^{1/2}}$ 作图,根据式(5.73)和式(5.75),应该得到一条直线,而直线的斜率应为 $\dfrac{2.3RT}{nF}$,从而可以求得参加反应的电子数 n。在电分析化学中,还可以利用 $\tau_O \propto (c_O^0)^2$ 这一特性,通过过渡时间 τ_O 的测量来进行定量分析。但是,有一点值得注意,如果 c_O^0 比较大,而 j 比较小,从而发生的浓度变化也比较小的话,体系中的扩散传质过程,就有可能由于对流作用的干扰而在 $t < \tau_O$ 时就达到了稳态,这时图 5.22 中就不再有明显的电位突跃,也就不能再利用上述特性进行其他电极过程参数的研究了。

以上讨论了平面电极在各种极化条件下的非稳态扩散的特征,其中所涉及的各有关方程式均与时间变量有关,这与稳态扩散的各方程式完全不同,这正是非稳态扩散与稳态扩散过程最根本的区别。

此外,上述各种结论虽然是根据平面电极的特点而得出的,但它们对其他许多电极表面附近的非稳态扩散过程也都有不同程度的适用性。这是因为,对于具有各种形状的大多数电极来说,电极表面附近非稳态扩散层的有效厚度一般都比电极表面的曲率半径小得多,因此大都可以作为平面电极上的扩散过程来处理。

5.4.3　球形电极上的非稳态扩散

前面讨论平面电极的非稳态扩散规律时,只考虑了垂直于电极表面一维方向上的浓度分布。实际上有许多电极都具有一定的几何形状和由封闭曲面组成的电极表面,因此,对于这些电极来说,进行的都是三维空间的扩散。当然,如前所述,当非稳态扩散层的有效厚度比电极表面的曲率半径小得多时,可以当作平面电极上的扩散过程来处理。但是,当扩散层的有效厚度大体上与电极表面曲率半径相当时,就必须考虑三维空间的非稳态扩散。因为球形电极具有最简单的表面形状,在各种实验工作中也最常用到,所以下面以球形电极为例,对三维非稳态扩散的规律进行分析讨论。

1. 以极坐标表示的菲克第二定律表达式

球形电极周围溶液中的反应粒子浓度分布应是球形对称的,即在一定半径 r 的球面上各点的反应粒子浓度应当相同,如图 5.23 所示。

在图 5.23 中,r_0 表示球形电极的半径。由于球形电极表面上的非稳态扩散过程具有向球体周围空间三维发散的性质,故以 r 为半径的球面就代表电极表面附近液层的等浓度面。在该等浓度面上反应粒子浓度相同。显然,对于球形电极来说,用极坐标表示反应粒子的浓度分布要比用直角坐标更为方便。

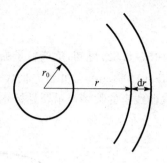

图 5.23 球形电极示意图

与研究平面电极非稳态扩散规律时的思路一样,在研究球形电极的非稳态扩散规律时,也要依据菲克第二定律和具体的极化条件推导出非稳态的浓度分布公式。因此,首先要推导出用极坐标表示的菲克第二定律表达式。

当用极坐标表示非稳态扩散规律时,可以把电极表面附近液层中反应粒子的浓度看作球半径 r 和时间 t 的函数,即 $c_i = f(r, t)$。因此,在某一时刻 t 下的反应粒子浓度梯度为 $\dfrac{\partial c_i}{\partial r}$。据此,在半径为 r 和 $r+\mathrm{d}r$ 的球面上各点的径向流量,仍可用菲克第一定律表示为

$$J_{i(r=r)} = -D_i \left(\frac{\partial c_i}{\partial r} \right)_{r=r} \tag{5.76}$$

$$J_{i(r=r+\mathrm{d}r)} = -D_i \left(\frac{\partial c_i}{\partial r} \right)_{r=r+\mathrm{d}r}$$

$$= -D_i \left[\left(\frac{\partial c_i}{\partial r} \right)_{r=r} + \frac{\partial}{\partial r} \left(\frac{\partial c_i}{\partial r} \right) \mathrm{d}r \right] \tag{5.77}$$

因此,在两个球面间很薄的球壳体中,反应粒子浓度变化的速度为

$$\frac{\partial c_i}{\partial t} = \frac{4\pi r^2 J_{i(r=r)} - 4\pi (r+\mathrm{d}r)^2 J_{i(r=r+\mathrm{d}r)}}{4\pi r^2 \mathrm{d}r}$$

展开上式并略去 $\mathrm{d}r$ 的高次项,则可得到以极坐标表示的菲克第二定律表达式,即

$$\frac{\partial c_i}{\partial t} = D_i \left[\left(\frac{\partial^2 c_i}{\partial r^2} \right) + \frac{2}{r} \left(\frac{\partial c_i}{\partial r} \right) \right] \tag{5.78}$$

与平面电极的情况一样,当极化条件不同时,菲克第二定律的解具有不同的形式。下面以完全浓差极化条件为例,对以极坐标表示的菲克第二定律进行求解。

2. 完全浓差极化条件下球形电极上的非稳态扩散

根据球形电极的特点,在没有通电($t=0$)时,反应粒子在溶液中均匀分布,其浓度为 c_i^0。由此得到初始条件为

$$c_i(r, 0) = c_i^0 \tag{5.79}$$

球形电极一般较小,可以把它当作浸在体积无限大的溶液中的一个电极,因此可以像平面电极半无限扩散条件一样,认为在通电以后远离电极表面无限远处的反应粒子浓度仍为 c_i^0,于是得到第一个边界条件为

$$c_i(\infty, t) = c_i^0 \tag{5.80}$$

根据完全浓差极化条件,电极表面处反应粒子浓度为零,由此得到第二个边界条件为

$$c_i(r_0, t) = 0 \tag{5.81}$$

这样,根据由式(5.79)、式(5.80)和式(5.81)所确定的初始条件和边界条件,就可以对式(5.78)求解,所求得的特解的形式为

$$c_i(r,t)=c_i^0\left[1-\frac{r_0}{r}\mathrm{erfc}\left(\frac{r-r_0}{2\sqrt{D_i t}}\right)\right] \tag{5.82}$$

由式(5.82)可知,反应粒子的浓度分布随着径向半径 r 和时间 t 而变化。若假设 $r_0=0.1$ cm, $D=10^{-5}$ cm²/s,并将它们代入式(5.82),就可以得到如图 5.24 所示的反应粒子浓度分布图(曲线上的数字表示开始极化后所经历的时间,s)。从图中可以看出在不同时间内反应粒子浓度分布的变化。

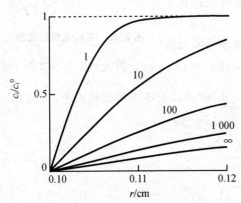

图 5.24 球形电极表面附近液层中 反应粒子的浓度分布

用与平面电极同样的方法,可以求出球形电极表面($r=r_0$ 处)反应粒子的浓度梯度为

$$\left(\frac{\partial c_i}{\partial r}\right)_{r=r_0}=c_i^0\left(\frac{1}{\sqrt{\pi D_i t}}+\frac{1}{r_0}\right) \tag{5.83}$$

由反应粒子在电极表面还原引起的瞬间扩散电流密度为

$$j=nFD_i\left(\frac{\partial c_i}{\partial r}\right)_{r=r_0}$$
$$=nFD_i c_i^0\left(\frac{1}{\sqrt{\pi D_i t}}+\frac{1}{r_0}\right) \tag{5.84}$$

由式(5.84)与式(5.59)相比可以看出,与平面电极上的非稳态扩散相比,球形电极上的非稳态扩散电流方程式中,在等式右侧多了一项 $\frac{1}{r_0}$。因此球形电极上的扩散传质过程的传质速度要大些,这是由于球形电极上的扩散是三维空间扩散所造成的。还可以看出,当 $\sqrt{\pi D_i t}\ll r_0$ 时,即当扩散层有效厚度比电极表面的曲率半径小得多时,式(5.84)中的 $\frac{1}{r_0}$ 项可以忽略不计,于是式(5.84)就变成了式(5.59)。这就是说,即使对于球形电极,当其扩散层有效厚度比电极表面曲率半径小得多时,也可将其当作平面电极来处理。特别是在通电时间很短时(在非稳态扩散过程的初期),$\sqrt{\pi D_i t}$ 总是很小的,因此这时可以将球形电极(也包括任何其他形状的电极)当作平面电极来处理。但是随着通电时间的延长,扩散层有效厚度 $\sqrt{\pi D_i t}$ 越来越大,电极表面曲率半径 r_0 的影响也就越来越大,这时就不能再把球形电极当作平面电极来处理了。

此外,由式(5.84)可以知,当通电时间 $t\to\infty$ 时,$\frac{1}{\sqrt{\pi D_i t}}\to 0$,此时扩散电流密度成为与时间 t 无关的稳定值,即

$$j=\frac{nFD_i c_i^0}{r_0} \tag{5.85}$$

式(5.85)表明,从理论上说,球形电极可以通过单纯的扩散传质作用来实现稳态传质过程。也就是说,在没有对流传质作用存在的条件下,球形电极表面附近液层中的扩散过程,可以自行从非稳态向稳态过渡,这是球形电极与平面电极上扩散过程的不同之处。

但是,通过单纯的扩散传质作用来建立稳态扩散,需要相当长的时间。例如,假定认为 $\frac{1}{\sqrt{\pi D_i t}}:\frac{1}{r_0}=1:100$ 时扩散过程就算达到了稳态的话,那么建立稳态所需要的时间为

$$t = \frac{r_0^2}{\pi D_i} \times 10^4 \text{(s)} \tag{5.86}$$

再假定 $r_0 = 10^{-1}$ cm, $D_i = 10^{-5}$ cm^2/s,并将它们代入式(5.86)中,即可求得

$$t = 3 \times 10^6 \text{(s)} \approx 35 \text{(天)}$$

若球形电极半径 r_0 更大,则建立稳态扩散所需的时间会更长。因此,这种依靠单纯扩散传质作用而自行达到的稳态扩散,在实践中是没有任何实际意义的。在许多实际的电化学体系中,总是存在着一定强度的对流传质作用。借助于这种对流作用,电极表面附近液层中的扩散传质过程可以很快地达到稳态。这种扩散过程实质上仍是一种对流扩散过程。

5.5　滴汞电极的扩散电流

5.5.1　滴汞电极及其基本性质

1. 滴汞电极和极谱装置

由一根内径为 $50 \sim 80$ μm 的玻璃毛细管与储汞瓶相连接,通过调节储汞瓶的高度,使毛细管中的汞在汞柱压力下于毛细管末端连续滴落,这就是一个滴汞电极。

应用滴汞电极进行电化学研究的方法,叫作极谱法。在用极谱法进行电化学研究时所采用的装置,称为极谱装置,如图 5.25 所示。

在图 5.25 中,电解池是由滴汞电极和辅助电极(大面积汞电极)组成的。加在电解池上的电压或电流由外电源提供。电压或电流的大小可通过调节分压器而得到控制。在电解池中装有导电性很好的溶液,例如 KCl 水溶液,因其电阻很小,故溶液的欧姆电位降可以忽略不计;又由于一般通过电解池的电流都很小,而辅助电极面积又很大,因此可以认为辅助电极实际上不发生极化,故电解池电压的变化只是由于滴汞电极的电位变化而引起的。如果通过外电源给定一系列的电流,那么通过电位测量装置就可以测得一系列相应的滴汞电极的电位,于是就可以得到电流-电位曲线,这种曲线就叫作极谱曲线。通过对极谱曲线特征的分析,可以对电化学过程进行深入的研究。

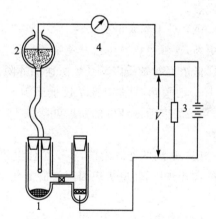

1—辅助电极;2—滴汞电极;3—分压器;4—检流计

图 5.25　极谱装置示意图

2. 滴汞电极被广泛采用的原因

电极反应是一种界面反应,电极表面状态的重现性对电化学实验数据的重现性影响极大。一般固体电极表面状态的重现性很差,而滴汞电极的表面状态重现性却很好,因而在滴汞电极上进行的电极过程有较好的重现性,这就是滴汞电极得到广泛应用的主要原因。

为什么固体电极的表面状态重现性不好呢? 这是由于:

（1）固体电极的真实表面积不易控制。例如，铂黑电极的真实表面积比其表观面积大数千倍；经过仔细抛光过的固体电极，其真实面积也比其表观面积大几倍；即使是最理想的单晶，其真实面积也比表观面积大 20％～50％；而且，电极在每次经过处理之后，其真实面积也多少会有所改变。

（2）由于固体电极表面不均匀，因而电极表面上各点进行电极反应的能力不同。固体电极表面上往往存在一些活化中心，在这些活化点上反应活化能比其他部分要低。况且，在每次处理电极之后，其表面状态的不均匀性也是各不相同的。

（3）绝大多数的固体电极表面吸附能力都比较强，由于吸附污染使其变为非纯净的表面。而且，只要溶液中存在有微量的表面活性物质，就会在电极表面发生吸附。据计算，每平方厘米的表面上形成单分子吸附层，只需要 10^{-9} mol 的活性物质。这种具有吸附活性的物质在电极表面吸附之后，可能会掩盖住电极表面的活化中心，因此对电极反应有极大的影响。

（4）在电极过程的进行中，固体电极表面及其附近溶液的浓度及组成均会发生变化。例如，电极表面的溶解或有沉积物的生成、反应物或反应产物浓度的变化以及电极表面层溶液 pH 值的变化等。这些变化均会使电极过程受到影响。

由于上述种种原因，使得在固体电极上测得的电化学数据很难具有良好的重现性，因此使它们在电化学研究中的应用受到限制。

滴汞电极基本上可以克服上述固体电极的各种缺点，这是由于：

（1）汞是液态金属，具有均匀的表面性质，真实表面积容易计算。而且，汞具有很高的化学稳定性，在较宽的电位范围内可作为"惰性电极"使用。因此，汞电极具有固体电极无法比拟的优点。

（2）对于滴汞电极来说，除了具有上述优点之外，还由于汞滴连续滴落，电极表面可以不断更新，这就可以减少或避免杂质粒子的吸附污染。一般来说，每滴汞滴的寿命只有几秒钟，这样低浓度的杂质因其受扩散速度的限制，就不会在电极表面大量吸附。试验表明，对于寿命为 10 s 的汞滴，只要杂质浓度低于 10^{-5} mol/L，就不会发生明显的吸附。因此，与固体电极相比，对被研究溶液纯度的要求就降低了 3～4 个数量级，从而有利于提高电化学测试数据的重现性。

（3）汞滴的连续滴落，不仅可使电极表面不断更新，而且还可使汞滴附近表面液层受到微弱的搅拌作用，使电极表面液层的变化不至于长时间积累起来，这也有助于提高测试数据的重现性。

（4）滴汞电极属于微电极，其最大面积不超过百分之几平方厘米，比大面积辅助电极的面积要小得多，而且通过电解池的电流又很小，一般为 10^{-4}～10^{-6} A，因此辅助电极的电位基本上不发生变化。如果溶液的导电性很好，那么欧姆电位降也可以忽略不计。由此可以认为，外加电流引起的电解池电压的变化就等于是滴汞电极电位的变化，这就使实验工作程序得到了大幅简化。

由于滴汞电极具有上述优点，不但使得测试数据重现性好，而且使用也比较方便，因此使得它在电化学研究中得到广泛的应用。例如，双电层结构及电极表面吸附行为的大多数精确的数据都是在滴汞电极上测得的，大量有关电极反应历程的研究也是在滴汞电极上进行的。但是，滴汞电极也有其缺点，从而使极谱方法的应用也在一定程度上受到限制，主要表现在以下几方面：

(1) 在滴汞电极上还原的溶液组分的浓度既不能过高,也不能过低。如果还原组分浓度过高,例如大于 0.1 mol/L,就会因为电流过大而使汞滴无法正常滴落;如果还原组分的浓度过低,例如低于 10^{-5} mol/L,则会由于电容电流的干扰过大而使实验数据缺乏准确性。

(2) 在汞电极上能够实现的电极过程是有限的,有不少重要的过程如氢的吸附、氧化反应、电结晶过程以及一些在较正电位范围内发生的电极过程,都不能用滴汞电极来进行研究。

(3) 金属汞并不是生产中常用的电极材料,因此,从汞电极上得到的数据和结论,只具有相对比较的性质和参考价值,不能直接用来解决生产实际问题。

3. 滴汞电极的基本性质

1) 流汞速度(m)和滴下时间($t_{滴下}$)

流汞速度就是在毛细管中液体金属汞流动的速度,现以符号 m 表示,常用单位为 mg/s。滴下时间就是从汞滴开始生长到滴落所经历的时间,以 $t_{滴下}$ 表示,常用单位为 s。流汞速度与滴下时间的大小,与毛细管的内半径 r_0 及汞柱高度 h 有关:

$$m \propto h, r_0^4$$

$$t_{滴下} \propto \frac{1}{h}, r_0^3$$

对于一定的滴汞电极装置,m 可以恒定,则在时间 t 之内形成的汞滴的质量 Q_t 为

$$Q_t = \frac{4}{3}\pi r^3 \rho = mt \tag{5.87}$$

式中:ρ 为汞的密度;r 为随时间 t 增长的汞滴半径。

利用式(5.87),可以求得汞滴的半径为

$$r = \left(\frac{3mt}{4\pi\rho}\right)^{1/3} \tag{5.88}$$

在用极谱法进行电化学研究时,应选择合适的滴汞电极。理论和实践经验都已证明,滴汞电极最适当的特性参数大致如下:毛细管内半径 $r_0 = 25 \sim 40$ μm,毛细管长度 $l = 5 \sim 15$ cm,汞柱高度 $h = 30 \sim 80$ cm,流汞速度 $m = 1 \sim 2$ mg/s,滴下时间 $t_{滴下} = 3 \sim 6$ s。

2) 汞滴面积

在电化学研究中,往往要计算单位面积上的电化学参数,如电流密度 j、微分电容 C_d 等,因此需要知道汞滴的面积。

一般来说,汞滴的尺寸是很小的,可以近似地当作圆球来处理。圆球面积 $S = 4\pi r^2$,圆球体积 $V = \frac{4}{3}\pi r^3$,消去半径 r 之后,可以得到

$$S = (36\pi V^2)^{1/3} \tag{5.89}$$

由式(5.87)可以得到

$$V = \frac{Q_t}{\rho} = \frac{mt}{\rho} \tag{5.90}$$

将式(5.90)和 25 ℃时的密度 $\rho = 13.53$ g/cm³ 代入式(5.88),就可以看到

$$S = 0.850\, m^{2/3} t^{2/3} \tag{5.91}$$

式(5.91)就是在时刻 t 下的汞滴面积。

3) 瞬间电流和平均电流

从汞滴的形成到汞滴的滴落,一般时间都很短,因此在滴汞电极上进行的电极过程一般是

非稳态过程;同时,汞滴表面积也在随时间而不断增大,因此滴汞电极上的极化电流是时间 t 的函数。

可以用两种不同的方法测得滴汞电极的极化电流,所测得的分别为瞬间电流和平均电流。

如果测量仪器的响应时间很短,远远小于汞滴从形成到滴落所需要的时间,即仪器的显示跟得上电流变化的话,则可以测出汞滴上每一瞬间的瞬间电流 I。此电流可由电子示波器或短周期检流计(周期为 $\frac{1}{10} \sim \frac{1}{50}$ s)显示出来。

如果测量仪器的响应时间比较长,大于汞滴由形成到滴落所需要的时间,那么仪器的显示跟不上电流的变化,只能测得平均电流 $\bar{I}$,检流计所显示的只是在平均电流 $\bar{I}$ 附近波动的电流波动数值,如图 5.26 所示。

平均电流与瞬间电流之间有如下关系:

$$\bar{I} = \frac{1}{t_{\text{滴下}}} \int_0^{t_{\text{滴下}}} I \, \mathrm{d}t \tag{5.92}$$

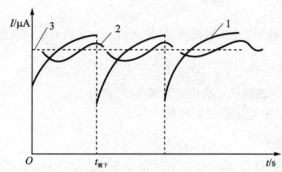

1—瞬间电流 I;2—响应时间较长的仪器所指示的电流波动;3—平均电流 $\bar{I}$

图 5.26　各种电流随时间的变化

5.5.2　滴汞电极的扩散极谱电流——依科维奇(Ilkovic)公式

为了推导理论公式的方便,往往假设滴汞电极处于理想状态,即假设滴汞电极具有如下性质:

(1)汞滴的形状永远保持着圆球形。

(2)在汞滴的形成和生长过程中,在汞滴内部及其附近的液层中只有径向运动,而不存在切向搅拌作用,如图 5.27 所示。

(3)每一个汞滴滴落时产生的搅拌作用,足以消除毛细管口附近溶液的浓度变化,即当后一个汞滴形成时,前一个汞滴所引起的浓差极化可以被完全消除。也就是说,每一个汞滴都是在相同的条件下形成和生长的。

当然,上述假设实际上是认为滴汞电极处于理想状态的。因此,它与滴汞电极的实际状态存在着一定的差别。例如,汞滴并非总是理想的球形;汞滴形成和生长时对溶液存在着一定程度的切向

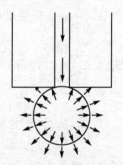

图 5.27　汞滴内部及其附近液层的径向运动

搅拌作用；此外，当前一个汞滴引起的浓差极化尚未完全消除时，后一个汞滴就已经开始形成。因此，按照理想状态所推导的理论公式只是近似的公式。所幸的是，上述几个因素引起的偏差，是在不同方向上影响着扩散极谱电流的，在一定程度上能够相互抵消，这就使得所导出的理论公式仍能较好地符合实验结果。

在大多数电化学研究中，都是以滴汞电极作为阴极。因此，下面推导扩散极谱电流公式时，仍以 $\nu O + ne \Longleftrightarrow R$ 反应的阴极过程为例。

当在所研究的电位范围内，电化学反应步骤和其他表面转化步骤都比较快、溶液中存在着大量的局外电解质，使得扩散步骤成为整个电极过程的唯一控制步骤时，在滴汞电极上通过的电流可以认为全部都是扩散电流，称为扩散极谱电流。根据菲克第一定律并考虑到汞滴的面积，在某一时刻 t 的瞬间电流值应为

$$I = \frac{nF}{\nu_i} SD_i \left(\frac{\partial c_i}{\partial x} \right)_{x=0} \tag{5.93}$$

式中：x 为从汞滴表面算起的距离。

由于在汞滴存在的短暂的时间内，扩散层的有效厚度远小于汞滴的半径，并假定滴汞电极处于恒电位极化条件之下，因此可以应用平面电极在恒电位极化条件下的非稳态扩散公式来处理问题。如果将平面电极非稳态扩散公式(5.63)和 $S = 4\pi r^2$ 代入式(5.93)，则有

$$I = 4\pi r^2 \frac{nF}{\nu_i} (c_i^0 - c_i^S) \sqrt{\frac{D_i}{\pi t}} \tag{5.94}$$

再将表示汞滴半径 r 的式(5.88)代入式(5.94)，则有

$$I = 4\sqrt{\pi} \left(\frac{3}{4\rho} \right)^{2/3} \frac{nF}{\nu_i} D_i^{1/2} m^{2/3} t^{1/6} (c_i^0 - c_i^S) \tag{5.95}$$

若考虑到汞滴生长过程中的径向运动，即考虑到由于汞滴膨胀而引起的扩散层的减薄效应，则还应在式(5.95)中引入修正系数 $\sqrt{\frac{7}{3}}$，再将汞的密度 $\rho = 13.53$ g/cm^3 和 π 值代入式(5.95)，即可得到

$$I = 0.732 \frac{nF}{\nu_i} D_i^{1/2} m^{2/3} t^{1/6} (c_i^0 - c_i^S) \tag{5.96}$$

式(5.96)就是依科维奇公式。用依科维奇公式计算滴汞电极的瞬间电流，可以得到与实验测定相吻合的结果。

但在实际的研究工作中，往往不是记录或计算瞬间电流 I，而是用长周期检流计(周期 $\geqslant$ 10 s)，去记录或计算从汞滴形成到滴落时间内的平均电流 $\bar{I}$。根据式(5.92)和式(5.96)，可以得到

$$\bar{I} = \frac{1}{t_{滴下}} \int_0^{t_{滴下}} I \, \mathrm{d}t$$

$$= 0.627 \frac{nF}{\nu_i} D_i^{1/2} m^{2/3} t_{滴下}^{1/6} (c_i^0 - c_i^S) \tag{5.97}$$

当 $c_i^S \to 0$ 时，可以得到平均极限扩散电流为

$$\bar{I}_d = 0.627 \frac{nF}{\nu_i} D_i^{1/2} m^{2/3} t_{滴下}^{1/6} c_i^0 \tag{5.98}$$

5.5.3 极谱波

由式(5.97)和式(5.98)可以看出,当实验条件不变时,即当 m 和 $t_{滴下}$ 不变时,$\bar{I} \propto (c_i^0 - c_i^s)$,$\bar{I}_d \propto c_i^0$。由此可见,它与稳态扩散电流公式(5.6)和式(5.7)在形式上是完全一致的,由此而导出的极化曲线公式也应与稳态极化曲线公式相似。

例如:假设电极反应为 $O + ne \rightleftharpoons R$,电极过程由扩散步骤控制,反应粒子 O 和反应产物粒子 R 均可溶,且反应前产物粒子浓度 $c_R^0 = 0$,则可利用与 5.3 节中相同的方法,推导出与稳态扩散式(5.48)完全相似的公式,即

$$\varphi = \varphi_{1/2} + \frac{RT}{nF} \ln \left(\frac{\bar{I}_d - \bar{I}}{\bar{I}} \right) \tag{5.99}$$

以 $-\varphi$ 对 $\bar{I}$ 作图,则可得到与稳态扩散浓差极化曲线(见图5.14)完全一致的极化曲线图,如图5.28所示。

值得注意的是,尽管式(5.99)和图5.28与稳态浓差极化具有相同的形式,但在这两种情况下扩散过程的性质是不同的。在稳态扩散中,电极表面附近扩散层中的反应粒子的浓度分布是稳定的,不随时间而改变;而在滴汞电极上进行的扩散过程是非稳态的,仅仅由于汞滴不断滴落,使得非

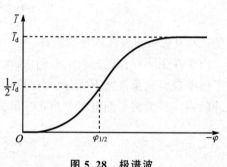

图 5.28　极谱波

稳态扩散过程不会无限制地发展,从而使表面周期变化的浓度分布具有某种平均状态。因此,式(5.99)和图5.28只表示了非稳态扩散性质被平均化了的情况。这种在滴汞电极上把非稳态扩散性质平均化了的极化曲线,就叫作极谱波。

如果反应粒子和反应产物粒子的初始浓度 c_O^0 和 c_R^0 均不为零,那么根据流过电极的电流方向不同,在滴汞电极上既可发生还原反应,也可发生氧化反应。可以根据这种情况推导出更加普遍适用的极化曲线公式,即

$$\varphi = \varphi_{1/2} + \frac{RT}{nF} \ln \left(\frac{\bar{I}_{d(O)} - \bar{I}}{\bar{I} - \bar{I}_{d(R)}} \right) \tag{5.100}$$

式中:$\bar{I}_{d(O)}$ 为氧化态粒子的平均极限扩散电流;$\bar{I}_{d(R)}$ 为还原态粒子的平均极限扩散电流;$\varphi_{1/2}$ 为 $\bar{I} = \frac{1}{2}(\bar{I}_{d(O)} - \bar{I}_{d(R)})$ 处的电极电位,称为极谱半波电位。

由式(5.100)可见,当阴极极化且 $c_R^0 = 0$ 时,根据式(5.98)有 $\bar{I}_{d(R)} = 0$,于是式(5.100)就变为式(5.99);同样,当阳极极化且 $c_O^0 = 0$ 时,可以得到类似的阳极极化曲线公式,即

$$\varphi = \varphi_{1/2} - \frac{RT}{nF} \ln \left[\frac{-\bar{I}_{d(R)} - (-\bar{I})}{(-\bar{I})} \right] \tag{5.101}$$

同样可以根据式(5.100)或根据实验数据画出极谱曲线。例如,在 pH = 7 的磷酸盐缓冲溶液中,醌与氢醌氧化还原体系的极谱曲线如图5.29所示。

根据所测得的极谱曲线,可以深入地进行电化学研究或者进行电化学分析。例如,通过测

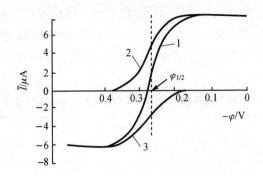

1—阴极-阳极联合极谱曲线；2—醌的阴极还原极谱曲线；3—氢醌的阳极氧化极谱曲线

图 5.29　醌与氢醌氧化还原体系的极谱曲线

定极谱曲线,可以测得半波电位 $\varphi_{1/2}$,在将其与各种物质已知的半波电位比较之后,就可以判断参加反应的是何种物质,根据这种原理可以进行定性的电化学分析并判断电极反应的进程;又如,在测得极谱曲线以后,还可得到 $\bar{I}_d$ 值,由式(5.98)可知, $\bar{I}_d \propto c_i^0$,根据这种原理可以进行电化学定量分析;此外,由式(5.98)可知, $\bar{I}_d \propto D^{1/2}$,因此测得 $\bar{I}_d$ 后还可求得扩散系数 D_i。

当溶液中同时存在有几种能在滴汞电极上还原的物质时,极谱曲线上就会出现相应的几个还原极谱波,如图 5.30 所示。根据各个极谱波的 $\varphi_{1/2}$ 和 $\bar{I}_d$ 值(即所谓的极谱波的波高),可以判断每一个阶段发生的是什么反应,或者可以计算出几种物质的浓度和扩散系数。

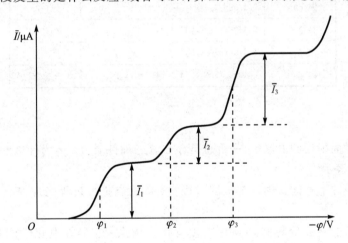

图 5.30　溶液中有三种物质还原时的极谱曲线

在进行分析时,要用测得的半波电位与各种已知的半波电位相比较。应该注意,在溶液中的离子强度一定时, $\varphi_{1/2}$ 是个与反应粒子浓度无关的常数。但是,当局外电解质含量变化时,将影响半波电位值的大小。因此,在查阅各种物质的半波电位时,应注意表中所列的溶液组成和浓度是否与研究的溶液体系相同,某些无机物质的半波电位值如表 5.2 所列。

在电化学研究中,还可利用式(5.99)和式(5.100)的关系,用 φ 与 $\lg \dfrac{\bar{I}_{d(O)} - \bar{I}}{\bar{I} - \bar{I}_{d(R)}}$ 的关系或 φ 与 $\lg \dfrac{\bar{I}_{d(R)} - \bar{I}}{\bar{I}}$ 的关系作图,用所得直线的斜率,可以求得参加电极反应的电子数目 n。

由上述分析可见,式(5.99)和式(5.100)与稳态浓差极化的公式具有相同的形式。但稳态扩散只有在旋转圆环电极上才能获得重现性良好的数据,而用极谱方法则简便得多。因此,极谱方法不但在电化学分析方面得到广泛应用,而且也已经成为电化学理论研究工作中的一种重要研究方法。

表 5.2　某些无机物质的半波电位(相对于 1 mol/dm³ 甘汞电极)

物　质	溶液组成	$\varphi_{1/2}/V$
铜 Cu^{2+}	0.1 mol/L KNO_3	−0.02
银 Ag^+	$KCN+KNO_3$	−0.34
锡 Sn^{2+}	2 mol/L $HClO_4$+0.5 mol/L HCl	−0.39
铅 Pb^{2+}	1.0 mol/L KCl	−0.47
镉 Cd^{2+}	1.0 mol/L KCl	−0.68
锌 Zn^{2+}	1.0 mol/L KCl	−1.06
镍 Ni^{2+}	1.0 mol/L KCl	−1.14
钴 Co^{2+}	0.1 mol/L KCl	−1.24
铁 Fe^{2+}	0.1 mol/L KCl	−1.34
铝 Al^{3+}	0.05 mol/L KCl	−1.75
钡 Ba^{2+}	0.1 mol/L LiCl	−1.84
钠 Na^+	0.1 mol/L $N(CH_3)_4Cl$	−2.15
钾 K^+	0.1 mol/L $N(CH_3)_4Cl$	−2.17
钙 Ca^{2+}	0.1 mol/L $N(CH_3)_4Cl$	−2.25

思考题

　　1. 在电极界面附近的液层中,是否总是存在着三种传质方式?为什么?每一种传质方式的传质速度如何表示?

　　2. 在什么条件下才能实现稳态扩散过程?实际稳态扩散过程的规律与理想稳态扩散过程有什么区别?

　　3. 旋转圆盘电极和旋转圆环圆盘电极有什么优点?它们在电化学测量中有什么重要用途?

　　4. 试比较扩散层、分散层和边界层的区别。扩散层中有没有剩余电荷?

　　5. 假定一个稳态电极过程受传质步骤控制,并假设该电极过程为阴离子在阴极还原。试问在电解液中加入大量局外电解质后,稳态电流密度应增大还是减小?为什么?

　　6. 稳态扩散和非稳态扩散有什么区别?是不是出现稳态扩散之前都一定存在非稳态扩散阶段?为什么?

　　7. 为什么在浓差极化条件下,当电极表面附近的反应粒子浓度为零时,稳态电流并不为零,反而得到极大值(极限扩散电流)?

　　8. 试用数学表达式和极化曲线说明稳态浓差极化的规律。

　　9. 什么是半波电位?它在电化学应用中有什么意义?

10. 对于一个稳态电极过程,如何判断它是否受扩散步骤控制?

11. 什么是过渡时间? 它在电化学应用中有什么用途?

12. 小结平面电极在不同极化条件下非稳态扩散过程的特点。

13. 从理论上分析平面电极上的非稳态扩散不能达到稳态,而实际情况下却经过一定时间后可以达到稳态。这是为什么?

14. 球形电极表面上的非稳态扩散过程与平面电极有什么不同?

15. 滴汞电极有哪些优点? 它在电化学领域中都有什么重要用途?

16. 在使用滴汞电极时,应了解它的哪些基本性质?

17. 什么是依科维奇公式? 为什么在推导该公式过程中要引入修正系数 $\sqrt{\dfrac{7}{3}}$?

18. 什么叫极谱波? 它在电化学领域中有什么重要用途?

例 题

1. 判断电极过程是否由扩散步骤控制

[例 5 – 1] 测得锌在 $ZnCl_2$ 溶液中的阴极稳态极化曲线如图 5.31 所示。图中各条曲线所代表的溶液组成与极化条件如下:

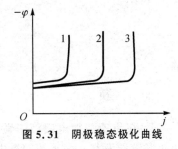

图 5.31　阴极稳态极化曲线

曲线 1 为 0.05 mol/L $ZnCl_2$,不搅拌。

曲线 2 为 0.1 mol/L $ZnCl_2$,不搅拌。

曲线 3 为 0.1 mol/L $ZnCl_2$,搅拌。

试判断该阴极过程的控制步骤是什么? 为什么?

[解]

锌在 $ZnCl_2$ 溶液中的阴极反应为

$$Zn^{2+} + 2e \longrightarrow Zn$$

首先,从实验曲线的形状和出现极限电流密度看,这三条曲线都可能代表了产物不溶时扩散步骤控制的电极过程,即符合 $\varphi = \varphi_{\text{平}} + \dfrac{RT}{nF} \ln \left(1 - \dfrac{j}{j_d}\right)$ 的极化规律。

其次,根据电流密度的大小与搅拌有关,即从曲线 2 与曲线 3 的区别可知,其他条件不变,当增加搅拌时,极限电流密度增大。这正是浓差极化的动力学特征。

最后,在静止溶液中,曲线 2 的极限电流密度比曲线 1 大一倍左右,而二者的 Zn^{2+} 离子浓度恰好相差一倍,这符合浓差极化中的 $j_d = nFD \dfrac{c^0}{\delta}$ 的关系。

综上所述,可以判断该电极过程的速度控制步骤是扩散步骤。

2. 计算有关浓差极化或扩散动力学的参数

[例 5 – 2]　在 0.1 mol/L $ZnCl_2$ 溶液中电解还原锌离子时,阴极过程为浓差极化。已知锌离子的扩散系数为 1×10^{-5} cm²/s,扩散层有效厚度为 1.2×10^{-2} cm。试求:

(1) 20 ℃时阴极的极限扩散电流密度。

(2) 20 ℃时测得阴极过电位为 0.029 V,相应的阴极电流密度应为多少?

[解]

电极反应:

$$Zn^{2+} + 2e \longrightarrow Zn$$

(1) 稳态浓差极化时,极限扩散电流密度为

$$j_d = nFD\frac{c^0}{\delta}$$

已知 $n = 2, c^0 = 0.1 \text{ mol/L} = 0.1 \times 10^{-3} \text{ mol/cm}^3, \delta = 1.2 \times 10^{-2} \text{ cm}, D = 1 \times 10^{-5} \text{ cm}^2/\text{s}$,故

$$j_d = \frac{2 \times 96\ 500 \times 1 \times 10^{-5} \times 0.1 \times 10^{-3}}{1.2 \times 10^{-2}} = 0.016 \text{ A/cm}^2$$

(2) 因为是浓差极化,所以阴极过电位就是浓差极化过电位,阴极电流即为扩散电流。此时应有

$$-\eta_{浓差} = \frac{2.3RT}{2F}\lg\left(1 - \frac{j}{j_d}\right)$$

$$\lg\left(1 - \frac{j}{j_d}\right) = -\frac{2F\eta_{浓差}}{2.3RT} = -\frac{2 \times 0.029}{0.058\ 1} \approx -1$$

$$1 - \frac{j}{j_d} = 1 \times 10^{-1}$$

$$\frac{j}{j_d} = 0.90$$

故

$$j = 0.90j_d = 0.90 \times 0.016 = 0.014\ 4 \text{ A/cm}^2$$

习 题

1. 在焦磷酸盐电镀液中镀铜锡合金时,发现在零件的凹洼处容易出现铜红色(镀层颜色比正常镀层发红),而采用间歇电流时就可以消除或减轻这一现象。请分析其中的原因。

2. 已知下列电极上的阴极过程都是扩散控制的。你能比较一下它们的极限扩散电流密度是否相同吗?为什么?

(1) 0.1 mol/L $ZnCl_2$ + 3 mol/L NaOH;

(2) 0.05 mol/L $ZnCl_2$;

(3) 0.1 mol/L $ZnCl_2$。

3. 某有机物在 25 ℃下静止的溶液中电解氧化。假定扩散步骤是速度控制步骤,试计算该电极过程的极限扩散电流密度。已知与每一个有机物分子结合的电子数是 4,有机物在溶液中的扩散系数为 $6 \times 10^{-5} \text{ cm}^2/\text{s}$,浓度为 0.1 mol/L,扩散层有效厚度为 $5 \times 10^{-2} \text{ cm}$。

4. 当镉在过电位等于 0.5 V 的条件下从镉溶液中析出时,发现:

(1) 若向静止溶液中加入大量氯化钾(局外电解质),则阴极电流密度将减小;

(2) 采用旋转圆盘电极作为阴极时,阴极电流密度与转速的关系如图 5.32 所示。

试判断该电极过程在静止溶液中的速度控制步骤是什么?为什么?当旋转圆盘电极转速很大时,速度控制步骤会不会发生变化?

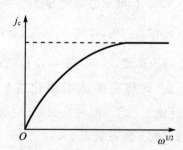

图 5.32 阴极电流密度与转速的关系

5. 在无添加剂的锌酸盐溶液中镀锌,其阴极反应为 $Zn(OH)_4^{2-} + 2e \longrightarrow Zn + 4OH^-$,并受扩散步骤控制。18 ℃时测得某电流密度下的过电位为 0.056 V。若忽略阴极上析出氢气的反应,并已知 $Zn(OH)_4^{2-}$ 离子的扩散系数为 0.5×10^{-5} cm²/s,浓度为 2 mol/L,在电极表面液层($x = 0$ 处)的浓度梯度为 8×10^{-2} mol/cm⁴,试求:

(1) 阴极过电位为 0.056 V 时的阴极电流密度;

(2) $Zn(OH)_4^{2-}$ 离子在电极表面液层中的浓度。

6. 已知 25 ℃时,在静止溶液中阴极反应 $Cu^{2+} + 2e \longrightarrow Cu$ 受扩散步骤控制。Cu^{2+} 离子在该溶液中的扩散系数为 1×10^{-5} cm²/s,扩散层有效厚度为 1.1×10^{-2} cm,Cu^{2+} 离子的浓度为 0.5 mol/L。试求阴极电流密度为 0.044 A/cm² 时的浓差极化值。

7. 在含有大量局外电解质的 0.1 mol/L $NiSO_4$ 溶液中,用旋转圆盘电极作阴极进行电解。已知 Ni^{2+} 离子的扩散系数为 1×10^{-5} cm²/s,溶液的动力黏度系数为 1.09×10^{-2} cm²/s。试求:

(1) 转速为 10 r/s 时的阴极极限扩散电流密度是多少?

(2) 上述极限电流密度比静止电解时增大了多少倍?设静止溶液中的扩散层厚度为 5×10^{-3} cm。

8. 已知电极反应 $O + 4e \rightleftharpoons R$ 在静止溶液中恒电流极化时,阴极过程为扩散步骤控制。反应物 O 的扩散系数为 1.2×10^{-5} cm²/s,初始浓度为 0.1 mol/L。当阴极极化电流密度为 0.5 A/cm² 时,求阴极过程的过渡时间。当按上述条件恒电流极化 1×10^{-3} s 时,电极表面液层中反应物 O 的浓度是多少?

9. 已知 25 ℃时,阴极反应 $O + 2e \longrightarrow R$ 受扩散步骤控制,O 和 R 均可溶,$c_O^0 = 0.1$ mol/L,$c_R^0 = 0$,扩散层厚度为 0.01 cm,O 的扩散系数为 1.5×10^{-4} cm²/s。求:

(1) 测得 $j_c = 0.08$ A/cm² 时,阴极电位 $\varphi_c = -0.12$ V,该阴极过程的半波电位是多少?

(2) $j_c = 0.2$ A/cm² 时,阴极电位是多少?

10. 假设 25 ℃时,阴极反应 $Ag^+ + e \longrightarrow Ag$ 受扩散步骤控制,测得浓差极化过电位 $\eta_{浓差} = \varphi - \varphi_平 = -59$ mV。已知 $c_{Ag^+}^0 = 1$ mol/L,$\left(\dfrac{dc_{Ag^+}}{dx}\right)_{x=0} = 7 \times 10^{-2}$ mol/cm⁴,$D_{Ag^+} = 6 \times 10^{-5}$ cm²/s。试求:

(1) 稳态扩散电流密度;

(2) 扩散层有效厚度 $\delta_{有效}$;

(3) Ag^+ 离子的表面浓度 $c_{Ag^+}^S$。

第6章 电子转移步骤动力学

电子转移步骤(电化学反应步骤)系指反应物质在电极/溶液界面得到电子或失去电子,从而还原或氧化成新物质的过程。这一单元步骤包含了化学反应和电荷传递两部分内容,是整个电极过程的核心步骤。因此,研究电子转移步骤的动力学规律有重要的意义。尤其当该步骤成为电极过程的控制步骤,产生所谓电化学极化时,整个电极过程的极化规律就取决于电子转移步骤的动力学规律。对该步骤的深入了解,有助于人们控制这一类电极过程的反应速度和反应进行的方向。由于一个粒子(离子、原子或分子)同时得到或失去两个或两个以上电子的可能性很小,因而大多数情况下,一个电化学反应步骤中只转移一个电子,而不能一次转移几个电子。多个电子参与的电极反应,往往是通过几个电子转移步骤连续进行而完成的。为便于读者理解,本章首先以只有一个电子参与的反应(单电子反应)为例讨论电子转移步骤的基本动力学规律,然后再扩展到多电子的电极反应。

6.1 电极电位对电子转移步骤反应速度的影响

6.1.1 电极电位对反应活化能的影响

电极过程最重要的特征就是电极电位对电极反应速度的影响。这种影响可以是直接的,也可以是间接的。当电子转移步骤是非控制步骤时,如前所述,电化学反应本身的平衡状态基本未遭破坏,电极电位所发生的变化通过改变某些参与控制步骤的粒子的表面浓度而间接地影响电极反应速度。例如第5章中,扩散步骤控制电极过程(浓差极化)时的情形就是如此。这种情况下,仍可以借用热力学的能斯特方程来计算反应粒子的表面浓度。因此,电极电位间接影响电极反应速度的方式也称为"热力学方式"。当电子转移步骤是控制步骤时,电极电位的变化将直接影响电子转移步骤和整个电极反应过程的速度,这种情形称为电极电位按"动力学方式"影响电极反应速度。本章所涉及的正是这后一种情形。从化学动力学可知,反应粒子必须吸收一定的能量,激发到一种不稳定的过渡状态——活化态,才有可能发生向反应产物方向的转化。也就是说,任何一个化学反应必须具备一定的活化能,反应才得以实现。上述规律可以用图 6.1 形象地表示出来。图 6.1 中,ΔG_1为反应始态(反应物)和活化态之间的体系自由能之

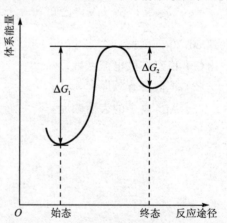

图 6.1 化学反应体系自由能与
体系状态之间的关系

差,即正向反应活化能;ΔG_2 为反应终态(产物)与活化态之间的体系自由能之差,表示逆向反应活化能。一般情况下,$\Delta G_1 \neq \Delta G_2$,故正向反应速度和逆向反应速度不等,整个体系的净反应速度即二者的代数和。

电极电位对电子转移步骤的直接影响正是通过对该步骤活化能的影响而实现的。我们可以利用类似于图 6.1 的体系自由能(位能)变化曲线来讨论这种影响。例如,以银电极浸入硝酸银溶液为例,银电极的电子转移步骤反应为

$$Ag^+ + e \Longrightarrow Ag \tag{6.1}$$

为了便于讨论和易于理解,可将上述反应看成是 Ag^+ 离子在电极/溶液界面的转移过程,并以 Ag^+ 离子的位能变化代表体系自由能的变化。当然,这只是一种简化的处理方法,不完全符合实际情况。实际的电极反应中并不仅仅涉及一种粒子在相间的转移。例如,式(6.1)表示的电化学反应中,除了 Ag^+ 离子外,还有电子的转移。因此,在下面的讨论中,虽然讲的是 Ag^+ 离子的位能变化,但应理解为整个反应体系的位能或自由能的变化,而不仅仅是 Ag^+ 离子的位能变化。

同时作出以下假设:

(1)溶液中参与反应的 Ag^+ 离子位于外亥姆荷茨平面,电极上参与反应的 Ag^+ 离子位于电极表面的晶格中,活化态位于这二者之间的某个位置。

(2)电极/溶液界面上不存在任何特性吸附,也不存在除了离子双电层以外的其他相间电位。也就是说,这里只考虑离子双电层及其电位差的影响。

(3)溶液总浓度足够大,以至于双电层几乎完全是紧密层结构,即可认为双电层电位差完全分布在紧密层中,$\psi_1 = 0$。图 6.2 所示为银电极刚刚浸入硝酸银溶液的瞬间,或者是零电荷电位下的 Ag^+ 离子的位能曲线。图中 O 为氧化态(表示溶液中的 Ag^+ 离子),R 为还原态(表示在金属晶格中的 Ag^+ 离子)。曲线 $\overset{\frown}{OO'}$ 表示 Ag^+ 离子脱去水化膜,自溶液中逸出时的位能变化,曲线 $\overset{\frown}{RR'}$ 表示

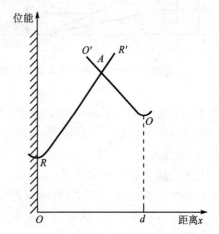

图 6.2　零电荷电位下,Ag^+ 离子的位能曲线

Ag^+ 离子从晶格中逸出时的位能变化。二者综合起来就成了 Ag^+ 离子在相间转移的位能曲线 $\overset{\frown}{OAR}$。交点 A 即表示活化态,$\Delta \vec{G}{}^0$ 和 $\Delta \overset{\leftarrow}{G}{}^0$ 分别表示还原反应和氧化反应的活化能。

这种情况下,由于没有离子双电层形成,根据上述假设,电极/溶液之间的内电位差 $\Delta \phi$ 为零,即电极的绝对电位等于零。若取溶液深处内电位为零,则可用金属相的内电位 ϕ^M 代表相间电位 $\Delta \phi$。于是,当 $\Delta \phi = 0$ 时,$\phi^M = 0$。已知电化学体系中,荷电粒子的能量可用电化学位表示,根据 $\bar{\mu} = \mu + nF\phi$,在零电荷电位时,Ag^+ 离子的电化学位等于化学位。因而在没有界面电场($\Delta \phi = 0$)的情况下,Ag^+ 离子在氧化还原反应中的自由能变化就等于它的化学位的变化。这表明,所进行的反应实质上是一个纯化学反应,反应所需要的活化能与纯化学的氧化还原反应没有什么差别。

当电极/溶液界面存在界面电场时,例如电极的绝对电位为 $\Delta \phi$,且当 $\Delta \phi > 0$ 时,Ag^+ 离子

的位能曲线变化如图 6.3 所示。图中曲线 1 为零电荷电位时的位能曲线。曲线 3 为双电层紧密层中的电位分布。这时,电极表面的 Ag^+ 离子受界面电场的影响,其电化学位为

$$\bar{\mu} = \mu + F\phi^M = \mu + F\Delta\phi$$

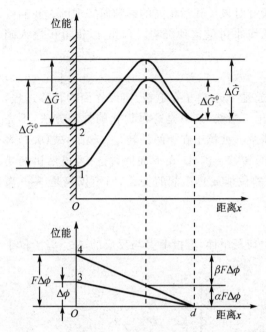

图 6.3 电极电位对 Ag^+ 离子位能曲线的影响

式中,$\Delta\phi > 0$,因而 Ag^+ 离子的位能升高了 $F\Delta\phi$。同样的道理,在紧密层内的各个位置上,Ag^+ 离子都会受到界面电场的影响,其能量均会有不同程度的增加,由此引起 Ag^+ 离子的位能的变化,如图 6.3 中曲线 4 所示。把图 6.3 中的曲线 1 和曲线 4 叠加,就可得到 Ag^+ 离子在双电层电位差为 $\Delta\phi$ 时的位能曲线(见图 6.3 中曲线 2)。

从图 6.3 中可看到,与零电荷电位时相比,由于界面电场的影响,氧化反应活化能减小了,而还原反应活化能增大了,因此有

$$\Delta\vec{G} = \Delta\vec{G}^0 + \alpha F\Delta\phi \qquad (6.2)$$

$$\Delta\overleftarrow{G} = \Delta\overleftarrow{G}^0 - \beta F\Delta\phi \qquad (6.3)$$

式中:$\Delta\vec{G}$ 和 $\Delta\overleftarrow{G}$ 分别表示还原反应和氧化反应的活化能;α 和 β 为小于 1,大于零的常数,分别表示电极电位对还原反应活化能和氧化反应活化能影响的程度,称为传递系数或对称系数。

因为 $\alpha F\Delta\phi + \beta F\Delta\phi = F\Delta\phi$,所以 $\alpha + \beta = 1$。

用同样的分析方法可以得到:如果电极电位为负值,即 $\Delta\phi < 0$ 时,式(6.2)和式(6.3)仍然成立,只不过这两个公式将表明氧化反应的活化能增大而还原反应活化能减小。

上面的例子中是把电极反应式(6.1)看作 Ag^+ 离子在相间的转移过程。其实,也可以把电极反应看作电子在相间转移的过程,从而分析电极电位对反应活化能的影响规律,所得结果是一样的。例如,把铂电极浸入含有 Fe^{2+} 离子和 Fe^{3+} 离子的溶液,铂本身作为惰性金属不参与电极反应,这时在电极/溶液界面发生的电化学反应为

$$Fe^{3+} + e \Longleftrightarrow Fe^{2+}$$

若把还原反应看作电子从铂电极上转移到溶液中 Fe^{3+} 离子的外层电子轨道中,把氧化反应视为 Fe^{2+} 离子外层价电子转移到铂电极上,那么电子的位能曲线变化如图 6.4 所示。曲线 1 至曲线 4 所表示的含义同图 6.3。由于电子荷负电荷,因而 $\Delta\phi > 0$ 时,将引起电极表面的电子位能降低 $F\Delta\phi$。从图 6.4 中不难看出,

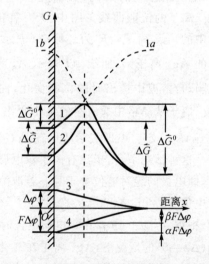

图 6.4 电极电位对电子位能曲线的影响

电极电位与还原反应活化能和氧化反应活化能的关系与上一个例子是完全一致的,即

$$\Delta \vec{G} = \Delta \vec{G}^0 + \alpha F \Delta \phi \tag{6.2}$$

$$\Delta \overleftarrow{G} = \Delta \overleftarrow{G}^0 - \beta F \Delta \phi \tag{6.3}$$

从上面两例的讨论中所得到的结论是具有普遍适用性的,即式(6.2)和式(6.3)是普遍适用的。这是因为,尽管我们在讨论中作了若干假设,所采用的过于简化的位能曲线图并不能反映出电子转移步骤的反应细节和整个体系位能变化的具体形式,但是只要反应是按照 $O + ne \rightleftharpoons R$ 的形式进行的,即凡是发生一次转移 n 个电子($n = 1$ 或 2)的电化学反应,那么带有 nF 电量的 1 mol 反应粒子在电场中转移而达到活化态时,就要比没有界面电场时增加克服电场作用而消耗的功 $\delta nF \Delta \phi$。对还原反应,$\delta = \alpha$;对氧化反应,$\delta = \beta$。因此,反应活化能总是要相应地增加或减少 $\delta nF \Delta \phi$,从而得到与上面两例一致的结论。

根据讨论中的假设,在只存在离子双电层的前提下,电极的绝对电位 $\Delta \phi$ 在零电荷电位时为零,故可用零标电位 φ_a 代替讨论中的绝对电位 $\Delta \phi$,将式(6.2)和式(6.3)改写为

$$\Delta \vec{G} = \Delta \vec{G}^0 + \alpha F \varphi_a \tag{6.4}$$

$$\Delta \overleftarrow{G} = \Delta \overleftarrow{G}^0 - \beta F \varphi_a \tag{6.5}$$

如果欲采用更实用的氢标电位,则根据

$$\varphi_a = \varphi - \varphi_0 \tag{6.6}$$

可得到

$$\Delta \vec{G} = \Delta \vec{G}^0 + \alpha F(\varphi - \varphi_0) = \Delta \vec{G}^{0'} + \alpha F \varphi \tag{6.7}$$

$$\Delta \overleftarrow{G} = \Delta \overleftarrow{G}^0 - \beta F(\varphi - \varphi_0) = \Delta \overleftarrow{G}^{0'} - \beta F \varphi \tag{6.8}$$

式中:$\Delta \vec{G}^{0'} = \Delta \vec{G}^0 - \alpha F \varphi_0$,$\Delta \overleftarrow{G}^{0'} = \Delta \overleftarrow{G}^0 + \beta F \varphi_0$,分别表示氢标电位为零时的还原反应活化能和氧化反应活化能。

综上所述,我们可以用一组通式来表达电极电位与反应活化能之间的关系,即

$$\Delta \vec{G} = \Delta \vec{G}^0 + \alpha n F \varphi \tag{6.9}$$

$$\Delta \overleftarrow{G} = \Delta \overleftarrow{G}^0 - \beta n F \varphi \tag{6.10}$$

式中:φ 为电极的相对电位;$\Delta \vec{G}^0$ 和 $\Delta \overleftarrow{G}^0$ 分别表示在所选用的电位坐标系的零点时的还原反应活化能和氧化反应活化能;n 为一个电子转移步骤一次转移的电子数,通常为 1,少数情况下为 2。

6.1.2　电极电位对反应速度的影响

根据化学动力学,反应速度与反应活化能之间的关系为

$$v = kc \exp \left(-\frac{\Delta G}{RT} \right) \tag{6.11}$$

式中:v 为反应速度;c 为反应粒子浓度;ΔG 为反应活化能;k 为指前因子。

设电极反应为

$$O + e = R$$

根据式(4.3)和式(6.11),可以得到用电流密度表示的还原反应和氧化反应的速度,即

$$\vec{j} = F \vec{k} c_O^* \exp \left(-\frac{\Delta \vec{G}}{RT} \right) \tag{6.12}$$

$$\vec{j} = F\vec{k}c_R^* \exp\left(-\frac{\Delta\vec{G}}{RT}\right) \tag{6.13}$$

式中：$\vec{j}$ 表示还原反应速度，$\overleftarrow{j}$ 表示氧化反应速度，均取绝对值；$\vec{k}, \overleftarrow{k}$ 为指前因子；c_O^*, c_R^* 分别为 O 粒子和 R 粒子在电极表面（OHP 平面）的浓度。由于在研究电子转移步骤动力学时，该步骤通常是作为电极过程的控制步骤的，因此可认为液相传质步骤处于准平衡态，电极表面附近的液层与溶液主体之间不存在反应粒子的浓度差。再加上已经假设双电层中不存在分散层，因而反应粒子在 OHP 平面的浓度就等于该粒子的体浓度，即有 $c_O^* \approx c_O, c_R^* \approx c_R$。将这些关系代入式(6.12)和式(6.13)中，得到

$$\vec{j} = F\vec{k}c_O \exp\left(-\frac{\Delta\vec{G}}{RT}\right) \tag{6.14}$$

$$\overleftarrow{j} = F\overleftarrow{k}c_R \exp\left(-\frac{\Delta\overleftarrow{G}}{RT}\right) \tag{6.15}$$

将活化能与电极电位的关系式(6.9)与式(6.10)代入式(6.14)与式(6.15)，得

$$\vec{j} = F\vec{k}c_O \exp\left(-\frac{\Delta\vec{G}^0 + \alpha F\varphi}{RT}\right)$$
$$= F\vec{K}c_O \exp\left(-\frac{\alpha F\varphi}{RT}\right) \tag{6.16}$$

$$\overleftarrow{j} = F\overleftarrow{k}c_R \exp\left(-\frac{\Delta\overleftarrow{G}^0 - \beta F\varphi}{RT}\right)$$
$$= F\overleftarrow{K}c_R \exp\left(\frac{\beta F\varphi}{RT}\right) \tag{6.17}$$

式中：$\vec{K}, \overleftarrow{K}$ 分别为电位坐标零点处($\varphi = 0$)的反应速度常数。即

$$\vec{K} = \vec{k} \exp\left(-\frac{\Delta\vec{G}^0}{RT}\right) \tag{6.18}$$

$$\overleftarrow{K} = \overleftarrow{k} \exp\left(-\frac{\Delta\overleftarrow{G}^0}{RT}\right) \tag{6.19}$$

如果用 $\vec{j}^0$ 和 $\overleftarrow{j}^0$ 分别表示电位坐标零点($\varphi = 0$)处的还原反应速度和氧化反应速度，则

$$\vec{j}^0 = F\vec{K}c_O \tag{6.20}$$

$$\overleftarrow{j}^0 = F\overleftarrow{K}c_R \tag{6.21}$$

代入式(6.16)、式(6.17)，得

$$\vec{j} = \vec{j}^0 \exp\left(-\frac{\alpha F\varphi}{RT}\right) \tag{6.22}$$

$$\overleftarrow{j} = \overleftarrow{j}^0 \exp\left(\frac{\beta F\varphi}{RT}\right) \tag{6.23}$$

对式(6.22)和式(6.23)取对数，经整理后得到

$$\varphi = \frac{2.3RT}{\alpha F}\lg\vec{j}^0 - \frac{2.3RT}{\alpha F}\lg\vec{j} \tag{6.24}$$

$$\varphi = -\frac{2.3RT}{\beta F}\lg\overleftarrow{j}^0 + \frac{2.3RT}{\beta F}\lg\overleftarrow{j} \tag{6.25}$$

以上两组公式,即式(6.22)~式(6.25)就是电子转移步骤的基本动力学公式。这些关系式表明:在同一个电极上发生的还原反应和氧化反应的绝对速度($\overleftarrow{j}$ 或 $\overrightarrow{j}$)与电极电位成指数关系,或者说电极电位 φ 与 $\lg\overrightarrow{j}$ 或 $\lg\overleftarrow{j}$ 成直线关系,如图 6.5 所示。电极电位越正,氧化反应速度($\overleftarrow{j}$)越大;电极电位越负,还原反应速度($\overrightarrow{j}$)越大。因此,在电极材料、溶液组成和温度等其他因素不变的条件下,可以通过改变电极电位

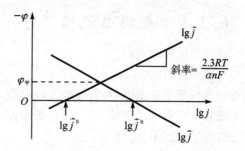

图 6.5　电极电位对电极反应绝对速度 $\overrightarrow{j}$ 和 $\overleftarrow{j}$ 的影响($n=1$ 或 2)

来改变电化学步骤进行的方向和反应速度的大小。例如,25 ℃时把银电极浸入 0.1 mol/L AgNO₃ 溶液中,当电极电位为 0.74 V 时,银氧化溶解的绝对速度为 10 mA/cm²,即

$$\overleftarrow{j}_1 = F\overleftarrow{K}c_{Ag}\exp\left(\frac{\beta F\varphi}{RT}\right) = 10 \text{ mA/cm}^2$$

若使电极电位向正移动 0.24 V,则银的氧化溶解速度为

$$\overleftarrow{j}_2 = F\overleftarrow{K}c_{Ag}\exp\left[\frac{\beta F(\varphi+0.24)}{RT}\right]$$

$$= F\overleftarrow{K}c_{Ag}\exp\left(\frac{\beta F\varphi}{RT}\right)\exp\left(\frac{\beta F\times0.24}{RT}\right)$$

$$= \overleftarrow{j}\exp\left(\frac{0.24\beta F}{RT}\right)$$

将有关常数代入,即 $F = 96\,500$ C/mol,$R = 8.314$ J/K·mol,$T = 298$ K。设 $\beta = 0.5$,得到 $\overleftarrow{j}_2 = 1\,000$ mA/cm²。由此可见,电极电位仅仅变正 0.24 V,银的溶解速度就增加了 100 倍,充分体现了电极电位对电化学反应速度影响之大。

最后,需要强调一下:反应速度 $\overrightarrow{j}$ 和 $\overleftarrow{j}$ 是指同一电极上发生的方向相反的还原反应和氧化反应的绝对速度(微观反应速度),而不是该电极上电子转移步骤的净反应速度,即不是稳态时电极上流过的净电流或外电流。同时,也不可以把 $\overrightarrow{j}$ 和 $\overleftarrow{j}$ 误认为电化学体系中阴极上流过的外电流(阴极电流)和阳极上流过的外电流(阳极电流)。在任何电极电位下,同一电极上总是存在着 $\overrightarrow{j}$ 和 $\overleftarrow{j}$ 的,而外电流(或净电流)恰恰是这两者的差值。当 $\overrightarrow{j}$ 和 $\overleftarrow{j}$ 的数值差别较大时,就在宏观上表现出明显的外电流。

6.2　电子转移步骤的基本动力学参数

描述电子转移步骤动力学特征的物理量称为动力学参数。通常认为传递系数、交换电流密度和电极反应速度常数为基本的动力学参数。其中,传递系数 α 和 β 的物理意义已在 6.1 节中讲过,即表示电极电位对还原反应活化能和氧化反应活化能影响的程度,其数值大小取决于电极反应的性质。对单电子反应而言,$\alpha+\beta=1$,且常常有 $\alpha\approx\beta\approx0.5$,故又称为对称系数。

本节主要介绍其他两个基本动力学参数。

6.2.1 交换电流密度 j^0

设电极反应为

$$O + e = R$$

当电极电位等于平衡电位时,电极上没有净反应发生,即没有宏观的物质变化和外电流通过。但在微观上仍有物质交换,这一点已为示踪原子实验所证实。这表明,电极上的氧化反应和还原反应处于动态平衡,即

$$\overrightarrow{j} = \overleftarrow{j}$$

根据式(6.16)和式(6.17)可知,在平衡电位下有

$$\overrightarrow{j} = F\overrightarrow{K}c_O \exp\left(-\frac{\alpha F\varphi_\text{平}}{RT}\right) \tag{6.26}$$

$$\overleftarrow{j} = F\overleftarrow{K}c_R \exp\left(\frac{\beta F\varphi_\text{平}}{RT}\right) \tag{6.27}$$

因为平衡电位下的还原反应速度与氧化反应速度相等,所以可以用一个统一的符号 j^0 来表示这两个反应速度,即

$$j^0 = F\overrightarrow{K}c_O \exp\left(-\frac{\alpha F\varphi_\text{平}}{RT}\right) = F\overleftarrow{K}c_R \exp\left(\frac{\beta F\varphi_\text{平}}{RT}\right) \tag{6.28}$$

j^0 就叫作该电极反应的交换电流密度,或简称交换电流。它表示平衡电位下氧化反应和还原反应的绝对速度。也可以说,j^0 就是平衡状态下,氧化态粒子和还原态粒子在电极/溶液界面的交换速度。因此,交换电流密度本身就表征了电极反应在平衡状态下的动力学特性。那么,交换电流密度的大小与哪些因素有关呢?从式(6.28)可知,它与下列因素有关:

(1) j^0 与 $\overrightarrow{K}$ 或 $\overleftarrow{K}$ 有关。已知 $\overrightarrow{K}$,$\overleftarrow{K}$ 表示反应速度常数,其数值为

$$\overrightarrow{K} = \overrightarrow{k}\exp\left(-\frac{\Delta \overrightarrow{G}^0}{RT}\right) \tag{6.18}$$

$$\overleftarrow{K} = \overleftarrow{k}\exp\left(-\frac{\Delta \overleftarrow{G}^0}{RT}\right) \tag{6.19}$$

由于反应活化能 $\Delta \overrightarrow{G}^0$ 和 $\Delta \overleftarrow{G}^0$ 以及指前因子 $\overrightarrow{k}$ 和 $\overleftarrow{k}$ 都是取决于电极反应本性的,因此,除了受温度影响外,交换电流密度的大小与电极反应性质密切相关。不同的电极反应,其交换电流密度值可以有很大的差别。表 6.1 中列出了某些电极反应在室温下的交换电流密度。从表 6.1 中可看出电极反应本性对交换电流数值的影响之大。例如,汞在 0.5 mol/L H_2SO_4 溶液中电极反应的交换电流密度为 5×10^{-13} A/cm^2,而汞在 1×10^{-3} mol/L $Hg_2(NO_3)_2$ 和 2.0 mol/L $HClO_4$ 混合溶液中的交换电流密度则为 5×10^{-1} A/cm^2。尽管电极材料一样,但因电极反应不同,其交换电流密度值竟可相差 12 个数量级之多!

(2) j^0 与电极材料有关。同一种电化学反应在不同的电极材料上进行,交换电流密度也可能相差很多。前面已提到,电极反应是一种异相催化反应,电极材料表面起着催化剂表面的作用。因此,电极材料不同,对同一电极反应的催化能力也不同。例如表 6.1 中,电极反应 $H^+ + e \Longleftrightarrow \frac{1}{2}H_2$ 在汞电极上和在铂电极上进行时,交换电流密度也相差了 9 个数量级! Zn^{2+}

离子在锌上和在汞上发生氧化还原反应时,交换电流密度也相差了几倍。

（3）j^0 与反应物质的浓度有关。例如对电极反应 $Zn^{2+}+2e \Longrightarrow Zn(Hg)$,表 6.2 列出了 Zn^{2+} 离子浓度不同时,该反应的交换电流密度数值。交换电流密度与反应物质浓度的关系也可从式(6.28)直接看出,并可应用该式进行定量计算。

表 6.1　某些电极反应在室温下的交换电流密度

电极材料	溶液组成	电极反应	$j^0/(A \cdot cm^{-2})$
Hg	0.5 mol/L H_2SO_4	$H^+ + e \Longrightarrow \frac{1}{2}H_2$	5×10^{-13}
Ni	1.0 mol/L $NiSO_4$	$\frac{1}{2}Ni^{2+} + e \Longrightarrow \frac{1}{2}Ni$	2×10^{-9}
Fe	1.0 mol/L $FeSO_4$	$\frac{1}{2}Fe^{2+} + e \Longrightarrow \frac{1}{2}Fe$	10^{-8}
Cu	1.0 mol/L $CuSO_4$	$\frac{1}{2}Cu^{2+} + e \Longrightarrow \frac{1}{2}Cu$	2×10^{-5}
Zn	1.0 mol/L $ZnSO_4$	$\frac{1}{2}Zn^{2+} + e \Longrightarrow \frac{1}{2}Zn$	2×10^{-5}
Hg	1×10^{-3} mol/L $Zn(NO_3)_2 + 1.0$ mol/L KNO_3	$\frac{1}{2}Zn^{2+} + e \Longrightarrow \frac{1}{2}Zn$	7×10^{-4}
Pt	0.1 mol/L H_2SO_4	$H^+ + e \Longrightarrow \frac{1}{2}H_2$	10×10^{-4}
Hg	1×10^{-3} mol/L $N(CH_3)_4OH + 1.0$ mol/L $NaOH$	$Na^+ + e \Longrightarrow Na$	4×10^{-2}
Hg	1×10^{-3} mol/L $Pb(NO_3)_2 + 1.0$ mol/L KNO_3	$\frac{1}{2}Pb^{2+} + e \Longrightarrow \frac{1}{2}Pb$	1×10^{-1}
Hg	1×10^{-3} mol/L $Hg_2(NO_3)_2 + 2.0$ mol/L $HClO_4$	$\frac{1}{2}Hg_2^{2+} + e \Longrightarrow \frac{1}{2}Hg$	5×10^{-1}

表 6.2　室温下,交换电流密度与反应物浓度的关系

电极反应	$ZnSO_4$ 浓度/$(mol \cdot L^{-1})$	$j^0/(A \cdot m^{-2})$
$Zn^{2+}+2e \Longrightarrow Zn(Hg)$	1.0	80.0
	0.1	27.6
	0.05	14.0
	0.025	7.0

6.2.2　交换电流密度与电极反应的动力学特性

一个电极反应可能处于两种不同的状态:平衡状态与非平衡状态。这取决于电极/溶液界面上始终存在的氧化反应和还原反应这一对矛盾。一般情况下,氧化反应与还原反应速度不等,二者中有一个占主导地位,从而出现净电流,电极反应即处于不平衡状态。但在某个特

定条件下，当氧化反应与还原反应速度相等时，电极反应就处于平衡状态。对处于平衡态的电极反应来说，它既具有一定的热力学性质，又有一定的动力学特性。这两种性质分别通过平衡电位和交换电流密度来描述，二者之间并无必然联系。有时两个热力学性质相近的电极反应，其动力学性质往往有很大的差别。例如，铁在硫酸亚铁溶液中的标准平衡电位为 -0.44 V，镉在硫酸镉溶液中的标准电位为 -0.402 V，二者很接近，但它们的交换电流密度却相差数千倍。又如，同样的氢离子的氧化还原反应（$H^+ + e \rightleftharpoons \frac{1}{2}H_2$）在不同的金属电极上进行时，当氢离子浓度与氢气分压相同时，其平衡电位是相同的，但交换电流密度却可能相差很多，乃至数亿倍以上，如表 6.3 所列。表中 $\Delta G_平$ 为平衡电位时的反应活化能，可以看到交换电流密度与反应活化能之间的密切关系。

表 6.3　室温下不同金属上，氢电极的交换电流密度（0.1 mol/L H_2SO_4 溶液中）

电极材料	Hg	Ga	光滑 Pt
$j^0/(A \cdot cm^{-2})$	6×10^{-12}	1.6×10^{-7}	3×10^{-3}
$\Delta G_平/(kJ \cdot mol^{-1})$	75.3	63.6	41.8

但是，由于电极反应的平衡状态不是静止状态，而是来自氧化反应与还原反应的动态平衡，因此可以根据 $\vec{j} = \overleftarrow{j} = j^0$ 的关系，从动力学角度推导出体现热力学特性的平衡电位公式（能斯特方程）。例如，对于电极反应 $O + e \rightleftharpoons R$，可根据式(6.28)得到

$$F\vec{K}c_O \exp\left(-\frac{\alpha F\varphi_平}{RT}\right) = F\overleftarrow{K}c_R \exp\left(\frac{\beta F\varphi_平}{RT}\right)$$

对上式取对数，整理后得到

$$\frac{(\alpha+\beta)F}{RT}\varphi_平 = \ln\vec{K} - \ln\overleftarrow{K} + \ln c_O - \ln c_R$$

因为对单电子反应，$\alpha+\beta=1$，所以

$$\varphi_平 = \frac{RT}{F}\ln\frac{\vec{K}}{\overleftarrow{K}} + \frac{RT}{F}\ln\frac{c_O}{c_R}$$

令

$$\varphi^{0'} = \frac{RT}{F}\ln\frac{\vec{K}}{\overleftarrow{K}} \tag{6.29}$$

则

$$\varphi_平 = \varphi^{0'} + \frac{RT}{F}\ln\frac{c_O}{c_R} \tag{6.30}$$

式(6.30)就是用动力学方法推导出的能斯特方程。它与热力方法推导结果的区别仅仅在于：用浓度 c 代替了活度。这是因为我们在前面推导电子转移步骤基本动力学公式时没有采用活度的缘故。实际上 $\varphi^{0'}$ 中包含了活度系数因素，即

$$\varphi^{0'} = \varphi^0 + \frac{RT}{F}\ln\frac{\gamma_O}{\gamma_R} \tag{6.31}$$

如果用活度取代浓度，则推导的结果将与热力学推导的能斯特方程有完全一致的形式。

当电极反应处于非平衡状态时，主要表现出动力学性质，而交换电流密度正是描述其动力学特性的基本参数。根据交换电流密度的定义（见式(6.28)），可以用交换电流密度来表示电

极反应的绝对反应速度,即

$$\vec{j} = F\vec{K}c_O \exp\left[-\frac{\alpha F}{RT}(\varphi_{\text{平}} + \Delta\varphi)\right]$$

$$= j^0 \exp\left(-\frac{\alpha F}{RT}\Delta\varphi\right) \tag{6.32}$$

$$\overleftarrow{j} = F\overleftarrow{K}c_R \exp\left[\frac{\beta F}{RT}(\varphi_{\text{平}} + \Delta\varphi)\right]$$

$$= j^0 \exp\left(\frac{\beta F}{RT}\Delta\varphi\right) \tag{6.33}$$

式中:$\Delta\varphi$ 为有电流通过时电极的极化值。在已知 j^0,α 或 β 的条件下,就可以应用上面两式计算某个电极反应的氧化反应绝对速度 $\vec{j}$ 和还原反应绝对速度 $\overleftarrow{j}$。从式(6.32)和式(6.33)中可以看出,由于单电子电极反应中,往往有 $\alpha \approx \beta \approx 0.5$,因而电极反应的绝对反应速度的大小主要取决于交换电流 j^0 和极化值 $\Delta\varphi$。

根据 $\vec{j}$ 和 $\overleftarrow{j}$ 的数值可以求得电极反应的净反应速度 $j_{\text{净}}$,即

$$j_{\text{净}} = \vec{j} - \overleftarrow{j}$$

将式(6.32)和式(6.33)代入上式,得

$$j_{\text{净}} = j^0 \left[\exp\left(-\frac{\alpha F}{RT}\Delta\varphi\right) - \exp\left(\frac{\beta F}{RT}\Delta\varphi\right)\right] \tag{6.34}$$

如果近似认为 $\alpha \approx \beta \approx 0.5$,那么由式(6.34)可知,对于不同的电极反应,当极化值 $\Delta\varphi$ 相等时,式(6.34)中指数项之差接近于常数,因而净反应速度的大小决定于各电极反应的交换电流密度。交换电流密度越大,净反应速度也越大,这意味着电极反应越容易进行。换句话说,不同的电极反应若要以同一个净反应速度进行,那么交换电流密度越大者,所需要的极化值(绝对值)越小。这表明,当净电流通过电极,电极电位倾向于偏离平衡态时,交换电流密度越大,电极反应越容易进行,其去极化的作用也越强,因而电极电位偏离平衡态的程度,即电极极化的程度就越小。电极反应这种力图恢复平衡状态的能力,或者说去极化作用的能力,可称为电极反应的可逆性。交换电流密度大,反应易于进行的电极反应,其可逆性也大,表示电极体系不容易极化。反之,交换电流密度小的电极反应则表现出较小的可逆性,电极容易极化。

通过交换电流密度的大小,有助于我们判断电极反应的可逆性或是否容易极化。例如,表 6.4 所列为根据交换电流密度值对某些金属电极体系可逆性所进行的分类,表 6.5 所列为交换电流密度与电极体系动力学性质之间的一般性规律。其中,就可逆性来说,有两种极端的情形:理想极化电极几乎不发生电极反应,交换电流密度的数值趋近于零,故可逆性最小;理想不极化电极的交换电流密度数值趋近于无穷大,故几乎不发生极化,可逆性最大。

表 6.4　第一类电极($M\,|\,M^{n+}$)可逆性的分类(M^{n+} 的浓度均为 1 mol/L)

序　号	金　属	$j^0/(\text{A}\cdot\text{cm}^{-2})$	η/mV ($j = 1\ \text{A/cm}^2$)	电极反应可逆性
1	Fe,Co,Ni	$10^{-8} \sim 10^{-9}$	$n \times 10^2$	小
2	Zn,Cu,Bi,Cr	$10^{-4} \sim 10^{-7}$	$n \times 10$	中
3	Pb,Cd,Ag,Sn	$10 \sim 10^{-3}$	< 10	大

表 6.5　交换电流密度值与电极体系动力学性质之间的关系

动力学性质	j^0 的数值			
	$j^0 \to 0$	j^0 小	j^0 大	$j^0 \to \infty$
极化性能	理想极化	易极化	难极化	理想不极化
电极反应的可逆性	完全不可逆	可逆性小	可逆性大	完全可逆
$j \sim \eta$ 关系	电极电位可任意改变	一般为半对数关系	一般为直线关系	电极电位不会改变

需要指出,电极反应的可逆性是指电极反应是否容易进行及电极是否容易极化而言的,它与热力学中的可逆电极和可逆电池的概念是两回事,不可混为一谈。

6.2.3　电极反应速度常数 K

交换电流密度 j^0 虽然是最重要的基本动力学参数,但如上所述,它的大小与反应物质的浓度有关。改变电极体系中某一反应物质的浓度时,平衡电位和交换电流密度的数值都会改变。所以,应用交换电流密度描述电极体系的动力学性质时,必须注明各反应物质的浓度,这是很不方便的。为此,人们引出了另一个与反应物质浓度无关,更便于对不同电极体系的性质进行比较的基本动力学参数——电极反应速度常数 K。

设电极反应为

$$O + e \rightleftharpoons R$$

当电极体系处于平衡电极电位 φ^0 时,由式(6.30)可知 $c_O = c_R$。由于平衡电位下,均有 $\vec{j} = \overleftarrow{j}$ 的关系,因而根据式(6.28)得到

$$F \vec{K} c_O \exp\left(-\frac{\alpha F \varphi^{0'}}{RT}\right) = F \overleftarrow{K} c_R \exp\left(\frac{\beta F \varphi^{0'}}{RT}\right) \tag{6.35}$$

已知 $c_O = c_R$,故可令

$$K = \vec{K} \exp\left(-\frac{\alpha F \varphi^{0'}}{RT}\right) = \overleftarrow{K} \exp\left(\frac{\beta F \varphi^{0'}}{RT}\right) \tag{6.36}$$

式中:K 即为电极反应速度常数。如果把 $\varphi^{0'}$ 近似看作 φ^0,则 K 可定义为电极电位为标准电极电位和反应粒子浓度为单位浓度时电极反应的绝对速度,单位为 cm/s 或者 m/s。可见,电极反应速度常数是交换电流密度的一个特例,如同标准电极电位是平衡电位的一种特例一样。因而,交换电流密度是浓度的函数。而电极反应速度常数是指定条件下的交换电流密度,它本身已排除了浓度变化的影响。这样,电极反应速度常数既具有交换电流密度的性质,又与反应物质浓度无关,可以代替交换电流密度描述电极体系的动力学性质,而无须注明反应物质的浓度。用电极反应速度常数描述动力学性质时,前面所推导出的电子转移步骤基本动力学公式可相应地改写成如下形式:

$$\vec{j} = F \vec{K} c_O \exp\left(-\frac{\alpha F}{RT}\varphi\right) \tag{6.16}$$

$$= F \vec{K} c_O \exp\left(-\frac{\alpha F}{RT}\varphi^{0'}\right) \exp\left[-\frac{\alpha F}{RT}(\varphi - \varphi^{0'})\right]$$

$$= F K c_O \exp\left[-\frac{\alpha F}{RT}(\varphi - \varphi^{0'})\right] \tag{6.37}$$

$$\vec{j} = F\vec{K}c_{R}\exp\left(\frac{\beta F}{RT}\varphi\right) \tag{6.17}$$

$$= FKc_{R}\exp\left[\frac{\beta F}{RT}(\varphi - \varphi^{0'})\right] \tag{6.38}$$

尽管用电极反应速度常数 K 表示电极反应动力学性质时具有与反应物质浓度无关的优越性,但由于交换电流密度 j^{0} 可以通过极化曲线直接测定,因而 j^{0} 仍是电化学中应用最广泛的动力学参数。

电极反应速度常数与交换电流密度之间的关系可从下面的推导中得到:

根据式(6.37),在平衡电位时应有

$$j^{0} = \vec{j} = FKc_{O}\exp\left[-\frac{\alpha F}{RT}(\varphi_{\Psi} - \varphi^{0'})\right] \tag{6.39}$$

已知

$$\varphi_{\Psi} = \varphi^{0'} + \frac{RT}{F}\ln\frac{c_{O}}{c_{R}} \tag{6.30}$$

将式(6.30)代入式(6.39)后,可得

$$j^{0} = FKc_{O}\exp\left(-\alpha\ln\frac{c_{O}}{c_{R}}\right)$$

$$= FKc_{O}\left(\frac{c_{O}}{c_{R}}\right)^{-\alpha}$$

由于 $\alpha + \beta = 1$,故

$$j^{0} = FKc_{O}^{\beta}c_{R}^{\alpha} \tag{6.40}$$

6.3　稳态电化学极化规律

6.3.1　电化学极化的基本实验事实

在没有建立起完整的电子转移步骤动力学理论之前,人们已通过大量的实践,发现和总结了电化学极化的一些基本规律,其中以塔菲尔(Tafel)在 1905 年提出的过电位 η 和电流密度 j 之间的关系最重要。这是一个经验公式,被称为塔菲尔公式,其数学表达式为

$$\eta = a + b\lg j \tag{6.41}$$

式中:过电位 η 和电流密度 j 均取绝对值(即正值);a 和 b 为两个常数。a 表示电流密度为单位数值(如 1 A/cm^{2})时的过电位值。它的大小和电极材料的性质、电极表面状态、溶液组成及温度等因素有关。根据 a 值的大小,可以比较不同电极体系中进行电子转移步骤的难易程度。b 是一个主要与温度有关的常数。对大多数金属而言,常温下 b 的数值在 0.12 V 左右。从影响 a 值和 b 值的因素中,我们可以看到,电化学极化时过电位或电化学反应速度与哪些因素有关。

塔菲尔公式可在很宽的电流密度范围内适用。如对汞电极,当电子转移步骤控制电极过程时,在宽达 $10^{-7} \sim 1$ A/cm^{2} 的电流密度范围内,过电位和电流密度的关系都符合塔菲尔公式。但是,当电流密度很小($j \to 0$)时,塔菲尔公式就不再成立了。因为当 $j \to 0$ 时,按照塔菲

尔公式将出现 $\eta \to -\infty$,这显然与实际情况不符合。实际情况是:当电流密度很小时,电极电位偏离平衡状态也很少,即 $j \to 0$ 时,$\eta \to 0$。这种情况下,从大量实验中总结出另一个经验公式,即过电位与电流密度呈线性关系的公式:

$$\eta = \omega j \tag{6.42}$$

式中:ω 为常数。与塔菲尔公式中的 a 值类似,其大小与电极材料性质及表面状态、溶液组成、温度等有关。

塔菲尔公式和式(6.42)表达了电化学极化的基本规律。人们常把式(6.41)所表达的过电位与电流密度之间的关系称为塔菲尔关系,把式(6.42)所表达的过电位与电流密度的关系称为线性关系。

6.3.2 巴特勒-伏尔摩(Butler - Volmer)方程

前面已讲过,当电子转移步骤成为电极过程的控制步骤时,电极的极化称为电化学极化。这种情况下,在一定大小的外电流通过电极的初期,单位时间内流入电极的电子来不及被还原反应完全消耗掉,或者单位时间内来不及通过氧化反应完全补充流出电极的电子,因而电极表面出现附加的剩余电荷,改变了双电层结构,使电极电位偏离通电前的电位(平衡电位或稳定电位),即电极发生了极化。同时,电极电位的改变又将改变该电极上进行的还原反应速度和氧化反应速度。这种变化一直持续到该电极的还原反应电流 $\vec{j}$ 和氧化反应电流 $\overleftarrow{j}$ 的差值与外电流密度相等,这时电极过程达到了稳定状态。这就是说,电化学极化处于稳定状态时,外电流密度必定等于 $(\vec{j} - \overleftarrow{j})$,也就是等于电子转移步骤的净反应速度(净电流密度 $j_{净}$)。由于电子转移步骤是控制步骤,因而 $j_{净}$ 也应是整个电极反应的净反应速度。这样,根据电子转移步骤的基本动力学公式,很容易得到稳态电化学极化时电极反应的速度与电极电位之间的关系,即

$$j = j_{净}$$

将式(6.34)代入上式,则

$$j = j^{0} \left[\exp\left(-\frac{\alpha F}{RT}\Delta\varphi\right) - \exp\left(\frac{\beta F}{RT}\Delta\varphi\right) \right] \tag{6.43}$$

式(6.43)就是单电子电极反应的稳态电化学极化方程式,也称为巴特勒-伏尔摩方程。它是电化学极化的基本方程之一。式中的 j 既可表示外电流密度(也称极化电流密度),也可表示电极反应的净反应速度。按照习惯规定,当电极上发生净还原反应(阴极反应)时,j 为正值;发生净氧化反应(阳极反应)时,j 为负值。若电极反应净速度欲用正值表示,则可用 j_c 代表阴极反应速度,用 j_a 表示阳极反应速度,将式(6.43)分别改写为

$$j_{c} = \vec{j} - \overleftarrow{j} = j^{0} \left[\exp\left(\frac{\alpha F}{RT}\eta_{c}\right) - \exp\left(-\frac{\beta F}{RT}\eta_{c}\right) \right] \tag{6.44}$$

$$j_{a} = \overleftarrow{j} - \vec{j} = j^{0} \left[\exp\left(\frac{\beta F}{RT}\eta_{a}\right) - \exp\left(-\frac{\alpha F}{RT}\eta_{a}\right) \right] \tag{6.45}$$

式中:η_c,η_a 分别表示阴极过电位和阳极过电位,均取正值。

按照巴特勒-伏尔摩方程作出的极化曲线如图 6.6 所示,图中实线为 j-η 关系曲线,虚线为 $\vec{j}$-η 或 $\overleftarrow{j}$-η 曲线。

从巴特勒–伏尔摩方程及其图解可以看到,当电极电位为平衡电位时,即 $\eta=0$ 时,$j=0$。这表明在平衡电位下,即在平衡电位的界面电场中并没有净反应发生。因此,界面电场的存在并不是发生净电极反应的必要条件,出现净反应的必要条件是剩余界面电场的存在,即过电位的存在。只有当 $\eta\neq0$ 时,才会有净反应速度 $j\neq0$。这正如盐从溶液中结晶析出需要过饱和度,熔融金属结晶时需要过冷度一样。因此可以说,过电位是电极反应(净反应)发生的推动力。这正是容易进行的电极反应需要的极化值或过电位较小的原因。同时,从这一点再次证明,在电极过程动力学中,真正有用的是过电位或电极电位的变化值,而不是电极电位的绝对数值(绝对电位)。

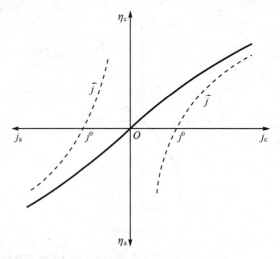

实线为 j-η 曲线,虚线为 $\overrightarrow{j}(\overleftarrow{j})$-$\eta$ 曲线

图 6.6　电化学极化曲线

同时,巴特勒–伏尔摩方程指明了电化学极化时的过电位(可称为电化学过电位)的大小取决于外电流密度和交换电流密度的相对大小。当外电流密度一定时,交换电流密度越大的电极反应,其过电位越小。如前所述,这表明反应越容易进行,所需要的推动力越小。而相对于一定的交换电流密度而言,当外电流密度越大时,过电位也越大,即要使电极反应以更快的速度进行,就需要有更大的推动力。因此,我们可以把依赖于电极反应本性,反映了电极反应进行难易程度的交换电流密度看作决定过电位大小或产生电极极化的内因,而外电流密度则是决定过电位大小或产生极化的外因(条件)。综上,对一定的电极反应,在一定的极化电流密度下会产生一定数值的过电位。内因(j^0)和条件(j)中任何一方面的变化都会导致过电位的改变。

根据巴特勒–伏尔摩方程还可以知道,极化电流密度 j 和 η 或 $\Delta\varphi$ 之间的关系类似于双曲正弦函数。例如,设 $\alpha\approx\beta\approx0.5$,可以从式(6.43)中得出

$$j=j^0\left[\exp\left(-\frac{F}{2RT}\Delta\varphi\right)-\exp\left(\frac{F}{2RT}\Delta\varphi\right)\right]$$

令 $x=-\dfrac{F}{2RT}\Delta\varphi$,则

$$j=2j^0\sinh x \tag{6.46}$$

根据式(6.46)可得出一个完全对称的具有双曲正弦函数图形的极化曲线,如图 6.7 所示。当 $\alpha\neq\beta$ 时,极化曲线虽不对称,但仍具备双曲函数的特征。正因为如此,电化学极化时,j-η 关系中也类似于双曲函数而具有两种极限情况:x 很大和 x 很小。在这两种情况下,过电位与电流密度的关系可以简化,这对研究电化学极化的动力学规律很有意义。下面就来讨论接近于这两种极限情况时,巴特勒–伏尔摩方程的近似公式。

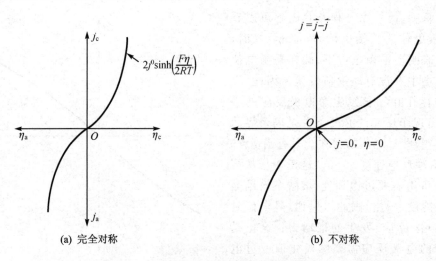

(a) 完全对称   (b) 不对称

图 6.7　具有双曲函数特征的电化学极化曲线

6.3.3　高过电位下的电化学极化规律

当极化电流密度远大于交换电流密度时,通常会出现高的过电位值,即电极的极化程度较高。此时,电极反应的平衡状态遭到明显的破坏。我们以阴极极化为例,说明这种情况下的电化学极化规律。

当过电位值很大时,相当于双曲函数的 x 值很大,即式(6.44)中存在如下关系:

$$\exp\left(\frac{\alpha F}{RT}\eta_c\right) \gg \exp\left(-\frac{\beta F}{RT}\eta_c\right)$$

因此,可以忽略式(6.44)中右边第二个指数项,遂得到

$$j_c \approx j^0 \exp\left(\frac{\alpha F}{RT}\eta_c\right) \tag{6.47}$$

由于 $j_c = \vec{j} - \overleftarrow{j} \approx \vec{j}$,故式(6.47)实质上是反映了因还原反应速度远大于氧化反应速度而可以将后者忽略不计的结果。

将式(6.47)两边取对数,整理后得

$$\eta_c = -\frac{2.3RT}{\alpha F}\lg j^0 + \frac{2.3RT}{\alpha F}\lg j_c \tag{6.48}$$

同理,对于阳极极化也可进行类似推导,得到

$$j_a \approx j^0 \exp\left(\frac{\beta F}{RT}\eta_a\right) \tag{6.49}$$

$$\eta_a = -\frac{2.3RT}{\beta F}\lg j^0 + \frac{2.3RT}{\beta F}\lg j_a \tag{6.50}$$

式(6.48)和式(6.50)即高过电位(或者 $|j| \gg j^0$)时巴特勒–伏尔摩方程的近似公式。与电化学极化的经验公式——塔菲尔公式(式(6.41))相比,可以看出两者是完全一致的。这表明电子转移步骤的基本动力学公式和巴特勒–伏尔摩方程的正确性得到了实践的验证。同时,理论公式——式(6.48)和式(6.50)又比从实践中总结出来的经验公式更具有普遍意义,更清楚地说明了塔菲尔关系中常数 a 和 b 所包含的物理意义,即

阴极极化时

$$a = -\frac{2.3RT}{\alpha F}\lg j^0 \qquad\qquad (6.51A)$$

$$b = \frac{2.3RT}{\alpha F} \qquad\qquad (6.52A)$$

阳极极化时

$$a = -\frac{2.3RT}{\beta F}\lg j^0 \qquad\qquad (6.51B)$$

$$b = \frac{2.3RT}{\beta F} \qquad\qquad (6.52B)$$

这样,理论公式明确地指出了,当电极反应以一定速度进行时,电化学过电位的大小取决于电极反应性质(通过 j^0,α,β 体现)和反应的温度 T。

那么,在实际情况中,什么范围才算是高过电位区呢? 或者说,什么条件下电化学极化才符合塔菲尔关系呢? 由式(6.48)和式(6.50)的推导过程可知,巴特勒-伏尔摩方程能够简化成半对数的塔菲尔关系,关键在于忽略了逆向反应的存在。因此,只有巴特勒-伏尔摩方程中两个指数项差别相当大时,才能符合塔菲尔关系。通常认为,满足塔菲尔关系的条件是两个指数项相差 100 倍以上。例如,阴极极化时,假设 $\alpha \approx 0.5$,则适用式(6.48)的条件为

$$\frac{\exp\left(-\dfrac{\alpha F}{RT}\eta_c\right)}{\exp\left(\dfrac{\beta F}{RT}\eta_c\right)} > 100$$

在 25 ℃时,可计算出该条件相当于 $\eta_c > 0.116$ V。

6.3.4　低过电位下的电化学极化规律

当电极反应的交换电流密度比极化电流密度大得多,即 $|j| \ll j^0$ 时,由于 j 是两个大数($\vec{j}$ 和 $\overleftarrow{j}$)之间的差值,故只要 $\vec{j}$ 和 $\overleftarrow{j}$ 有很小的一点差别,就足以引起比 j^0 小得多的净电流密度(极化电流密度)j 的变化。这种情况下,只需要电极电位稍稍偏离平衡电位,也就是只需要很小的过电位就足以推动净反应以 j 的速度进行了(如图 6.8(a)所示),因而电极反应仍处于"近似可逆"的状态,即 $\vec{j} \approx \overleftarrow{j}$。这种情况就是低过电位下的电化学极化。实际体系中,它只有在电极反应体系的交换电流密度很大或通过电极的电流密度很小时才会发生。

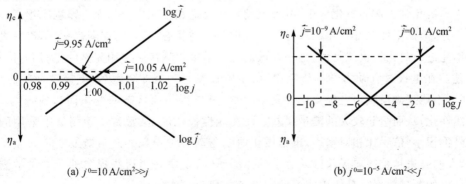

(a) $j^0 = 10$ A/cm²$\gg j$　　　　　(b) $j^0 = 10^{-5}$ A/cm²$\ll j$

图 6.8　j 与 j^0 的相对大小对过电位数值的影响(设 $j = 0.1$ A/cm²)

当过电位很小时，式(6.43)可按级数形式展开，即

$$j = j^0 \left\{ \left[1 - \frac{\alpha F}{RT} \Delta\varphi + \frac{1}{2!} \left(\frac{\alpha F}{RT} \Delta\varphi \right)^2 - \cdots \right] - \left[1 + \frac{\beta F}{RT} \Delta\varphi + \frac{1}{2!} \left(\frac{\beta F}{RT} \Delta\varphi \right)^2 + \cdots \right] \right\}$$

由于 $|\Delta\varphi|$ 很小，故有

$$\frac{\alpha F}{RT} \mid \Delta\varphi \mid \ll 1$$

$$\frac{\beta F}{RT} \mid \Delta\varphi \mid \ll 1$$

可略去上述级数展开式中的高次项，只保留前两项，遂得低过电位下的近似公式：

$$j \approx -\frac{Fj^0}{RT} \Delta\varphi \tag{6.53A}$$

或

$$\Delta\varphi \approx -\frac{RT}{F} \frac{j}{j^0} \tag{6.53B}$$

把式(6.53B)与经验公式(6.42)比较，同样可看到理论公式与经验公式的一致性，都表明低过电位下，过电位与极化电流密度或净反应速度之间呈现线性关系，并可得知式(6.42)中常数 ω 是交换电流与温度的函数，即

$$\omega = \frac{RT}{F} \frac{1}{j^0} \tag{6.54}$$

若模仿欧姆定律的形式，则可将式(6.53)改写成

$$R_r = \left| \frac{\mathrm{d}(\Delta\varphi)}{\mathrm{d}j} \right|_{\Delta\varphi \rightarrow 0} = \frac{RT}{Fj^0} \tag{6.55}$$

可见，$\frac{RT}{Fj^0}$ 具有电阻的量纲，有时就将它称为反应电阻或极化电阻，用 R_r 表示。它相当于电荷在电极/溶液界面传递过程中，单位面积上的等效电阻。但应该强调，这只是一种形式上的模拟，而不是在电极/溶液界面真的存在着某一个电阻 R_r。由式(6.55)可知，反应电阻 R_r 的大小与交换电流密度值成反比。

通常认为，对于单电子电极反应，当 $\alpha \approx \beta \approx 0.5$ 时，式(6.53)所表达的过电位与极化电流密度的线性关系在 $\eta < 10 \text{ mV}$ 的范围内适用。当 α 与 β 不接近相等时，η 值还要小些。

处于上述两种极限情况之间，即在高过电位区与低过电位区之间还存在一个过渡区域，在这一过电位范围内，电化学极化的规律既不是线性的，也不符合塔菲尔关系。通常将这一过渡区域称为弱极化区。在弱极化区中，电极上的氧化反应和还原反应的速度差别不很大，不能忽略任何一方，但又不像线性极化区那样处于近似的可逆状态。因此，在弱极化区，巴特勒-伏尔摩方程不能进行简化。也就是说，这一区域的电化学极化规律必须用完整的巴特勒-伏尔摩方程来描述。在电极过程动力学的研究中，由于电极极化到塔菲尔区后，电极表面状态变化较大，往往已不能正确反映出电极反应的初始面貌，并常因表面状态的变化而造成 η 与 $\lg j$ 之间的非线性化，从而引起较大的测量误差。而在线性极化区，又常常由于测量中采用的电流、电压信号都很小，信噪比相对增大，也给极化曲线与动力学参数的测量造成一定误差。因此，近年来，人们越来越重视弱极化区动力学规律的研究，以便利用这些规律进行电化学测量，获取比较精确的测量数据。具体内容可参阅参考文献[20]、[21]等。

6.3.5 稳态极化曲线法测量基本动力学参数

根据上面讨论的各种条件下电化学极化的动力学规律,我们可以用图解的方法把过电位、极化电流密度(电极反应速度)和各个基本动力学参数之间的关系表示出来,如图6.9所示。从图中可看出,这个图和图6.6是一回事,仅仅改换了坐标而已,即把坐标 j 换成了 $\lg j$。因此,图6.9同样表达了电化学极化处于稳态时,微观的氧化还原反应的动力学规律(η-$\lg \vec{j}$ 和 η-$\lg \overset{\leftarrow}{j}$ 曲线)与宏观的净电极反应的动力学规律(阴极极化曲线 η-$\lg j_c$ 和阳极极化曲线 η-$\lg j_a$)之间的联系。其中阴极极化曲线和阳极极化曲线是可以实验测定的。因此,根据图6.9所示的相互关系,可以找到通过测量稳态极化曲线求基本动力学参数的方法。例如:

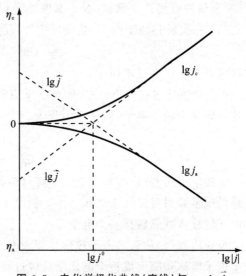

图6.9　电化学极化曲线(实线)与 η-$\lg \vec{j}$、η-$\lg \overset{\leftarrow}{j}$ 曲线(虚线)之间的联系

(1) 实验测定阴极和阳极极化曲线后,将其线性部分,即塔菲尔区外推,就可得到 η-$\lg \vec{j}$ 和 η-$\lg \overset{\leftarrow}{j}$ 曲线,如图6.9中的两条虚线,二者的交点即为该电极反应的 $\lg j^0$ 值。或者把其中一条极化曲线的线性部分外推,与平衡电位线相交,所得交点也是 $\lg j^0$。由此可以求得交换电流密度 $\lg j^0$。

(2) 把实验测定的阴极或阳极极化曲线线性部分外推到 $\lg j=0$ 处,在电极电位坐标上所得的截距即塔菲尔公式中的 a 值,根据式(6.51A)和式(6.51B),可求出 j^0 值。

以上两种方法通常被称为塔菲尔直线外推法。所测量得到的极化曲线要以 η-$\lg j$ 或 φ-$\lg j$ 的形式给出,如图6.9所示。

(3) 实验测得的 η-$\lg j$ 曲线线性部分的斜率即塔菲尔公式中的 b 值,常被称作塔菲尔斜率。由 b 值、式(6.52A)和式(6.52B)可求得该电极反应的传递系数 α 或 β 值。

(4) 在平衡电位附近测量极化曲线(φ-j 曲线,如图6.6所示)。该极化曲线靠近平衡电位的线性部分的斜率即为极化电阻 R_r。根据式(6.55),可以从极化电阻 R_r 求得交换电流 j^0 的数值。

(5) 通过实验求得的交换电流值,利用式(6.40)可计算电极反应速度常数 K。

以上仅从原理上介绍了几种测量基本动力学参数的方法。至于具体实验方法,已超出本课程范畴,这里不再赘述。

6.4　多电子的电极反应

6.4.1　多电子转移步骤概述

前几节,我们讨论的都是单电子电极反应,而实际中遇到的不仅仅是单电子电极反应,还有很多电极反应涉及多个电子的转移。那么,这些反应中,电子是如何转移的呢? 即多电子电极反应是按什么样的历程进行的呢? 它的动力学规律又将如何? 若是两个电子参与的电极反应,则有两种可能性。例如,对于电极反应 $Cu^{2+}+2e \Longrightarrow Cu$,就有两种可能的反应历程,即

(1) 一次转移两个电子,电极反应历程为

$$Cu^{2+}+2e \Longrightarrow Cu$$

这种情况发生在高过电位下。

(2) 在较低过电位下,一次电化学反应只转移一个电子,要连续进行两次单电子的电极反应才能转移完两个电子,即反应历程为

$$Cu^{2+}+e \Longrightarrow Cu^{+}$$
$$Cu^{+}+e \Longrightarrow Cu$$

上述反应历程(1)可称为单电子转移步骤,因为电子转移是一次完成的。单电子转移步骤转移的电子数目可以是 1 个或 2 个。但由于单个电子的转移最容易进行,因此大多数情况下单电子转移步骤只转移一个电子。

反应历程(2)称为多电子转移步骤或多步骤电化学反应。该历程中,依靠连续进行的若干个单电子转移步骤完成整个电化学反应过程。因此,多电子转移步骤是由一系列单电子转移步骤串联组成的。例如,对于多电子电极反应:

$$O+ ne \Longrightarrow R$$

其反应历程可描述为

$$O+e \underset{}{\overset{j_1^0}{\Longrightarrow}} X_1$$
$$X_1+e \underset{}{\overset{j_2^0}{\Longrightarrow}} X_2$$
$$\vdots$$
$$X_{k-2}+e \underset{}{\overset{j_{k-1}^0}{\Longrightarrow}} X_{k-1}$$
控制步骤前共 $k-1$ 个单电子步骤

$$X_{k-1}+e \underset{}{\overset{j_k^0}{\Longrightarrow}} X_k \qquad （控制步骤）$$

$$X_k+e \underset{}{\overset{j_{k+1}^0}{\Longrightarrow}} X_{k+1}$$
$$\vdots$$
$$X_{n-1}+e \underset{}{\overset{j_n^0}{\Longrightarrow}} R$$
控制步骤后共 $n-k$ 个单电子步骤

在这些连续进行的单电子转移步骤之中,同样有一个速度控制步骤,如上例中的第 k 个步骤。

有时,控制步骤要重复多次,才开始下一个步骤。例如氢电极反应 $2H^{+}+2e \Longrightarrow H_2$,在有些情况下,即出现如下反应历程:

$$H^{+}+e \Longrightarrow H_{吸附}$$
$$H_{+}+e \Longrightarrow H_{吸附}$$
控制步骤,重复两次

$$H_{吸附}+H_{吸附} \Longrightarrow H_2$$

有些情况下,中间态粒子有可能发生歧化反应,如

$$2(O+e \Longrightarrow X) \qquad 单电子反应,重复两次$$

$$2X \rightleftharpoons O+R \qquad 歧化反应$$
$$O+2e \rightleftharpoons R \qquad 净反应$$

而歧化反应可能是与电极电位无关的化学反应。所以,多电子转移步骤也不是在任何情况下都是由单电子步骤串联组成的。

凡是多个电子参与的电极反应,即 $n > 2$ 时,肯定一次不可能转移 n 个电子,因此它的反应历程都是多电子转移步骤类型,如氧电极反应 $4OH^- \rightleftharpoons 2H_2O+O_2+4e$ 就是一个有中间产物生成的多步骤电子转移反应。

为了简便起见,下面仍以双电子反应为例讨论多电子转移步骤的动力学规律。

6.4.2 多电子转移步骤的动力学规律

设双电子反应为

$$O+2e \rightleftharpoons R$$

反应历程为两个单电子步骤的串联,即

(1) $\qquad O+e \rightleftharpoons X \qquad$ (中间粒子)
(2) $\qquad X+e \rightleftharpoons R \qquad$ (假定为控制步骤)

根据前几节的讨论,控制步骤作为单电子反应,其动力学规律为

$$\vec{j}_2 = F\vec{K}_2 c_X \exp\left(-\frac{\alpha_2 F}{RT}\varphi\right) \tag{6.56}$$

$$\overleftarrow{j}_2 = F\overleftarrow{K}_2 c_R \exp\left(\frac{\beta_2 F}{RT}\varphi\right) \tag{6.57}$$

式中: c_X 是中间粒子 X 的浓度。我们可以从非控制步骤的准平衡态性质求得 c_X 的大小,即对于步骤(1),应有

$$\vec{j} \approx \overleftarrow{j}$$

因此

$$\vec{K}_1 c_O \exp\left(-\frac{\alpha_1 F}{RT}\varphi\right) = \overleftarrow{K}_1 c_X \exp\left(\frac{\beta_1 F}{RT}\varphi\right)$$

$$c_X = \frac{\vec{K}_1}{\overleftarrow{K}_1} c_O \exp\left(-\frac{F}{RT}\varphi\right)$$

令 $K_1 = \dfrac{\vec{K}_1}{\overleftarrow{K}_1}$,则上式可写成

$$c_X = K_1 c_O \exp\left(-\frac{F}{RT}\varphi\right) \tag{6.58}$$

将式(6.58)代入式(6.56)中,得到

$$\vec{j}_2 = F\vec{K}_2 K_1 c_O \exp\left(-\frac{F}{RT}\varphi\right) \exp\left(-\frac{\alpha_2 F}{RT}\varphi\right)$$

$$= F\vec{K}_2 K_1 c_O \exp\left[-\frac{(1+\alpha_2)F}{RT}\varphi\right]$$

$$= F\vec{K}_2 K_1 c_O \exp\left[-\frac{(1+\alpha_2)F}{RT}\varphi_平\right] \exp\left[-\frac{(1+\alpha_2)F}{RT}\Delta\varphi\right]$$

$$= j_2^0 \exp\left[-\frac{(1+\alpha_2)F}{RT}\Delta\varphi\right] \tag{6.59}$$

同理可推得

$$\overleftarrow{j}_2 = j_2^0 \exp\left(\frac{\beta_2 F}{RT}\Delta\varphi\right) \tag{6.60}$$

式中：j_2^0 为控制步骤（步骤（2））的交换电流密度。

稳态极化时，各个串联的单元步骤的速度应当相等，并等于控制步骤的速度。因此，在电极上由 n 个单电子转移步骤串联组成的多电子转移步骤的总电流密度 j（即电极反应净电流密度）应为各单电子转移步骤电流密度之和，即 $j = n j_k$，其中 j_k 为控制步骤的电流密度。对上述双电子反应，应有

$$j = 2(\overrightarrow{j}_2 - \overleftarrow{j}_2) = 2j_2$$

将式（6.59）和式（6.60）代入上式，得

$$j = 2j_2^0 \left\{ \exp\left[-\frac{(1+\alpha_2)F}{RT}\Delta\varphi\right] - \exp\left(\frac{\beta_2 F}{RT}\Delta\varphi\right) \right\}$$

令 $j^0 = 2j_2^0$，代表双电子反应的总交换电流密度。令 $\overrightarrow{\alpha} = 1 + \alpha_2$，表示还原反应总传递系数；$\overleftarrow{\alpha} = \beta_2$，表示氧化反应总传递系数。因此，可将上式写为

$$j = j^0 \left[\exp\left(-\frac{\overrightarrow{\alpha}F}{RT}\Delta\varphi\right) - \exp\left(\frac{\overleftarrow{\alpha}F}{RT}\Delta\varphi\right) \right] \tag{6.61}$$

式（6.61）即为双电子电极反应的动力学公式，也可适用于任何一个多电子电极反应。由于它和单电子转移步骤的基本动力学公式（巴特勒-伏尔摩方程）具有相同的形式，因而被称为普遍化了的巴特勒-伏尔摩方程。只是需要注意，在式（6.61）中，交换电流密度和传递系数都要用整个电极反应的交换电流密度和传递系数（$\overrightarrow{\alpha}$，$\overleftarrow{\alpha}$）。对多电子电极反应 $O + ne \Longleftrightarrow R$ 可以推导出下列各关系式：

总的传递系数为

$$\overrightarrow{\alpha} = \frac{k-1}{\nu} + \alpha_k \tag{6.62}$$

$$\overleftarrow{\alpha} = \frac{n-k+1-\nu}{\nu} + \beta_k \tag{6.63}$$

式中：α_k 和 β_k 为控制步骤的传递系数；k 为控制步骤在正向（还原反应方向）反应时的序号；ν 为控制步骤重复进行的次数。显然有

$$\overrightarrow{\alpha} + \overleftarrow{\alpha} = \frac{n}{\nu} \tag{6.64}$$

总的还原反应绝对速度为

$$\overrightarrow{j} = nFK_c c_O \exp\left(-\frac{\overrightarrow{\alpha}F}{RT}\varphi\right)$$

$$= j^0 \exp\left(-\frac{\overrightarrow{\alpha}F}{RT}\Delta\varphi\right) \tag{6.65}$$

总的氧化反应绝对速度为

$$\overleftarrow{j} = nFK_a c_R \exp\left(\frac{\overleftarrow{\alpha}F}{RT}\varphi\right)$$

$$= j^0 \exp\left(\frac{\vec{\alpha} F}{RT}\Delta\varphi\right) \tag{6.66}$$

总交换电流密度为

$$j^0 = nFK_c c_O \exp\left(-\frac{\vec{\alpha} F}{RT}\varphi_{\mp}\right)$$

$$= nFK_a c_R \exp\left(\frac{\overleftarrow{\alpha} F}{RT}\varphi_{\mp}\right) \tag{6.67}$$

上面各式中，K_c 和 K_a 均为常数，其数值可用下式表示：

$$K_c = \vec{K}_k \prod_{i=1}^{k-1}\left(\frac{\vec{K}_i}{\overleftarrow{K}_i}\right)$$

$$K_a = \overleftarrow{K}_k \prod_{i=n-k}^{n}\left(\frac{\vec{K}_i}{\overleftarrow{K}_i}\right)$$

以上两式中，下标 k 表示控制步骤，下标 i 表示非控制步骤。$k-1$ 表示控制步骤前的单电子转移步骤数目，$n-k$ 表示控制步骤后的单电子转移步骤数目。

显然，将式(6.65)和式(6.66)代入 $j = \vec{j} - \overleftarrow{j}$ 的关系式中，同样可得到与式(6.61)完全一样的多电子反应的净反应速度公式，即普遍化的巴特勒-伏尔摩方程。普遍化的巴特勒-伏尔摩方程对单电子电极反应同样适用。在单电子反应中，$n=1$，$k=1$，$\alpha_k = \alpha$，$\beta_k = \beta$，故有

$$\vec{\alpha} = \alpha$$
$$\overleftarrow{\alpha} = \beta$$
$$\vec{\alpha} + \overleftarrow{\alpha} = 1$$

这时的式(6.61)即表现为单电子转移步骤的巴特勒-伏尔摩方程：

$$j = j^0\left[\exp\left(-\frac{\alpha F}{RT}\Delta\varphi\right) - \exp\left(\frac{\beta F}{RT}\Delta\varphi\right)\right] \tag{6.43}$$

由此可见，式(6.61)是具有普遍意义的。

对于多电子电极反应，也可以像单电子电极反应那样，把普遍化的巴特勒-伏尔摩方程在高过电位区和低过电位区分别简化成近似公式。

1) 高过电位区

以阴极极化为例，可有

$$j = j^0 \exp\left(-\frac{\vec{\alpha} F}{RT}\Delta\varphi\right) \tag{6.68}$$

$$\eta_c = -\Delta\varphi = -\frac{2.3RT}{\vec{\alpha} F}\lg j^0 + \frac{2.3RT}{\vec{\alpha} F}\lg j_c \tag{6.69}$$

其动力学规律同样符合塔菲尔关系。

2) 低过电位区

式(6.61)按级数展开后，同样可得到一个线性方程，即

$$j_c = -j^0 \frac{nF}{RT}\Delta\varphi \tag{6.70}$$

$$\Delta\varphi = -\frac{RT}{nF}\frac{j_c}{j^0} \tag{6.71}$$

从上面的讨论可知,多电子电极反应的动力学规律是由其中组成控制步骤的某一个单电子转移步骤(多为单电子反应)所决定的,因而它的基本动力学规律与单电子转移步骤(单电子电极反应)是一致的,基本动力学参数(传递系数和交换电流密度等)都具有相同的物理意义,仅仅由于反应历程的复杂程度不同,在数值上有所区别而已。

6.5 双电层结构对电化学反应速度的影响(ψ_1 效应)

我们已经知道,电极/溶液界面的双电层是由紧密层和分散层串联组成的。而在前面几节的讨论中,均假设电极电位改变时只有紧密层电位差发生了变化。也就是认为,分散层中电位差的变化 $\Delta\psi_1$ 等于零,紧密层电位差的变化 $\Delta(\varphi-\psi_1)$ 就是整个双电层电位差的变化 $\Delta\varphi$,从而忽略了双电层结构变化(ψ_1 的变化)对电化学反应速度的影响。然而,只有在电极表面电荷密度很大和溶液浓度较高时,双电层才近似于紧密层结构而无分散层,ψ_1 电位才趋近于零。在稀溶液中,尤其是当电极电位接近于零电荷电位和发生表面活性物质特性吸附时,ψ_1 电位在整个双电层电位差中占有较大比重,它随电极电位改变而发生的变化也相当明显。例如,某些阴离子在零电荷电位附近发生特性吸附时,有时能使 ψ_1 电位改变 0.5 V 以上! 在表面活性物质发生吸附或脱附的电极电位下,ψ_1 电位的变化通常都是很明显的。因此,在这些情况下,不能再忽略 ψ_1 电位及其变化对电化学反应速度的影响了。这种影响实质上是双电层结构以及双电层中电位分布的变化所造成的,但是它集中体现在 ψ_1 电位的变化上,因此通常把双电层结构变化的影响称为 ψ_1 效应。

双电层结构变化对电化学反应速度的影响主要体现在以下两方面:

(1) 从电子转移步骤动力学公式的讨论中已知,溶液中参与电化学反应的粒子是位于紧密层平面(OHP 或 IHP)的粒子。也就是说,电子转移步骤是在紧密层中进行的。所以,影响反应活化能和反应速度的电位差并不是整个双电层的电位差 $\Delta\varphi$ 或电极电位 φ,而应该是紧密层平面与电极表面之间的电位差,即紧密层电位 $\varphi-\psi_1$。当 ψ_1 电位可以忽略不计时,则有 $\varphi\approx\varphi-\psi_1$。而当 ψ_1 电位不能忽略,即存在 ψ_1 效应时,就应该用 $\varphi-\psi_1$ 代替前面推导的各电子转移步骤动力学公式中的 φ。

(2) 在讨论单纯的电化学极化时,因为电子转移步骤是速度控制步骤,故可以忽略浓差极化的影响,即认为电极表面附近的反应粒子浓度 c^s 等于该粒子的体浓度 c,即 $c^s=c$。如果忽略 ψ_1 电位,即紧密层平面与溶液本体之间不存在电位差,那么反应粒子的表面浓度 c^s 就是紧密层平面反应粒子的浓度。而当 ψ_1 效应不能忽略时,c^s 是反应粒子在分散层外,即 $\psi=0$ 处的浓度。这时,紧密层平面的反应粒子浓度并不等于表面浓度 c^s。在双电层的内部,由于受到界面电场的影响,荷电粒子的分布服从微观粒子在势能场中的经典分布规律——波耳兹曼分布律。若以 c^* 表示紧密层平面的反应粒子浓度,z 为反应粒子所带电荷数,则

$$c^* = c^s \exp\left(-\frac{zF}{RT}\psi_1\right) = c \exp\left(-\frac{zF}{RT}\psi_1\right) \tag{6.72}$$

只有在反应粒子不荷电时,才能忽略 ψ_1 电位对反应粒子浓度的影响,得到 $c^*=c$ 的结果。因此,考虑到 ψ_1 效应时,应该用反应粒子在紧密层平面的浓度 c^* 代替前几节推导的动力学公式中的体浓度 c_O 或 c_R。

由上述分析可知，ψ_1 电位既能影响参与电子转移步骤的反应粒子浓度，又能影响电子转移步骤的反应活化能。在考虑了这两方面的影响后，前面推导的基本动力学公式(6.65)和式(6.66)应改写为

$$\vec{j} = nFK_c c_O^* \exp\left[-\frac{\vec{\alpha}F}{RT}(\varphi - \psi_1)\right] \tag{6.73}$$

$$\overleftarrow{j} = nFK_a c_R^* \exp\left[-\frac{\overleftarrow{\alpha}F}{RT}(\varphi - \psi_1)\right] \tag{6.74}$$

将式(6.72)代入式(6.73)和式(6.74)，则

$$\vec{j} = nFK_c c_O \exp\left(-\frac{z_O F}{RT}\psi_1\right)\exp\left[-\frac{\vec{\alpha}F}{RT}(\varphi - \psi_1)\right]$$

$$= nFK_c c_O \exp\left(-\frac{\vec{\alpha}F}{RT}\varphi\right)\exp\left[-\frac{(z_O - \vec{\alpha})F}{RT}\psi_1\right] \tag{6.75}$$

$$\overleftarrow{j} = nFK_a c_R \exp\left(-\frac{z_R F}{RT}\psi_1\right)\exp\left[\frac{\overleftarrow{\alpha}F}{RT}(\varphi - \psi_1)\right]$$

$$= nFK_a c_R \exp\left(\frac{\overleftarrow{\alpha}F}{RT}\varphi\right)\exp\left[-\frac{(z_R + \overleftarrow{\alpha})F}{RT}\psi_1\right] \tag{6.76}$$

考虑了分散层的影响时，电极反应的交换电流密度可用下式表示：

$$j^0 = nFK_c c_O \exp\left(-\frac{\vec{\alpha}F}{RT}\varphi_平\right)\exp\left[-\frac{(z_O - \vec{\alpha})F}{RT}\psi_1\right]$$

$$= nFK_a c_R \exp\left(\frac{\overleftarrow{\alpha}F}{RT}\varphi_平\right)\exp\left[-\frac{(z_R + \overleftarrow{\alpha})F}{RT}\psi_1\right] \tag{6.77}$$

　　将式(6.75)和式(6.76)代入 $j = \vec{j} - \overleftarrow{j}$ 的关系中，就能得到有 ψ_1 效应时的电化学极化的动力学方程。以高过电位下的阴极极化为例，电极反应速度与电极电位的关系如下：

$$j_c = nFK_c c_O \exp\left(-\frac{\vec{\alpha}F}{RT}\varphi\right)\exp\left[-\frac{(z_O - \vec{\alpha})F}{RT}\psi_1\right] \tag{6.78}$$

对式(6.78)两边取对数，整理后得到

$$-\varphi = -\frac{RT}{\vec{\alpha}F}\ln(nFK_c c_O) + \frac{RT}{\vec{\alpha}F}\ln j_c + \frac{z_O - \vec{\alpha}}{\vec{\alpha}}\psi_1 \tag{6.79}$$

把式(6.79)代入 $\eta_c = \varphi_平 - \varphi$，遂得到电化学极化方程为

$$\eta_c = \varphi_平 - \frac{RT}{\vec{\alpha}F}\ln(nFK_c c_O) + \frac{RT}{\vec{\alpha}F}\ln j_c + \frac{z_O - \vec{\alpha}}{\vec{\alpha}}\psi_1$$

$$= 常数 + \frac{z_O - \vec{\alpha}}{\vec{\alpha}}\psi_1 + \frac{RT}{\vec{\alpha}F}\ln j_c \tag{6.80}$$

　　与塔菲尔公式相比可知，当忽略分散层的存在时，$\psi_1 = 0$，式(6.80)右边前两项之和为常数，相当于塔菲尔关系中的 a 值，整个公式与式(6.69)是一样的，即符合塔菲尔关系。而不能忽略分散层时，$\psi \neq 0$，由于 ψ_1 电位是随电极电位 φ 变化而变化的，因此式(6.80)中右边前两项之和不再是常数，过电位与电流密度之间也不再符合塔菲尔关系了。图 6.10 表示了这种变化，在靠近零电荷电位的电位区间，由于不能忽略 ψ_1 效应，因此过电位与 $\ln j_c$ 的关系偏离了塔菲尔直线。而距离零电荷电位较远的电位范围内，ψ_1 电位的影响逐渐消失，因而 η 与 $\ln j_c$ 之间又恢复了线性关系，遵循塔菲尔公式表达的规律。

现仍以阴极还原过程为例，根据上述基本动力学规律具体分析 ψ_1 电位对电化学反应速度的影响。

当阳离子在阴极还原时，由于 $\vec{\alpha} < n$，$z_0 \geqslant n$，故

$$\frac{z_0 - \vec{\alpha}}{\vec{\alpha}} > 0$$

例如，对电极反应 $H^+ + e \Longleftrightarrow \frac{1}{2}H_2$，设 $\vec{\alpha} = 0.5$，则

$$\frac{z_0 - \vec{\alpha}}{\vec{\alpha}} = 1$$

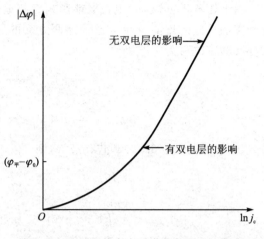

图 6.10　分散层的存在对塔菲尔关系的影响

因而式(6.80)简化为

$$\eta_c = 常数 + \psi_1 + \frac{2RT}{F}\ln j_c \tag{6.81}$$

由式(6.81)可知，当电极反应速度 j_c 不变时，凡是使 ψ_1 电位变正的因素均能使 η_c 增大。如果保持过电位不变，则反应速度 j_c 相应减小。例如阳离子在电极/溶液界面发生特性吸附时，电极/溶液界面上附加了一个正的吸附双电层，使得 ψ_1 电位变正，从而阻碍阳离子在阴极进行还原反应，使反应速度减小。又如电极表面荷负电时，若在溶液中加入大量局外电解质，使溶液总浓度增大，双电层分散性减小，则 ψ_1 电位也将变正，从而降低电极反应速度。反之，凡是使 ψ_1 电位变负的因素，如阴离子的特性吸附，将有助于阴极反应的进行。

为什么 ψ_1 电位对阳离子还原反应有上述影响呢？这一方面是由于 ψ_1 电位变正时，会按照式(6.72)的规律使紧密层中阳离子的浓度降低，因而还原反应速度减小；另一方面是在电极电位不变的条件下，ψ_1 变正意味着紧密层电位差 $\varphi - \psi_1$ 减小，由式(6.73)可知，将使还原反应速度增大。这是两种相互矛盾的作用。但因为在式(6.72)中 ψ_1 的系数是 $\frac{z_0 F}{RT}$，在式(6.73)中 ψ_1 的系数是 $\frac{\vec{\alpha} F}{RT}$，而 $z_0 > \vec{\alpha}$，所以前一种作用的影响大于后者。当 ψ_1 电位变正时，两种作用综合影响的结果是降低了还原反应的速度。

当中性分子在阴极还原时，例如电极反应 $H_2O + e \longrightarrow \frac{1}{2}H_2 + OH^-$，由于分子是中性的，即 $z_0 = 0$，其电化学极化方程可由式(6.80)简化为

$$\eta_c = 常数 - \psi_1 + \frac{RT}{\vec{\alpha}F}\ln j_c \tag{6.82}$$

因而，ψ_1 电位对过电位或电极反应速度的影响正好与阳离子阴极还原时相反。即，ψ_1 电位变正时，阴极过电位减小，有利于反应速度的提高。在这种情况下，ψ_1 电位实质上只影响紧密层电位差 $(\varphi - \psi_1)$，而不影响反应粒子在紧密层中的浓度。ψ_1 电位对阴离子还原反应的影响与中性分子相似，只是由于 $z_0 < 0$，$|z_0| \geqslant n > \vec{\alpha}$，故 $\dfrac{z_0 - \vec{\alpha}}{\vec{\alpha}} < 0$，而且通常情况下为 $\left| \dfrac{z_0 - \vec{\alpha}}{\vec{\alpha}} \right| > 1$。因此，$\psi_1$ 电位对阴离子还原的影响比中性分子要大得多。例如，对电极反应 $Ag(CN)_2^- + e$

$\longrightarrow Ag+2CN^-$ 来说,若设 $\vec{\alpha}=0.5$,那么该反应的极化规律为

$$\eta_c = 常数 - 3\psi_1 + \frac{RT}{\vec{\alpha}F}\ln j_c \tag{6.83}$$

显然,当 ψ_1 电位变正时,过电位的减小要比中性分子还原时明显得多。

许多无机阴离子(如 CrO_4^{2-},MnO_4^-,$S_2O_8^{2-}$,BrO_3^-,IO_3^-,AsO_3^{3-},$Fe(CN)_6^{3-}$,$PtCl_6^{2-}$ 等)都能在阴极上发生还原反应,并常常由于强烈的 ψ_1 效应而使电化学极化曲线表现出特殊形状,从而引起人们的关注。下面以 $K_2S_2O_8$ 稀溶液中,$S_2O_8^{2-}$ 还原成 SO_4^{2-} 离子的反应过程为例予以说明。

在不含局外电解质的 10^{-3} mol/L $K_2S_2O_8$ 溶液中,用铜汞齐旋转圆盘电极测得不同转速的极化曲线示于图 6.11 中。在达到 $S_2O_8^{2-}$ 离子的还原电位后,电流密度急剧上升到相当于正常极限扩散电流密度的数值。如果电极电位继续变负,则电流密度急剧下降到很低的数值,然后重新上升。在 $0.2\sim-0.5$ V 的电位范围内,电流密度与电极转速的二分之一次方成正比,表明电极过程是受扩散步骤控制的。在最低点附近,电流密度几乎不随电极转速变化,表明电极过程受电子转移步骤控制。

实验表明,采用不同的金属材料作电极时,极化曲线的形状很相似,而开始出现电流密度下降的电极电位却各不相同,但都在刚刚负于零电荷电位时发生,也就是在电极表面开始荷负电时发生,如图 6.12 所示。这表明电流密度的减小主要是由电极表面荷负电,ψ_1 电位变负所引起的。

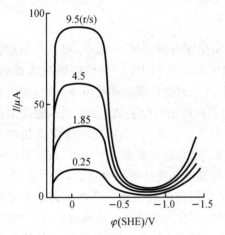

溶液组成:1×10^{-3} mol/L $K_2S_2O_8$(不含局外电解质)

图 6.11　电极旋转速度对极化曲线的影响

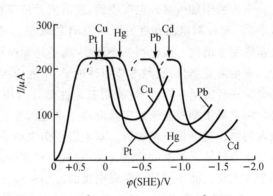

溶液组成:1×10^{-3} mol/L $K_2S_2O_8+1\times10^{-3}$ mol/L Na_2SO_4

图 6.12　电极材料对极化曲线的影响
(箭头指示各金属的零电荷电位)

如果在溶液中加入局外电解质如 Na_2SO_4,则电流密度下降的程度减小。随着局外电解质浓度的增大,电流密度下降的现象逐渐消失,如图 6.13 所示。

为什么 $S_2O_8^{2-}$ 离子还原时,阴极极化曲线表现出上述规律呢?假如认为 $S_2O_8^{2-}$ 离子与第一个电子结合的电子转移步骤是控制步骤,则根据式(6.78)可得到

$$j_c = 2FK_c c_{S_2O_8}^{2-}\exp\left(-\frac{\vec{\alpha}F}{RT}\varphi\right)\exp\left[\frac{(2+\vec{\alpha})F}{RT}\psi_1\right] \tag{6.84}$$

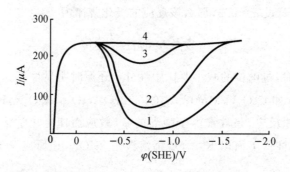

基液：1×10^{-3} mol/L $K_2S_2O_8$

Na_2SO_4 浓度(mol/L)：1—0；2—8×10^{-3}；3—0.1；4—1.0

图 6.13 局外电解质浓度对 $S_2O_8^{2-}$ 离子还原极化曲线的影响

由式(6.84)可知，阴极极化时，随着电极电位 φ 变负，指数项 $\exp\left(-\dfrac{\vec{\alpha}F}{RT}\varphi\right)$ 增大，而指数项 $\exp\left[\dfrac{(2+\vec{\alpha})F}{RT}\psi_1\right]$ 却减小，二者对电流密度的影响恰好相反。因此，阴极极化时电流密度的变化将取决于这两个因数中哪一个起主导作用。在稀溶液中，当电极电位从零电荷电位向负移动时，ψ_1 电位迅速变为负值，$\exp\left[\dfrac{(2+\vec{\alpha})F}{RT}\psi_1\right]$ 项的影响则相对大得多，故电流密度 j 明显减小。而在远离零电荷电位处，ψ_1 电位随电极电位的变化很小，因而 $\exp\left(-\dfrac{\vec{\alpha}F}{RT}\varphi\right)$ 起主导作用，电流密度随电极电位负移又重新增大。

向溶液中加入局外电解质后，使溶液总浓度增大，双电层分散性减小，故 ψ_1 电位的绝对值减小，ψ_1 电位对电流密度的影响也随之减弱。局外电解质浓度越大，ψ_1 电位的影响也越弱，甚至于完全消失。由此可见，$S_2O_8^{2-}$ 离子还原时极化曲线表现的特殊规律是由 ψ_1 效应所引起的。最后需要指出，虽然本节中讨论了 ψ_1 效应并给出了一些动力学公式，但是并不能应用这些公式进行定量计算，而只能用来定性估计双电层结构发生变化时，电极反应速度变化的趋势。定量结果则只能通过实验取得。这是因为我们讨论 ψ_1 效应的依据——电极/溶液界面的双电层结构模型是不精确的。双电层结构模型是一种宏观的和统计平均的结果，其中 ψ_1 电位概念本身就缺乏明确的物理含义，它只是被笼统地定义为距离电极表面一个水化离子半径处的平均电位。而不同粒子距离电极的最小距离并不一样，所在之处的电位数值也就各不相同，故 ψ_1 电位值与反应粒子所在之处的电位可能并不一致。而且，直至目前，尚无法直接测量或精确计算 ψ_1 电位的数值及其因特性吸附等原因所引起的变化值。

这些动力学公式的应用，或者说 ψ_1 效应的应用是有一定的适用范围的。从本节的讨论可知，ψ_1 效应主要发生在 ψ_1 电位变化较大的电位范围内，比如零电荷电位附近，稀溶液或有特性吸附等情况。如果电极电位远离零电荷电位，且不发生特性吸附，则因 ψ_1 电位随电极电位的变化很小，在电化学极化的动力学公式中就没有必要加入含 ψ_1 电位的修正项，也就是说，无须考虑 ψ_1 效应的影响。

6.6　电化学极化与浓差极化共存时的动力学规律

前面的章节中分别讨论了单一的浓差极化和电化学极化的动力学规律,然而在实际的电极过程中,电化学极化或浓差极化单独存在的情况是比较少的。只有当通过电极的极化电流密度远小于极限扩散电流密度,溶液中的对流作用很强时,电极过程才有可能完全为电子转移步骤所控制,只出现电化学极化而不出现浓差极化。同时,只有当外电流密度很大,接近于极限扩散电流密度,溶液中没有强制对流作用时,才可能只出现浓差极化。而在一般情况下,常常是电化学极化与浓差极化同时并存,即电极过程为电子转移步骤和扩散步骤混合控制,只不过二者之中一个为主、一个为辅而已。因此,我们有必要讨论混合控制情况下的电极过程动力学规律。

6.6.1　混合控制时的动力学规律

当电极过程为电子转移步骤和扩散步骤混合控制时,应该同时考虑两者对电极反应速度的影响。比较简便的方法就是在电化学极化的动力学公式中考虑进浓差极化的影响。而由反应粒子扩散步骤缓慢所造成的影响,也就是浓差极化的影响,主要体现在电极表面反应粒子浓度的变化上。从第 5 章中知,反应粒子表面浓度是指双电层与扩散层交界处的浓度 c^S。若不考虑 ψ_1 效应,也可理解为直接参与电子转移步骤的紧密层平面上的反应粒子浓度。当扩散步骤处于平衡态或准平衡态(非控制步骤)时,电极表面与溶液内部没有浓度差,故可以用体浓度 c 代替表面浓度 c^S,如本章前几节推导的电化学极化公式中均采用了体浓度 c。但当扩散步骤缓慢,成了控制步骤之一时,电极表面附近液层中的浓度梯度不可忽略,反应粒子表面浓度不再等于它的体浓度了。因此,对于混合控制的电极过程,不能在动力学公式中采用反应粒子的体浓度,而应采用反应粒子的表面浓度。根据这一分析,对于电极反应 $O+ne \Longrightarrow R$,可把式(6.65)和式(6.66)改写成

$$\vec{j} = nFK_c c_O^S \exp\left(-\frac{\vec{\alpha}F}{RT}\varphi\right)$$

$$= j^0 \frac{c_O^S}{c_O^0} \exp\left(-\frac{\vec{\alpha}F}{RT}\Delta\varphi\right)$$

$$\overleftarrow{j} = nFK_a c_R^S \exp\left(-\frac{\overleftarrow{\alpha}F}{RT}\varphi\right)$$

$$= j^0 \frac{c_R^S}{c_R^0} \exp\left(-\frac{\overleftarrow{\alpha}F}{RT}\Delta\varphi\right)$$

式中:c_O^0,c_R^0 分别为反应粒子 O 和 R 的体浓度。由上述两式可得到电极反应的净速度为

$$j = j^0 \left[\frac{c_O^S}{c_O^0}\exp\left(-\frac{\vec{\alpha}F}{RT}\Delta\varphi\right) - \frac{c_R^S}{c_R^0}\exp\left(\frac{\overleftarrow{\alpha}F}{RT}\Delta\varphi\right)\right] \tag{6.85}$$

与巴特勒-伏尔摩方程(式(6.61))相比较,可看出,有浓差极化的影响后,极化方程中多了浓度变化的因素——c_O^S/c_O^0 项和 c_R^S/c_R^0 项。考虑到通常情况下,出现电化学极化与浓差极化共存时的电流密度不会太小,故假设 $|j| \gg j^0$,因而可以忽略逆向反应,例如阴极极化时,有

$$j_c = \vec{j} - \overleftarrow{j} \approx \vec{j}$$

因此,式(6.85)可简化为

$$j_c = j^0 \frac{c_O^s}{c_O^0} \exp\left(-\frac{\vec{\alpha}F}{RT}\Delta\varphi\right)$$

$$= j^0 \frac{c_O^s}{c_O^0} \exp\left(\frac{\vec{\alpha}F}{RT}\eta_c\right) \tag{6.86}$$

那么,反应粒子的表面浓度 c_O^s 是多少呢? 根据第 5 章中式(5.38)可知

$$c_O^s = c_O^0 \left(1 - \frac{j_c}{j_d}\right)$$

将此关系式代入式(6.86),得

$$j_c = j^0 \left(1 - \frac{j_c}{j_d}\right) \exp\left(\frac{\vec{\alpha}F}{RT}\eta_c\right) \tag{6.87}$$

对式(6.87)两边取对数,得

$$\eta_c = \frac{RT}{\vec{\alpha}F}\ln\frac{j_c}{j^0} + \frac{RT}{\vec{\alpha}F}\ln\left(\frac{j_d}{j_d - j_c}\right) \tag{6.88}$$

这就是电化学极化和浓差极化共存时的动力学公式。从式(6.88)中可以看到,混合控制时的过电位是由两部分组成的。式中右方第一项与塔菲尔公式完全一致,表明这部分过电位是由于电化学极化所引起的,可称为电化学过电位,其数值大小取决于 j_c 与 j^0 的比值。式(6.88)右方第二项包含了表征浓差极化的特征参数 j_d,表明这部分过电位是由浓差极化所引起的,可称为浓差过电位或扩散过电位,其数值大小取决于 j_c 和 j_d 的相对大小。

对于一个特定的电极反应体系来说,j^0 与 j_d 都具有一定数值,决定它们大小的因素很不相同。除了它们都与反应粒子的浓度有关外,二者之间没有一定的相互依存关系。因此,j_c、j_d 与 j^0 是三个独立的参数,我们可以根据它们的相对大小来分析不同情况下电极过程的控制步骤是什么,也就是产生过电位的主要原因是什么。

(1) 当 $j_c \ll j^0$,$j_c \ll j_d$ 时,$\eta_c \to 0$。这意味着电极几乎不发生极化,仍接近于平衡电极电位。这可以从下面的分析中得到解释:根据 $j_c = \vec{j} - \overleftarrow{j} \ll j^0$,可得到 $\vec{j} \approx \overleftarrow{j} \approx j^0$。因此,电化学反应步骤的平衡状态几乎未遭到破坏。同时,又因为 $j_c \ll j_d$,由 $c_O^s = c_O^0 \left(1 - \frac{j_c}{j_d}\right)$ 可知,$c_O^s \approx c_O^0$,故扩散步骤也近似于平衡状态。因此,电极极化的程度甚微。这种情形下,过电位一般不超过几个毫伏。在测量电极电位时用作参比电极的电极体系即属于这类情况。通常用电位差计测量电位时,允许通过参比电极的电流密度小于 10^{-8} A/cm²,而参比电极的交换电流密度都是很大的,如在光滑铂电极上氢电极的交换电流密度为 10^{-3} A/cm² 数量级。因此,符合 $j_c \ll j^0$ 和 $j_c \ll j_d$ 的条件,参比电极可看作不极化电极。

(2) 当 $j^0 \ll j_c \ll j_d$ 时,式(6.88)中右方第二项可忽略不计。因而式(6.88)与式(6.69)具有完全相同的形式,即完全符合塔菲尔关系:

$$\eta_c = \frac{RT}{\vec{\alpha}F}\ln\frac{j_c}{j^0} = -\frac{RT}{\vec{\alpha}F}\ln j^0 + \frac{RT}{\vec{\alpha}F}\ln j_c$$

这表明该电极反应实际上只出现电化学极化,过电位基本上是由电化学极化引起的。在这种

情况下,由于 $j_c \ll j_d$,$c_O^S \approx c_O^0$,因而相对于净反应速度 j_c 来说,扩散步骤还接近于平衡状态,故几乎不发生浓差极化。因此,电极过程受电子转移步骤控制,其动力学规律和前几节所讨论的单纯的电化学极化没什么区别。如果能人为地控制电极反应在这种条件下进行,那么就可以通过稳态极化曲线的测量,求出电化学反应步骤的基本动力学参数 j^0,$\vec{\alpha}$,$\overleftarrow{\alpha}$ 等。

(3) 当 $j_c \approx j_d \ll j^0$ 时,从前面的讨论中可知,$j_c \ll j^0$ 时,电化学反应步骤的平衡态基本上未遭到破坏。而由于 $j_c \approx j_d$ 有 $c_O^S \to 0$,接近于完全浓差极化的状况,因而这种条件下,电极过程的控制步骤是扩散步骤,过电位是由浓差极化所引起的。这时,式(6.88)右方第一项可忽略不计,但是不能用该式右方第二项计算浓差极化的过电位。这是因为推导式(6.88)的前提 $j_c \gg j^0$ 已不成立。该电极过程的动力学规律仍应遵循第 5 章中的浓差极化规律。

(4) 当 $j_c \approx j_d \gg j^0$ 时,式(6.88)右方两项中任何一项都不能忽略不计,过电位是由电化学极化和浓差极化共同作用的结果。也就是说,电极过程是由电化学反应步骤和扩散步骤混合控制的。不过,在不同的 j_c 下,两个控制步骤中往往有一个起主导作用。当电流密度较小时,以电化学极化为主;当电流密度较大,趋近于极限扩散电流密度时,则浓差极化是主要的。不过,与 $j_c \ll j^0$ 的情况不同,当 $j_c \gg j^0$ 时,即使在 $j_c = j_d$ 的完全浓差极化条件下,电化学反应步骤也并不处在平衡态,即 $\vec{j}$ 与 $\overleftarrow{j}$ 仍然相差很大。这正是电化学反应步骤的一个特点——反应活化能受电极电位的影响所引起的结果:当电极电位偏离平衡电位而发生极化时,因活化能的改变,电极上的氧化反应绝对速度和还原反应绝对速度将朝相反的方向变化,从而产生随电极极化增大而增加的净反应速度,而且一般不会出现极限值。也就是说,用促使电极极化的方法可以大大提高单向反应的速度。这时,虽然电化学反应步骤本身是不可逆的,但却能因为净反应速度(或单向反应速度)的增大,而最终使电化学反应步骤成为非控制步骤。

因此,当 $j_c \to j_d$,扩散步骤成为控制步骤时,电化学反应步骤可以是准平衡态的,也可以是不平衡的,这取决于 j^0 与 j_d 的相对大小。若 $j^0 \gg j_d$,则浓差极化时,电化学反应步骤是准平衡态的。若 $j^0 \ll j_d$,则浓差极化时,电化学反应步骤是不平衡的。

图 6.14 所示为当 $j^0 \ll j_d$ 时,根据式(6.88)作出的极化曲线。图中虚线为按照式(6.48)作出的单纯浓差极化曲线,即电化学反应步骤处于平衡态($j_c \ll j^0$)时的浓差极化曲线。

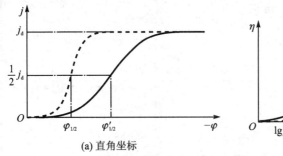 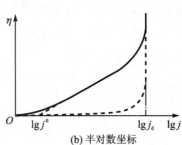

(a) 直角坐标   (b) 半对数坐标

图中虚线为单纯扩散步骤控制的极化曲线

图 6.14 式(6.88)所表示的极化曲线

首先,从图 6.14 中可看出,整个极化曲线可大致分成以下四个区域:

(1) 在 $j_c \ll j^0$,$j_c \ll j_d$ 范围内(如图 6.14(b)所示),过电位很小,趋近于零。

(2) 在 $j^0 \ll j_c < 0.1 j_d$ 范围内,极化曲线为半对数关系,即符合塔菲尔关系。这时的过电

位基本上由电化学极化所引起。

（3）在 $j_c \approx (0.1 \sim 0.9) j_d$ 范围内,电极过程为混合控制,控制步骤从电子转移步骤逐渐过渡到扩散步骤。过电位为电化学过电位和浓差过电位之和,随着电流密度的增大而增大。

（4）在 $j_c > 0.9 j_d$ 范围内,$j_c \to j_d$,因而几乎完全成为浓差极化了。

其次,比较图6.14中的两条极化曲线后可知,电化学极化与浓差极化共存时（见图6.14中实线）,极限扩散电流 j_d 并不改变,但半波电位变负了。若将式（6.88）改写为

$$\eta_c = \varphi_{\text{平}} - \varphi = \frac{RT}{\vec{\alpha} F} \ln \frac{j_c}{j^0} + \frac{RT}{\vec{\alpha} F} \ln \left(\frac{j_d}{j_d - j_c} \right)$$

将 $j_c = \dfrac{1}{2} j_d$ 代入上式,则

$$\varphi_{\text{平}} - \varphi_{1/2} = \frac{RT}{\vec{\alpha} F} \ln \frac{j_d}{j^0} \tag{6.89}$$

$$-\varphi_{1/2} = \frac{RT}{\vec{\alpha} F} \ln j_d - \frac{RT}{\vec{\alpha} F} \ln j^0 - \varphi_{\text{平}} \tag{6.90}$$

可见,半波电位 $\varphi_{1/2}$ 的大小与 $\dfrac{j_d}{j^0}$ 的比值有关。当 j_d 一定时,若电极反应的交换电流越小,则式（6.88）中的电化学过电位部分越大,或者说电化学反应的可逆性越小。而由式（6.90）知,半波电位 $\varphi_{1/2}$ 也越负。因此,电极过程为混合控制时,半波电位的负移是由于电化学极化所引起的。而且,电化学极化越大,半波电位负移得越多。

6.6.2　电化学极化规律和浓差极化规律的比较

综合第5章和本章前面的内容,可以把电子转移步骤与扩散步骤的主要动力学特征,也就是电化学极化与浓差极化的主要规律对比总结为表6.6。

表6.6　电化学极化与浓差极化规律的比较

动力学性质	浓差极化	电化学极化
极化规律 （表中 j 均取绝对值）	产物可溶时: $\eta \propto \lg \dfrac{j_d - j}{j}$ 产物不溶时: $\eta \propto \lg \dfrac{j_d - j}{j_d}$	高过电位: $\eta = a + b \lg j$ 低过电位: $\eta = \omega j$
搅拌对反应速度的影响	j 或 $j_d \propto \sqrt{\text{搅拌强度}}$	无影响
双电层结构对反应速度的影响	无影响	在稀溶液中、φ_0 附近、有特性吸附时,存在 ψ_1 效应
电极材料及表面状态的影响	无影响	有显著影响
反应速度的温度系数	因活化能低,故温度系数小,一般为 $2\%/{}^\circ\!C$	活化能高,温度系数较大
电极真实面积对反应速度的影响	当扩散层厚度 > 电极表面粗糙度时,与电极表观面积成正比,与真实面积无关	反应速度正比于电极真实面积

利用表6.6中所列出的两类电极极化的不同动力学特征,有助于判断电极过程的控制步

骤是电子转移步骤还是扩散步骤,也有助于采取适当措施来改变电极反应的速度。例如,对扩散步骤控制的电极过程,用加强溶液搅拌的方法可以有效地提高反应速度。而对电子转移步骤控制的电极过程,则可采用增大电极真实面积、提高极化值和温度、改变电极材料或电极表面状态等方法来提高电极反应速度。

6.7　电子转移步骤量子理论简介

在前面几节中,我们虽然讨论了电子转移步骤的动力学规律,但对于电子到底是如何在电极/溶液界面实现转移的,也就是对电子转移步骤的反应机理并未作出回答。这是因为按照经典力学的观点无法解释电子在界面的转移。随着量子力学,尤其是量子化学的建立和发展,人们将量子理论运用于电极过程动力学,取得了较快的发展,开始形成量子电化学这一新的学科分支。对于电子转移步骤的反应机理,也有了初步的了解。但是,鉴于目前该理论发展尚不成熟和数学处理十分复杂,本节仅介绍有关电子转移步骤机理的最基本的一些概念和结论。

6.7.1　电子跃迁的隧道效应

实验证明,在电极/溶液界面上确实存在着电子的转移,然而,经典理论却无法解释这一现象。按照经典力学的观点,在常温下,如果不吸收任何辐射能(如强光照射),金属中的电子不可能逸出金属表面而进入另一相,例如在真空中。因为电子在不吸收或放出任何辐射能的条件下转移时,电子在真空中和在金属中的总能量(位能与动能之和)应当相等。然而,电子在真空中的位能比在金属中大得多,金属中的电子跃迁到真空中时,根据能量守恒定律,只能把动能转变为位能以越过两相之间的位垒。但是电子在金属中的动能并不大,结果在真空中的电子动能将变为负值。根据动能 E 和动量 p 的关系为 $E=\dfrac{p^2}{2m}$,将导出电子质量 m 为负值的荒谬结论。

然而,量子理论认为微观粒子具有"波粒二象性",即既有微粒性,又有波动性。因而微观粒子的运动没有确定的轨迹,只能用它在某一时刻、某一空间位置出现的几率来描述它运动的统计规律。量子力学中通常用波函数 Ψ 描述微观粒子的运动状态,Ψ 是时间与空间的函数,其变化规律服从薛定谔(Schrodinger)方程。若把单位时间内微粒出现的几率称为几率密度的话,对于实物粒子来说,$|\Psi_1|^2$ 就表示某一个单个微粒在某时刻和某空间位置上出现的几率密度。$|\Psi_1|^2$ 是描述微观粒子运动的一个重要参数,在一定条件下对薛定谔方程求解即可得到 $|\Psi_1|^2$。另一个重要参数是微粒在一定 $|\Psi_1|$ 状态下的能量 E。

根据量子力学所得出的金属中的电子在真空中的出现的几率密度 $|\Psi_1|^2$ 为

$$|\Psi_1|^2 = \exp(-Ax) \tag{6.91}$$

式中:A 为常数;x 为与金属表面的距离。式(6.91)所描述的指数关系可用图 6.15 表示。它表明,电子有一个渗透位垒的有限的几率,即由于电子的量子行为,使它能够穿透位垒而出现在真空中。在穿透位垒的前后,电子的能量几乎不变(如图 6.16 所示)。为了形象化,通常把这一作用称为电子跃迁的隧道效应。通过隧道效应,使电子有可能在无辐射条件下实现在两相界面的转移,这种转移就叫作隧道跃迁。

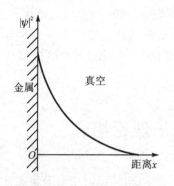

图 6.15　在金属以外的真空中电子出现的几率密度

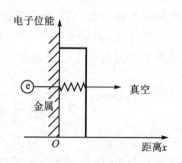

图 6.16　电子跃迁的隧道效应示意图

6.7.2　弗兰克–康东（Frank – Condon）原理

电子转移步骤是一种特殊的电子跃迁，它有着各类电子跃迁的共性。为此，先介绍电子跃迁所遵循的普遍性的原则——弗兰克–康东原理。

以最简单的情况——气相中简单离子的氧化还原反应为例。实验证明，电子在同类粒子间的跃迁（如 $Fe^{3+} + e \rightleftharpoons Fe^{2+}$）比在不同类粒子间的跃迁（如 $Fe^{3+} + Cu^{+} \rightleftharpoons Cu^{2+} + Fe^{2+}$）要快得多，其速度可相差好几个数量级。这是因为电子跃迁所需要的时间非常短，为 $10^{-16} \sim 10^{-15}$ s。而不同粒子中的电子能级不同，如 Cu^{+} 离子中的电子占有的能级与 Fe^{3+} 离子中的空能级不相等，电子从 Cu^{+} 离子中跃迁到 Fe^{3+} 离子中的同时，伴随有能量的释放。释放的能量如果不能及时被受主粒子（Fe^{3+}）吸收或以辐射形式放出，则该反应体系的能量很高，电子处于不稳定状态，有重新跳回去的可能，所以不能实现有效的跃迁。而粒子的质量和运动惯性恰恰比电子大得多，来不及在这么短暂的时间内吸收电子跃迁所释放的能量。一般情况下，通过辐射向环境释放能量的几率也很小。因此，电子只能在电子能级接近于相等的两个粒子间有效地跃迁。这个结论就是弗兰克–康东原理，它是各种电子跃迁反应都必须遵守的重要原则。

为了把弗兰克–康东原理应用于更为复杂的电极反应，即应用于电子在电极/溶液界面的跃迁，我们需要首先了解以下两个问题：

（1）在电极上电子能级是如何分布的？

（2）在溶液中反应粒子上电子能级是如何分布的？

6.7.3　金属和溶液中电子能级的分布

1. 晶体的能带结构

按照量子理论，孤立原子中具有确定的、量子化的、不连续的电子能级[*]。处于靠近原子核的内层的被填满的电子能级上的电子称为核电子，处于最外层未填满的电子能级上的电子称为价电子。

当两个原子相互靠近时，随着原子间距的缩小，它们的电子云发生重叠，在重叠部分，每个

---

[*]　对每一个独立的量子态，无论它是否与其他量子态能量相等（所谓简并现象），都当作一个独立的电子能级。

原子的相同的能级都将分裂成两个能级。若 N 个原子聚集组成晶体,则每个电子能级都将分裂成 N 个能级。显然,组成晶体的原子越多,分裂成的电子能级越多,各相邻能级间的能量间隔也越小。通常 $1\ cm^3$ 晶体中的原子数目的数量级为 10^{22},因而晶体中相邻能级间的间隔是非常小的。因此,虽然这些电子能级是不连续的,但可近似地看成连续的能量区间,被称为能带。

一般说来,晶体中每个原子的各层电子的电子云都有可能发生重叠,但以外层价电子的电子云重叠最多,因此通常认为在平衡原子间距下,核电子的能级不显示能带结构。因此,在以后的讨论中,我们只讨论价电子的电子能级。被价电子填满的能量较低的能带称为价带;而能量较高、空或半空的能带称为导带;而在价带与导带之间、不存在电子能级的能量间隔称为禁带。

根据组成晶体时平衡原子间距的不同,能带结构可能出现三种类型:

(1) 导体(金属):大多数只含一个价电子的金属原子组成晶体时,价电子按最低能量原则只占据了导带中能量低的下半部,上半部空着。在外电场作用下,电子很容易在这些空能级中自由移动,所以具有良好的导电性。有两个或两个以上价电子的金属原子形成晶体时,价电子填满了较低的能带(价带),而较高的能带(导带)全空着。但价带与导带部分重叠,电子同样很容易在导带的空能级中移动(参见图 6.17 中位置 A)。

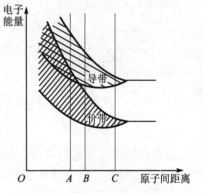

(2) 绝缘体:当原子间距较大时,被价电子填满的价带和空着的导带不能重叠,二者之间有一个较宽的(通常大于 4 eV)禁带相隔(参见图 6.17 中位置 C),导带中无电子可移动,而价带中的电子仅靠热激发不能越过禁带而跃迁到导带中。因此,这类物质几乎不具备导电能力。

(3) 半导体:如果禁带宽度比较窄($0.5\sim3$ eV),如图 6.17 中位置 B 所示,那么依靠热激发和杂质原子的

图 6.17　原子间距缩小引起的能级分裂与能带的形成

影响,可以使少量电子激发到导带,同时在价带中留下了等量的空能级——"空穴",从而使该类物质具有一定的导电性。

2. 费米(Fermi)能级

电子在金属中电子能级上的分布服从量子力学的费米-狄拉克(Direc)分布定律,即一个电子能级只能容纳一个电子,电子占据能量为 E 的能级的几率 $F(E)$ 为

$$F(E)=\frac{1}{\exp\left(\dfrac{E-E_F}{kT}\right)+1} \tag{6.92}$$

式中:E 为以价带底部为起点计算的电子能量;E_F 为某一特定的能级的能量,该能级称为费米能级,我们可以从下面对费米-狄拉克分布律的讨论中进一步理解费米能级的物理含义;k 为波耳兹曼常量。

在 $T=0$ K,即没有热激发的条件下,由式(6.92)可知:当 $E>E_F$ 时,$(E-E_F)\gg kT$,因而 $F(E)=0$;当 $E<E_F$ 时,则 $(E-E_F)\ll kT$,$F(E)=1$。这表明,在 0 K 时,所有低于 E_F 的能级均被价电子填满,而高于 E_F 的能级全都空着。因此,费米能级相当于被价电子填满的电

子能级的上限,如图 6.18 所示。在 $T > 0$ K 的条件下,则由式(6.92)知:当 $E = E_F$ 时,$F(E) = 1$,即费米能级上被电子充满的几率只有 $\frac{1}{2}$;当 $E < E_F$ 时,$F(E) > \frac{1}{2}$,若 $E \ll E_F$,则 $F(E) \to 1$;当 $E > E_F$ 时,$F(E) < \frac{1}{2}$,若 $E \gg E_F$,则 $F(E) \to 0$,如图 6.18 所示。由此可见,只有在费米能级附近的能级(通常与 E_F 相差 kT 左右)是部分充满的,也就是只有在这个能量区间的电子是可

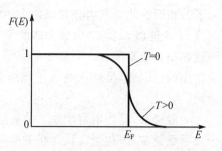

图 6.18 金属中的费米-狄拉克分布

以自由移动的,因而能参与电极反应的也主要是这些电子。因此,通常把费米能级看做是反应电子的平均能级,也可以说是金属中自由电子的能级。可以证明,费米能级的能量 E_F 就是自由电子在金属中的电化学位。

当 $E - E_F \gg kT$(室温下,$kT \approx 0.025$ eV)时,$\exp\left(\dfrac{E - E_F}{kT}\right) \gg 1$,故式(6.92)可变为

$$F(E) = \exp\left(-\frac{E - E_F}{kT}\right)$$

若令

$$A = \exp\left(\frac{E_F}{kT}\right)$$

则

$$F(E) = A\exp\left(-\frac{E}{kT}\right) \tag{6.93}$$

这就是经典的波耳兹曼分布律。因此,波耳兹曼分布律只是费米-狄拉克分布的一种特例。费米-狄位克分布律必须遵循量子力学中的泡利(Pauli)不相容原则,即一个量子态只容纳一个电子。而在 $(E - E_F) \gg kT$ 时,量子态被电子占据的几率已很小,故泡利原则不再起作用,两种统计分布律也就得到了一致的结果。

3. 溶液中的电子能级分布

对于溶液中的电子能级分布,目前还缺乏明确的认识。但可认为溶液中的粒子中有一个基态电子能级 E_i^0,并且主要由于溶剂化程度的变化,该粒子中的电子能级会在 E_i^0 附近波动,其能级分布可能具有图 6.19 所示的正态分布形式[*]。图 6.19 表示溶液中氧化还原体系 O/R 中的价电子能级分布。图中 $W_i(E)$ 为能级分布函数。曲线 $W_O(E)$ 和曲线 $W_R(E)$ 分别表示氧化态粒子 O 和还原态粒子 R 中价电子的能级分布。在 O 粒子和 R 粒子的浓度相同的标准体系中,$W_O(E)$ 和 $W_R(E)$ 也可以代表 O 粒子和 R 粒子中的电子能级密度分布函数。因而

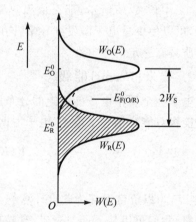

图 6.19 溶液中 O/R 体系价电子的能级分布及被电子占据的情况

---

[*] 这种能级分布形式在电化学文献中被广泛采用,但尚无有力的实验根据。

在图 6.19 中，虚线表示 O/R 体系的电子能级密度分布。图中阴影部分表示已被电子占据的能级。E_O^0 和 E_R^0 分别表示 O 粒子和 R 粒子中的基态电子能级，实验证明 E_O^0 比 E_R^0 要高。

从图 6.19 中可看出，R 粒子中价电子能级已被电子充满。而在 $W_O(E) = W_R(E)$ 处，电子占有的几率 $F(E)$ 为 0.5。因此，可仿照金属中费米能级的定义，将该能级定义为溶液中标准 O/R 体系的费米能级 $E_{F(O/R)}^0$。在 $E_{F(O/R)}^0$ 附近的电子具有参加电极反应的能力，故 $E_{F(O/R)}^0$ 也可看作反应电子的平均能级，该能级上的能量就是 O/R 体系中反应电子的电化学位。

6.7.4　电极/溶液界面的电子跃迁

前已述及，电子可以通过隧道效应实现在两相间的跃迁。那么，在什么条件下可以实现电极/溶液界面的电子隧道跃迁呢？

已知金属中的费米能级是自由电子的能级。由于粒子热运动平均能量的数量级为 kT，因此电子受热激发时能量的波动也是 kT 数量级。而在室温下，kT 大约为几十电子毫伏，比 E_F 小 10^{-2} 数量级，因而可把与 E_F 相差数个 kT 范围内的电子能级上的电子都看作自由的、能进行隧道跃迁的电子。

根据弗兰克-康东原理，电子在隧道跃迁前后能量不变。因此，金属中 E_F 能级附近的电子只能跃迁到溶液中反应粒子的相同电子能级上。如果反应粒子中接近 E_F 的能级已被电子填满，那么按照泡利不相容原则，反应粒子就无法接纳跃迁过来的电子，因而不可能实现电子的隧道跃迁。也就是说，当反应粒子中被电子填满的能级上限高于 E_F 能级时，就不可能实现隧道跃迁。只有被填满的能级上限等于或低于 E_F 能级时，才有可能发生隧道跃迁。在"满能级"的上限低于 E_F 能级时，还需要借助于某些因素使反应粒子中的电子能级激发到 E_F 能级才行。

因此，在电极/溶液界面实现电子隧道跃迁的条件就是金属电极与溶液中的反应粒子要有相同的在 E_F 附近的电子能级。

然而，在电极体系中，各种反应粒子（包括电极本身）中的电子能级不可能基本相同。因而要实现电极反应中的电子转移，其前提就是使电极和反应粒子中的电子能级激发到 E_F 能级附近，就电极体系而言，主要有两种因素能引起电子能量的波动：一种是电极电位的变化，它可导致电极中电子位能的改变；另一种是反应粒子与周围粒子之间相互作用的变化。对在恒定的电极电位下进行的电化学反应来说，电子能量的变化就主要来自反应粒子与周围粒子相互作用的变化，后者主要包括以下三方面：

(1) 反应粒子溶剂化状态的变化。

(2) 络合物内络合体中配位体的排列变化。

(3) 组成反应分子的各个原子的相对位置的变化，即化学键的振动和伸缩等。

对于简单溶剂化的离子或内络合体结构不变的络离子，引起电子能量波动的原因主要是溶剂化程度的变化。

了解了上述电子在电极/溶液界面跃迁的条件和可能性之后，我们可以以简单的氧化还原电极反应为例说明电子跃迁的激发过程。设电子转移反应为

$$O + e（电极中） \Longrightarrow R \qquad (6.94)$$

式中：O，R 为不同价态的同种粒子，如 Fe^{3+} 与 Fe^{2+} 离子。根据电子隧道跃迁的条件，实现上述反应必须满足：

（1）式(6.94)两侧体系的能量应基本相同，即电子在电极和 O（激发态）粒子中的两个接近于 E_F 的相等能级之间的跃迁。

（2）处于激发态的 O 粒子和 R 粒子应有几乎相同的溶剂化状态，即两者有几乎相同的电子能级。

图 6.20 表示了式(6.94)中电子跃迁的过程。图中曲线 1 代表 R 粒子能量随溶剂化程度的变化。R 点为具有平均溶剂化程度的 R 粒子的能量。曲线 2 表示式(6.94)左方体系的能量随溶剂化程度的变化，O 点表示 O 粒子具有平均溶剂化程度时的体系能量。A 点则相应于电子跃迁前后体系具有相同能量和溶剂化程度的激发态。这样，在给定电极电位下，电子被激发而进行正向跃迁的历程如下：O 粒子首先由于溶剂化程度的波动而激发到 A 位置，随即与电极实现等能级（接近于 E_F 能级）之间的电子跃迁，同时形成处于激发态的 R 粒子，然后 R 粒子的溶剂化程度回复到平衡时的平均值，即回到 R 处。

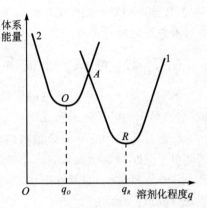

图 6.20　电子跃迁的激发过程示意图

实验表明，上述过程中，溶剂化程度的波动（溶剂化层中溶剂分子的重排）是整个电子跃迁过程中的最慢步骤，因而这一步骤涉及的能量变化就是电子转移步骤的反应活化能 ΔG。假设图 6.20 中两条能量变化曲线具有相似的抛物线形式，可推导出

$$\Delta G = \frac{(\Delta G_S + \Delta G_A + F\Delta\varphi)^2}{4\Delta G_S} \tag{6.95}$$

式中：ΔG_S 表示从反应粒子的溶剂化状态转变为产物粒子溶剂化状态的过程中的自由能变化，有时被称为"重组能"；ΔG_A 为 $\Delta\varphi = 0$ 时的反应热。

当 $\Delta G_S \gg (\Delta G_A + F\Delta\varphi)$ 时，可略去高次项而将式(6.95)简化为

$$\Delta G = \frac{\Delta G_S}{4} + \frac{\Delta G_A}{2} + \frac{F\Delta\varphi}{2} \tag{6.96}$$

式中：$F\Delta\varphi$ 前的系数为 $\frac{1}{2}$，这相当于式(6.2)中的传递系数 $\alpha = \frac{1}{2}$。

由前面的分析可知，反应粒子溶剂化程度的波动是反应活化能的重要组成部分，而实现电子隧道跃迁所需的激发态就是经典理论中的活化态。

6.7.5　平衡电位下和电极极化时的电子跃迁

通过实验测定和经验估算，已经知道标准氢电极中电子脱出功约为 4.6 eV，故采用氢标电位标度时，标准氢电极电位($\varphi^0 = 0.000$ V)大约可对应于电子能级标度上的 4.6 eV，从而把两种标度联系起来了，如图 6.21 所示。这就为研究电极过程的电子跃迁提供了方便。现仍以反应 O+e（电极中）$\Longrightarrow$ R 为例，讨论电极电位对电子跃迁的影响。

在平衡电位时，电极反应处于平衡状态，即 $\vec{j} = \overleftarrow{j} = j^0$。这意味着按照隧道跃迁的条件，在电极中的 E_F 能级与溶液中的 $E^0_{F(O/R)}$ 能级相等，在这一能级附近的电子进行着正、反两个方向的有效跃迁，而且跃迁速度相等，如图 6.22 所示。图中，$\vec{v}(E)$ 和 $\overleftarrow{v}(E)$ 分别表示还原反应方向

和氧化反应方向的电子跃迁速度,$Z(E)$ 表示电极中的电子能级密度函数。

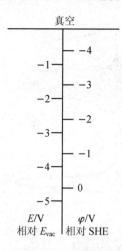

图 6.21 氢标电位标度与电子能级标度之间的对应关系

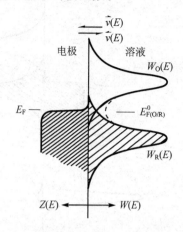

阴影部分表示被电子占有的能级

图 6.22 平衡电位时"电极/溶液"界面两侧的电子能级分布

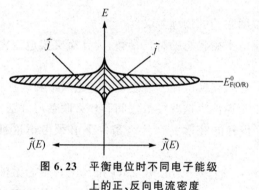

图 6.23 平衡电位时不同电子能级上的正、反向电流密度

若用电流密度 $\vec{j}$ 和 $\overleftarrow{j}$ 表示正、反两个方向的电子跃迁速度,则可用图 6.23 表示 $\vec{j}=\overleftarrow{j}$ 的动平衡关系。这种 $E-j$ 图可以很直观地看出电子跃迁速度或电流密度的大小。从图 6.23 中可看出,在 $E_F = E_{F(O/R)}^0$ 处的电子跃迁速度最大,同时图形完全对称,表明不仅存在总的电化学平衡,而且在每一个能级微区都处于电子跃迁速度相等的电化学平衡状态。

当电极极化时,引起了电极和溶液中电子能级的变化。若把电极极化看作金属电极表面剩余电荷积累的结果,则可认为电极中的电子位能发生了变化,即费米能级发生移动,而溶液中的 $E_{F(O/R)}^0$ 能级基本不变。这样,电极极化后,E_F 和 $E_{F(O/R)}^0$ 不再相等。于是,电子在正、反两个方向的交换不再保持平衡,即 $\vec{j}\neq\overleftarrow{j}$,有净电流产生。图 6.24 表示了阴极极化和阳极极化时电子能级的变化以及电子跃迁速度的变化。由这些变化可以看出,电极极化的实质是费米能级的移动。当费米能级移动时,电子进行隧道跃迁的条件也随之改变,即所需要的激发态发生了变化,从而使电子转移步骤的活化能发生变化。这就是电极电位影响反应活化能和反应速度的实质。

思考题

1. 人们从实验中总结出的电化学极化规律是什么?电化学极化值的大小受哪些因素的影响?

2. 试用位能曲线图分析电极电位对电极反应 $Cu^{2+} + 2e \Longleftrightarrow Cu$(一次转移两个电子)的反应速度的影响。

3. 从理论上推导电化学极化方程式(巴特勒-伏尔摩方程),并说明该理论公式与经验公

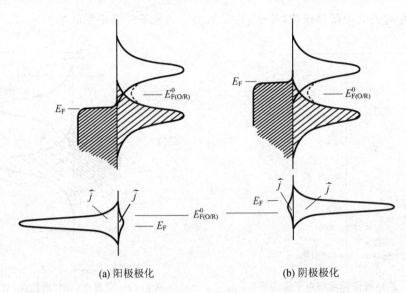

(a) 阳极极化   (b) 阴极极化

图 6.24 阳极极化和阴极极化对电子能级分布与正、反向电流密度的影响

式的一致性。

4. 电化学反应的基本动力学参数有哪些？说明它们的物理意义。

5. 平衡电位和交换电流密度都是描述电极反应平衡状态的特征参数,为什么交换电流密度能说明电极反应的动力学性质？

6. 为什么要引入电极反应速度常数的概念？它与交换电流密度之间有什么联系和区别？

7. 可以用哪些参数来描述电子转移步骤的不可逆性？这些参数之间有什么联系与区别？

8. ψ_1 电位的变化为什么会影响电化学反应步骤的速度？在什么条件下必须考虑这种影响？

9. 在 $ZnSO_4$ 溶液中电解时的阴极反应是 $Zn^{2+}+2e \longrightarrow Zn$。在 ZnO 和 NaOH 混合溶液中电解时的阴极反应是 $Zn(OH)_4^{2-}+2e \longrightarrow Zn+4OH^-$。在这两种溶液中,$\psi_1$ 电位的变化对阴极反应速度的影响是否相同？为什么？设传递系数 $\vec{\alpha}=\dfrac{1}{2}$。

10. 多电子转移步骤的动力学规律与单电子转移步骤的动力学规律是否一样？为什么？

11. 当电极过程为电子转移步骤和扩散步骤共同控制时,其动力学规律有什么特点？

12. 根据极化电流密度 j,交换电流密度 j^0 和极限扩散电流密度 j_d 的相对大小,电极极化可能出现几种情况？各种情况下的稳态极化曲线的特征是什么？

13. 对于 $j^0 \ll j_d$ 的电极体系,电极过程有没有可能受扩散步骤控制？为什么？

14. 什么是电子的隧道跃迁？在电极/溶液界面实现电子隧道跃迁的条件是什么？

15. 什么是费米能级？它在电极反应中有什么重要意义？

16. 试根据量子理论,说明活化态和过电位的物理意义。

例　题

应用电子转移步骤动力学中的基本概念和基本关系式,可以判断电极过程是否由电化学步骤控制,计算电化学极化的大小和电化学步骤的速度,以及求解电化学步骤的基本动力学参数。

[**例 6 - 1**] 测得电极反应 $O+2e\longrightarrow R$ 在 25 ℃时的交换电流密度为 2×10^{-12} A/cm^2，$\alpha=0.46$。当在 -1.44 V 下阴极极化时，电极反应速度是多大？已知电极过程为电子转移步骤所控制，未通电时电极电位为 -0.68 V。

[**解**]

按照题意，该电极过程为电化学极化，且阴极极化值为

$$\Delta\varphi=\varphi-\varphi_{j=0}=-1.44-(-0.68)=-0.76 \text{ V}$$

由于极化相当大，故可判断此时电极反应处于塔菲尔区，有

$$-\Delta\varphi=-\frac{2.3RT}{\alpha nF}\lg j^0+\frac{2.3RT}{\alpha nF}\lg j$$

已知 $n=2,\alpha=0.46,j^0=2\times10^{-12}$ A/cm^2，故

$$\lg j=\frac{\alpha nF}{2.3RT}(-\Delta\varphi)+\lg j^0$$

$$=\frac{0.46\times2\times0.76}{0.059\,1}+\lg(2\times10^{-12})$$

$$=0.13$$

$$j=1.35 \text{ A/cm}^2$$

[**例 6 - 2**] 25 ℃，锌从 $ZnSO_4$（1 mol/L）溶液中电解沉积的速度为 0.03 A/cm^2 时，阴极电位为 -1.013 V。已知电极过程的控制步骤是电子转移步骤，传递系数 $\alpha=0.45$ 以及 1 mol/L $ZnSO_4$ 溶液的平均活度系数 $\gamma_\pm=0.044$。试问 25 ℃时该电极反应的交换电流密度是多少？

[**解**]

电极反应：$$Zn^{2+}+2e\longrightarrow Zn$$

在 1 mol/L $ZnSO_4$ 溶液中，$a_{Zn^{2+}}=\gamma_\pm c_{Zn^{2+}}=0.044\times1=0.044$，又查表知 $\varphi^0=-0.763$ V，故

$$\varphi_{\Psi}=\varphi^0+\frac{2.3RT}{2F}\lg a_{Zn^{2+}}$$

$$=-0.763+\frac{0.059\,1}{2}\lg0.044$$

$$=-0.803 \text{ V}$$

已知 $\varphi=-1.013$ V，$\alpha=0.45,j=0.03$ A/cm^2，故

$$\eta=(\varphi_{\Psi}-\varphi)=-\frac{2.3RT}{\alpha nF}\lg j^0+\frac{2.3RT}{\alpha nF}\lg j$$

$$\lg j^0=\lg j-\frac{\alpha nF}{2.3RT}(\varphi_{\Psi}-\varphi)$$

$$=\lg0.03-\frac{0.45\times2}{0.059\,1}(-0.803+1.013)$$

$$=-4.72$$

$$j^0=1.9\times10^{-5} \text{ A/cm}^2$$

习 题

1. 设电极反应为 $Zn^{2+}+2e\Longleftrightarrow Zn$，试画出 $\varphi=\varphi_0$ 和 $\Delta\varphi>0$ 时的该反应的位能曲线图和

双电层电位分布图。

2. 试根据图 6.25 回答：

(1) 判断平衡电位(零标)的符号。

(2) 画出平衡电位时的位能曲线。

(3) 根据图中曲线 2 的位置,说明在该电位下,电极发生了阴极极化还是阳极极化？请用公式表示出电极的极化对反应速度的影响。

3. 已知锌从 $ZnCl_2$ 和 NaOH 混合溶液中析出的阴极极化曲线如图 6.26 所示。已知阴极反应为 $Zn(OH)_4^{2-} + 2e \longrightarrow Zn + 4OH^-$,若向电解液中加入大量 NaCN,$CN^-$ 离子能强烈吸附在电极表面,试问此时阴极极化曲线会不会改变？为什么？

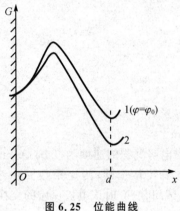

图 6.25　位能曲线

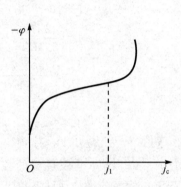

图 6.26　阴极极化曲线

假如加入 NaCN 之前,在电流密度 j_1 处,阴极过程为扩散步骤和电化学反应步骤混合控制。那么加入 NaCN 之后,控制步骤会改变吗？为什么？

4. 已知 20 ℃时,镍在 1 mol/L $NiSO_4$ 溶液中的交换电流密度为 2×10^{-9} A/cm^2。当以 0.04 A/cm^2 交换电流密度电沉积镍时,阴极发生电化学极化。若传递系数 $\vec{\alpha} = 1.0$,试问阴极电位是多少？

5. 将一块锌板作为牺牲阳极安装在钢质船体上,该体系在海水中发生腐蚀时为锌溶解。若 25 ℃时,反应 $Zn^{2+} + 2e \rightleftharpoons Zn$ 的交换电流密度为 2×10^{-5} A/cm^2,传递系数 $\vec{\alpha} = 0.9$。试求 25 ℃,阳极极化值为 0.05 V 时的锌阳极溶解速度和极化电阻值。

6. 18 ℃时将铜棒浸入含 $CuSO_4$ 溶液中,测得该体系的平衡电位为 0.31 V,交换电流密度为 1.3×10^{-9} A/cm^2,传递系数 $\vec{\alpha} = 1$。

(1) 计算电解液中 Cu^{2+} 离子在平衡电位下的活度。

(2) 将电极电位极化到 -0.23 V 时的极化电流密度(假定发生电化学极化)。

7. 电极反应 $O + ne \rightleftharpoons R$ 在 20 ℃时的交换电流密度是 1×10^{-9} A/cm^2。当阴极过电位为 0.556 V 时,阴极电流密度为 1 A/cm^2。假设阴极过程为电子转移步骤控制,试求：

(1) 传递系数 $\vec{\alpha}$。

(2) 阴极过电位增大一倍时,阴极反应速度改变多少？

8. 25 ℃时将两个面积相同的电极置于某电解液中进行电解。当外电流为零时,电解池端电压为 0.832 V;当外电流密度为 1 A/cm^2 时,电解池端电压为 1.765 V。已知阴极反应的

交换电流密度为 1×10^{-9} A/cm^2，参加阳极反应和阴极反应的电子数均为 2，传递系数 $\vec{\alpha} = 1.0$，溶液欧姆电压降为 0.4 V。问：

(1) 阳极过电位（$j = 1$ A/cm^2 时）是多少？

(2) 25 ℃时阳极反应的交换电流密度是多少？

(3) 上述计算结果说明了什么问题？

9. 20 ℃时测得铂电极在 1 mol/L KOH 溶液中的阴极极化实验数据如表 6.7 所列。若已知速度控制步骤是电化学反应步骤，试求：

(1) 该电极反应在 20 ℃时的交换电流密度。

(2) 该极化曲线塔菲尔区的 a 值和 b 值。

10. 测出 25 ℃时电极反应 $O + e \Longleftrightarrow R$ 的阴极极化电流与过电位的数据如表 6.8 所列。求该电极反应的交换电流密度和传递系数 α。

表 6.7　阴极极化实验数据

$-\varphi/V$	$j_c/(A \cdot cm^{-2})$
1.000	0.000 0
1.055	0.000 5
1.080	0.001 0
1.122	0.003 0
1.171	0.010 0
1.220	0.030 0
1.266	0.100 0
1.310	0.300 0

表 6.8　阴极极化电流与过电位的数据

$j_c/(A \cdot cm^{-2})$	η_c/V
0.002	0.593
0.006	0.789
0.010	0.853
0.015	0.887
0.020	0.901
0.030	0.934

第 7 章　氢、氧电极过程及其电催化

在各种实际的电化学体系中,氢电极过程和氧电极过程是最常见的气体电极过程。所谓气体电极过程,就是在电化学反应过程中,气体在电极上发生氧化或还原反应,当这种气体反应成为电极上的主反应或成为不可避免的副反应时,就称该电极过程为气体电极过程。

为了调节和控制反应速度,除了控制电极电位外,往往还需要控制电极/溶液界面的化学性质,这其中最重要的原因就是中间产物在界面上的吸附强度不同进而影响了反应速度。这样,在电化学科学与催化科学之间形成了常称为"电化学催化"(Electrocatalysis,简称"电催化")的一个重要分支学科。"电催化"的概念是由苏联学者 N. Kobosev 于 1935 年提出的,在20 世纪 60 年代以后由 Grubb 和 Bockris 等科学家逐步发展而得到广泛应用。氢电极过程和氧电极过程都属于电催化反应,而且氢还原和氧还原是电催化领域中十分重要的反应。

本章仅就这两种电极过程进行简要的分析与讨论。

7.1　电催化概述

通过前面的学习,我们知道电极反应是伴有电极/溶液界面电荷传递步骤的多相化学过程,其反应速度不仅与温度、压力、溶液介质、固体表面状态、传质条件等有关,而且受施加于电极/溶液界面电场的影响,在许多电化学反应中电极电位每改变 1 V,可使电极反应速度改变10^{10} 倍,而对一般的化学反应,如果反应活化能为 40 kJ/mol,那么反应温度从 25 ℃升高到1 000 ℃时,反应速度才提高 10^5 倍。因为通过外部施加到电极上的电位可以极大地改变反应的活化能,所以可以通过改变电极电位来控制电极反应速度。另外,电极反应的速度还依赖于电极表面的双电层结构,电极附近的粒子分布和电位分布均与双电层结构有关。因此,电极反应的速度可以通过修饰电极的表面加以调控。许多化学反应尽管在热力学上是可以发生的,但它们自身并不能以显著的速率发生,必须利用催化剂来降低反应的活化能,提高反应的速度。

7.1.1　电催化概念

在化学或电化学反应的进行中,为了更好地控制反应的速度,一般会采用外加添加剂或者改变"电极/溶液"界面性质等的方式。电化学反应就是电极/溶液界面的反应,因而电极/溶液界面的性质的改变必然会影响电极反应的速度。

电极/溶液界面性质的改变可以通过两种方式完成,一种是改变电极电位,另一种是对电极进行表面改性或修饰。后者是通过改变反应物或中间产物在界面上的吸附强度,改变双电层内电场,加速或者减缓电化学反应的速度,从而对界面反应起到催化的作用。可以将电催化反应定义如下:在电场作用下,存在于电极表面或溶液相中的修饰物(可以是电活性和非电活性的物种),能够促进或抑制在电极上发生的电子转移反应,而电极表面或溶液中的修饰物本

身并不发生破坏或改变的一类化学作用。这种"电化学＋催化"的反应方式被称为"电化学催化"，简称"电催化"。电催化过程中，电极可以是纯电子导体，也可以是表面修饰后的电子导体，后者在反应过程中既可以传输电子，又具备了活化反应物或促进电子转移的作用，因此能够加速电化学反应过程。由此可知，电催化反应的实质是通过改变电极表面修饰物（或表面状态）或溶液相中的修饰物来大范围地改变反应的电位或反应速率，使得电极除了具有电子传递功能外，还能够对电化学反应进行某种促进和选择。

7.1.2　电催化与化学催化

催化反应的产生主要是基于某些预期的化学反应虽然在热力学上能够发生，但是其反应速度很慢，达不到所需的要求，因此，需要外加催化剂或者采用电化学催化的方式降低材料反应的活化能，加速反应过程。这种速度的增加一般是几个数量级程度。一般的电化学辅助手段也能够加速反应的发生，但采用提高过电位等方式会造成资源浪费。因此，电催化反应的产生就是为了寻求以更加低能耗的方式大幅提高化学反应速度。

与传统的异相化学催化反应不同，电催化反应能够在常温、常压下通过改变界面电场有效地改变体系的能量，从而使得反应的速度大大改变，典型的比如氧催化反应。但与化学催化反应类似的是，在催化过程中，电极/金属表面的反应物或反应中间产物的物理和化学吸附都能够对反应过程产生一定的影响，如氢催化反应在不同的电极材料上氢原子的吸附不同造成反应速度的巨大差异。

在传统的异相化学催化反应中，反应物先从液相或气相扩散到催化剂表面的活性中心上，再相互作用呈现吸附态活化。表面反应的生成物从活性中心上解吸附，最后扩散离开而析出产物。在这个过程中，催化剂的表面状态会强烈地影响催化反应。因此，反应速率或者产物分布会随着催化剂的不同产生很大的变化。同样在电催化反应中，电极材料及其表面性质的改变会对反应速率和反应机理产生很大的影响。电催化反应可以分为以下两类。

1. 第一类电催化反应

离子或分子通过电子转移步骤在电极表面产生化学吸附中间物，随后化学吸附中间物经过化学转化步骤或电化学脱附步骤生成稳定的分子，如氢电极过程、氧电极过程等。

典型的氢析出反应过程如下：

质子放电过程：　　　　　$H_3O^+ + M + e \longrightarrow M-H + H_2O$

电化学脱附过程：　　$H_3O^+ + M-H + e \longrightarrow H_2 + M + H_2O$

复合脱附过程：　　　　　$2M-H \longrightarrow H_2 + 2M$

2. 第二类电催化反应

反应物首先在电极表面上进行解离式或缔合式化学吸附，随后化学中间物或吸附反应物进行电子转移或表面化学反应，如甲酸、甲醇等有机小分子的电氧化过程。

典型的甲酸的电催化反应过程如下：

$$HCOOH + 2M \longrightarrow M-H + M-COOH$$

$$M-H \longrightarrow M + H^+ + e$$

$$M-COOH \longrightarrow M + CO_2 + H^+ + e$$

一般来说，电催化反应包含了吸附、电子转移、脱附等过程，且在电极表面上生成化学吸附中间产物,其过程如图 7.1 所示。从图中可以看出,电极表面起着类似于非均相反应中的催化剂表面的作用,因此电催化反应与化学催化反应都可以看作一种特殊的异相催化反应。

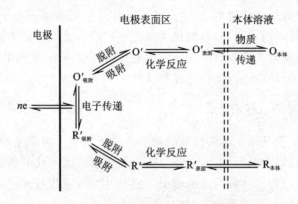

图 7.1　电极表面催化反应一般历程

与化学催化不同的是,电催化反应速度不仅由催化剂的活性决定,而且还与界面电场及电解质的本性有关。由于界面电场强度很高,对参加电化学反应的分子或离子具有明显的活化作用,使反应所需的活化能显著降低,故大部分电化学反应可以在远比普通化学反应低得多的温度下进行。电催化的作用是通过增加电极反应的标准速度常数,而使得产生的法拉第电流增加。在实际电催化反应体系中法拉第电流的增加常常被另一些非电化学速度控制步骤所掩盖,因而通常是在给定的电流密度下,从电极反应具有低的过电位的降低程度来简明而直观地判断电催化效果。

7.1.3　电催化剂及其催化活性影响因素

1. 电催化剂选择

电催化剂是能够催化电极反应的物质。电催化剂既可以是电极材料本身,也可以是通过各种工艺修饰或改进后的电极表面。

一般来说,电催化剂应该满足以下要求:

(1) 具有较高的电催化活性,能使目标电极反应速度加快,且电极电位较低,从而可降低槽电压和电能消耗;

(2) 具有良好的电催化选择性,电化学反应发生时,工艺上需要进行的反应得以促进,工艺上不希望进行的反应(有害的副反应)得以抑制,从而保证电解生产获得良好的经济指标;

(3) 具有良好的电子导电性,可降低电极本身的电压降,使电极尽可能在高电流密度下工作;

(4) 稳定、耐蚀,具有一定的机械强度,使用寿命长;

(5) 易加工制备,成本较低。

2. 电催化剂催化活性影响因素

(1) 电极特性

电极材料的电子特性强烈地影响着电极表面与反应物间的相互作用。当反应物或反应中间物与电极表面发生强烈作用时,吸附键的强弱不仅会影响反应物或中间物的浓度,而且会影响反应的活化自由能。

目前已知的具有较高电催化活性的材料，几乎都是过渡金属元素及其化合物，这主要是因为过渡金属的原子结构中都含有空余的 d 轨道和未成对的 d 电子。通过含有过渡金属的催化剂与反应物分子的电子转移，这些电催化剂的空余 d 轨道上将形成各种特征的化学吸附键达到分子活化的目的，从而降低了复杂反应的活化能，达到了电催化的目的。

经常采用平衡电位下的电极反应绝对速度（即交换电流密度）来作为比较不同电极材料催化活性的标准。需要注意：只有在各电极具有相同的反应机理时，上述标准才是正确的。如果电极反应机理不同，那么有可能某电极反应的交换电流密度不大，但是在高的过电位区却表现出良好的电催化性能。电催化活性除了用交换电流密度比较外，也可以用指定电流密度下的过电位值或指定过电位下的电流密度评价。对于某个指定的目标反应来说，指定的电流密度下的过电位越小，或者指定过电位下的电流密度越大，则电催化活性越好。

（2）几何因素

在电催化过程中，催化剂和反应物直接发生作用，要求催化剂的活性中心和反应物分子在结构上具有一定的对应关系。由于电催化反应为多相反应，故提高电催化剂的分散性有助于提高催化效率，比如涂抹在支持载体上，而载体一般是抗腐蚀性能高的电子良导体，如钢、钛、石墨等。不同的载体具有不同的电导率，而电催化剂的涂抹厚度等的不同也会造成电催化性能很大的不一致。

电极表面电催化活性中心的间距和位置对于电催化反应中的吸附过程相当重要，可能会影响到反应物在电极表面的吸附方式，从而改变电催化反应途径。与此对应，在同一种电催化剂上，不同的反应分子由于具有不同的空间构型，可能采取不同的吸附方式，从而表现出不同的反应活性。除了排列方式和位置的影响，另一个与结构相关的影响因素是电催化剂表面活性中心的数量，能够促进某一目标反应的表面活性中心越多，电极的电催化活性越高。这与电催化剂的颗粒尺寸及孔径分布有着密切的联系。一般来说，对同样体积的催化剂，颗粒尺寸越小，暴露在外的原子数目越多，可能存在的活性中心也越多。然而，由于不同颗粒尺寸的催化剂往往存在制备条件的不同，因此对于非单一元素组成的电催化剂来说，对特定反应具有催化活性的指定类型表面原子的数目与颗粒表面上的总原子数之比可能会发生变化。因此，简单的表面积的增加并不一定正比于催化活性的上升。这种情况对于负载型、多元或掺杂的电极材料来说比较常见，处理条件不同时可能导致某种元素在体相和表面的分布情况发生变化，引起电催化活性的改变。

另外，电催化剂的孔径分布是决定催化剂表面活性中心能否起作用的关键所在，与化学催化过程类似，电催化剂起作用的前提是目标反应物或者反应媒介物能够接触到催化剂表面的活性位点，这一过程主要通过扩散作用来实现。如果反应物很难扩散到表面活性中心的位置，或者反应产物很难从活性中心扩散出来，都会使得催化活性得不到充分发挥，从而表现为电催化活性不高。

（3）表面状态

电催化剂的比表面积和表面状态（如催化活性层缺陷的性质和表面浓度、各种晶面的暴露程度和比表面大小等）对电催化活性具有重要的影响。例如，在氯碱工业中用作活性氢阴极的雷尼镍（Raney Ni）就是通过改进制备方法来提高电极的比表面与催化活性，它是 Ni - Al（含 Ni 30%）或 Ni - Zn 合金，再以电镀法或喷涂法（热喷涂或等离子喷涂）喷涂在铁阴极表面后，以浓 KOH（或 NaOH）溶液将其中的 Al 或 Zn 溶解，从而得到比表面很高的多孔 Ni 材料。

此外，体系的电解质组成或 pH 值的不同通常也会影响电催化过程的稳定性。

7.1.4　电催化性能评价方法

相比于普通的化学反应，电催化反应特点主要体现在一定电流密度下电极反应氧化-还原过电位的降低或在某一给定的过电位下氧化-还原电流密度的增加。因此，只要能够测定出电极反应体系的氧化-还原电位、电流等因素就能够评价电催化反应的活性。一般用来研究电催化过程的电化学方法包括循环伏安法、旋转圆盘电极伏安法、计时电位法和稳态极化曲线的测定等。此外，还可以采用一些光谱方法来测定电催化活性的高低。

（1）循环伏安法

循环伏安法是研究电催化过程最常用的方法。该方法十分简便，一方面能较快地观测在较宽的电势范围内的极化反应，为电催化过程提供丰富的信息；另一方面又能通过对曲线形状和参数的分析估算电催化反应的热力学和动力学行为，从而正确评价催化剂电催化活性的高低。

循环伏安法的研究可以预示在选定电极上可能发生的各种电极反应的电位范围及可逆性等。

（2）旋转圆盘电极伏安法

旋转圆盘电极伏安法是研究电催化反应动力学的一种比较实用的定量检测方法，一般采用旋转圆盘电极伏安法可以检测电极表面相对少量的物质。

（3）稳态极化曲线

电催化过程最稳定和最实用的方法是稳态极化曲线测定。稳态极化曲线的测定是指施加一定的电位或电流于催化电极上，观测相应的电流或电位随时间的变化情况，直到电流或电位随时间变化很小，记录电流-电位关系曲线。

7.2　氢析出反应及其电催化

氢电极反应为氢析出反应（Hydrogen Evolution Reaction，HER）和氢氧化反应（Hydrogen Oxidation Reaction，HOR）的总称。

在电化学研究中使用的标准氢电极，就是一种典型的氢电极。它是将镀了铂黑的铂片浸在 H^+ 离子活度为 1 并被氢气所饱和的盐酸溶液中组成的电极体系。在上述电极反应中，发生氧化还原反应的是氢，而金属铂并不发生氧化还原反应，铂仅作为氢的依附体和发生氢电极反应的处所。因此，这种电极称为氢电极，而不是铂电极。

由于溶液酸碱性质的不同，虽然都发生氢的氧化还原反应，但其反应式可能不同。例如，在酸性溶液中，其反应式为

$$2H^+ + 2e \Longrightarrow H_2$$

而在碱性溶液中，其反应式为

$$2H_2O + 2e \Longrightarrow H_2 + 2OH^-$$

氢电极反应有重要的应用，氢析出和氢氧化反应分别是电解水和燃料电池的阴极和阳极

反应。析氢反应在以水溶液为基础的电催化反应中很常见,如再生式氢氧燃料电池与太阳能电解水器件,以及电解盐过程,同样在许多电解工业与电镀工业析氢反应常作为副反应发生,具体表现为在阴极上总有可能会发生 H^+ 或水的还原而放出氢气。有些金属腐蚀过程往往与氢的氧化还原过程有密切联系。例如,当析氢反应作为控制金属腐蚀溶解的共轭反应时的析氢腐蚀,某些金属发生应力腐蚀断裂也都需要对氢电极过程进行深入地研究。

事实上,人们对氢电极过程的研究已经有一个多世纪的历史了。早在 1928 年,Bowden 和 Rideal 就运用电催化的方法,采用不同的电极材料对同样的析氢反应(Hydrogen Evolution Rection,HER)进行了实验。

但是,由于影响氢电极过程的因素很多,情况比较复杂,以及实验重现性差等原因,因此到目前为止,也只是在一些主要问题上取得了较为一致的看法,而在其他许多方面,理论不够成熟,看法也不尽一致。因此,本章只对氢电极过程的一些基本规律作简要的分析与讨论。

7.2.1　氢离子在阴极上的还原过程

氢电极的阴极过程,就是氢离子在阴极上获得电子被还原为氢原子,并以氢气泡析出的过程。虽然氢析出反应的最终产物是分子氢,然而两个水化质子在电极表面的同一位置同一时间放电的几率显然是非常小的,因此电化学反应的最初产物应该是原子氢而不是分子氢。而原子氢具有高度的活性,能够生成吸附在金属表面上的吸附氢原子。随后生成分子氢的过程则有两种可能性,即通过复合脱附或电化学脱附而生成分子氢。因为氢分子中价键已达饱和,所以在常温下可不考虑氢分子的表面吸附问题。

氢离子在阴极上的还原过程不是一步完成的。以酸性溶液为例,氢离子在阴极上的还原过程至少应包括以下几个单元步骤:

1. 液相传质步骤

在电镀、电解和金属腐蚀等电化学体系中,存在于水溶液中的氢离子都是以水化氢离子(H_3O^+)的形式存在的。在阴极还原过程中,首先要靠对流、扩散或电迁移等传质作用将溶液本体中的 H_3O^+ 离子输送到电极表面附近的液层中,其过程可用下式表示:

$$H_3O^+ (溶液本体) \longrightarrow H_3O^+ (电极表面附近液层)$$

2. 电化学反应步骤

被输送到电极表面附近液层中的 H_3O^+ 离子,在阴极上接受电子发生还原反应,在电极表面上生成吸附氢原子:

$$H_3O^+ + e \longrightarrow MH + H_2O \qquad (伏尔摩反应)$$

M 表示的是金属电极表面催化剂的活性位点,MH 表示金属电极表面上的吸附氢原子。

3. 随后转化步骤

在电极表面上生成的吸附氢原子,可能以下面两种不同的方式生成氢分子,并从电极表面上脱附下来。

(1) 复合脱附

在电极表面上,由两个吸附氢原子复合而生成氢分子,并从电极表面上脱附下来:

$$MH + MH \longrightarrow H_2 \qquad (塔菲尔反应)$$

该反应的本质是化学转化反应,也称为化学脱附。

(2) 电化学脱附

在电极表面上，由另一个 H_3O^+ 离子在吸附氢原子的位置上放电，从而直接生成氢分子，并从电极表面上脱附下来：

$$MH + H_3O^+ + e \longrightarrow H_2 + H_2O \qquad (海洛夫斯基反应)$$

在这个步骤中仍然包含着电化学反应，因此叫作电化学脱附步骤。

4. 新相生成步骤

由电极表面上脱附下来的氢分子聚集并生成气相，然后以氢气泡的形式从溶液中逸出：

$$n H_2 \longrightarrow H_2 (气泡) \uparrow$$

伏尔摩反应总会发生，而第三步反应依赖于催化剂的性质。如果电极表面发生电化学脱附，则称之为伏尔摩-海洛夫斯基机理（电化学脱附机理），反之，如果发生复合脱附，则为伏尔摩-塔菲尔机理（复合脱附机理）。

7.2.2 析氢过电位及其影响因素

1. 析氢过电位

在平衡电位下，氢电极的氧化反应速度与还原反应速度相等，因此不会有氢气析出。只有当电极上有阴极电流通过从而使还原反应速度远大于氧化反应速度时，才会有氢气析出。从第4章中已知，当电极上有阴极电流通过时，电位将从平衡电位向负方向偏移，即产生阴极极化。也就是说，只有当电位向负的方向偏离氢的平衡电位并达到一定的过电位值时，氢气才能析出。

氢析出的极化曲线如图 7.2 所示。由图可以看出，在不同的电流密度下，析氢过电位是不同的。由此可以得到如下定义：在某一电流密度下，氢实际析出的电位与氢的平衡电位的差值 η，就叫作在该电流密度下的析氢过电位，可表示如下：

$$\eta = \varphi_{平} - \varphi_i$$

值得注意的是，在上述定义中，指明的是在某一电流密度下的析氢过电位。在不同的电流密度下，析氢过电位数值是不同的，因此不指明电流密度来谈析氢过电位就没有确定的意义。

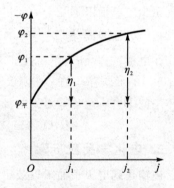

图 7.2 氢析出的极化曲线图

2. 影响析氢过电位的因素

大量实验事实表明，氢离子在大多数金属上还原时，都存在着比较大的过电位。而且，对于许多金属来说，在很宽的电流密度范围内，析氢过电位与电流密度之间呈现塔菲尔关系，即

$$\eta = a + b \lg j \tag{7.1}$$

式中，a 和 b 为实验常数。某些电极体系在酸性溶液和碱性溶液中 a 和 b 的数值如表 7.1 所列。

从表 7.1 可以看出，常数 b 的数值一般与金属的性质关系不大。在常温下，b 值的范围为 $0.1 \sim 0.14\ V$。这说明电极电位（或界面电场）对析氢反应的活化作用大致相同。有时，在某些体系中可观察到比较高的 b 值（$>0.14\ V$），这往往是由于金属表面状态发生了变化所引起的。例如,当金属表面被氧化时,就可得到较高的 b 值。

表 7.1 20±2 ℃时,氢在不同金属上阴极析出时的常数 a 和 b 的数值

金 属	酸性溶液		碱性溶液	
	a	b	a	b
Ag	0.95	0.10	0.73	0.12
Al	1.00	0.10	0.64	0.14
Au	0.40	0.12	—	—
Be	1.03	0.12	—	—
Bi	0.84	0.12	—	—
Cd	1.40	0.12	1.05	0.16
Co	0.62	0.14	0.60	0.14
Cu	0.87	0.12	0.96	0.12
Fe	0.70	0.12	0.76	0.11
Ge	0.97	0.12	—	—
Hg	1.41	0.114	1.54	0.11
Mn	0.8	0.10	0.90	0.12
Mo	0.66	0.08	0.67	0.14
Nb	0.8	0.10	—	—
Ni	0.63	0.11	0.65	0.10
Pb	1.56	0.11	1.36	0.25
Pd	0.24	0.03	0.53	0.13
Pt	0.10	0.03	0.31	0.10
Sb	1.00	0.11	—	—
Sn	1.20	0.13	1.28	0.23
Ti	0.82	0.14	0.83	0.14
Tl	1.55	0.14	—	—
W	0.43	0.10	—	—
Zn	1.24	0.12	1.20	0.12

从式(7.1)可知,常数 a 是当 $j=1$ A/cm² 时的析氢过电位。在不同材料制成的电极上,a 的值呈现出较大的不同,表示电极对于析氢反应有不同的催化活性。它表征着电极过程不可逆的程度,a 值越大,电极过程越不可逆。大量的实验表明,a 值的大小与金属材料的性质、金属表面状态、溶液的组成、溶液的温度等因素有关。

但是,在很低的电流密度下,塔菲尔公式不再适用。此时析氢过电位与电流密度之间呈现直线关系,即

$$\eta = \omega j \tag{7.2}$$

式中,ω 为实验常数,与常数 a 一样,ω 也与电极材料、材料的表面状态、溶液的组成、溶液的温

度等因素有关。

下面具体分析影响析氢过电位的各种因素。

1. 金属材料本性的影响

从表 7.1 可以看出,不同的金属具有不同的 a 值,因而当电流密度相同时,它们具有不同的析氢过电位。实验表明,可以按照 a 值的大小,将金属分为三大类:

① 高过电位金属($a = 1.0 \sim 1.5$ V),属于这类金属的有 Pb,Tl,Hg,Cd,Zn,Sn 和 Bi 等。

② 中过电位金属($a = 0.5 \sim 0.7$ V),属于这类金属的有 Fe,Co,Ni,W 和 Au 等。

③ 低过电位金属($a = 0.1 \sim 0.3$ V),属于这类金属的主要是 Pt 和 Pd 等铂族金属。

电催化活性较差的金属往往意味着在析氢反应中需要施加较高的过电位,因此是高过电位的金属,反之电催化活性较高的金属为低过电位金属。高过电位金属析氢反应可逆性差,交换电流密度小,低过电位金属析氢反应可逆性好,交换电流密度大。

此外,实验还表明,在室温下的 2 mol/L HCl 溶液中,当 $j = 10^{-3}$ A/cm^2 时,金属的析氢过电位可按由小到大的次序排列如下:

Pt＜Pd＜Au＜W＜Mo＜Ni＜Fe＜Ta＜Cu＜Ag＜Cr＜Be＜Bi＜Tl＜Pb＜Sn＜Cd＜Hg

为什么不同的金属具有不同的析氢过电位呢? 这是因为,不同的金属对析氢反应有不同的催化能力。有的金属能促进氢离子与电子的电化学反应或促进氢原子的复合反应,因而使析氢反应易于进行;而有的金属能阻碍氢离子与电子的反应或阻碍氢原子的复合反应,因而使析氢反应变得困难。于是,不同的金属对析氢反应就具有不同的催化能力,即不同金属具有不同的析氢过电位。

此外,不同的金属对氢有不同的吸附能力。例如,1 mol 钛可吸附 2 mol 氢,铬上吸附的氢可达 0.46%(质量分数),而锌上吸附的氢只有 0.001%(质量分数)。这样,当用不同的金属作为依附物组成氢电极时,j^0 的大小不同,析氢过电位也就不同了。像 Pt,Pd,Ti 和 Cr 等金属,容易吸附氢,析氢过电位就比较低;而 Pb,Cd,Zn 和 Sn 等金属,吸附氢的能力弱,析氢过电位就高;Fe,Co,Ni 和 Cu 等金属吸附氢的能力处于前两者之间,因此具有中等程度的析氢过电位。

综上,高过电位金属在电解工业中常用作阴极材料,借以降低作为副反应的氢析出反应速度和提高电流效率,在化学电池中则常用这一类材料作为负极,使电极的自放电速度不至于太快。有时还可以将高过电位金属用作合金元素提高其他金属表面的氢过电位。低过电位金属则一般用来制备标准氢电极,或者在水解工业中用来制造阴极和在氢-氧燃料电池中用作负极材料等。

2. 金属表面状态的影响

金属表面状态对析氢过电位的大小也有影响。例如,在镀锌时,在经过喷砂处理过的零件表面上比经过抛光处理过的零件表面上更容易析氢。这就说明,光滑表面上的析氢过电位要比粗糙表面上的析氢过电位高。又如,在镀铂黑的铂片上的析氢过电位要比光滑铂片上的析氢过电位低。

金属表面状态对析氢过电位的影响,可能是由两方面的原因造成的:一方面,当表面状态粗糙时,表面活性比较大,使电极反应的活化能降低,因此使析氢反应易于进行,导致析氢过电位降低;另一方面,当金属表面粗糙时,其真实表面积要比表观表面积大得多,相当于降低了电流密度,由式(7.1)可看出,当电流密降低时,析氢过电位必然要降低,同时,真实表面积的增大也使电化学反应或复合反应的机会增多,从而也有利于析氢反应的进行。

3. 溶液组成的影响

溶液的组成如 pH 值的变化、含有不同的添加剂等,都会对析氢过电位产生一定的影响,现将一些实验事实列举如下:

(1) 在稀浓度的纯酸溶液中,析氢过电位不随 H^+ 离子浓度的变化而变化,如图 7.3 中曲线 1 所示。对于 Hg 和 Pd 等高过电位金属,稀酸的界限为 0.1 mol/L 以下。对于 Pt 和 Pd 等低过电位金属,稀酸的界限为 0.001 mol/L 以下。

(2) 在浓度较高的纯酸溶液中,析氢过电位随 H^+ 离子浓度升高而降低。对于高过电位金属,较浓纯酸的浓度界限为 $0.5 \sim 1.0$ mol/L;对于低过电位金属,酸的浓度下限应为 0.001 mol/L,如图 7.3 所示。

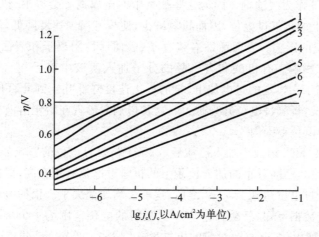

1—<0.1 mol/L HCl;2—1.0 mol/L HCl;3—3.0 mol/L HCl;4—5.0 mol/L HCl;
5—7.0 mol/L HCl;6—10.0 mol/L HCl;7—12.0 mol/L HCl

图 7.3　在不同浓度的盐酸溶液中,汞上的析氢过电位与电流密度之间的关系

由图 7.3 可以看出,当 HCl 浓度低于 0.1 mol/L 时,所对应的曲线都为曲线 1,即当酸的浓度变化时,析氢过电位不变。当 HCl 较浓时(如 1.0 mol/L 以上),随着酸浓度的提高,析氢过电位降低。但是图中曲线彼此并不平行,在浓度不太高时,在低电流密度区析氢过电位比高电流密度区降低得多些;而在浓度较高时(如 5 mol/L 以上),则情况正相反。

由图 7.3 还可看出,在同一过电位下,例如在 -0.8 V 时,高浓度所对应的电流密度(即反应速度)比低浓度时要高几千倍。

(3) 当有局外电解质存在而电解质溶液总浓度保持不变时,pH 值的变化对析氢过电位也有很大影响。例如,在电解质总浓度为 0.3 mol/L,电流密度 $j = 10^{-4}$ A/cm² 时,在汞上的析氢过电位与 pH 值之间的关系如图 7.4 所示。

由图 7.4 可以看出,实验曲线在 pH=7 附近发生转折,当 pH<7 时,pH 值每升高 1 个单位,析氢过电位大约增加 59 mV;而当 pH>7 时,pH 值每升高 1 个单位,析氢过电位则大约降低 59 mV。

(4) 在溶液中加入某些物质,例如在电镀溶液中加入某些添加剂,或在腐蚀介质中加入缓蚀剂,这些物质的加入也会影响析氢过电位的大小,人们可以合理地、有选择性地利用或避免这种现象。

① 某些金属离子的影响。例如在铅蓄电池中,如果在电解液中含有 Pt^{2+} 离子或 As^{3+} 离子,那么当蓄电池工作时,Pt 和 As 就会沉积在铅电极上,从而使析氢过电位降低,结果导致蓄电池自放电严重,浪费了蓄电池的能量。

又如,在酸性溶液中发生氢去极化腐蚀的情况下,可以用某些金属盐类如

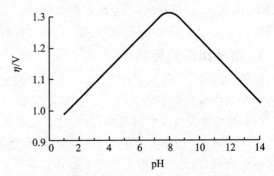

图 7.4 电解质总浓度为 0.3 mol/L,$j = 10^{-4}$ A/cm^2 时,汞上的析氢过电位与 pH 值之间的关系

$Bi_2(SO_4)_3$ 和 $SbCl_3$ 等作为缓蚀剂。因为这些盐类中的金属离子会以 Bi 和 Sb 的形式在阴极上析出,提高了阴极上的析氢过电位,因而析氢减少,使析氢腐蚀速度降低,起到缓蚀作用。

② 表面活性物质的影响。表面活性有机分子、表面活性阴离子和表面活性阳离子,都对析氢过电位的大小有影响。有机酸和有机醇的分子加入溶液中以后,会使析氢过电位升高 0.1~0.2 V。这相当于在恒定的过电位下,氢的析出速度降低几十到几百倍。当添加的浓度一定时,有机物链越长,析氢过电位升高越大。这种影响只出现在给定溶液中该电极零电荷电位附近的一个不大的电位范围内。

例如,在 2 mol/L HCl 溶液中加入己酸后,对汞上析氢过电位的影响如图 7.5 所示。

由图 7.5 可以看出,己酸分子的加入使汞上的析氢过电位有所升高,但这种升高只发生在一定的电位范围内。过电位达到 1.02 V 之后,这种影响便消失了。根据电毛细曲线或双电层微分电容曲线的测量数据可知,己酸在汞表面上吸附的电位范围为 $+0.055$~-1.00 V。也就是说,在 -1.00 V 的电位下(与此对应的析氢过电位为 1.02 V),己酸正好完全脱附。由此可见,有机分子对析氢过电位的影响,是由于这些分子在电极表面上发生吸附导致的。除了有机酸和有机醇外,其他如琼脂、糊精、磺化血等,也是由于在阴极表面吸附,提高了析氢过电位,从而才能作为缓蚀剂来使用。Cl^-,Br^- 和 I^- 等表面活性阴离子的存在,对析氢过电位也有很大影响,它们对汞上的析氢过电位的影响如图 7.6 所示。

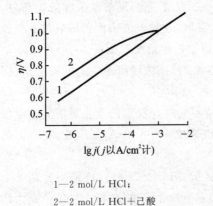

1—2 mol/L HCl;
2—2 mol/L HCl+己酸

图 7.5 有机酸分子对汞上析氢过电位的影响

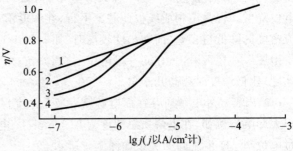

1—0.05 mol/L H_2SO_4+0.5 mol/L Na_2SO_4;
2—0.1 mol/L HCl+1 mol/L KCl;
3—0.1 mol/L HCl+1 mol/L KBr;
4—0.1 mol/L HCl+1 mol/L KI

图 7.6 卤素阴离子对汞上析氢过电位的影响

由图 7.6 可以看出,基础溶液同为酸性溶液时,对于添加没有表面活性的 Na_2SO_4 的酸性溶液来说,在 $j=5\times10^{-8}\sim10^{-2}$ A/cm² 范围内,析氢过电位与 $\lg j$ 之间的关系表现为一条直线;但对于添加有表面活性卤离子的酸性溶液来说,在低电流密度区,析氢过电位显著地降低,并且阴离子吸附能力越强(吸附能力顺序为 $I^->Br^->Cl^-$),析氢过电位降低越多。当电流密度升高,使电位变负达到阴离子的脱附电位时,这种影响就不存在了。

表面活性有机阳离子对析氢过电位也有影响。例如,四烷基铵阳离子对汞上析氢过电位的影响如图 7.7 所示。

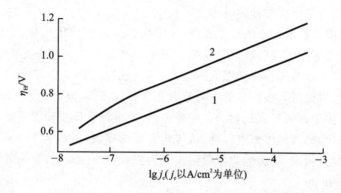

1—10.5 mol/L H_2SO_4;2—0.5 mol/L $H_2SO_4+0.001\,25$ mol/L $[N(C_4H_9)_4]_2SO_4$

图 7.7　表面活性阳离子对汞上析氢过电位的影响

由图 7.7 可知,四烷基铵阳离子在汞表面上的吸附,会使析氢过电位显著地升高。但它与表面活性阴离子的影响不同,这个影响出现在电流密度较大和过电位较高的区域内。这是由于阳离子只在带负电荷的电极表面上发生吸附,当极化电位比零电荷电位更正时,它们就脱附了。

由上述分析可知,在溶液中所添加的各种物质,它们对析氢过电位的影响是比较复杂的,有的可以提高析氢过电位,有的则可使析氢过电位降低。人们可以根据不同的需要,有目的、有选择性地向溶液中加入各种物质,以满足各种不同的需要。

4. 温度的影响

溶液的温度对析氢过电位也有较大的影响。例如,温度对汞在 0.25 mol/L H_2SO_4 溶液中析氢过电位的影响如图 7.8 所示。

从图 7.8 可以看出,随着温度的升高,汞上的析氢过电位下降。对于汞和铅等高过电位金属来说,在中等电流密度

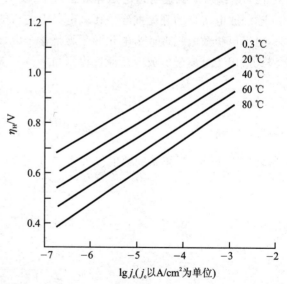

图 7.8　温度对析氢过电位的影响

下,温度每升高 1 ℃,析氢过电位要下降 2～5 mV。温度升高使析氢过电位降低,符合异相化

学反应的一般规律。因为温度升高,可使反应活化能降低。因此,在同样的电流密度下,温度高时析氢过电位降低了。而在相同的过电位条件下,温度高时反应速度则要加快。

7.2.3 析氢反应过程的机理

析氢过电位的产生,是由于析氢反应过程的各单元步骤受到了阻力而造成的。那么,在析氢反应的各单元步骤中,究竟哪个步骤所受的阻力最大? 也就是说,究竟哪个单元步骤是析氢反应过程的控制步骤? 或者说析氢过程的阴极极化到底主要是什么原因造成的? 为了弄清这些问题,就必须研究析氢反应过程的机理。

首先来分析氢离子在阴极上的还原过程,一般应包括液相传质步骤、电化学反应步骤、复合脱附步骤或电化学脱附步骤、新相生成步骤等单元步骤。在这些单元步骤中,在一般情况下,氢离子的液相传质步骤不会受到很大的阻力,不会成为控制步骤,新相生成步骤也不会成为控制步骤。因此,可能成为控制步骤的只有电化学反应步骤、复合脱附步骤或电化学脱附步骤。由此而得出了关于析氢过程机理的各种理论:认为电化学反应步骤缓慢,并成为整个析氢过程控制步骤的理论,称为迟缓放电机理;认为复合步骤缓慢,并成为整个析氢过程控制步骤的理论,称为迟缓复合机理;认为电化学脱附步骤为控制步骤的理论,称为电化学脱附机理。

1. 迟缓放电机理

(1) 迟缓放电机理的理论内容

迟缓放电机理认为,电化学反应步骤($H_3O^+ + e \longrightarrow MH + H_2O$)是整个析氢反应过程中的控制步骤。在氢离子还原时,首先需要克服其与水分子之间的较强的作用力,因此,氢离子与电子结合的还原反应需要很高的活化能,离子放电步骤就成了整个析氢过程的控制步骤。也就是说,析氢过电位是由于电化学极化作用而产生的。

(2) 迟缓放电机理的理论推导依据

迟缓放电机理的理论推导是在汞电极上进行的。

由于迟缓放电机理认为电化学步骤是整个电极过程的控制步骤,故可以认为电化学极化方程式适用于氢离子的放电还原过程。当 $j_c \gg j^0$ 时,可直接得到

$$\eta_H = -\frac{RT}{\alpha F} \ln j^0 + \frac{RT}{\alpha F} \ln j_c \tag{7.3}$$

$$\eta_H = -\frac{2.3RT}{\alpha F} \lg j^0 + \frac{2.3RT}{\alpha F} \lg j_c \tag{7.4}$$

一般情况下 $\alpha = 0.5$,将 α 的数值代入式(7.4)中,则有

$$\eta_H = -\frac{2.3 \times 2RT}{F} \lg j^0 + \frac{2.3 \times 2RT}{F} \lg j_c \tag{7.5}$$

若令

$$-\frac{2.3 \times 2RT}{F} \lg j^0 = a \tag{7.6a}$$

$$\frac{2.3 \times 2RT}{F} = b \tag{7.6b}$$

则式(7.5)变为

$$\eta_H = a + b \lg j \tag{7.7}$$

由此可见,式(7.5)与塔菲尔经验式(7.1)完全相同。由式(7.6)可见,常数 a 与交换电流密度

j^0 有关,而 j^0 的大小又与电极材料、电极表面状态以及溶液的组成等因素有关,因此常数 a 值也与这些因素有关,这与大量的实验事实相符合。此外,当温度为 25 ℃ 时,由式(7.6)计算得出的 b 值约为 118 mV,这也与大量的实验事实相符。

如果假定复合脱附步骤为控制步骤,则因为脱附缓慢,吸附氢原子会在电极表面上积累。于是,当有电流通过时,电极上吸附氢的表面覆盖度 θ_{MH} 将大于平衡电位下吸附氢的表面覆盖度 θ_{MH}^0。由于汞电极上氢的吸附覆盖度很小,故可以用氢的吸附覆盖度 θ_{MH}^0 和 θ_{MH} 来代替吸附氢原子的活度 a_{MH}^0 和 a_{MH}。于是,氢的平衡电位可表示为

$$\varphi_{\Psi} = \varphi_H^0 + \frac{RT}{F} \ln \frac{a_{H^+}}{\theta_{MH}^0} \tag{7.8}$$

而当有电流通过时,氢电极的极化电位可表示为

$$\varphi = \varphi_H^0 + \frac{RT}{F} \ln \frac{a_{H^+}}{\theta_{MH}} \tag{7.9}$$

析氢过电位为

$$\eta_H = \varphi_{\Psi} - \varphi = \frac{RT}{F} \ln \frac{\theta_{MH}}{\theta_{MH}^0} \tag{7.10}$$

或

$$\theta_{MH} = \theta_{MH}^0 \exp\left(\frac{F}{RT} \eta_H\right) \tag{7.11}$$

当 $j_c \gg j^0$,也就是当阴极极化较大时,可略去逆反应不计,净阴极电流密度就等于还原电流密度,若用电流密度表示反应速度,并考虑到氢原子的复合反应是双原子反应,于是有

$$j_c = 2Fk\theta_{MH}^2 \tag{7.12}$$

式中,k 为复合反应的速度常数。

若将式(7.11)代入式(7.12),并对式(7.12)两端取对数,经过整理后可以得到

$$\eta_H = 常数 + \frac{2.3RT}{2F} \lg j_c \tag{7.13}$$

当温度为 25 ℃ 时,式(7.13)中 $b = \frac{2.3RT}{2F} = 29.5$ mV,只相当于大多数实验值的 1/4,与大量实验事实是不符的。假定电化学脱附步骤为控制步骤,则其反应式为

$$MH + H^+ + e = H_2$$

由该反应式可以看出,其反应速度与电极表面的吸附氢原子浓度和氢离子浓度都有关。

已知吸附氢原子的浓度可用 θ_{MH} 表示,而氢离子的浓度受表面电场的影响,其浓度为 $c_{H^+} \exp\left(\frac{\alpha F}{RT} \eta_H\right)$,当用电流密度表示反应速度时,有

$$j_c = 2Fk' c_{H^+} \theta_{MH} \exp\left(\frac{\alpha F}{RT} \eta_H\right) \tag{7.14}$$

若将式(7.11)代入式(7.14),并对式(7.14)两端取对数,经过整理后可以得到

$$\eta_H = 常数 + \frac{2.3RT}{(1+\alpha)F} \lg j_c \tag{7.15}$$

当温度为 25 ℃,设 $\alpha = 0.5$ 时,式(7.15)中的 b 值约为 39 mV,只相当于大多数实验值的 1/3,也与大量的实验事实不相符合。由上述分析可见,对于汞电极来说,可以从理论推导上证明只有迟缓放电机理才是正确的。

(3) 迟缓放电机理的实验依据

用迟缓放电机理可以成功地解释许多实验现象,这也可以进一步证明迟缓放电机理的正确性。例如:

① 用迟缓放电机理可以比较满意地解释图7.3所示的实验规律。

由第6章可知,当电极过程由电化学反应步骤控制并考虑到ψ_1效应时,其动力学公式为

$$-\varphi = -\frac{RT}{\alpha F}\ln Fk_1 c_O + \frac{RT}{\alpha F}\ln j_c + \frac{z_O - \alpha}{\alpha}\psi_1 \tag{7.16}$$

在酸性溶液中,即当pH<7时,式中的氧化态物质浓度c_O就是氢离子的浓度c_{H^+},氧化态物质的价数$z_O=1$,于是上式就变为

$$-\varphi = -\frac{RT}{\alpha F}\ln Fk_1 - \frac{RT}{\alpha F}\ln c_{H^+} + \frac{1-\alpha}{\alpha}\psi_1 + \frac{RT}{\alpha F}\ln j_c \tag{7.17}$$

又因为氢的平衡电位为

$$\varphi_{\text{平}} = \frac{RT}{F}\ln c_{H^+} \tag{7.18}$$

式(7.17)与式(7.18)两式相减,则可以得到

$$\eta_H = 常数 - \frac{1-\alpha}{\alpha}\frac{RT}{F}\ln c_{H^+} + \frac{1-\alpha}{\alpha}\psi_1 + \frac{RT}{\alpha F}\ln j_c \tag{7.19}$$

由式(7.19)可以看出,当j_c不变时,析氢过电位随ψ_1与c_{H^+}的变化而变化。当电解质总浓度保持不变,溶液中又不含其他表面活性物质时,可以认为ψ_1电位基本不变。于是,析氢过电位的变化仅与c_{H^+}的变化有关。在一般情况下,可以认为$\alpha=0.5$,在25 ℃时,由式(7.19)可以计算出,pH值每增大1个单位,则析氢过电位必然增加59 mV,理论计算与实验结果完全吻合。

在碱性溶液中,即当pH>7时,在电极上发生的还原反应为

$$2H_2O + 2e = H_2 + 2OH^-$$

此时被还原的是H_2O分子,而不是氢离子,故应将式(7.16)中的c_{H^+}换成c_{H_2O},而且当溶液不太浓时,可以认为$c_{H_2O}=$常数。又考虑到H_2O为中性分子,$z_{H_2O}=0$,故式(7.17)应变为

$$-\varphi = 常数 - \psi_1 + \frac{RT}{\alpha F}\ln j_c \tag{7.20}$$

当用c_{OH^-}表示时,氢的平衡电位可以写作

$$\varphi_{\text{平}} = 常数 - \frac{RT}{F}\ln c_{OH^-} \tag{7.21}$$

式(7.20)与式(7.21)两式相减,可以得到

$$\eta_H = 常数 - \frac{RT}{F}\ln c_{OH^-} - \psi_1 + \frac{RT}{\alpha F}\ln j_c \tag{7.22}$$

由式(7.22)可见,若认为ψ_1不变,在25 ℃时,pH值每增加1个单位,则析氢过电位应减小59 mV,理论计算也与实验结果完全相符。

② 用迟缓放电机理可以解释图7.3所示的实验规律。

当酸的浓度很稀时,必须要考虑ψ_1效应,即要考虑ψ_1电位变化对析氢过电位产生的影响。由式(7.19)可以看出,当j_c不变时,析氢过电位的大小取决于式中等号右侧的第2项与第3项,即取决于c_{H^+}和ψ_1的变化,当溶液为纯酸溶液时,这两项的变化都是由H^+离子浓度

变化引起的。当 c_{H^+} 增大时，析氢过电位应变小；根据双电层方程式，当电极表面带负电时，ψ_1 电位可表示为

$$\psi_1 \approx 常数 + \frac{RT}{F}\ln c_总 \tag{7.23}$$

式中的 $c_总$ 在此处即 c_{H^+}，故当 c_{H^+} 增加时，ψ_1 电位值也变大。由式(7.18)看出，当 ψ_1 变大时，析氢过电位也变大。上述两项同步变化，互相抵消，因此在酸的浓度变化时，析氢过电位不会随之而变化。

但是，当酸的浓度较高时，溶液浓度对析氢过电位的影响就与上述不同，这时随着酸浓度的增大，析氢过电位降低。这是因为，当酸的浓度较高时，可以不再考虑 ψ_1 效应。此时，c_{H^+} 的变化影响着氢电极的平衡电位，由式(7.18)可见，当 c_{H^+} 增大时，$\varphi_平$ 变正，因此析氢过电位降低了。

③ 用迟缓放电机理可以很好地解释表面活性物质对析氢过电位的影响规律。

例如，当有表面活性阴离子吸附时，ψ_1 电位向负的方向变化，从而使析氢过电位降低，这就从理论上解释了图 7.5 所示的实验规律。又如，当有表面活性阳离子吸附时，ψ_1 电位向正方向变化，从而使电位升高，这也就从理论上解释了图 7.6 所示的实验规律。此外，用迟缓放电机理还可以对其他一些实验事实得出比较满意的解释。所有这一些，都进一步证明了迟缓放电机理的正确性。

(4) 迟缓放电机理的适用范围

迟缓放电机理的理论推导是在汞电极上进行的，所得结论对汞电极上的析氢反应完全适用。该机理也同样适用于吸附氢原子表面覆盖度很小的 Pb，Cd，Zn 和 Tl 等高过电位金属。

2. 其他机理

前面在汞电极上推导迟缓放电机理的理论公式时，曾利用了汞电极的两个特性：第一，汞上的吸附氢原子的表面覆盖度很小，因此可以认为吸附氢原子的表面活度与表面覆盖度成比例，从而可以用表面覆盖度代替吸附氢原子的表面活度；第二，汞电极具有均匀的表面，从而可以使氢离子的放电反应在整个电极表面上进行。迟缓放电机理的理论公式是在这两个前提条件下推导出来的，因此该机理对于汞电极当然是完全适用的，对于吸附氢原子表面覆盖度小的高过电位金属也是适用的。

但是，对于其他许多金属来说，它们不具有汞电极的上述两个特点。首先，对于大多数固体电极来说，它们的表面显然是不均匀的。其次，在许多金属（如在 Pd，Pt，Ni，Fe 等低过电位金属和中过电位金属）电极上，吸附氢原子的表面覆盖度不是很小，而是可以达到很高的数值。例如，用恒电流暂态法，以 1 mA/cm² 的恒电流密度对铂电极进行阴极极化时，测得在铂电极上吸附氢的表面覆盖度为 83%，即铂电极表面几乎完全被吸附氢原子所覆盖。在这些金属电极上已不存在推导迟缓放电机理理论公式的前提条件，这就自然会使人们想到，迟缓放电机理对这些金属不一定适用。

有许多实验结果，用迟缓放电机理是无法解释的，这就迫使人们去考虑其他的反应机理。例如，在 Ni 电极上，在切断阴极极化电流以后，只有经过相当长的一段时间之后，其电位才能恢复到平衡电位的数值，即电位变化的速度是相当缓慢的。如果这种电位变化是由于双电层电荷变化引起的，那么变化速度应很快，即所用时间应很短。这种缓慢的变化也不会是由于浓差极化消失而造成的，因为浓差极化消失的速度也很快。于是可以认为，造成这种电位缓慢变

化的原因，很可能是由于在 Ni 电极表面上积累了大量的吸附氢原子。在电流切断以后，这些吸附氢原子以比较慢的速度向固体 Ni 电极内部进行扩散，由此而造成了电位变化的速度比较缓慢。曾有人测定，在 0.5 mol/L NaOH 溶液中，当过电位值为 0.3 V 时，Ni 电极的每 1 cm² 表面上吸附氢原子的数量为 10^{15} 个。

又如，在某些金属上进行较长时间的析氢反应之后，这些金属将会变脆，机械强度大幅度降低，这就是氢脆现象。产生氢脆的原因，是由于在电极表面上形成了大量的吸附氢原子，这些氢原子又通过扩散作用到达金属内部，在金属内部缺陷处聚集而形成很高的氢压，有时可以达到几十兆帕。由此可以判断，电极表面上的吸附氢原子的浓度必然是很大的。如果复合成氢分子的速度很快，则电极表面绝不会集聚这么多的吸附氢原子。

再如，若利用金属 Pd（或 Fe）作薄膜电极，并使薄膜电极两侧分别与彼此不相连接的电解液相接触，那么在薄膜电极的一侧进行阴极极化后，该电极另一侧的电极电位也不断地向负方向移动。只有认为在薄膜电极一侧的表面上生成了过量的吸附氢原子，而过量的吸附氢原子又通过在薄膜电极内部进行扩散，使其被传递到电极的另一侧表面上，才能合理地解释这种现象。

以上实验例证表明，在某些金属表面上确实存在着过量的吸附氢原子；这肯定与吸附氢原子的脱附步骤缓慢有密切关系。这是因为如果电化学反应步骤缓慢，而氢原子的脱附步骤很快的话，电极表面上就不会积累有过量的吸附氢原子；只有当电化学反应步骤很快，而氢原子的脱附步骤较慢时，才有可能在电极表面上积累有过量的吸附氢原子。因此，必须承认吸附氢原子的脱附步骤是析氢反应过程的控制步骤，至少应承认脱附步骤是参与控制析氢反应的步骤。但是，在复合脱附步骤和电化学脱附步骤中，到底哪一个步骤是控制步骤，还难以判断清楚。

上面从实验事实出发，说明了迟缓复合机理或电化学脱附机理对某些金属的适用性。而且，从上述两种理论出发，也能推导出符合塔菲尔经验公式的理论公式。

例如，假定复合脱附步骤是控制步骤，因此吸附氢的表面覆盖度不是按照式(7.11)而是按照下式比较缓慢地随过电位而变化：

$$\theta_{MH} = \theta_{MH}^0 \exp\left(\frac{\beta F}{RT}\eta_H\right) \tag{7.24}$$

式中的 β 相当于一个校正系数($0 < \beta < 1$)，若将式(7.24)代入式(7.12)，并对式(7.12)两端取对数，经过整理后可以得到

$$\eta_H = 常数 + \frac{2.3RT}{2\beta F}\lg j_c \tag{7.25}$$

式(7.25)与式(7.1)是一致的，即符合塔菲尔经验公式。

又如，假定氢原子的表面覆盖度很大，以至于可以认为 $\theta_{MH} \approx 1$，若将其代入电化学脱附的反应速度式(7.14)，经过取对数并整理后，可以得到

$$\eta_H = 常数 + \frac{2.3RT}{\alpha F}\lg j_c \tag{7.26}$$

式(7.26)也符合搭菲尔经验公式。

以上从实验例证和理论推导两方面说明了迟缓复合机理和电化学脱附机理的适用性。当然，这两种理论只适用于对氢原子有较强吸附能力的低过电位金属和中过电位金属。

但是，迟缓复合机理也存在着一些问题。例如，关于溶液组成对析氢过电位产生影响的一

系列实验事实,很难用迟缓复合理论进行解释。又如,根据迟缓复合理论,由复合脱附步骤控制的析氢反应速度应具有一个极限值,这个极限值相当于电极表面完全被吸附氢原子充满时的复合速度,但是这个极限值至今还没有被观测到。

还应当指出的是,金属表面状态的改变、金属表面的不均匀性以及极化条件的变化等因素,都会影响析氢过程,甚至会使得析氢过程的机理发生改变。因此在许多情况下,析氢过程的机理可能是非常复杂的,不能够用单一的一种理论合理地解释全部实验现象,特别是对于低过电位金属和中过电位金属。

例如,对于 Pd 和 Pt 等低过电位金属,当极化不大时,在光滑的 Pd 和 Pt 电极上,析氢反应过程很可能是受复合脱附步骤控制的;当极化较大或电极表面被毒化时,析氢反应的控制步骤则可能是电子转移步骤。而在镀铂黑的 Pt 电极等具有高度活性的金属表面上,电子转移步骤和吸附氢原子的脱附步骤都足够快,这时的析氢过电位,则可能是由于分子氢不能及时变为氢气泡,从而在电极表面附近液层中过量积累而引起的。

又如,在 Fe,Co,Ni,W 等中过电位金属表面上,由于固体电极表面的不均匀性,使析氢反应的情况更为复杂,可能出现这种情况:一部分表面上析氢反应过程受复合步骤控制,而另一部分表面上的析氢反应则受电化学反应步骤控制,从整体上看,析氢过程受着混合控制,析氢过程的机理随着电极表面的性质与极化条件而改变。

由于中过电位金属和低过电位金属上析氢反应的历程具有错综复杂性,因此在处理实际问题时要特别小心。例如,在防腐蚀技术中,常采用各种缓蚀剂来降低析氢速度,从而降低金属腐蚀溶解的速度,以达到防止或减轻金属腐蚀的目的。在选择缓蚀剂时,一般要选择那些能使析氢过电位增大的物质作为缓蚀剂,这个原则一般来说是正确的。但是,并不是一切能提高析氢过电位的物质都能作为缓蚀剂来使用。在选择缓蚀剂时,还必须考虑它对析氢机理的影响。例如,当添加的物质对析氢过程的影响主要是降低氢原子的脱附速度时,则在其加入之后,虽然可以提高析氢过电位,但也会使金属表面的吸附氢原子浓度增高,而吸附氢原子向金属内部扩散的结果可能导致氢脆现象,因此这种物质就不能作为缓蚀剂来使用。只有通过降低电化学反应速度来提高析氢过电位的那些物质,才是析氢腐蚀的较为理想的缓蚀剂。

7.2.4　氢析出反应的电化学催化

火山关系图(Volcano Plots)是催化和电催化研究中非常重要的概念。

在氢电极反应研究的早期,许多研究者就试图建立反应速度与电极材料性质之间的内在关系。Bockris 指出氢电极反应交换电流密度的对数与电极的功焓有类似火山形的关系。Polanyi 和 Horiuti 最早提出了氢电极反应活化能与氢在电极材料上的吸附能有关。而由于氢在电极材料上的吸附能数据不全,因此一般用数据较为全面的 M—H 键能代替氢吸附能来构建氢电极反应的火山关系图。图 7.9 为 Trasatti 总结的实验交换电流密度和 M—H 键能之间的火山关系图。从图中可以看出,不同电极材料表面的氢电极反应交换电流密度相差约 10 个数量级。随着表面吸附氢键(M—H)的逐渐加强,最初有利于增大氢析出反应速度,但若吸附过于强烈,则反应速度反而又会下降。当中间态粒子具有适中的能量(适中的吸附键强度和覆盖度)时,往往有最高的反应速度。这一现象称为“火山形效应”。从图 7.9 中还可看出,对于析氢反应来说,活性最高的材料是处于“火山顶”的 Pt,Rh,Ir,Re 等,其次是 Ni,Fe,W,Mo 等,而 Pd,Hg,Tl,Cd,Ti 等的电催化活性较差。虽然 Pt 是酸性条件下析氢催化性能最好的催化剂,但在碱性条件中催化活性远不如酸性条件中的性能。这可能主要是因为在碱性介质中,主要反应物是水分子,氢的析出需要首先拆分水分子得到吸附氢原子,这一部分的能量消耗远比酸性条件下氢离子直接形成吸附氢原子更大,也就延缓了反应进程,在宏观上体现在了催化活性的差别。

改变复杂反应活化能与反应速度的主要途径是适当调节中间态粒子的能级。对氢析出反应而言就是调节作为中间态反应粒子的吸附氢原子的能级。对于吸附氢很弱的那些高过电位金属,氢析出反应速度一般是由形成吸附氢缓慢放电的速度控制的。因此,吸附增强有利于降低控制步骤的活化能与增大反应

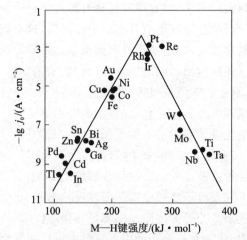

图 7.9 M—H 键强度与氢析出反应交换电流之间的"火山形"关系

速度。在这种情况下,电极上吸附氢原子的覆盖度一般很小,可不考虑未覆盖部分面积的变化。另外,对于那些吸附氢较强的低过电位金属,由于中间态的能量很低,生成吸附氢的速度一般较快,故原子氢的脱附(复合或电化学脱附)往往成为整个反应的控制步骤。在这种情况下,吸附增强将导致控制步骤的活化能增大。至于反应速度将如何变化,则还需要考虑表面覆盖度的影响以及吸附键强度随表面覆盖度变化等因素的作用。

由于原子氢的吸附键主要由氢原子中的电子与金属中不成对的 d 电子形成,因此只有过渡族金属才能显著地吸附氢,金属中的 d 电子部分分布在 dsp 杂化轨道上形成金属键,部分以不成对电子的形式存在并引起顺磁性等。通常用"金属键的 d 成分"(d Character of Metallic Bond)来表示杂化轨道中 d 电子云的成分。因此,金属键的 d 成分较高,不成对的 d 电子就较少,M—H 吸附键也就较弱。图 7.10 中表示了氢的吸附热与金属键的 d 成分之间的关系。

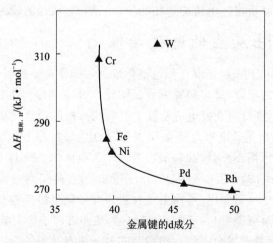

图 7.10 氢的吸附热与金属键的 d 成分之间的关系

然而,也应该看到 M—H 键强度与氢析出反应中间态粒子的能级二者之间还是有一定差别的。首先,电极表面上吸附氢原子与电极之间的结合强度除它们之间的相互作用外还要受

到来自溶液和双电层中微环境的影响。其次,作为氢析出反应中间态粒子的吸附氢原子并不是在电极表面上大量存在的欠电位沉积吸附氢原子,而是与表面结合更弱的少量过电位沉积吸附氢原子。因此,不应期望氢析出反应动力学参数与 M—H 键强度之间存在严格的定量关系。图 7.10 只是表明:M—H 键强度是决定氢析出反应动力学的重要因素之一。

很多研究表明多组分电极表现出了"协同效应"(Synergetic Effect)。所谓"协同效应",是指当电极由一种以上组分构成时,电极上的氢析出过电位低于任一单独组分表面上的氢过电位。各种组分共存的形式可以是合金、固溶体、表面修饰或是几种粉末混合后经压制和烧结(包括热压)形成的组合电极(Composite Electrode)。

由 Ni 与 Mo 组成的析氢电极(合金或细粉混合)所显示的协同效应见图 7.11。由图可知,几种 Ni/Mo 合金电极表面上的析氢过电位均低于纯 Ni 或纯 Mo 表面上的析氢过电位。

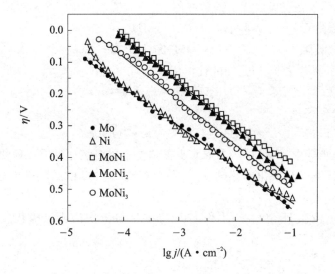

图 7.11　1 mol/L NaOH 中的测得的极化曲线(25 ℃)

目前对 Ni/Mo 电极所显示的协同效应一般解释为在 Ni 表面上形成的吸附氢原子可"溢出"(spillover)至 Mo 表面上复合脱附,引起氢析出过电位显著降低,并避免了在 Ni 上生成氢化物。

7.3　氢电极的阳极过程

氢电极的阳极过程,就是氢在阳极上发生氧化反应的过程。该过程的反应方程式为

$$H_2 - 2e \longrightarrow 2H^+$$

在过去很长一段时间内,由于在重要的实用电化学体系中很少遇到氢的氧化反应,因此人们认为研究氢的阳极过程意义不大。只是在氢-氧燃料电池和氢-空气燃料电池成为化学能源工业中的重要组成部分之后,由于要利用氢作为负极的活性物质,这才促进了对氢的阳极过程的研究。同时,由于在氢电极发生阳极极化时,作为氢的依附金属也很容易发生氧化溶解,变成金属离子而进入溶液,从而给研究氢的阳极氧化反应带来许多困难,所以能用来作为研究氢

阳极氧化的依附金属并不多。在酸性溶液中,一般只有 Pt,Pd,Rh 和 Ir 等贵金属可作为氢的依附金属;在碱性溶液中,除可应用上述贵金属外,镍也可作为氢的依附金属。此外,能够研究氢阳极氧化的电位范围也比较窄,因为当阳极极化电位较正时,依附金属可能会变得很不稳定。基于上述各种原因,到目前为止,对氢的阳极氧化反应的研究,远不如对氢的还原反应研究得那样仔细和深入。

本节只讨论全浸在溶液中的光滑电极上的阳极氧化反应历程,而且只能就某些例子加以简要介绍,以期对氢的阳极过程有一个初步的认识。

一般认为,氢在浸于溶液中的光滑电极上进行氧化反应的历程,应包括以下几个单元步骤:

(1) 分子氢溶解于溶液中并向电极表面进行扩散。

(2) 溶解的氢分子在电极表面上离解吸附,形成吸附氢原子。离解吸附可能有两种方式:

① 化学离解吸附 $\qquad\qquad H_2 \Longleftrightarrow 2MH$

② 电化学离解吸附 $\qquad\quad H_2 \Longleftrightarrow MH + H^+ + e$

(3)吸附氢原子的电化学氧化,在酸性溶液中为

$$MH \longrightarrow H^+ + e$$

而在碱性溶液中为

$$MH + OH^- \longrightarrow H_2O + e$$

在上述各单元步骤中,到底哪一个单元步骤是整个阳极氧化反应过程的控制步骤,与电极材料、电极的表面状态以及极化电流的大小等因素有关,可以根据阳极极化曲线的形状进行判断。

例如,光滑铂电极在 H_2SO_4,HCl 和 HBr 等酸性溶液中的阳极极化曲线分别如图 7.12 和图 7.13 所示。

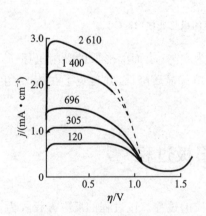

曲线上的数字为电极转速(r/min);

$p_{H_2} = 101\ 325\ Pa$

图 7.12 在 1 mol/L H_2SO_4 中,旋转铂电极上氢阳极过程的极化曲线

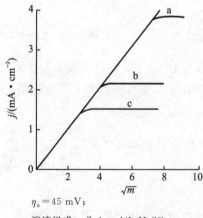

$\eta_a = 45\ mV$;

溶液组成:a 为 1 mol/L H_2SO_4;

b 为 1 mol/L HCl;

c 为 1 mol/L HBr

图 7.13 氢电极阳极极化曲线上极限电流密度随电极转速的变化

图 7.12 表示了在各种不同的转速下,氢阳极氧化过程中电流密度与过电位之间的关系。由图中可见,在极化开始时,随着过电位的增大,很快就出现了极限电流密度,而且随着电极转

速的增大,极限电流密度也增大。由第 5 章已知,出现极限电流密度,且极限电流密度随搅拌速度而改变,这正是浓差极化的特征。由此可以判断,当阳极极化不大时,氢电极阳极氧化的速度由溶解氢分子在溶液中的扩散步骤所控制。由图中还可看出,当极化进一步增大时,阳极电流密度开始下降,而且当过电位超过 1.2 V 时,阳极电流密度值很低,且与搅拌速度无关。这时的电极过程不再具有扩散控制的特征,因此可以判断,此时的电极反应速度是受电极表面反应速度控制的。由充电曲线的测试可知,在+1.0 V 附近,铂电极上开始形成氧的吸附层和氧化物层,使得氢的吸附速度和吸附氢的平衡覆盖度大幅度降低,从而引起了电流密度的下降。

图 7.13 所示为当过电位固定不变时,阳极电流密度与电极转速之间的关系。由图中可以看出,当电极转速不大时,阳极电流密度与转速的平方根成正比,且出现极限电流密度,与浓差极化的特征相符,说明此时电极过程由溶解氢分子的扩散步骤所控制。但当电极转速增大时,极限电流不随电极转速而变化,说明当溶液中的传质速度加快时,氢分子的扩散步骤不再是控制步骤。此时的控制步骤转化为氢分子的离解吸附步骤。同时由图中还可看到,当电极表面上有 Cl^- 和 Br^- 等表面活性阴离子吸附时,控制步骤的转化发生得更早些,这是由于活性阴离子减弱了氢吸附键的缘故。

又如,表面光滑的 Ni 电极在碱性溶液中的阳极极化曲线如图 7.14 所示。

我们知道,只有当极限电流密度 j_d 低于交换电流密度 j^0 时,才能使电极过程主要受扩散步骤控制。例如在稀硫酸中,光滑 Pt 电极上氢电极反应的 j^0 约为 10^{-3} A/cm²。如果将氢分子的溶解度(约为 8×10^{-7} mol/mL)、氢的扩散系数(约为 5×10^{-5} cm²/s)和扩散层厚度($\delta = 5 \times 10^{-2}$ cm)代入公式 $j_d = nFD \dfrac{c_i^0}{\delta}$ 中,即可求得 j_d 约为 2×10^{-4} A/cm²,显然低于 j^0 值。因此,可以说在稀硫酸中氢在光滑铂电极上的阳极氧化过程主要受扩散步骤控制。前面所举的实验例证,完全证实了这

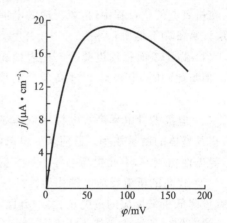

图 7.14　光滑 Ni 电极在 1 mol/L NaOH 溶液中的阳极极化曲线

个推断。但是在碱性溶液中,氢在光滑 Ni 电极上进行氧化反应时,j^0 为 $10^{-5} \sim 10^{-6}$ A/cm²,比溶解氢的极限扩散电流密度 j_d 要小 1~2 个数量级。因此,这时电化学反应步骤所引起的极化作用已不能忽视。同时,当阳极极化时,金属 Ni 本身很容易发生氧化,生成 $Ni(OH)_2$。而且生成该氧化物的电位仅比氢的平衡电位正 0.11 V 左右。如果再考虑到在生成该氧化物之前,就可能发生氢氧根离子的吸附,或者能生成可溶性的 $HNiO_2^-$ 离子,则 Ni 的稳定区只能处于氢的平衡电位附近。由图 7.15 可见,Ni 的稳定区只能延伸到比氢的平衡电位高 60~80 mV 处,而且曲线上的电流密度低于 20 μA/cm²。这就表明,氢的氧化反应只能发生在氢的平衡电位附近。在这种极化不大的条件下,电极过程不可能是由溶解氢的扩散步骤控制的,而电化学反应步骤可能是主要的控制因素。

由上述两个例子的分析可见,在依附金属、溶液组成和极化条件等发生变化时,氢电极阳极氧化过程的机理可能完全不同,只有根据具体的实验结果进行具体分析,才可能得到比较确

切的结论。

7.4 氧的阳极析出反应

讨论氧电极阳极过程的机理,也就是要讨论阳极过程中的反应步骤及在这些步骤中哪一步为控制步骤。讨论这个问题相当困难。这是由于在氧的析出反应中涉及了 4 个电子,因此就可能包含有几个电化学步骤,而且还要考虑氧原子的复合或电化学解吸步骤,以及在过程进行中有金属的不稳定中间氧化物的形成与分解等步骤,因此析氧反应的过程步骤要比析氢过程步骤多,而且每一个步骤都可能成为控制步骤。于是就使问题变得相当复杂。

氧的阳极过程发生的是析氧反应(OER),这是电解水和盐的水溶液中主要的反应或者难以完全避免的副反应,同时析氧反应的进行速度往往决定了电极材料的腐蚀速度。在电解水工业中,析氧与析氢反应同等重要,这两个反应构成了水的电解过程。

与析氢反应相比,析氧反应具备较高的过电位。由于交换电流密度很小(<1 nA/cm^2),即便是在很小的电流密度下(大约 1 mA/cm^2)观察到析氧反应的过电位都超过了 0.4 V。因此,在析氧电催化过程中,析氧反应的电催化活性是一类重要的性质。因此,析氧电催化的电极应该具备如下性质:

(1) 高比表面积及粗糙度。比表面积越大,析氧反应的工作电流密度越低,过电位也越低。但与此同时,电极表面过高的粗糙度也会导致电极机械强度的下降,从而缩短电极的寿命。

(2) 电极的导电率高。电极导电率越高,相应的其欧姆电阻越低,有利于降低析氧过电位,提高整体的制氢效率。目前来说析氧催化剂大多是金属氧化物,而金属氧化物大多是半导体,导电性比较差,因此提高电导率具有重要的意义。

(3) 较高的析氧反应电催化活性。一方面,要求电极对析氧反应有较高的催化性能,可以大幅度降低析氧反应的过电位;另一方面,要求电极只是对析氧反应有高催化活性,对其他副反应没有催化活性或者催化能力非常弱。

(4) 电极在碱性液中具有稳定的长周期的活性。碱性溶液具有腐蚀性,而电极处于强氧化环境下,析氧电极很容易发生变化导致活性降低甚至完全丧失。

析氧反应过程总是伴随着较大的过电位,一般来说,析氧反应需要在比氧的平衡电位更正的电位下才能实现,特别是在酸性溶液中。随着电极电位的变化,电极的表面状态也在不断变化,在达到析氧电位之前,许多金属电极已经变得热力学不稳定了。因此,很有可能在电极表面首先不是发生析氧反应,而是金属的溶解或者氧化反应。电极表面上会发生氧或者含氧粒子的吸附,甚至会产生成相的氧化物层。

因此,在酸性介质中,能作为电极的只有 Au 和 Pt 等贵金属,以及能在表面生成不溶于酸的稳定氧化物金属。而在碱性溶液中,由于极化不太大,故除了 Au 和 Pt 等贵金属外,还可以选用 Fe、Co 和 Ni 等金属。

7.4.1 氧的析出过程

在不同的电解液中,氧析出反应及其反应过程是不同的。

在酸性溶液中,氧析出的总反应式为

$$2H_2O \Longrightarrow O_2 + 4H^+ + 4e$$

这种反应过程中可能包含着复杂的中间过程。对于含氧酸的浓溶液,在较高的电流密度下,可能有含氧阴离子直接参与氧的析出反应。例如,在硫酸溶液中,可能按照下述步骤发生氧的析出反应,即

$$2SO_4^{2-} \Longrightarrow 2SO_3 + O_2 + 4e$$

$$2SO_3 + 2H_2O \Longrightarrow 2SO_4{}^{2-} + 4H^+$$

其总反应式仍为

$$2H_2O \Longrightarrow O_2 + 4H^+ + 4e$$

一般认为在酸性溶液中的氧析出过程如下:

$$H_2O \longrightarrow OH* + H^+ + e$$

$$OH* \longrightarrow O* + H^+ + e$$

$$O* \longrightarrow 1/2O_2$$

$$O* + H_2O \longrightarrow OOH* + H^+ + e$$

$$OOH* \longrightarrow O_2 + H^+ + e$$

首先是水分子吸附在电极表面失去电子形成一个氢离子 H^+ 和中间态 $OH*$;中间态 $OH*$ 继续失去一个电子生成一个 H^+ 和中间态 $O*$;下一步反应可以有两种可能反应路径:一种是 $O*$ 可以直接结合生成 O_2;另一种是 $O*$ 与水分子接触失去电子生成中间态 $OOH*$ 和 H^+。最后中间态 $OOH*$ 失去一个电子生成 O_2 和一个 H^+。

由于析氧反应中间态产物在体系中同时存在,多步骤同时进行,且对于不同的催化剂产生的中间态有所差异,故基于现在研究手段的局限性还无法证实微观体系中反应的机理如何进行。

在碱性溶液中,氧析出的总反应式为

$$4OH^- \Longrightarrow O_2 + 2H_2O + 4e$$

在碱性溶液中,一般的金属氧化物电极上析出氧气的过程如下:

$$M^{z+} + OH^- \longrightarrow (M-OH)^{z+} + e$$

$$(M-OH)^{z+} \longrightarrow (M-OH)^{(z+1)+} + e$$

$$2(M-OH)^{(z+1)+} + 2OH^- \longrightarrow 2M^{z+} + O_2 + 2H_2O$$

上述公式中,M^{z+} 表示电极表面上价态为 Z 的金属阳离子。由上述公式可知,金属阳离子的氧化态在氧的析出过程中起着重要的作用。

在中性盐溶液中,可以由 OH^- 离子和水分子两种放电形式来析出氧。到底以哪一种形式为主,取决于在给定的具体条件下哪一种放电形式所需要的能量较低。

7.4.2　析氧反应机理

析氧反应的机理分析首先也要讨论阳极过程中的速度控制步骤。但是与析氢反应不同,析氧反应过程涉及 4 个电子,另外还要考虑氧原子的复合或电化学解析步骤,以及反应过程中金属不稳定中间氧化物的形成与分解等,大大增加了分析析氧反应过程步骤的复杂性。因此,目前为止,针对析氧反应的机理研究还未得出统一的结论。例如,在碱性溶液中,氧的析出至

少应有表 7.2 所列的几种可能的反应历程,但都没有得到实验证实。

表 7.2　在碱性溶液中析氧的某些可能的反应历程

反应历程	I	II
反应步骤	1. $2OH^- = 2OH + 2e$ 2. $2OH + 2OH^- = 2O^- + 2H_2O$ 3. $2O^- = 2O + 2e$ 4. $2O = O_2$	1. $2OH^- = 2OH + 2e$ 2. $2OH + 2OH^- = 2O^- + 2H_2O$ 3. $2O^- + 2MO_X = 2MO_{X+1} + 2e$ 4. $2MO_{X+1} = 2MO_X + O_2$
反应历程	III	IV
反应步骤	1. $4OH^- + M = 4MOH + 4e$ 2. $4MOH = 2MO + 2M + 2H_2O$ 3. $2MO = 2M + O_2$	1. $2OH^- = 2OH + 2e$ 2. $2OH + 2OH^- = 2H_2O_2^-$ 3. $2H_2O_2^- = O_2^{2-} + 2H_2O$ 4. $O_2^{2-} = O_2 + 2e$

析氧反应过程依然大致遵循塔菲尔经验公式,值得注意的是,在氢电极过程的动力学公式中,常数 a 与电极材料、电极表面状态及溶液组成等因素有关,而常数 b 对于大多数金属而言都是约为 118 mV 的常数;但是,在氧电极过程的动力学公式中,由于电极反应历程的复杂性,常数 a 和 b 都取决于电极材料、温度、溶液组成和电流密度等几个因素。而且由于电极材料的不同,不同的析氧反应的塔菲尔斜率也会不同,从而反映了不同电极材料对于析氧反应的电催化活性不同。目前研究结果表明对于析氧过程,最有效的电催化剂是 RuO_2、IrO_2,在氧化物催化剂条件下的酸性析氧反应中,一般认为析氧反应存在以下两种可能的四电子机制[*]:

(1)吸附析出机制(Adsorption Evolution Mechanism,AEM),反应分为三个步骤进行。第一步是水分解成 H^+ 以及吸附的 OH^-;第二步,吸附的 OH^- 首先积累在金属阳离子表面,然后分解成吸附 O;第三步,吸附 O 与另一个水分子反应在金属阳离子表面生成吸附 OOH,从而形成 O_2。

(2)晶格氧参与机制(Lattice Oxygen Participation Mechanism,LOM)。同位素标记实验表明,对于某些混合金属氧化物电催化剂,晶格氧可以参与析氧反应催化循环。前两步中水分解产生吸附 O 吸附在晶格氧表面,随后通过与表面晶格 O 耦合产生 O_2 以及一个表面空穴。后两步中,表面空穴通过水分解填充。

由于在碱性电解质溶液中,析氧反应可以直接利用羟基 OH^- 来获取能够吸附在析氧反应催化剂表面的吸附 OH^-,并不需要打破水分子的较强共价键来获得吸附 OH。由此可见,在酸性电解质溶液和碱性电解质溶液中,阳极析氧反应的催化反应机制是不一样的。

7.5　氧还原反应机理及其电催化

氧还原反应(Oxygen Reduction Reaction,ORR)是许多燃料电池装置的核心,在电催化

---

　*　Xiang-Kui Gu, John Carl A. Camayang, Samji Samira, Eranda Nikolla. Oxygen evolution electrocatalysis using mixed metal oxides under acidic conditions:Challenges and opportunities m[J]. Journal of Catalysis,2020,388:130-140.

领域具有特殊的地位。氧还原反应涉及了 4 个电子及 2～4 个质子转移以及 O—O 键的断裂，因此其反应过程和相应的机理都很复杂，并且很容易受到电极材料和反应条件的影响。片面的通过速度控制步骤来分析氧还原反应的机理是相当困难，甚至可以说是不能够实现的。大多数研究着力于分析最基本的反应类型，其中最主要的有两种，即"直接四电子途径"和"二电子途径"。

7.5.1 氧还原反应机理

1. 直接四电子途径

以直接四电子途径进行的氧还原历程中，氧分子连续得到四个电子而直接还原成 H_2O（酸性溶液）或者 OH^-（碱性溶液中），不出现可被检测的过氧化氢。很明显，氧的四电子还原过程是一个多步骤串联过程，涉及 4 个电子转移、化学键形成和断裂等多个步骤。

一般在清洁的 Pt 电极表面和某些过渡金属大环化合物的表面，氧还原反应主要是以"直接四电子"途径进行的，其反应过程如下：

$$O_2 + 4H^+ + 4e \longrightarrow 2H_2O \qquad 酸性溶液$$

$$O_2 + 2H_2O + 4e \longrightarrow 4OH^- \qquad 碱性溶液$$

当氧还原反应以上述方式进行时，理论上可以产生的阴极过电位高达 1.229 V。以直接四电子途径进行的反应过程的关键是 O—O 键的断裂，一般氧分子中 O—O 键的断裂能高达 494 kJ/mol，由于 O—O 键的断裂必须使得氧分子中两个氧原子均能够与电极材料作用而受到足够的活化，因此氧分子在电极上的吸附状态对氧还原的动力学也会产生极大的影响。

2. 二电子途径

氧还原二电子途径和直接四电子途径不同之处在于反应过程中有明显的可检测到的 H_2O_2 产生，与此同时，二电子途径的电极材料在氧还原过程中受到溶液 pH 影响。在酸性溶液中，其反应过程如下：

$$O_2 + 2H^+ + 2e \longrightarrow H_2O_2$$

随后，生成的 H_2O_2 进一步还原：

$$H_2O_2 + 2H^+ + 2e \longrightarrow 2H_2O$$

或者分解：

$$2H_2O_2 \longrightarrow O_2 + 2H_2O$$

而在碱性溶液中，氧还原反应的过程为

$$O_2 + H_2O + 2e \longrightarrow HO_2^- + OH^-$$

$$HO_2^- + H_2O + 2e \longrightarrow 3OH^-$$

或者分解：

$$HO_2^- \longrightarrow OH^- + \frac{1}{2}O_2$$

事实上，在多数电极表面上，氧还原反应沿二电子途径进行，或者会同时存在二电子和四电子两种途径。换言之，二电子途径出现的频率明显高于四电子途径，这主要是因为氧分子中 O—O 键的键离能高达 494 kJ/mol，而质子化生成过氧化氢后 O—O 键的键能降低至 146 kJ/mol。因此，生成中间产物过氧化氢能够有利于降低氧还原反应整体的活化能。另外，氧电极反应的可逆性很小,即便是在 Pt、Pd、Ag、Ni 这样的常用的催化电极上,电催化得到的电流也很小。

7.5.2 氧还原反应的电化学催化

各种不同电极表面对氧还原反应的电催化行为与氧分子及各种反应中间粒子在电极上的吸附行为有关。如在 Au 和 Ag 表面上出现氧的吸附层时有利于直接四电子反应的进行,而在 Pt 表面上含氧吸附层则能阻碍四电子反应。

然而,由于氧还原反应的复杂性,其中涉及 O—O 键的断裂与质子的添加,含氧吸附层对反应机理与反应动力学的影响也相当复杂。Yeager 认为,氧分子在电极上的吸附大致有三种方式。

1. Griffiths 模式(见图 7.15(a))

氧分子横向与一个过渡金属原子作用。氧分子中的 π 轨道与中心原子中空的 dz^2 轨道相互作用;而中心原子中至少部分充满的 dxz 或 dyz 二轨道向氧分子的 $π^*$ 轨道反馈。这种较强的相互作用能减弱 O—O 键,甚至引起 O_2 的离解吸附,有利于 O_2 的直接四电子还原。在清洁的 Pt 表面以及铁酞菁分子上,氧的活化很可能是按这一模式进行的。

2. Pauling 模式(见图 7.15(b))

氧分子的一侧指向过渡金属原子,并通过 $π^*$ 轨道与中心原子中的 dz^2 轨道相互作用。按这种方式吸附时氧分子中只有一个原子受到较强的活化,因此有利于实现二电子反应。在大多数电极材料上氧的还原可能是按这种模式进行的。

3. 桥式模式(见图 7.15(c))

如果中心原子的性质与空间位置均适当,氧分子也可以同时受到两个中心原子的活化而促使分子中两个氧原子同时被活化。这种吸附模式显然更有利于实现四电子反应途径。

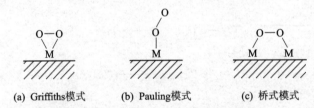

(a) Griffiths模式   (b) Pauling模式   (c) 桥式模式

图 7.15　氧分子在电极上的不同吸附模式

然而,对于在各种电极表面上氧的吸附方式迄今并无可靠的谱学证据。

从原则上说,Griffiths 模式与 Pauling 模式均属"单址(singe site)吸附",而桥式模式属"双址(dual site)吸附"。研究结果表明:如果在 Pt 表面上欠电位沉积(UPD)少量吸附 Ag 原子,对氧的还原有显著阻碍作用,显示氧分子可能主要是按桥式"双址"模式吸附在 Pt 表面上的。

以元素周期表中各种金属作为氧催化剂的研究表明,氧还原活性与氧原子的吸附能之间呈现出典型的"火山形"关系曲线。其中在酸性介质中,Pt 是所有单质金属中最好的氧还原催化剂。位于元素周期表左侧的金属,其 d 轨道电子数较少,通常易与氧气形成氧化物,因此氧还原活性低。而对于第一副族的 Cu、Ag、Au 和第二副族的 Zn、Cd、Hg,由于其 d 轨道为全充满状态,因此与氧作用极弱,很难打断 O—O 键,氧还原活性也较低。Pt 族金属,其表面原子与 O 的键能(Pt—O)既不是很强,也不是很弱,所以既可以打断 O—O 键,同时还能让吸附的各种形式的氧继续进行后续反应还原为水。

从实用角度出发,不论在酸性或碱性介质中,Pt 与 Pt 族元素及其合金都是最理想的氧化还原催化剂。通过优化催化剂及气体扩散电极制备工艺,铂的用量已可降至 $0.5\ mg/cm^2$ 以下。在碱性介质中,Au,Ag 和碳电极都具有一定的实用性,但输出电流的能力与工作寿命仍明显不及 Pt 电极。

20 世纪 80 年代,自从首次发现铂合金是一种优良的燃料电池氧还原催化剂后,人们便将其看作继纯 Pt 之后的第二代燃料电池催化剂。将铂与低成本过渡金属合金化可以显著改善原子和电子结构,以及可用的表面位置(整体效应),有利于调整吸附物质与铂的结合强度。

测量铂合金(Pt_3Ni、Pt_3Co、Pt_3Fe、Pt_3Sc、Pt_3Ti、Pt_3Y、Pt/Pd)和纯铂作为氧吸附能的函数的活度,其结果如图 7.16 所示。这可以很好地指导定制铂基合金以增强氧还原催化作用。而且在过去的几十年里,随着纳米技术和合成化学的重大进展,人们设计了许多对氧反应具有高催化性能的纳米材料,作为贵金属催化剂的替代品。无论是电子效应(合金化),还是几何效应(形状),对氧还原的性能提升都起到了重要作用。人们可以控制这些基于铂的纳米结构的各个方面,比如它们的组成部分、大小、形状,甚至表面状态,以获得优秀的电催化剂。为进一步降低电催化剂的成本,又开发了许多基于非贵金属或无金属形式的催化剂,如氮掺杂碳基纳米材料电催化剂。

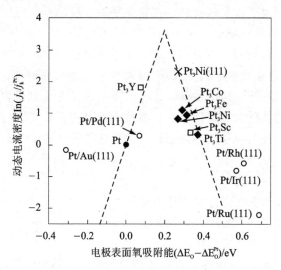

图 7.16 Pt 基过渡金属合金的氧还原反应火山图

氮掺杂碳材料表面氮具有三种化学形态:吡啶型、吡咯型和石墨型,如图 7.17 所示。吡啶型氮是指连接在掺氮碳面边缘的两个碳上的氮原子。该氮原子除一个提供给共轭 π 键体系的电子外还有一对孤对电子,在氧还原过程中能吸附 O_2 分子及其中间体,从而提高催化剂的氧还原催化效率。

此外,含吡啶型氮的碳材料在作为催化剂载体时,吡啶型氮的孤对电子对还能有效地"锚定"贵金属纳米颗粒(如 Pt NPs),并能改变催化剂的成核过程,使其以更小的粒径牢固地附载在碳载体上。因此,在氮掺杂碳中吡啶型氮原子越多,对催化剂催化活性的提高越有利。吡咯型氮是指带有两个 p 电子并与 π 键体系共轭的氮原子。石墨型氮是指与三个碳原子相连的氮,也有研究表明,碳材料含石墨型氮越多,其对氧还原的催化活性就越好。目前,关于氮掺杂碳材料的催化活性位点尚存争议。部分研究者认为过渡金属跟氮掺杂碳材料共同构成催化活性中心（如 FeN_4/C 和 FeN_2/C）。而最近的一些研究成果证明在没有过渡金属存在的情况下氮掺杂碳材料依然具有较好的催化活

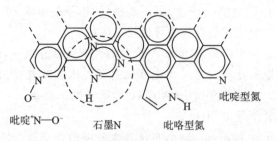

图 7.17 掺氮碳中不同氮原子的化学形态

性,但目前还不能准确确定氮掺杂碳材料中何种 N 的化学态（吡啶型、吡咯型和石墨型）对氧还原性能贡献最大。目前研究表明氮掺杂影响 Pt 基催化剂结构和性能体现在三方面:第一,氮元素的掺杂改变了纳米颗粒在碳载体上的成核动力学过程,使纳米颗粒以较小的粒径高度分散在碳载体上;第二,氮元素最外层具有五电子,具有给电子效应,从而增强了碳载体与纳米颗粒之间的结合力,使其更稳定地结合在碳载体上,增加了催化剂的寿命;第三,氮元素的掺杂增加了碳载体的导电性及改变了金属催化剂的电子结构从而增强了催化剂的活性。

氮掺杂碳材料对氧还原的催化过程多通过 H_2O_2 为终产物的两电子过程完成,这与 Pt 基催化剂以 H_2O 为最终产物的四电子过程相比,其氧还原催化活性仍有待提高。2009 年,Dai 的课题组首次采用氮掺杂碳纳米管阵列作为氧还原的电催化剂,其显示出良好的电催化活性,目前,已经制备了各种异原子掺杂碳材料。在杂原子掺杂后,会形成更多的缺陷作为氧还原的活性位点。在无金属氧还原电催化剂中杂原子引起的缺陷对提高氧还原活性的影响方面开展了大量研究工作。Gong 等发现竖直氮掺杂碳纳米管阵列（VA. NCNTs）作为非金属催化剂具有非常优异的氧还原电催化性能。结果显示,在碱性条件下氧还原在碳纳米管上以更高效的四电子过程进行并且不受 CO"中毒"影响,具有比商用铂基催化剂更高的催化活性和长期稳定性。目前,大部分氮掺杂碳材料被用于碱性条件下的氧还原反应,但在实际应用中使用的是酸性介质,因此将氮掺杂碳材料用于酸性条件下的氧还原催化剂是未来的研究趋势。

思考题

1. 研究氢电极过程和氧电极过程有什么实际意义?
2. 电催化与化学催化的主要区别是什么?
3. 如何评价电催化剂的电催化性能?
4. 对析氢反应为什么 Pt 在碱性条件中的催化活性远不如酸性条件中的性能好?
5. 为什么氢电极和氧电极的反应历程在不同条件下,会有较大差别?
6. 析氢过程的反应机理有哪几种理论? 试推导出它们的动力学公式,并说明它们各自的适用范围。
7. 列举实验依据,说明在汞电极上析氢过程是符合迟缓放电机理的。
8. 氢的阳极氧化过程有什么特点?
9. 写出氧电极的阴极过程和阳极过程的总反应式。为什么它们的反应历程相当复杂?
10. 氧阴极还原反应的基本历程是怎样的? 有什么特点?

第8章 金属的阳极过程

8.1 金属阳极过程的特点

金属作为反应物发生氧化反应的电极过程简称为金属的阳极过程。由于溶液成分对电极过程的影响,故金属的阳极行为和阳极产物都比金属的阴极过程复杂,可以出现阳极活性溶解和钝化两种状态。

金属阳极活性溶解过程通常服从电化学极化规律。当阳极反应产物是可溶性金属离子 M^{n+} 时,其电极反应可写成

$$M \Longrightarrow M^{n+} + ne$$

由第6章可知,阳极电流密度 j_a 与阳极过电位 η_a 之间服从巴特勒-伏尔摩方程:

$$j_a = j^0 \left[\exp\left(\frac{\beta nF}{RT}\eta_a\right) - \exp\left(-\frac{\alpha nF}{RT}\eta_a\right) \right] \tag{8.1}$$

在高过电位区,则符合塔菲尔关系:

$$\eta_a = -\frac{RT}{\beta nF}\ln j^0 + \frac{RT}{\beta nF}\ln j_a \tag{8.2}$$

对于不同的金属阳极,交换电流 j^0 的数值不同,因此阳极极化作用也不同(如表 8.1 所列)。大多数金属阳极在活性溶解时的交换电流是比较大的,故阳极极化一般不大。实验测定结果还表明,阳极反应传递系数 β 往往比较大(如表 8.2 所列),即电极电位的变化对阳极反应速度的加速作用比阴极过程要显著,故阳极极化度一般比阴极极化度要小。

表 8.1　某些金属的交换电流密度范围(金属离子浓度为 1 mol/dm³)

低过电位金属 $j^0 \approx 10 \sim 10^{-3}$ A/cm²	中过电位金属 $j^0 \approx 10^{-3} \sim 10^{-6}$ A/cm²	高过电位金属 $j^0 \approx 10^{-8} \sim 10^{-15}$ A/cm²
Pb	Cu	Fe
Sn	Zn	Co
Hg	Bi	Ni
Cd	Sb	过渡族金属
Ag		贵金属

多价金属离子的还原过程往往分为若干个单电子步骤进行,其中速度控制步骤常为得到"第一个电子"的步骤 $[M^{n+} + e \longrightarrow M^{(n-1)+}]$。由此推测,阳极过程也可能是分若干个单电子步骤进行的,并以失去"最后一个电子"的步骤 $[M^{(n-1)+} \longrightarrow M^{n+} + e]$ 速度最慢。阳极极化时从溶液中检测出了中间价粒子的实验已经证实了这一看法。

表 8.2 某些金属电极的传递系数

电极体系	α（或 αn）	β（或 βn）	电极体系	α（或 αn）	β（或 βn）
$Ag\|Ag^+$	0.5	0.5	$Cd(Hg)\|Cd^{2+}$	0.4～0.6	1.4～1.6
$Tl(Hg)\|Tl^+$	0.4	0.6	$Zn\|Zn^{2+}$	0.47	1.47
$Hg\|Hg^{2+}$	0.6	1.4	$Zn(Hg)\|Zn^{2+}$	0.52	1.40
$Cu\|Cu^{2+}$	0.49	1.47	$In(Hg)\|In^{3+}$	0.9	2.2
$Cd\|Cd^{2+}$	0.9	1.1	$Bi(Hg)\|Bi^{2+}$	1.18	1.76

在一定的条件下，金属阳极会失去电化学活性，阳极溶解速度变得非常小。我们将这一现象称为金属的钝化，此时的金属阳极即处于钝化状态。金属的钝化状态可以通过两种途径实现：一是借助于外电源进行阳极极化使金属发生钝化，称为阳极钝化；二是在没有外加极化的情况下，由于介质中存在氧化剂（去极化剂），氧化剂的还原引起了金属钝化，称为化学钝化或自钝化。本节将主要介绍阳极钝化，有关自钝化的细节可阅读金属腐蚀学方面的参考书。

具有活化-钝化转变行为的金属的典型阳极极化曲线如图 8.1 所示。从图 8.1 中可以看出，金属阳极过程在不同的电极电位范围有不同的规律。在 $\overset{\frown}{AB}$ 段，阳极溶解电流随着电极电位正移而增大，属于活性溶解过程，此时阳极表面处于活化状态。

当电极电位继续变正，达到图 8.1 中的 B 点时，金属溶解速度（阳极电流密度）不但不增大，反而急剧下降，这一现象就是前面所说的钝化现象。此时，金属阳极表面由活化状态变为钝化状态（钝态）。产生钝化现象的根本原因是金属表面生成了一层阻碍电极反应进行的表面膜（钝化膜），在 8.2 节中将进一步说明这一点。

开始发生阳极钝化的电位，即对应于 B 点的电位称为临界钝化电位或致钝电位，用 φ_{pp} 表示。对应于 φ_{pp} 的阳极电流密度称为临界钝化电流密度或致钝电流密度，用 j_{pp} 表示。一旦电流密度超过 j_{pp}，电极电位大于 φ_{pp}，金属表面就开始钝化，电流密度急剧降低。当电位增加到 C 点时，阳极电流

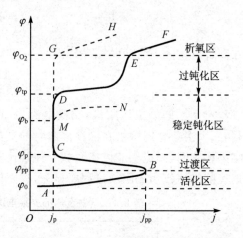

图 8.1 用控制电位法测得的金属阳极化曲线

度降到最低点，金属转入完全的钝化状态。对应于 C 点的电位 φ_p 称为初始稳态钝化电位。φ_{pp} 与 φ_p 相距很近，在这一区间（$\overset{\frown}{BC}$ 段），金属表面状态发生急剧变化，处于不稳定状态。$\overset{\frown}{BC}$ 段称为活化-钝化过渡区。

对已经处于钝化状态的金属来说，将电极电位从正向负移到 φ_p 附近时，金属表面将从钝化状态转变为活化状态。这一从钝化态转变为活化态的电位称为活化电位，在一些文献中常常叫作弗雷德（Flade）电位，用 φ_F 表示。在实验测出的极化曲线上，φ_F 和 φ_p 往往十分接近，难以区分。

$\overset{\frown}{CD}$ 段为金属的稳定钝化区。该电位范围内的电流密度通常很小，大约在 $\mu A/cm^2$ 数量级，表明金属在钝态下的溶解速度很小。对大多数金属来说，该电流密度几乎不随电位改变，

这一微小电流称为维钝电流密度 j_p。

继续增大阳极极化，电位达到 D 点，电流密度又重新增大。$\overset{\frown}{DE}$ 段为金属的过钝化区，D 点的电位叫作过钝化电位 φ_{tp}。电流密度重新增大的原因是电极上发生了新的电极反应。通常是生成了可溶性的高价金属离子，如不锈钢在这一区间因高价铬离子的生成而导致钝化膜破坏，使金属溶解速度重新增大。

$\overset{\frown}{EF}$ 段是氧的析出区，即电极电位达到析氧电位，电流密度因发生析氧反应而再次增大。有的电极体系不存在过钝化区（$\overset{\frown}{DE}$ 段）而直接进入析氧区，阳极极化曲线将按 $\overset{\frown}{DGH}$ 段变化。

需要指出的是，用控制电流法测量出现钝化行为的金属的阳极极化曲线时，只能得到图 8.2 所示的曲线。即正程测量得到 $\overset{\frown}{ABCD}$ 曲线，反程测量得到 $\overset{\frown}{DFA}$ 曲线，不能得到如图 8.1 所示的活化-钝化行为的完整曲线。因此，对具有活化-钝化行为的体系，只能用控制电位法测量阳极极化曲线。

还应指出，虽然典型的阳极钝化曲线是由活性溶解区、活化-钝化过渡区、钝化区和过钝化区所组成的，但由于组成电极体系的金属材料和电解质溶液性质不同，故并不是所有的金属电极体系都具有图 8.1 那样典型的阳极极化曲线。有许多金属电极体

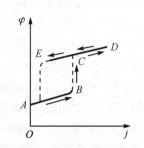

图 8.2　控制电流法测定的阳极极化曲线

系不发生钝化，不能形成钝化状态，因而阳极极化曲线只具有活性溶解的形式，而完全不符合图 8.1。有的体系虽然能发生钝化，但随着电极电位的正移，在尚未达到过钝化电位 φ_{tp} 时，金属表面某些点上的钝化膜遭到破坏。在这些钝化膜局部破坏处，金属将发生活性溶解，阳极电流密度重新增大，阳极极化曲线就没有过钝化区，变成图 8.1 中 $\overset{\frown}{ABCMN}$ 所示的形式。该电流急剧上升时的电位称为破裂电位或击穿电位 φ_b，电位达到 φ_b 后，金属表面将萌生腐蚀小孔。有的体系在外电流为零时已处于钝化状态，如有自钝化行为的金属电极体系，则阳极极化曲线将只具有 C 点以后的形式。

综上所述，随着金属和溶液性质的不同，金属电极的阳极行为可能出现正常溶解和钝化两种状态。正常溶解时，阳极行为符合一般电极极化规律；而在一定条件下，金属阳极会发生钝化，此时阳极过程不符合电极过程的一般规律。这是金属阳极过程的一个特殊状态，应当加以注意。因此，对为什么会发生阳极钝化现象、金属活化状态和钝化状态在什么条件下相互转化、影响金属钝化的主要因素有哪些等问题进行深入一步研究是很有意义的。

8.2　金属的钝化

8.2.1　金属钝化的原因

通过大量的科学实验，人们已经认识到金属发生钝化时，金属基体的性质并没有改变，而只是金属表面在溶液中的稳定性发生了变化。金属钝化只是一种界面现象，是在一定条件下金属和溶液相互接触的界面上发生变化的现象。那么，到底发生了什么变化？也就是说，引起金属表面钝化的原因是什么呢？为此，先来分析一下阳极极化过程中金属/溶液界面上所可能

发生的变化。在金属的阳极过程中，阳极极化使金属电极电位正移，氧化反应速度增大；金属的溶解使电极表面附近溶液中金属离子浓度升高。这些变化有助于溶液中某些组分与电极表面的金属原子或金属活性溶解的产物（金属离子）反应生成金属的氧化物或盐类，形成紧密覆盖于金属表面的膜层。

由于金属的阳极溶解过程是金属离子从金属相向溶液相的转移，故其电极反应中的电荷传递是通过金属离子的迁移而实现的。当金属表面覆盖了膜层，且表面膜的离子导电性很低，即离子在膜中的迁移很困难时，金属阳极溶解反应就会受到明显抑制。然而，不同的膜有不同的电性质，若表面膜具有电子导电性（电子导体），如以电子和空穴为载流子的半导体膜，则虽然依靠金属离子从金属转移到溶液的金属阳极溶解过程受到抑制，但依靠电子转移电荷的其他电极反应仍可进行；若表面膜是非电子导体，则不仅金属阳极溶解被抑制，而且其他电极反应也被抑制。通常，只把前者看作钝化膜。也就是说，可以将钝化膜定义如下：如果在介质作用下，金属表面形成了能抑制金属溶解而本身又难溶于介质的电子导体膜，使金属阳极溶解速度降至很低，则这种表面膜就是钝化膜。钝化膜通常极薄，可以是单分子层至几个分子层的吸附膜，也可以是三维的成相膜。钝化膜的存在使金属电极表面进行活性溶解的面积减小或阻碍了反应粒子的传输而抑制金属阳极溶解，或者因改变阳极溶解过程的机理而使金属溶解速度降低，从而导致钝化现象的出现。因此，金属表面生成钝化膜的过程就是钝化过程，具有完整的钝化膜的表面状态就是钝化状态（钝态），钝态金属的阳极行为特性则称为钝性。

需要说明的是，膜的导电性质不仅与膜成分和结构有关，而且与膜的厚度有关。例如，较厚的铝合金氧化膜是非电子导体，然而该氧化膜在厚度小于几个纳米时，电子可以借助隧道效应通过膜层而具有电子导体性质，这种极薄的氧化膜就是钝化膜，如铝合金在空气中形成的自然氧化膜。通常，把金属表面与介质作用生成的较厚的非电子导体膜称为化学转化膜，例如铝合金表面的化学氧化膜、钢铁表面的磷化膜。通过阳极极化过程得到的化学转化膜又称阳极氧化膜或阳极化膜，例如铝合金和镁合金表面的阳极化膜。注意区分钝化膜和化学转化膜。

由于钝化现象的复杂性，目前对产生钝化的原因和钝化膜的结构尚不完全清楚，看法也不统一，因此还没有一个完整的钝化理论能够解释所有的钝化现象。这里仅扼要介绍目前认为能较好地解释大部分实验事实的理论，即成相膜理论和吸附理论。

8.2.2　成相膜理论

成相膜理论认为当金属溶解时，可以生成致密的、与基体金属结合牢固的固态产物，这些产物形成独立的相，称为钝化膜或成相膜。它们把金属表面和溶液机械地隔离开来，使金属的溶解速度大大降低，也就是金属表面转入了钝态。因此，阳极化和溶液中存在氧化剂（如 CrO_4^{2-}，$Cr_2O_7^{2-}$ 和浓 HNO_3 等）时，都会促进氧化膜的形成，使金属发生钝态。

所生成的钝化膜是极薄的，金属离子和溶液中的阴离子可以通过膜进行迁移，即成相膜具有一定的离子导电性。金属达到钝态后，并未完全停止溶解，只是溶解速度大大降低了。

对已钝化后的铁、镍、铬、锰和镁等金属，用机械除膜的方法可测量它们在碱性溶液中从钝态到活化的稳定电位，结果发现稳定电位移动很大，如表 8.3 所列。

成相膜理论最直接的实验依据是在某些钝化了的金属表面上可以观察到成相膜的存在，并可以测定膜的厚度与组成。采用某种能够溶解金属而对氧化膜不起作用的试剂，小心地溶解基体金属，就可以分离出能看得见的氧化膜。例如，用 I_2-KI 溶液作试剂就可分离出铁的

表 8.3　在 0.1 mol/dm³ NaOH 中，表面机械修整对金属稳定电位的影响

金　属	稳定电位/V	
	机械除膜前	机械除膜后
铁	-0.1	-0.57
钴	-0.08	-0.53
镍	-0.03	-0.45
铬	-0.05	-0.86
锰	-0.35	-1.2
镁	-0.9	-1.5

钝化膜；用比较灵敏的光学方法，则不用把膜从金属上剥离也可以发现钝化膜，并能测量它的厚度。从金属钝态的充电曲线上也可以求得膜的厚度。通过实验方法测量得到的金属钝化膜的厚度一般在零点几纳米到几十个纳米的范围内，有些钝化膜的厚度可达几个微米。

用电子衍射法对钝化膜进行分析的结果，证实了大多数钝化膜是由金属氧化物组成的。如铁的钝化膜为 $\gamma-Fe_2O_3$，铝的钝化膜为无孔的 $\gamma-Al_2O_3$，上面覆盖有多孔的 $\beta-Al_2O_3 \cdot 3H_2O$。此外，金属的某些难溶盐，如硫酸盐、铬酸盐、磷酸盐和硅酸盐等都可以在一定条件下组成钝化膜。

若将已经钝化了的金属电极进行活化，则在一些金属电极（如 Cd、Ag、Pb 等）上测得的活化电位与临界钝化电位很接近，这表明该钝化膜的生长与消失是在近于可逆的条件下进行的。这些电位往往与该金属生成氧化物的热力学平衡电位相近，而且电位随溶液 pH 值变化的规律与氧化物电极平衡电极电位公式相符合，即与下述电极反应的电极电位公式相符：

$$M+nH_2O \Longrightarrow MO_n+2nH^++2ne$$

或

$$M+nH_2O \Longrightarrow M(OH)_n+nH^++ne$$

此外，由于大多数金属电极上金属氧化物的生成电位都比氧的析出电位要负得多，因此金属可以不必通过氧的作用而直接由阳极反应生成氧化物。

以上实验事实都有力地证明了成相膜理论的正确性。

需要指出的是，虽然成相膜必须是电极反应的固态产物，但远不是所有的固态产物都能形成钝化膜。金属阳极溶解时可以先生成可溶性离子，然后与溶液中某一组分反应生成固态产物，沉积在金属表面。然而这类沉积物往往是疏松的，附着力极差，不能直接导致金属钝化。

8.2.3　吸附理论

吸附理论认为金属的钝化是由于在金属表面形成氧或含氧粒子的吸附层而引起的，这一吸附层至多只有单分子层厚，它可以是 O^{2-} 或 OH^-，较多的人则认为是氧原子，即由于氧的吸附使金属表面的反应能力降低而发生钝化现象。

吸附理论的主要实验依据之一是根据电量测量的结果，发现某些情况下为了使金属钝化，只需要在每平方厘米电极上通过十分之几毫库仑的电量。例如，在 0.05 mol/dm³ NaOH 溶液中，用 1×10^5 mA/cm² 的电流密度来极化铁电极，只需通过 0.3 mC/cm² 电量就使铁电极钝化了，而这一电量还不足以生成氧的单分子吸附层。此外，还测量了界面电容，如果界面上存在极薄的膜，则界面电容值应比自由表面的双电层电容值要小得多（因为 $C=\dfrac{\varepsilon_0\varepsilon_r}{l}$）。但测

量结果发现，在 1Cr18Ni9 不锈钢表面上，金属发生钝化时界面电容改变不大，表明成相氧化物膜并不存在。又如，对铂电极表面充氧时，只要有 6％的表面被氧覆盖，就能使铂的溶解速度降低至 1/4；覆盖 12％的铂表面时，其溶解速度将减慢至 1/16。由此可知，在金属表面上远没有形成一个氧的单原子层时，就已经引发了明显的钝化作用。

吸附理论还在有些地方解释了成相膜理论难以说明的实验现象，例如，为什么在一些金属（如 Cr、Ni、Fe 及其合金）上发生超钝化现象。吸附理论认为，增大阳极极化可以造成两种后果：一是由于含氧粒子吸附作用的加强而使金属溶解更加困难；二是由于电位变正而增强电场对金属溶解的促进作用。这两种对立的因素可以在一定的电位范围内基本上互相抵消，从而引起钝态金属的溶解速度几乎不随电位变化。但在超钝化区的电位范围内，阳极极化达到可能生成可溶性高价含氧离子的程度，这时电场对金属溶解的加速作用成为主要因素，而氧的吸附可能不仅不阻止电极反应，反而能促进高价离子的生成，因此出现了金属溶解速度再度增大的现象。

在吸附理论中，到底是哪一种含氧粒子的吸附引起了金属的钝化，以及含氧粒子吸附层改变金属表面反应能力的具体机理，至今仍不清楚。有人认为金属表面原子的不饱和价键在吸附含氧离子后被饱和了，因此使金属表面的原子失去原有的活性；有人认为氧原子的吸附引起双电层中电位分布的变化，而使表面反应能力随之改变。但这些推测尚缺乏充分的实验依据。

这两种钝化理论都能较好地解释许多实验现象，但又不能综合地将全部实验事实分析清楚，因此目前仍存在着争论。然而，研究钝化现象的大量实验结果表明，大多数钝态金属表面具有成相膜的结构，其厚度不少于几个分子层。但有些情况下，也确实存在单分子层的吸附膜。因此，在不同的具体条件下，表面形成成相膜或吸附性氧化物膜，都有可能成为钝化的原因。弄清楚在什么条件下生成成相膜，什么条件下生成吸附膜以及钝化膜的组成与结构等问题，是当前正在进一步深入研究的课题。

8.3 影响金属阳极过程的主要因素

我们已经知道，在阳极过程中，存在着金属的正常溶解和钝化两种状态。如何掌握这两种状态相互转化的条件，以根据生产的需要防止金属钝化或利用钝化现象，是人们最关心的问题。目前，虽然对产生钝化的机理还没有完全搞清楚，但人们从长期的实践中，积累了大量的感性知识，对影响钝化的主要因素有一定的认识，因而可根据已有的实践经验总结出若干规律，应用于阳极过程的控制。下面对常遇到的几种主要因素予以分析。

8.3.1 金属本性的影响

不同金属的氧化还原能力不同，因而在相同条件下（如相同的阳极电位，或同种溶液中），阳极溶解速度也是不同的。同样，不同金属钝化的难易程度和钝态的稳定性也是不同的。最容易钝化的金属有铬、钼、铝、镍、钛等。这些金属在含有溶解氧的溶液或空气中就能自发地钝化，且具有稳定的钝化状态；同时这种钝态在受到偶然因素的破坏时（如机械破坏等），往往能自行恢复。而其他金属常常要在含有氧化剂的溶液中或在一定的阳极极化时才可能发生钝化。

如果固溶体合金中含有一定量的易钝化的金属组分，那么该合金也具有易钝化的性质，如铁中加入适当的铬、镍组分,经合金化后就可得到易钝化的不锈钢。

有些金属(如铁、铬、镍及其合金)还会在一定阳极电位下发生超钝化现象,而另一些金属(如锌)则没有这种现象。

8.3.2　溶液组成的影响

电解液组成对阳极过程的影响往往很复杂,下面主要从促进阳极正常溶解,还是阻滞阳极过程、引起钝化两方面来进行分析。

1. 络合剂的影响

络合剂是很多电解液的主要组分,它不仅能形成金属络离子,提高阴极极化,而且对阳极过程也有重大影响,即游离络合剂的存在可以促进阳极的正常溶解,防止产生阳极钝化。

例如,在氰化镀铜溶液中,游离氰化物起着使氰化络离子稳定、增大阴极极化和促使阳极正常溶解的良好作用。当游离氰化物浓度增高时,阳极电流效率增大,可以正常溶解而不发生钝化,但阴极过程的电流效率则显著降低;反之,氰化物游离量降低时,阴极效率提高,但会导致阳极钝化。可见,游离氰化物含量的高低,对阴极过程和阳极过程产生了不同的影响。如果考虑到氰化镀铜液本身的阴极极化已足够大,而不需要添加更多的游离氰化物来提高阴极极化时,那么如何控制游离氰化物的浓度在较低的适当范围,使阴极电流效率提高和允许采用较高的电流密度,使沉积速度加快而又不导致阳极钝化,就成为首先应考虑的问题。

在实际生产中,选择络合剂及其含量时必须同时考虑它对阴极过程和阳极过程的影响。

2. 活化剂的影响

有些物质有促进阳极溶解、防止钝化的作用,称为"活化剂"。如前面讲到的游离氰化物,对阳极过程来说,也可算是一种活化剂。许多阴离子,特别是卤素离子(如 Cl^- 和 Br^- 离子等)对阳极都有很好的活化作用,是电镀中防止阳极钝化时常用的活化剂。按照阴离子本身对于钝化电极的活化能力大小,一般可有如下排序: $Cl^- > Br^- > I^- > F^- > ClO_4^- > OH^-$ 。有时,因条件变化,这个顺序也可能随之变化。

例如,氰化镀铜液中,常加入硫氰酸盐($KCNS$)和酒石酸盐($KNaH_4C_4O_6$)作为活化剂,防止阳极钝化,它们的阴离子能使钝化膜溶解,溶解作用如下:

$$Cu(OH)_2 = Cu^{2+} + 2OH^-$$

$$3H_2O + CNS^- + Cu^{2+} = [Cu(H_2O)_3CNS]^+$$

或　　　　　　$$Cu(OH)_2 = 2OH^- + Cu^{2+}$$

$$H_4C_4O_6^{2-} + Cu^{2+} + 2OH^- = [Cu(H_2C_4O_6)]^{2-} + 2H_2O$$

又如,在酸性镀镍溶液中,镍阳极存在着显著的钝化倾向。也就是,在高的阳极极化下, OH^- 离子有可能在阳极上放电:

$$4OH^- - 4e \longrightarrow 2H_2O + O_2$$

氧的析出促使 Ni^{3+} 离子生成:

$$Ni^{2+} - e \longrightarrow Ni^{3+}$$

而 Ni^{3+} 离子不稳定,继而产生下列反应:

$$Ni^{3+} + 3H_2O = Ni(OH)_3 + 3H^+$$

$$2Ni(OH)_3 = Ni_2O_3 + 3H_2O$$

棕褐色的 Ni_2O_3 覆盖在阳极上,使阳极的有效工作面减小,真实电流密度相应增大,从而又加速上述反应进行,使阳极钝化越来越严重。

阳极钝化后,不能正常溶解导致溶液中镍离子浓度降低和由于 OH^- 离子放电造成溶液 pH 值下降,这些变化造成阴极镀层发脆,甚至出现片状脱落以及阴极电流效率降低(pH 值降低而导致大量析氢的结果)。因此,必须设法防止阳极钝化。目前有效的防止方法就是在镀镍电解液中加入大量氯化物(如 NaCl 或 $NiCl_2$)作为活化剂。

3. 氧化剂的影响

溶液中存在氧化剂时,如硝酸银、重铬酸钾、高锰酸钾和铬酸钾等,均能促使金属发生钝化。而溶解于溶液中的氧、OH^- 离子、阳极反应析出的氧等,也会显著促使金属发生钝化,上述镍阳极钝化的过程就是一例。

4. 有机表面活性物质的影响

有些有机表面活性剂往往对金属的阳极溶解起阻化作用,如酸性溶液中添加含氮或含硫的有机化合物。这类表面活性剂称为阳极缓蚀剂,它的阻化作用可能是由于在电极表面的吸附,改变了双电层结构,从而引起电极反应速度改变。

5. 溶液 pH 值的影响

金属在中性溶液中一般比较容易钝化,而在酸性溶液中则困难得多,这与阳极反应产物的溶解度往往有关。如果溶液中不含有络合剂或其他能与金属生成沉淀的阴离子,那么大多数金属在中性溶液中阳极反应均生成溶解度很小的氢氧化物或难溶盐,引起金属表面钝化。而在强酸溶液中,则可能生成溶解度大的金属离子。某些金属在碱性溶液中也会生成有一定溶解度的酸根离子(如 ZnO_2^{2-}),因而也不易钝化。

6. 阳极电流密度的影响

这是工艺因素中对阳极过程影响最显著的一个因素。当阳极电流密度小于临界钝化电流密度时,提高阳极电流密度,可以加速金属的溶解。从阳极充电曲线(如图 8.3 所示)上可以看到阳极电位随时间缓慢地变化,这是由于金属的阳极溶解使电极表面液层中金属离子浓度增大引起的。

当阳极电流密度 j_a 大于临界钝化电流密度 j_p 时,提高阳极电流密度将显著地加速金属的钝化过程。在图 8.3 中,电流通过一定时间后,阳极电位发生突跃,即阳极转为钝态,从开始通电到电位突跃所需的时间称为钝化时间,以 t_p 表示。可以看出,j_p 愈大,t_p 愈短;j_a 愈小,t_p 愈长。这说明阳极电流密越大,越容易建立钝态。

在碱性镀锡中,我们常常可以看到电流密度对阳极过程的明显的影响。图 8.4 所示为碱性镀锡溶液的阳极极化曲线。开始(B 点),随着阳极电流密度的增加,阳极电位向正移($\overset{\frown}{BC}$段),此时锡溶解生成二价锡离子:

$$Sn + 4OH^- \longrightarrow Sn(OH)_4^{2-} + 2e$$

当阳极电流密度达到 C 点(临界电流密度)时,阳极电位急剧变正。在相应的阳极电位范围($\varphi_C \sim \varphi_E$)内,阳极表面生成金黄色薄膜。这时锡正常溶解,生成四价锡离子:

$$Sn + 6OH^- \longrightarrow Sn(OH)_6^{2-} + 4e$$

如果电流密度过高,超过 E 点,则阳极完全钝化,生成黑色钝化膜。这时金属几乎不溶

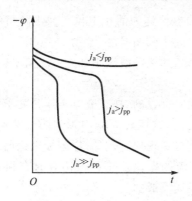

图 8.3　阳极充电曲线示意图

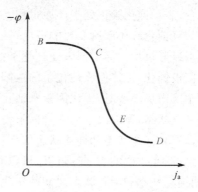

图 8.4　锡在碱性镀液中的阳极极化曲线

解,只有大量的氧气析出:

$$4OH^- \longrightarrow 2H_2O + 4e + O_2 \uparrow$$

阳极状态随着电流密度的这种显著变化,往往对阴极过程产生严重影响:

(1) 当 j_a 过低($\overset{\frown}{BC}$ 段),阳极溶解产生大量二价锡时,阴极沉积的镀层疏松、发暗。

(2) j_a 正常($\overset{\frown}{CE}$ 段),阳极为金黄色,溶解生成四价锡,镀层为乳白色,结晶致密。

(3) j_a 过大($\overset{\frown}{ED}$),阳极完全钝化,产生坚固的黑色钝化膜,有大量氧气析出。这时溶液中四价锡离子不断减少,槽液的稳定性被破坏。

因此,在镀锡生产中,要特别注意电流密度的控制,保持阳极处于金黄色的正常工作状态。

8.4　钝态金属的活化

　　阳极钝化现象的发生是在一定的条件下,或者说由于一定的“钝化因素”引起的(如阳极极化、氧化剂的存在等)。那么,是不是消除了这些“钝化因素”后,金属阳极就可以由钝化状态重新变为活化状态呢? 在有些情况下,确实是这样的。有时阳极断电后,金属阳极会自动活化,即钝态金属表面的氧化物或盐类会因溶解而消失,如碱性镀锡中,阳极钝化时形成的金黄色膜,可以在断电后自动溶解掉。

　　但是在大多数情况下,钝化状态与活化状态的转换具有不同程度的不可逆性,单纯消除或减弱某些钝化因素尚不足以使钝态金属活化。通过在碱性溶液中阳极极化而完全钝化了的铁,可以移到稀硝酸中保持钝态,而在稀硝酸中,铁本来是不会钝化的。

　　因此,要使钝化了的金属转变为活化态,一方面要消除或减弱钝化因素;另一方面,还需要采取一些活化措施。例如,用通过阴极电流的方法使钝化膜还原,加速钝化金属的活化。如电镀时的锡阳极完全钝化后,可放在阴极通电一段时间,使钝化膜还原成锡,锡板就又活化了。在活化过程中还可以观察到电极电位随时间的变化,如图 8.5 所示的阴极充电曲线。在曲线上往往存在着电位变化缓

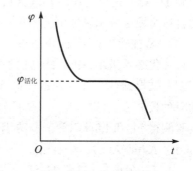

图 8.5　阴极充电曲线

慢的平台,表示钝化膜正处于还原过程。该平台对应的电位称为活化电位。从平台持续的时间可以估算钝化膜还原所需要的电量,并由此可计算出钝化膜的厚度。

还可以通过加入活化剂来使钝化了的金属重新活化,如镀镍溶液中加入 Cl^- 离子,不仅可防止镍阳极钝化,也能使已钝化了的镍阳极重新活化。

当金属阳极溶解时,钝化因素和活化因素往往是同时存在的,那么究竟金属是处于活化状态还是钝化状态,就取决于哪一种因素占主要地位。有时,这两种对立因素强弱相差不多,我们就可以看到活化状态和钝化状态的交替出现,即所谓振荡现象。例如,在阳极极化曲线上的致钝电位(图 8.1 中的 B 点)附近,可以观察到阳极电流的振荡。这种振荡有时有很高的频率,表明钝化状态和活化状态之间的转化有时是可以迅速完成的。

思考题

1. 金属的阳极过程有什么特点?

2. 什么是金属的钝化? 可以通过哪些途径使金属发生钝化?

3. 画出典型的金属阳极钝化曲线,说明该曲线上的各个特征区和特征点的物理意义。

4. 什么是过钝化现象? 它与金属钝化膜破裂、发生小孔腐蚀的现象是一回事吗? 为什么?

5. 简要叙述金属钝化机理的成相膜理论和吸附理论的基本观点与主要实验依据。

6. 金属钝化后,该金属电极上还有没有电流通过? 在什么条件下钝态金属可以重新活化?

7. 有哪些方法可以使处于活化-钝化不稳定状态的金属进入稳定钝化状态?

8. 影响金属阳极过程的主要因素有哪些? 如何影响阳极过程?

习　题

1. 已知镍阳极溶解反应是电化学极化过程,其 25 ℃下的塔菲尔斜率 $b=0.052$ V,交换电流密度 $j^0=2\times10^{-5}$ A/m²。求在 Ni 离子活度为 1 的溶液中,电极电位为 0.02 V 时镍的阳极溶解速度。

当电极电位为 0.4 V 时,镍阳极溶解的电流密度为 0.01 A/m²。将它与上面计算出的溶解速度相比,说明了什么?

2. 已知在 25 ℃下,Fe^{2+} 离子活度为 1 的溶液(pH=3)中,Fe 氧化为 Fe^{2+} 离子的交换电流密度为 1×10^{-4} A/m²,H_2 在该溶液中析出的交换电流密度为 1.6×10^{-3} A/m²,Fe 氧化过程和 H^+ 离子还原过程的 b 值分别为 0.06 V 和 0.112 V。试利用极化图求出 Fe 在该溶液中的自然腐蚀电位和腐蚀电流密度。

3. 从钝化理论可知,由溶液中的氧化剂引起的金属钝化称为金属的自钝化。要实现金属的自钝化必须满足:在致钝电位下,氧化剂阴极还原的电流密度必须大于该金属的致钝电流密度。试根据这一规律分别计算 Fe 和 Fe18Cr8Ni 不锈钢在 3% Na_2SO_4 溶液中钝化所必需的氧的最低浓度(以 ml/L 为单位)。已知 25 ℃时 O 在溶液中的扩散系数 $D=2\times10^{-5}$ cm²/s,实验测得 Fe 和 Fe18Cr8Ni 不锈钢在该溶液中阳极极化时的临界钝化电流密度 j_{pp} 分别为 1×10^4 A/m² 和 1×10 A/m²。

4. Fe 在 0.5 mol/L H_2SO_4 溶液中的稳态钝化电流密度为 7 μA/cm²,试计算每分钟有多少 Fe^{2+} 离子从电极上溶解下来?

第9章 金属的电沉积过程

金属的电沉积是通过电解方法,即通过在电解池阴极上金属离子的还原反应和电结晶在固体表面生成金属层的过程。其目的是改变固体材料的表面性能或制取特定成分和性能的金属材料。金属电沉积的实际应用领域通常包括电冶炼、电精炼、电铸、电镀4方面。本章将阐述金属从水溶液中电沉积的基本理论。

以与航空航天工业关系最密切的电镀为例,常常以取得与基体结合力好,结晶细小、致密而又均匀的镀层为基本质量要求,这样的沉积层本身的物理性能和化学性能优良,对基体的防护能力也较强。那么,为了获得质量良好的沉积层,就必须了解金属离子是如何在阴极还原、还原反应生成的金属原子又是怎样形成金属晶体的,也就是要研究金属电沉积过程的基本规律。

9.1 金属电沉积的基本历程及其特点

9.1.1 金属电沉积的基本历程

金属沉积的阴极过程一般由以下几个单元步骤串联组成:

(1)液相传质:溶液中的反应粒子,如金属水化离子向电极表面迁移。

(2)前置转化:迁移到电极表面附近的反应粒子发生化学转化反应,如金属水化离子水化程度降低和重排;金属络离子配位数降低等。

(3)电荷传递:反应粒子得电子、还原为吸附态金属原子。

(4)电结晶:新生的吸附态金属原子沿电极表面扩散到适当位置(生长点)进入金属晶格生长,或与其他新生原子集聚而形成晶核并长大,从而形成晶体。

上述各单元步骤中,反应阻力最大、速度最慢的步骤则成为电沉积过程的速度控制步骤。不同的工艺,因电沉积条件不同,其速度控制步骤也不相同。

9.1.2 金属电沉积过程的特点

电沉积过程实质上包括两方面,即金属离子的阴极还原(析出金属原子)的过程和新生态金属原子在电极表面的结晶过程(电结晶)。前者符合一般水溶液中阴极还原过程的基本规律,但由于电沉积过程中,电极表面不断生成新的晶体,表面状态不断变化,使得金属阴极还原过程的动力学规律复杂化;后者则遵循结晶过程的动力学基本规律,但以金属原子的析出为前提,又受到阴极界面电场的作用。因此,二者相互依存、相互影响,造成了金属电沉积过程的复杂性及不同于其他电极过程的如下特点:

(1)与所有的电极过程一样,阴极过电位是电沉积过程进行的动力。然而,在电沉积过程中,不仅金属的析出需要一定的阴极过电位,即只有阴极极化达到金属析出电位时才能发生金属离子的还原反应。而且在电结晶过程中,在一定的阴极极化下,只有达到一定的临界尺寸的晶核,才能稳定存在。凡是达不到临界尺寸的晶核就会重新溶解。而阴极过电位愈大,晶核生成功愈小,形成晶核的临界尺寸才能减小,这样生成的晶核既小又多,结晶才能细致。因此,阴极过电位对金属析出和金属电结晶都有重要影响,并最终影响到电沉积层的质量。

(2)双电层的结构,特别是粒子在紧密层中的吸附对电沉积过程有明显影响。反应粒子和非反应粒子的吸附,即使是微量的吸附,都将在很大程度上既影响金属的阴极析出速度和位置,又影响随后的金属结晶方式和致密性,因而是影响镀层结构和性能的重要因素。

(3)沉积层的结构、性能与电结晶过程中新晶粒的生长方式和过程密切相关,同时与电极表面(基体金属表面)的结晶状态密切相关。例如,不同的金属晶面上,电沉积的电化学动力学参数可能不同。

9.2 金属的阴极还原过程

9.2.1 金属离子从水溶液中阴极还原的可能性

原则上,只要阴极的电位负于金属在该溶液中的平衡电位,并获得一定的过电位,该金属离子就可以在阴极上析出。但是事实上该过程并不这么简单,这是因为溶液中存在多种可以在阴极还原的粒子,这些粒子(尤其是氢离子)将与该金属离子竞争还原。因此,某金属离子能否从水溶液中阴极还原,不仅取决于其本身的电化学性质,而且还取决于溶液中其他粒子的电化学性质,特别是与氢离子还原电位的关系。例如,如果金属离子还原电位比氢离子还原电位更负,则氢在电极上大量析出,金属就很难沉积出来。因此,在周期表中的金属元素,有些金属元素可以从水溶液中析出,有些金属元素却不能。

一般说来,金属元素在周期表中的位置愈靠左边,化学活泼性越强,在电极上还原的可能性就愈小;相反,周期表中的位置愈靠右边的金属元素,其还原过程愈容易实现。表 9.1 给出了可以在水溶液中实现金属离子还原过程的各种金属在周期表中的位置。从表 9.1 中可以看到,元素周期表中,第 I、II 主族的金属,其金属活泼性很强,电极电位很负($\varphi^0 < -1.5$ V),在水溶液中得不到金属电沉积层。但在一定条件下,可以汞齐的形式沉积。根据实验,大致可以以铬分族为分界线,位于铬分族左方的金属元素,在水溶液中一般很难或不能在电极上沉积,位于铬分族右方的各金属元素的简单离子,都能较容易地从水溶液中沉积出来。在铬分族内各金属元素情况也不相同,其中铬较容易从水溶液中沉积,而 Mo 及 W 的电沉积就比较困难,但如果它们以合金的形式电沉积,就会比纯金属电沉积容易得多。

表 9.1 中划分的主要依据是一定的实验事实。需要说明的是,这种划分不是绝对的,当电沉积的热力学和动力学条件改变时,分界线的位置将发生变化。另外,随着电化学科学与技术的发展,有些目前认为不能电沉积的金属也可能逐步实现电沉积。因此,表 9.1 中的划分是相对的,只能作为参考。

因此,在分析金属离子能否沉积的规律时,还应考虑以下问题:

(1)若电解液中是金属络离子,则金属电极的平衡电位会明显负移,使金属离子的还原更加困难。如在采用氰化物作络合剂的电镀液中,只有铜分族元素及位于铜分族右方的金属元素,才能从水溶液中电沉积,即相当于分界线的位置向右移动了。正因为如此,铬及铁族(Fe、Co、Ni)金属的电镀,目前在工业上均不采用络盐溶液。也就是说,这些金属在其单盐溶液中已具有较大的极化值,可以得到良好的镀层,如果采用络盐溶液,则电极上只有剧烈的析氢反应而得不到金属镀层。

表 9.1　在水溶液中金属离子阴极还原的可能性

周 期	I A	II A	IIIB	IVB	VB	VIB	VIIB	VIIIB			I B	II B	IIIA	IVA	VA	VIA	VIIA	VIIIA
一	H																	He
二	Li	Be											B	C	N	O	F	Ne
三	Na	Mg											Al	Si	P	S	Cl	Ar
四	K	Ca	Sc	Ti	V	Cr	Mn	Fe	Co	Ni	Cu	Zn	Ga	Ge	As	Se	Br	Kr
五	Rb	Sr	Y	Zr	Nb	Mo	Tc	Ru	Rh	Pd	Ag	Cd	In	Sn	Sb	Te	I	Xe
六	Cs	Ba	In系	Hf	Ta	W	Re	Os	Ir	Pt	Au	Hg	Tl	Pb	Bi	Po	At	Rn
七	Fr	Ra	Ac	Th	Pa	U												
	一般可以从水溶液中获得汞齐形式沉积		从水溶液中难以或者不能获得纯态沉积			可以从水溶液中电沉积					可以从络合物水溶液中电沉积						非金属	

(2) 若阴极还原产物不是纯金属而是合金,则由于反应产物中金属的活度比单金属小,因而有利于还原反应的实现。

(3) 表 9.1 只讨论了金属从水溶液中的阴极还原的可能性。在非水溶液中,由于各种溶剂性质不同于水,往往在水溶液中不能在阴极还原的某些金属元素,可以在适当的有机溶剂中电沉积出来。但是这些非水溶液的溶剂要有足够高的导电率,以保证电沉积过程的正常进行。例如目前在水溶液中还不能电沉积的铝、铍、镁,可以从醚溶液中沉积出来。表 9.2 给出了部分金属在水和某些有机溶液中的标准电极电位,表明了溶剂对金属电化学性质的影响。

表 9.2　金属在水和某些有机溶液中 25 ℃时的标准电极电位

单位:V

电　极	H_2O	CH_3OH	C_2H_5OH	N_2H_4	CH_3CN	$HCOOH$
$Li\|Li^+$	−3.045	−3.095	−3.042	−2.20	−3.23	−3.48
$K\|K^+$	−2.925	−2.921	—	−2.02	−3.16	−3.36
$Na\|Na^+$	−2.714	−2.728	−2.657	−1.83	−2.87	−3.42
$Ca\|Ca^{2+}$	−2.870	—	—	−1.91	−2.75	−3.20
$Zn\|Zn^{2+}$	−0.763	−0.74	—	−0.41	−0.74	−1.05
$Cd\|Cd^{2+}$	−0.402	−0.43	—	−0.10	−0.47	−0.75
$Pb\|Pb^{2+}$	−0.129	—	—	0.35	−0.12	−0.72
$H\|H^+$	0	0	0	0	0	0
$Ag\|AgCl,Cl^-$	0.222	−0.010	−0.088	—	—	—
$Cu\|Cu^{2+}$	0.337	—	—	—	−0.28	−0.14
$Hg\|Hg^{2+}$	0.789	—	—	0.77	—	0.18
$Ag\|Ag^+$	0.799	0.764	—	—	0.23	0.17

(4) 表 9.1 仅仅说明金属离子电沉积的热力学可能性,而对于电沉积层的质量并未涉及。从前面的叙述可知,电沉积层质量主要应取决于金属阴极还原过程和电结晶过程的动力学规律。金属阴极还原过程遵循第 4~6 章所述的电极过程动力学规律,金属电结晶动力学规律将在后面叙述。

9.2.2 简单金属离子的阴极还原

简单金属离子在阴极上的还原历程遵循 9.1 节中所述的金属电沉积基本历程,其总反应式可表示如下:

$$M^{n+} \cdot mH_2O + ne = M + mH_2O$$

需要指出的是:

(1) 简单金属离子在水溶液中都是以水化离子形式存在的。金属离子在阴极还原时,必须首先发生水化离子周围水分子的重排和水化程度的降低,才能实现电子在电极与水化离子之间的跃迁,形成部分脱水化膜的吸附在电极表面的所谓吸附原子。计算和试验结果表明,这种原子还可能带有部分电荷,因而也有人称之为吸附离子。然后,这些吸附原子脱去剩余的水化膜,成为金属原子。

(2) 多价金属离子的阴极还原符合第 6 章中多电子电极反应的规律,即电子的转移是多步骤完成的,因而阴极还原的电极过程比较复杂。

9.2.3 金属络离子的阴极还原

加入络合剂后,由于络合剂和金属离子的络合反应,使水化金属离子转变成不同配位数的络合离子,金属在溶液中的存在形式和在电极上放电的粒子都发生了改变,因而引起了该电极体系电化学性质的变化。

1. 使金属电极的平衡电位向负移动

平衡电极电位的变化不仅可以测量出来,而且可以通过热力学公式(能斯特方程)计算出来。例如,25 ℃时,银在 1 mol/L $AgNO_3$ 溶液中的平衡电位 $\varphi_{平}$ 为

$$\varphi_{平} = \varphi^0 + \frac{RT}{F} \ln a_{Ag^+}$$

$$= 0.779 + 0.059\ 1\ \lg(1 \times 0.4) = 0.756\ V$$

若在该溶液中加入 1 mol/L KCN,因 Ag^+ 与 CN^- 形成银氰络离子,若按第一类可逆电极计算电极电位则应取游离 Ag^+ 离子活度。Ag^+ 与 CN^- 的络合平衡反应为

$$Ag^+ + 2CN^- = Ag(CN)_2^-$$

已知该络合物不稳定常数 $K_{不} = \dfrac{a_{Ag^+} a_{CN^-}^2}{a_{Ag(CN)_2^-}} = 1.6 \times 10^{-22}$。

设游离 Ag^+ 离子活度为 x,$Ag(CN)_2^-$ 活度为 $(a_{Ag^+} - x) = (0.4 - x)$,$CN^-$ 活度近似为 1,则有

$$x = K_{不} \frac{a_{Ag(CN)_2^-}}{a_{CN^-}^2} = K_{不} \frac{(0.4 - x)}{1^2}$$

$$= 6.4 \times 10^{-23}\ mol/L$$

由此可见,游离 Ag^+ 离子浓度是如此之小,以至于在一般情况下可以忽略不计。

按上述计算结果,有络合剂时的平衡电极电位应为

$$\varphi_{\text{平}} = \varphi^0 + 0.059\ 1\ \lg x$$
$$= 0.779 + 0.059\ 1\ \lg\ (6.4 \times 10^{-23})$$
$$= -0.533\ \text{V}$$

因此,在氰化物溶液中,银离子以银氰络离子形式存在时,电极平衡电位负移了$(-0.533 - 0.756)\ \text{V} = -1.289\ \text{V}$。

从上面的例子可以看出,络合物不稳定常数越小,平衡电位负移越多;而平衡电位越负,金属阴极还原的初始析出电位也越负,即从热力学的角度,还原反应越难进行。

2. 金属络离子阴极还原机理

在络盐溶液中,由于金属离子与络合剂之间的一系列络合-离解平衡,因而存在着从简单金属离子到具有不同配位数的各种络离子,它们的浓度也各不相同。当络合剂浓度较高时,具有特征配位数的络离子是金属在溶液中的主要存在形式。例如,在锌酸盐镀锌溶液中,络合剂 NaOH 往往是过量的,故溶液中的主要存在的是 $[Zn(OH)_4]^{2-}$ 离子,同时还存在低浓度的 $[Zn(OH)_3]^-$,$Zn(OH)_2$,$[Zn(OH)]^+$ 等其他络离子及微量的 Zn^{2+} 离子。

那么,是哪一种粒子在电极上得到电子而还原(放电)呢?目前,多数人认为是配位数较低而浓度适中的络离子,如在锌酸盐镀锌溶液中是 $Zn(OH)_2$。这是因为,上面的分析已经表明简单金属离子的浓度太小,尽管它脱去水化膜而放电所需的活化能最小,也不可能靠它直接在电极上放电;然而,具有特征配位数的络离子虽然浓度最高,但其配位数往往较高或最高,所处能态较低,还原时要脱去的配位体较多,与其他络离子相比,放电时需要的活化能也较大,而且这类络离子往往带负电荷,受到界面电场的排斥,故由它直接放电的可能性极小。而像 $Zn(OH)_2$ 这样的配位数较低的络离子,其阴极还原所需的反应活化能相对较小,又有足够的浓度,因而可以以较快的速度在电极上放电。

表 9.3 给出了某些电极体系中络离子的主要存在形式和直接在电极上还原的粒子种类。

表 9.3　某些电极体系中络离子的主要存在形式和放电粒子种类

电极体系	络离子主要存在形式	直接放电的粒子
$Zn(Hg)\|Zn^{2+},CN^-,OH^-$	$Zn(CN)_4^{2-}$	$Zn(OH)_2$
$Zn(Hg)\|Zn^{2+},OH^-$	$Zn(OH)_4^{2-}$	$Zn(OH)_2$
$Zn(Hg)\|Zn^{2+},NH_3$	$Zn(NH_3)_2OH^+$	$Zn(NH_3)_2^{2+}$
$Cd(Hg)\|Cd^{2+},CN^-$	$Cd(CN)_4^{2-}$	$c_{CN^-} < 0.05\ \text{mol/L}: Cd(CN)_2$ $c_{CN^-} > 0.05\ \text{mol/L}: Cd(CN)_3^-$
$Ag\|Ag,CN^-$	$Ag(CN)_3^{2-}$	$c_{CN^-} < 0.1\ \text{mol/L}: Ag(CN)$ $c_{CN^-} > 0.2\ \text{mol/L}: Ag(CN)_2^-$
$Ag\|Ag,NH_3$	$Ag(NH_3)_2^+$	$Ag(NH_3)_2^+$

如果溶液中含有两种络合剂,其中一种络离子又比另一种络离子容易放电,则往往在配位体重排、配位体数降低的表面转化步骤之前还要经过不同类型配位体的交换。例如,氰化镀锌

溶液中存在 NaCN 和 NaOH 两种络合剂，其阴极还原过程就是如此：

$$Zn(CN)_4^{2-} + 4\,OH^- = Zn(OH)_4^{2-} + 4\,CN^- \quad \text{（配位体交换）}$$

$$Zn(OH)_4^{2-} = Zn(OH)_2 + 2\,OH^- \quad \text{（配位数降低）}$$

$$Zn(OH)_2 + 2e = Zn(OH)_{2\text{吸附}}^{2-} \quad \text{（电子转移）}$$

$$Zn(OH)_{2\text{吸附}}^{2-} = Zn_{\text{晶格中}} + 2\,OH^- \quad \text{（进入晶格）}$$

最后，需要特别指出的是，络合剂的加入使金属电极的平衡电位变负，这只是改变了电极体系的热力学性质，与电极体系的动力学性质并没有直接的联系。也就是说，络离子不稳定常数越小，电极平衡电位越负，但金属络离子在阴极还原时的过电位不一定越大，这是因为前者取决于溶液中主要存在形式的络离子的性质，而后者主要取决于直接在电极上放电的粒子在电极上的吸附热和中心离子（金属离子）配位体重排、脱去部分配位体而形成活化络合物时发生的能量变化。例如，$Zn(CN)_4^{2-}$ 离子和 $Zn(OH)_4^{2-}$ 离子的不稳定常数很接近，分别为 1.9×10^{-17} 和 7.1×10^{-16}，但在锌酸盐溶液中镀锌时的过电位却比氰化镀锌时小得多。

9.3　金属电结晶过程

既然金属电结晶过程是一种结晶过程，它就和一般的结晶过程，如盐从过饱和水溶液中结晶出来、熔融金属在冷却过程中凝固成晶体等有类似之处。但电结晶过程是在电场的作用下完成的，因此电结晶过程受到阴极表面状态、电极附近溶液的化学和电化学过程，特别是阴极极化作用（过电位）等许多特殊因素的影响而具有自己独特的动力学规律，与其他结晶过程有着本质的区别。

目前认为电结晶过程有两种形式：一是阴极还原的新生态吸附原子聚集形成晶核，晶核逐渐长大形成晶体；二是新生态吸附原子在电极表面扩散，达到某一位置并进入晶格，在原有金属的晶格上延续生长。

9.3.1　盐溶液中的结晶过程

先以氯化铵从其盐溶液中的结晶析出为例，了解没有电场作用下的结晶过程的基本规律。氯化铵在 20 ℃的水中溶解时能达到的最大浓度为 27.3％，称为饱和浓度，也就是该温度下的溶解度。处于饱和浓度状态下的溶液则称为饱和溶液。随温度升高，溶解度增大。氯化铵在不同温度下的溶解度如表 9.4 所列。

表 9.4　氯化铵在不同温度下的溶解度

温度／℃	20	30	40	50
溶解度／%	27.3	29.3	31.4	33.5

若将 30 ℃的溶液冷却到 20 ℃，氯化铵的浓度会超过 20 ℃时的溶解度，处于不平衡状态。这种不平衡态溶液称为过饱和溶液，其浓度以 c 来表示。若以 c_S 表示同种溶液的饱和浓度，则 $\dfrac{c}{c_S}$ 为该过饱和溶液的过饱和度。溶液浓度超过饱和浓度以后，由于 NH_4^+ 离子及 Cl^- 离子的静电引力大于使氯化铵电离与水化的作用（即溶解作用），氯化铵将会从溶液中以固体状态

结晶出来。

实验表明,所有盐溶液的结晶过程普遍遵循一条规律:过饱和度愈大,结晶出来的晶体晶粒愈小;过饱和度愈小,则晶粒愈粗大。

这是因为在氯化铵的结晶过程中,总是先由少量氯化铵分子彼此靠近在一起,结成结晶核心(晶核),然后其他氯化铵分子再在晶核上继续沉积,使晶核长大。在一定过饱和度的溶液中,能够继续长大的晶核必须具有一定大小的尺寸(晶核的临界尺寸),该临界尺寸的大小取决于体系的能量。在过饱和溶液中,体系处于高能量的不平衡状态,有自发的向低能态转化的倾向,而晶核的形成恰好能导致体系自由能的降低。因此,溶液过饱和度越大,体系不平衡程度越大,晶核的生成越容易。此时,晶核生成速度大于晶核长大速度,因此析出的晶核就细小,且数量多。如果溶液的过饱和度小,体系能量低,就不容易生成晶核,即使生成了晶核,其尺寸常常小于临界尺寸,容易重新溶解。此时,晶核的长大速度大于晶核的生成速度,因而析出的晶核粗大而且数量少。图 9.1 给出了晶核半径与体系自由能的关系,图中 r_c 为晶核的临界半径。

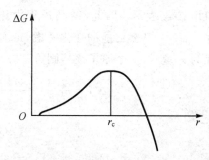

图 9.1　晶核半径与体系自由能的关系

9.3.2　电结晶形核过程

金属的电结晶与盐从过饱和溶液中结晶的过程中有类似之处,即都可能经历晶核生成和晶粒长大两个过程。但金属电结晶是一个电化学过程,形核和晶粒长大所需的能量来自界面电场,即电结晶的推动力是阴极过电位而不是溶液的过饱和度。

图 9.2 给出了在恒定电流密度下,当镉自镉盐溶液中在铂电极上电沉积时,电极电位与时间的关系。

在图 9.2 中,开始通电时,没有金属析出,阴极电位迅速负移,说明阴极电流消耗于电极表面的充电;当电位负移到一定值时(A 点),电极表面才出现金属镉的沉积,说明开始有金属离子还原和生成晶核;由于晶核长大需要的能量比形成晶核时少,故电位略变正,曲线出现回升,即过电位减小,$\overset{\frown}{AB}$ 段的水平部分就体现了晶核长大的过程。若在 B 点切断电源,则结晶过程停止,但由于电极上已沉积了一层镉,因此电极电位将回到镉的平衡电位($\overset{\frown}{CD}$ 段),而不

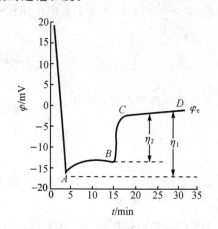

图 9.2　在 $CdSO_4$ 溶液中,镉在铂上电沉积时阴极电位随时间的变化

是铂在该溶液中的稳定电位。由此可知,在平衡电位时,是不会有晶核在阴极上形成的,只有存在一定值的过电位时,晶核的形成和长大才可能发生。这与盐从溶液结晶需要一定过饱和度相当。也就是说,过电位就相当于盐结晶时的过饱和度,其实质是使电极体系能量升高,即

由外电源提供生成晶核和晶核长大所需要的能量。因此,一定的过电位是电结晶过程发生的必要条件。图 9.2 中的 η_1 和 η_2 分别表示了晶核生成和长大时需要的过电位。

根据德国学者 Kossell 和 Volmer 提出并被后人用实验验证了的电结晶形核理论,在完整的晶体表面电沉积时首先形成二维晶核,再逐渐生长成为"单原子"薄层,然后在新的晶面上再次形核、长大,逐层生长,直至成为宏观的晶体沉积层。

电结晶过程是在一定过电位下,从不平衡态向平衡态转化的自发过程,使体系自由能降低,其数值用 ΔG_1 表示。但新相生成时要形成新的界面,又使体系自由能升高(新相形成功),其值用 ΔG_2 表示。因此,结晶过程中体系能量总的变化应是这两部分变化之和,即 $\Delta G = \Delta G_1 + \Delta G_2$。从界面能的变化考虑,最有利的二维晶核形状是圆柱形。假设二维圆柱体晶核半径为 r,高 h(一个原子高),则可推导出形成二维晶核时体系自由能的总变化 ΔG 为

$$\Delta G = \frac{-\pi r^2 h \rho n F \eta_c}{A} + 2\pi r h \sigma_1 + \pi r^2 (\sigma_1 + \sigma_2 - \sigma_3) \tag{9.1}$$

其中

$$\Delta G_1 = \frac{-\pi r^2 h \rho n F \eta_c}{A}$$

$$\Delta G_2 = 2\pi r h \sigma_1 + \pi r^2 (\sigma_1 + \sigma_2 - \sigma_3)$$

式中:n 为金属离子的价数;F 为法拉第常数;ρ 为沉积金属的密度;A 为沉积金属的原子量;σ_1、σ_2、σ_3 分别为晶核/溶液、晶核/电极、电极/溶液的界面张力。

按照化学热力学原理,只有 $\Delta G < 0$ 时,晶核才能稳定存在。而由式(9.1)可看出,ΔG 是晶核半径 r 的函数。当 r 较小时,晶核的比表面很大,体系自由能的降低 ΔG_1 不足以补偿新相生成的形成功 ΔG_2,故 $\Delta G > 0$,此时形成的晶核是不稳定的,会重新进入溶液;当 r 较大时,晶核的比表面小,$|\Delta G_1| > |\Delta G_2|$,则 $\Delta G < 0$,可以形成稳定的晶核。因此,可以通过 ΔG 对 r 的微分,在 $\frac{\partial \Delta G}{\partial r} = 0$ 的条件下求出使晶核稳定存在的晶核临界半径 r_c:

$$r_c = \frac{h\sigma_1}{\dfrac{h\rho n F \eta_c}{A} - (\sigma_1 + \sigma_2 - \sigma_3)} \tag{9.2}$$

代入式(9.1),得到临界自由能变化 ΔG_c:

$$\Delta G_c = \frac{\pi h^2 \sigma_1^2}{\dfrac{h\rho n F \eta_c}{A} - (\sigma_1 + \sigma_2 - \sigma_3)} \tag{9.3}$$

显然,只有半径大于 r_c 的晶核,才能有效存在并长大。同时,式(9.2)还表明,过电位越高,晶核临界半径越小。

如果阴极过电位很高,使 $|\Delta G_1| \gg |\Delta G_2|$,或者在完整覆盖了沉积金属原子的第一层上继续电结晶时,因 $\sigma_1 = \sigma_3$,$\sigma_2 = 0$,则式(9.3)可简化为

$$\Delta G_c = \frac{\pi h \sigma_1^2 A}{\rho n F \eta_c} \tag{9.4}$$

已知形核速度 w 和临界自由能变化 ΔG_c 之间有如下关系:

$$w = K \exp\left(-\frac{\Delta G_c}{kT}\right) \tag{9.5}$$

式中：K 为指前因子；k 为波耳兹曼常数，$k = \dfrac{R}{L}$；R 为气体常数；L 为阿伏伽德罗常数。

将式(9.4)代入式(9.5)，有

$$w = K\exp\left(-\frac{\pi h \sigma_1^2 LA}{\rho n FRT \eta_c}\right) \tag{9.6}$$

式(9.6)表明了电结晶过程中形核速度与阴极过电位的关系，η_c 越大，形核速度越快。随着阴极过电位的提高，晶核形成速度是以指数关系急剧增加的，因而结晶更加细致。

综上所述，电结晶形核过程有如下两点重要规律：

(1) 电结晶时形成晶核要消耗电能($nF\eta_c$)，因而在平衡电位下是不能形成晶核的，只有当阴极极化到一定值(阴极电位达到析出电位)时，晶核的形成才有可能。从物理意义上说，过电位或阴极极化值所起的作用和盐溶液中结晶过程的过饱和度相同。

(2) 阴极过电位的大小决定电结晶层的粗细程度，阴极过电位高，则晶核愈容易形成，晶核的数量也愈多，沉积层结晶细致；相反，阴极过电位愈小，沉积层晶粒愈粗大。

9.3.3　在已有晶面上的延续生长

实际金属表面不完全是完整的晶面，总是存在着大量的空穴、位错和晶体台阶等缺陷。吸附原子进入这些位置时，由于相邻的原子较多，故需要的能量较低，比较稳定。因而吸附原子可以借助这些缺陷，在已有金属晶体表面上延续生长而无须形成新的晶核。

1. 表面扩散与并入晶格

吸附原子可以以两种方式并入晶格：放电粒子直接在生长点放电而就地并入晶格(如图9.3中Ⅰ所示)；放电粒子在电极表面任一位置放电，形成吸附原子，然后扩散到生长点并入晶格(如图9.3中Ⅱ所示)。

吸附原子并入晶格过程的活化能涉及两方面的能量变化：电子转移和反应粒子脱去水化层(或配位体)所需要的能量 ΔG_1；吸附原子并入晶格所释放的能量 ΔG_2。

通常，金属离子在电极表面不同位置放电，脱水化程度不同，故 ΔG_1 明显不同，而在不同缺

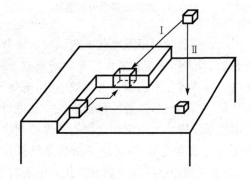

Ⅰ—直接在生长点放电；Ⅱ—通过扩散进入生长点

图 9.3　金属离子并入晶格的方式

陷处并入晶格时释放的能量 ΔG_2 差别却不大。表 9.5 列出了零电荷电位下测定的金属离子在不同位置放电所需的活化能，证明了这一点。因此，直接在生长点放电、并入晶格时，要完全

表 9.5　金属离子在不同位置放电时的活化能

单位：kJ/mol

离　子	晶　面	棱　边	扭结点	空　穴
Ni^{2+}	544.3	795.5	>795.5	795.5
Cu^{2+}	544.3	753.6	>753.6	753.6
Ag^+	41.8	87.92	146.5	146.5

脱去配位体或水化层,ΔG_1 很大,故这种并入晶格方式的几率很小;而在电极表面平面位置放电所需的 ΔG_1 最小,虽然此时 ΔG_2 比直接并入晶格时稍大些,总的活化能仍然最小,故这种方式出现的几率最大。

2. 晶体的螺旋位错生长

实际晶体表面有很多位错,有时位错密度可高达 $10^{10} \sim 10^{12}$ 个$/cm^2$。晶面上的吸附原子扩散到位错的台阶边缘时,可沿位错线生长。如图 9.4 所示,开始时,晶面上的吸附原子扩散到位错的扭结点 O,从 O 点开始逐渐把位错线 $\overset{\frown}{OA}$ 填满,将位错线推进到 $\overset{\frown}{OB}$,原有的位错线消失,新的位错线形成。吸附原子又在新的位错线上生长。位错线推进一周后,晶体就向上生长了一个原子层。如此反复旋转生长,晶体将沿位错线螺旋式长大,成为图 9.5 所示的棱锥体,这就是晶体的螺旋位错生长理论。这一理论的正确性已经为许多实验事实所证明。

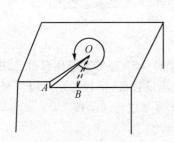
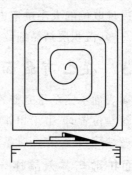

图 9.4　螺旋位错生长示意图　　图 9.5　位错螺旋推进生长成棱锥体示意图

随着相关学科以及电化学测试与表面分析技术的发展,在总结几十年大量实验研究成果的基础上,人们逐渐有了比较一致的观点:电结晶过程中的形核和螺旋位错生长都是客观存在的结晶方式。当阴极过电位较小时,电极过程的动力较小,电结晶过程主要通过吸附原子表面扩散、并入晶格,以螺旋位错生长方式进行。此时,由于吸附原子浓度和扩散速度都相当小,表面扩散步骤成为电沉积过程的速度控制步骤。当阴极过电位比较高时,电极过程动力增大,吸附原子浓度增加,容易形成新的晶核并长大,故电结晶过程主要以形核方式进行。与此同时,电极过程速度控制步骤也转化为电子转移步骤。

9.4　合金电沉积

9.4.1　合金电沉积的基本条件

合金电沉积的应用和研究,目前仅局限在二元合金和少数三元合金方面,以下重点讨论二元合金的电沉积。

二元合金的电沉积需具备两个基本条件:

(1)合金的两种金属组分中至少有一种金属能单独从其水溶液中电沉积出来。例如,有些金属(如 W、Mo 等)虽然不能单独从水溶液中电沉积出来,但可与另一种金属(如 Fe、Co、Ni

等)一起从水溶液中实现共沉积。

（2）两种金属的析出电位要十分接近或相等，即

$$\varphi_{析1} = \varphi_{析2} \tag{9.7}$$

又

$$\varphi_{析} = \varphi_{平} + \eta \tag{9.8}$$

$$\varphi_{析} = \varphi^0 + (RT/nF)\ln \alpha + \eta \tag{9.9}$$

式中：$\varphi_{析}$ 为金属的析出电位，V；$\varphi_{平}$ 为金属的平衡电位，V；φ^0 为标准电极电位，V；η 为过电位，V；R 为气体常数，8.315 J/(K·mol)；T 为绝对温度，K；F 为法拉第常数，26.8 A·h/mol；n 为参加电极反应的电子数；α 为金属离子的活度。

在合金电沉积体系中，合金中单个金属的极化值是无法测出来的，也不能通过理论计算得到。仅有少量金属的标准电极电位比较接近，具有从简单盐溶液中共沉积的可能性。例如，Pb(-0.126 V)与 Sn(-0.136 V)、Ni(0.25 V)与 Co(0.277 V)、Cu(0.34 V)与 Bi(0.32 V)，通常可以从它们的简单盐溶液中实现共沉积。但多数的合金电沉积并不是很容易实现的，需要采取一些措施。

9.4.2　实现合金电沉积的措施

为了实现合金电沉积，通常可以采用以下措施。

1. 改变金属离子的浓度

从能斯特方程可知，可以通过改变金属离子浓度（或活度）来改变电极电位。金属离子的平均活度每增大或减小 10 倍，其平衡电位分别正移或负移 $59/n$ mV，可见通过改变金属离子浓度产生的电位改变是有限的。

由于多数金属离子的平衡电位相差比较大，若采用改变金属离子浓度的措施来实现合金电沉积，显然不可能。因为金属离子浓度即使变化 100 倍，其平衡电位仅能移动 $118/n$ mV。例如，$\varphi^0(Cu^{2+}/Cu) = 0.337$ V，$\varphi^0(Zn^{2+}/Zn) = -0.763$ V，因为铜和锌的标准电极电位相差较大，不可能从简单盐溶液中实现共沉积。若想通过改变离子的相对浓度来实现共沉积，根据计算，溶液中离子的浓度要保持在 $[Zn^{2+}]/[Cu^{2+}] = 10^{38}$，即当溶液中 Cu^{2+} 离子的浓度为 1 mol/L 时，则 Zn^{2+} 离子的浓度为 10^{38} mol/L。由于离子的浓度受盐类溶解度的限制，这样高的浓度实际上是无法实现的。因此，在简单盐溶液中，只有少数平衡电位相差不大的金属才有可能实现共沉积。

2. 在电沉积液中加入络合剂

受到溶液中离子的络合状态、过电位以及金属离子放电时的相互影响等，一般金属的析出电位与标准电极电位是有较大差别的，因此仅从标准电极电位来预测合金电沉积是有很大局限性的。

我们知道通过加入络合剂可以改变电极电位。最常用而且最有效的方法就是通过在电沉积液中加入适宜的络合剂，使两种或两种以上金属离子的析出电位互相接近，而实现共沉积。通常加入络合剂会使溶液中金属的平衡电位负移（见 9.2.3 小节），在两种金属离子的溶液中，加入的络合剂如果与析出电位比较正的金属离子具有更强的络合能力，就会使它的平衡电位负移更多。加入络合剂不仅可使金属离子的平衡电位向负方向移动，还能增加阴极极化。例如，在简单盐电沉积液中，Ag 的电位比 Zn 正 1.5 V，但在氰化物电沉积液中，Ag 的析出电位

比 Zn 还要负。

3. 在电沉积液中加入添加剂

在电沉积液中加入适宜的添加剂,一般对金属的平衡电位影响很小,但对阴极极化往往有较大的影响。由于添加剂在阴极表面可能被吸附或形成表面配合物,故对阴极反应常具有明显的阻化作用。添加剂在阴极表面的阻化往往具有一定的选择性,一种添加剂可能对一些金属的电沉积起作用,而对另一些金属的电沉积则无效果。例如,在含有 Cu 和 Pb 离子的电解液中,添加明胶可实现 Cu 和 Pb 形成合金的共沉积,这是因为明胶主要对 Cu 析出有影响,而对 Pb 的析出没有影响。在电沉积液中加入适宜的添加剂,也是实现金属共沉积的有效方法之一。为了达到合金电沉积的目的,在电沉积液中可单独加入添加剂,也可和络合剂同时加入。

9.4.3 金属共沉积的类型

按照电沉积的动力学特征、电解液组成、工艺条件等,金属共沉积分为两种类型:正常共沉积和非正常共沉积。

1. 正常共沉积

正常共沉积的特点是两种金属在合金沉积层中的相对含量可以定性的依据它们在对应的电解液中的平衡电位来推断,电位较正的金属总是优先沉积。

(1) 正则共沉积

正则共沉积的特点是电沉积过程受扩散步骤控制,通过改变金属离子在阴极扩散层中的浓度影响沉积层的组成。在单盐电解液中进行金属共沉积时常出现正则共沉积,如 Ni - Co 合金在简单金属盐溶液中的电沉积。在络合物电解液中电沉积时,也有这种情形出现。如果各组分金属的平衡电位相差较大,且共沉积时不能形成固溶体合金,则容易发生正则共沉积。

(2) 非正则共沉积

非正则共沉积的特点是电沉积过程受扩散步骤控制的程度较小,主要控制因素是阴极极化程度,即阴极过电位决定了电沉积合金组成。非正则共沉积常见于络合物电解液体系,如 Cu 和 Zn 在络合物电解液中的共沉积。如果各组分金属的平衡电位比较接近,且共沉积时容易形成固溶体合金,则容易发生非正则共沉积。

(3) 平衡共沉积

平衡共沉积的特点是在低的电流密度下(阴极极化非常小)合金沉积中的金属比等于电解液中的金属比。只有很少的几种共沉积过程属于平衡共沉积,如铜与铋、铅与锡在酸性电解液中的共沉积。

2. 非正常共沉积

(1) 异常共沉积

异常共沉积的特征是电极电位较负的金属反而优先沉积,这种情况只发生在一定浓度的电解液和一定的工艺条件下,当浓度和工艺条件发生改变时就不产生这种异常共沉积。常有铁族元素(铁、钴、镍)的合金电沉积常涉及这种沉积,如 Ni - Fe、Ni - Co、Fe - Co 等合金电沉积。

（2）诱导共沉积

钼、钨或锗等金属不能自水溶液中单独电沉积，但可以与铁族元素等其他金属一起共沉积，这种共沉积过程称为诱导共沉积，如 Ni - W、Ni - Mo、Co - W 等合金的电沉积。另外，磷与硫不能单独从水溶液中电沉积，但能通过诱导共沉积形成 Ni - P、Ni - S 等金属与非金属组成的非晶态合金。

9.5　金属的欠电位沉积

当金属离子在异种金属电极表面上还原时，有时可以观察到电极电位明显正于沉积金属的标准电极电位时金属离子就能在电极表面还原、生成单原子厚度的沉积层，这种现象称为金属离子的"欠电位沉积"（Underpotential Deposition，UPD）。欠电位沉积现象是一个与电极/溶液结构密切相关的重要电化学现象。

UPD 不仅限于单层（或亚单层）沉积，当基体对第二或第三个单层仍有影响时，也可以在欠电位下沉积。Hevesy 在 1912 年首先报道了某些放射性元素在铜电极上的 UPD 现象。

析出欠电位的定义为

$$\Delta\varphi_{UPD}(\theta) = \varphi(\theta) - \varphi^0 \tag{9.10}$$

式中：φ^0 为沉积金属离子的标准电极电位；$\varphi(\theta)$ 为相应于欠电位沉积层覆盖度为 θ 时的电位。根据热力学原理，出现欠电位沉积原因只可能是沉积原子与基底原子之间有着比沉积原子之间更强的相互作用，也就是在异种金属基底表面上单层沉积原子的化学位比在同种金属表面上更低，即

$$\mu_M - \mu_{吸}(\theta) = ze_0[\varphi(\theta) - \varphi^0] = ze_0\Delta\varphi_{UPD}(\theta) \tag{9.11}$$

式中，μ_M 表示同种金属表面上沉积原子的化学位，而 μ 吸 (θ) 表示同一原子在异种金属表面上的化学位。

例如，酸性溶液中 Pb/Pb^{2+} 的 $\varphi^0 = -0.126$ V；然而在电势扫描曲线（见图 9.6）上可以看到，大约从 +0.4 V 起 Pb^{2+} 离子即开始在金电极表面上可逆地沉积，并在 0.05 V 附近出现的峰值电流。在金单晶的不同晶面上的测量结果表明，单原子铅沉积层的覆盖度 $\theta_{Pb} = 0.22 \sim 0.6$（按 Pb^{2+} +2e $\longrightarrow$ Pb 计算）。Tl$^+$ 在银晶面上欠电位沉积时涉及的电量也大致相仿。氢原子在贵金属表面上的电化学吸附实质上也就是氢原子的欠电位沉积。

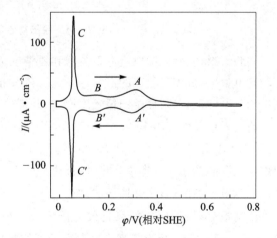

图 9.6　1 mol · L^{-1} Pb(NO$_3$)$_2$ +1 mol · L^{-1} HClO$_4$ 中金电极上铅的欠电位沉积

长期以来一直在镀铂溶液中加入少量 Pb^{2+} 来增进铂黑的活性，其机理很可能是 Pb 的欠电位沉积能加快晶核的形成速度。

Kolb 等人发现，相当于一定 θ 值的 $\Delta\varphi_{UPD}$ 与两种金属的电子脱出功差值之间大致有线性

关系。图 9.7 中收集的实验数据大致可用以下的关系归纳：

$$\Delta\varphi_{UPD(\theta=0.2)} = 0.5(W_{e,基底} - W_{e,M}) = 0.5\Delta W_e \tag{9.12}$$

这一关系表示，出现欠电位沉积（$\Delta\varphi_{UPD} > 0$）的前提是 $W_{e,基底} > W_{e,M}$，因此主要是较活泼金属在较不活泼金属基底上发生欠电位沉积。例如，Cu 能够在 Au 电极表面形成欠电位沉积单层，而 Au 在 Cu 电极上沉积过程中，则不会发生欠电位沉积。由于两种金属之间的电子脱出功的差别，因此电子应部分由沉积原子向基底金属原子转移，即二者之间的键应有一定的离子键性质，而沉积原子仍保持部分正电荷，称为吸附价。

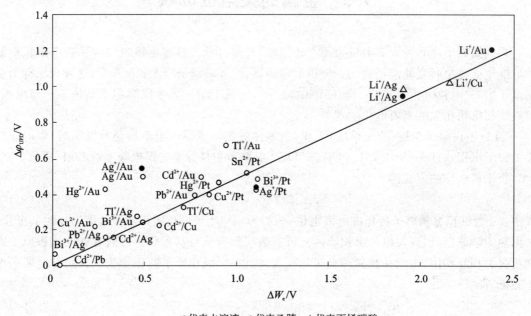

○代表水溶液；●代表乙腈；△代表丙烯碳酸

图 9.7　电子脱出功差值对 $\Delta\varphi_{UPD}$ 的影响

实验结果还表明，随电极电位负移和覆盖度增加，欠电位沉积层的结构将发生某些变化。在较正电位区，覆盖度很小的沉积原子是随机分布的，而且部分放电离子所占比例也比较大；而在较负电位区，吸附原子的覆盖度增加，并部分地转化为二维有序分布。

研究人员已研究了 Li^+，Tl^+，Cu^{2+}，Pb^{2+}，Cd^{2+}，Hg^{2+}，Bi^{3+}，Sb^{3+}，As^{3+} 等在 Pt，Pd，Au，Ag 等表面上和 Ag^+ 在 Pt，Pd，Au 等表面上的欠电位沉积现象，包括 $\Delta\varphi_{UPD}$ 和 θ 随电位和沉积离子浓度的变化等。迄今为止，已被研究的 UPD 体系还涉及质子性溶剂、有机溶剂和离子液体等非质子性溶剂，半导体薄膜（如 TiO_2）、碳材料（如 CNTs）等非金属作为基底的现象也已被研究报道。利用 S^{2-} 的氧化欠电位沉积原理已成功合成了一些列含 S 半导体化合物薄膜，如 CdS、Ni_2S 等，研究发现在某些离子液体和熔盐体系中的合金电沉积过程也存在某些合金组分的 UPD 现象。

研究欠电位沉积，一方面有助于提高对金属/溶液界面的认识，另一方面也有一定的实际意义。由于单原子厚度的异种金属能显著改变界面附近的电位分布和影响溶剂分子的取向，并能改变基底金属表面的吸附行为和反应能力，因此在电催化和金属与合金电沉积研究中有重要意义。

思考题

1. 金属离子电沉积的热力学条件是什么? 分析金属离子在水溶液中沉积的可能性。

2. 金属电沉积包括哪些基本的单元步骤? 写出各单元步骤的表达式。

3. 试从能量的角度分析金属离子放电的位置和进入晶格的途径。

4. 简述电结晶形核理论的要点及形成晶体的要点。

5. 简述晶体螺旋位错生长理论的要点及形成晶体的过程。

6. 试述过电位在电结晶过程中的重要意义。

7. 与简单金属离子相比,金属络离子的阴极还原过程有何特点?

8. 金属电结晶过程是否一定要经过吸附原子的表面扩散这一步骤? 在什么条件下该步骤会成为速度控制步骤?

9. 金属电结晶过程是否一定要先形成晶核? 晶核形成的条件是什么?

10. 合金电沉积的基本条件是什么? 为了实现合金电沉积,可以采取哪些措施?

习　题

1. 25 ℃时,金属铜从 Cu^{2+} 离子活度为 1 的溶液中以 $j=0.8$ A/dm^2 的速度电沉积,已知电子转移步骤是整个电极过程的速度控制步骤,并测得阴极塔菲尔斜率 $b_c=0.06$ V,交换电流密度 $j^0=0.01$ A/dm^2。试求该电流密度下的阴极过电位。

2. 测得 25 ℃下,从含 Sn^{2+} 离子的溶液中电沉积 Sn 时,过电位 η 与电流密度 j 的关系如表 9.6 所列。假设该电极过程是电化学极化,试求电极反应的交换电流密度。

表 9.6　过电位 η 与电流密度 j 的关系

η/mV	10	8	6	4	2	0	−2	−4	−6	−8	−10
$j/(A \cdot dm^{-2})$	1.02	0.82	0.60	0.41	0.19	0	0.20	0.37	0.57	0.79	1.03

第 10 章　化学电源

利用物质的化学变化或物理变化或微生物反应,并把这些变化所释放出来的能量直接转变成电能的装置,叫作电池或电源,包括以下三类:

物理电池是将物理过程产生的能量转换成电能的装置,如太阳能电池、温差电池、原子能电池等。在物理电池中,需从外部输入光、热、放射线等能量,使电池处于不稳定状态而向外部输出电流。

生物电池是指将生物质直接转化为电能的装置。生物电池目前主要包括两种:微生物电池、酶电池(酶生物燃料电池)。它的原理是通过利用酶或微生物作催化剂,在室温下使氢气、甲醇、葡萄糖等材料,与氧气发生化学反应,从而获得电能。从原理上来讲,生物质能够直接转化为电能主要是因为生物体内存在与能量代谢关系密切的氧化还原反应。

化学电源是指通过氧化还原反应将化学能直接转换成直流电能的装置,又常称为化学电池;化学电源(日常生活中所说的电池)是电化学应用的主要领域,也是电化学工业的主要组成部分,与如今的生活密不可分。

化学电源主要有三类:活性物质仅能使用一次的电池,叫作一次电池或原电池;放电后经充电可继续使用的电池,叫作二次电池或蓄电池;活性物质由外部持续不断地供给电极的电池,叫作燃料电池。其中,燃料电池又分为一次燃料电池和充电后可继续使用的再生型燃料电池。

电池的分类如表 10.1 所列。

表 10.1　电池的分类

物理电池			生物电池		化学电源			
太阳能电池	温差电池	原子能电池	酶电池	微生物电池	活性物质固定在电极上的电池		活性物质连续供给电极的电池	
							燃料电池	
					一次电池	二次电池	一次燃料电池	再生型燃料电池

航空航天飞行器中都使用化学电源,如飞机、人造卫星、宇宙飞船等;在所有的机动车辆上都安装有蓄电池,用于启动、点火、照明或作为动力;大型发电站都使用大型电池组储备、调节电能的传输,医院、邮电等部门使用蓄电池作为应急电源,各种家用应急灯、监视报警器、微型收录机、移动电话、计算机、摄像机、电动车辆、电动工具、电动玩具都使用化学电源。21 世纪以来,化学电源与能源的关系更加密不可分。为应对日益短缺的能源问题和环境污染问题,降低碳排放,用电力代替传统的化石能源,发展高能量密度、高安全性的储能电池已成为当务之急。储能电池是电网低谷电储存的最优解,可以有效地利用现有的能源,对于太阳能、风能等新能源的存储,亦是最好的解决途径。

本章主要介绍化学电池的电化学原理、一般结构、实用电池种类以及电池的电化学动力学研究方法。

10.1 化学电池的基本性能

化学电池由正极、负极和电解质三部分构成。常用的电解质有酸性水溶液、碱性水溶液或各种盐类的中性水溶液,也有部分非水溶液、熔融盐或者固体电解质。当电池的正、负极用电子导体连接并加上负载时,正极上的活性物质发生还原反应,负极上的活性物质发生氧化反应,电流就在负载上通过。

化学电池在放电时,正极活性物质 P_1 获得电子变成 P_2,负极活性物质 N_1 失去电子后变成 N_2。电池反应的通式可表示如下:

在正极上: $$P_1 + ne \longrightarrow P_2 \tag{10.1A}$$
在负极上: $$N_1 \longrightarrow N_2 + ne \tag{10.1B}$$
总反应: $$P_1 + N_1 \longrightarrow N_2 + P_2 \tag{10.1C}$$

总反应中自由能减少的部分($-\Delta G$)转变为电能。反应如果能够自发进行,ΔG 一定是负值。只要满足这个条件,无论是固体、液体,还是气体都可用作电池的活性物质。

在实际使用中,对电池的要求:电动势高,放电时电动势的下降及随时间的变化小;质量比容量或体积比容量高,活性物质的利用率大;维护方便、储存性及耐久性优异;价格低廉。但实际上没有一种电池能同时满足以上各条件,一般都是根据电池的用途来选择,或者牺牲电池的性能降低价格,或者是保证性能提高费用。如果是生产可充电的二次电池,还要求充放电的化学反应可逆,充放电的能量效率必须足够高,电流效率高,充电时的电压上升小。

10.1.1 电池电动势

根据电化学热力学可知,式(10.1A)、式(10.1B)反应的正、负极电极电位分别为

$$\varphi_+ = \varphi_+^0 + \frac{RT}{nF} \ln \frac{a_{P_1}}{a_{P_2}} \tag{10.2A}$$

$$\varphi_- = \varphi_-^0 - \frac{RT}{nF} \ln \frac{a_{N_1}}{a_{N_2}} \tag{10.2B}$$

式中:φ_+^0,φ_-^0 分别为正、负极的标准电极电位;a_{P_1},a_{P_2},a_{N_1},a_{N_2} 分别为 P_1,P_2,N_1,N_2 物质的活度。

电池的电动势为

$$E = \varphi_+ - \varphi_- = \varphi_+^0 - \varphi_-^0 + \frac{RT}{nF} \ln \frac{a_{P_1} a_{N_1}}{a_{P_2} a_{N_2}} \tag{10.3}$$

根据电化学热力学,可知

$$E = -\frac{\Delta G}{nF} = E^0 + \frac{RT}{nF} \ln \frac{a_{P_1} a_{N_1}}{a_{P_2} a_{N_2}} \tag{10.4}$$

式中,ΔG 为总反应式(10.1C)中自由能的变化;E^0 为标准电池电动势。表 10.2 给出了常用的一些电极活性物质作电极时的电极电位。

每种电池都有电动势,同一种电池中每个电池的电动势往往不是固定不变的。因此,取其

表 10.2　正、负极活性物质的电极电位(25 ℃)

正极活性物质的电极电位			负极活性物质的电极电位	
活性物质	溶液浓度/(mol·L^{-1})	φ_e/V	电极反应	φ_e/V
PbO_2	H_2SO_4 0.5，$PbSO_4$ 饱和	1.595	$Li \longrightarrow Li^+$	-3.045
MnO_2	H_2SO_4 0.025，$MnSO_4$ 0.25	1.46	$Na \longrightarrow Na^+$	-2.71
AgO	NaOH 1.0	0.59	$Mg \longrightarrow Mg^{2+}$	-2.37
Ni_2O_3	KOH 2.8	0.48	$Al \longrightarrow Al^{3+}$	-1.66
MnO_2	KOH 0.1	0.42	$Zn \longrightarrow Zn^{2+}$	-0.736
CuO	NaOH 1.0	0.33	$Fe \longrightarrow Fe^{2+}$	-0.440
HgO	NaOH 0.1	0.17	$Cd \longrightarrow Cd^{2+}$	-0.403
Cl_2	HCl 0.5，H_2SO_4 0.5	1.59	$Pb \longrightarrow PbSO_4$	-0.356
CO_2	H_2SO_4 0.5	1.23	$Zn \longrightarrow ZnO_2^{2-}$	-1.216
Cl_2	HCl 1.0	1.36	$Fe \longrightarrow Fe(OH)_2$	-0.887
纯 HNO_3	HNO_3 95%	1.16	$Cd \longrightarrow Cd(OH)_2$	-0.809

有代表性的数值规定为某种电池的电动势(开路电压)，这个值就叫作额定电压。如锌锰电池的额定电压为 1.5 V,实际上电池的电压在 1.5～1.6 V 范围内,铅酸蓄电池的额定电压为 2.0 V,实际电池的电压为 2.0～2.3 V 等。

为了提高电池的电动势,要使用电子亲和力大的、容易还原的物质(在高度被氧化状态下氧化力强的物质)为正极活性物质;而使用电子亲和力小、容易氧化的物质(在高度被还原状态下还原能力强的物质)为负极活性物质。从表 10.2 中可以看出,以 PbO_2 作正极活性物质时,电极的电位最高,以 Li 作负极活性物质时,电极的电位最低;若以这两种物质构成电池的正负极,则可得到电动势最高的电池。

为了使电池便于维护,通常使用水溶液作为电池的电解液。强氧化剂 F 和强还原剂 Li,Na 等在水中能与水发生剧烈的氧化还原反应,因此在水溶液电解质的电池中,不能用来作为电极的活性物质。它们必须使用非水溶液、熔融盐或固体电解质作为电解质。

10.1.2　充、放电过程中的电极极化及端电压随时间的变化

无论电池的电动势有多高,在放电时,电池的端电压总要下降,而在充电时又总要升高。这是电池反应的必然规律,也是影响电池性能的主要问题。这种电压降低或升高主要是由电池内的欧姆电阻及电极极化引起的。在电池的放电过程中,电池的端电压可由下式表示:

$$V = E - \eta_c - \eta_a - IR_1 \tag{10.5A}$$

若正、负极上的极化由浓差极化和电化学极化混合控制,则

$$V = E - \eta_{c,电} - \eta_{a,电} - \eta_{c,浓} - \eta_{a,浓} - IR_1 \tag{10.5B}$$

式中:V 为电池端电压;E 为电池电动势;$\eta_{c,电}$ 和 $\eta_{a,电}$ 分别为阴极和阳极的电化学极化过电位;$\eta_{c,浓}$ 和 $\eta_{a,浓}$ 分别为阴极和阳极的浓差极化过电位;I 为电池中的电流;R_1 为电池的欧姆内阻。

已知电化学极化过电位和浓差极化过电位可分别表示为

$$\eta_{电} = -\frac{RT}{\alpha F}\ln j^0 + \frac{RT}{\alpha F}\ln\frac{I}{A} \tag{10.6A}$$

$$\eta_{浓} = -\frac{RT}{nF}\ln\left(1 - \frac{I}{A \cdot j_d}\right) \tag{10.6B}$$

式中：α 为传递系数；j^0 为交换电流密度；A 为电极的面积；j_d 为极限扩散电流密度。将式(10.6)代入式(10.5B)中并求导，可得出电池的极化电阻：

$$\frac{\mathrm{d}V}{\mathrm{d}I} = -\frac{RT}{\alpha_c FI} - \frac{RT}{\alpha_a FI} - \frac{RT}{nF(A \cdot j_{d,c} - I)} - \frac{RT}{nF(A \cdot j_{d,a} - I)} - R_I \tag{10.7}$$

由式(10.7)可见，在低电流密度区域内，电池的极化电阻主要由电化学反应电阻构成，随着电流的增加，电池端电压急剧下降，如图 10.1 所示。随着电流的进一步增加，式(10.7)右边的第一、二项减小，电池的极化电阻主要由欧姆电阻 R_I 构成，端电压随电流增加线性下降，如图 10.1 中的线性区所示。当电池的电流达到一个电极的极限电流时，电池的微分电阻由传质速度的极限控制，导致电池端电压迅速降至零。在理想的情况下，所有的极化均为零，电压与电流的关系将是一条平行于电流轴的水平线，如图 10.1 中的虚线所示。使用多孔电极的燃料电池的电压与电流的关系与图 10.1 所示的三个区域极其相似。

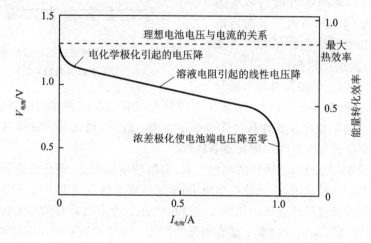

图 10.1　电池端电压与电流关系受极化类型的影响

电池欧姆内阻 R_I 由电极、活性物质和电解质溶液中的欧姆电阻组成。当电子导体(金属、碳、半导体)作为活性物质时，其本身就可以作为电极使用；当气体、液体和导电性差的固体作为活性物质时，则需要使活性物质附着在导电性良好的惰性电极上才能使用。例如：把气体活性物质吸附在金属电极或碳电极上使用；把液体活性物质溶解在电解液中，使电流通过插在电解质中的金属电极输出；把固体活性物质填充在惰性金属基板上使用等，都是常用的方法。这些惰性电极材料必须是电子导电性良好的物质，同时在电解液中耐蚀性好，抗氧化性能高。惰性电极与活性物质接触形成接触欧姆电阻，如干电池中的碳棒与二氧化锰之间的电阻，二氧化铅与金属铅之间的电阻。为了减小接触电阻，必须尽可能增大活性物质与电极之间的接触面积。20 世纪 70 年代，对电池中的技术改进多数都是针对这个问题的，碱性蓄电池中的烧结式极板就是为了降低接触电阻而采用的。此外，也经常加入碳素、镍箔等导电剂在活性物质中以减少电极与活性物质之间的接触电阻。固体活性物质一般都是金属、半导体(如 MnO_2，PbO_2，NiO_2)。随着充放电反应的进行，活性物质表面逐渐包上一层钝化薄膜，而这种薄膜往往增大活性物质的欧姆电阻。因此,充放电反应过程中反应物或产物也会产生电阻,且电阻的大小是不断变化的。为了使活性物质在充放电过程中总是呈导电性良好的金属或半导体,而不钝化,通常根据半导体的种类添加有效的元素,或者在活性物质中添加其他种类的物质,使活性物质不结晶,如海绵铅电极中加入硫酸钡阻止铅结晶。电池中电解液的电阻取决于溶剂和电解质的性质。在水溶液中,H^+ 离子和 OH^- 离子的导电性最好,离子淌度最大,因此常用酸碱作为电池的电解质。图 10.2 所示为目前常使用的酸、碱、盐类电解质的溶液电导率与电解质浓度的关系。由图 10.2 可以看出,硫酸电解液的浓度为 30%～35% 时导电性最好;而氢氧化钾溶液的浓度约为 25% 时导电性最好。改变溶液中电解质的浓度可以提高其导电性,但是提高的程度有限。熔融盐电解质的导

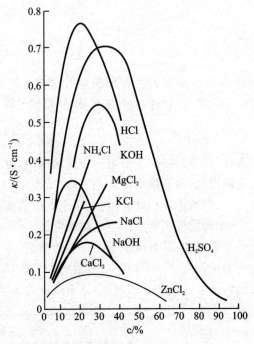

图 10.2　电解液的电导率与电解质浓度的关系(18 ℃)

电能力远高于水溶液电解质。因此,通常把不能导电的多孔结构固体用熔融盐浸渍;或者将 MgO 或 Al_2O_3 与熔融盐混合成膏状物作电解质使用。这时,电池必须在盐类熔融的高温条件下工作,但充放电过程中电池的极化显著降低。

电极反应过程中由于极化,阴极的电位变负,阳极的电位变正,造成电池的电压在放电时降低,充电时升高。一般来说,在固体电解质中,电子转移步骤的速度很快,很少出现电化学极化,而反应前后的传质过程或表面的化学反应过程往往成为电极过程的速度控制步骤。反应前后在电解质溶液和固体活性物质中都有物质的迁移。在活性物质中反应物粒子或产物粒子的迁移速度比在电解液中的要慢得多,这往往是引起极化的主要原因。例如,二氧化锰活性物质在碱性水溶液中的充放电反应是由于质子在活性物质中的迁移,才使反应得以进行。具有层错结构的 $\gamma\text{-}MnO_2$ 是最有利于质子移动的,反应速度最快,极化最小,因此只有 $\gamma\text{-}MnO_2$ 最适合于作为锌锰电池的活性物质。此外,具有相同反应机理的氧化镍活性物质中可以添加锂离子,增加缺陷浓度,降低过电位。在电池反应中伴有化学反应过程时,添加催化剂可有效地降低过电位。当液体或气体作为活性物质时,电子转移步骤也可能很慢而成为电极过程的控制步骤,如 H_2、O_2、CO 等。这时在电极上添加催化剂,可提高电池的工作温度而制成高温电池,可有效地降低极化。为了使电池在充放电时保持电压稳定,就必须减小电池的内阻,同时减小电极的极化。

10.1.3　容　量

电池的容量是指在给定的放电条件下,电池放电至终止电压时所放出的电量。容量的单位元常用"安·时"(A·h)表示,也叫额定容量。1 A·h 等于用 1 A 的电流放电 1 h。额定电

压和额定容量是电池的两个重要指标,一般标在电池最醒目的位置上。干电池的容量常用恒定负载电阻放电到规定的终止电压时的放电时间表示;电池的容量性能则用单位元体积的容量或单位元质量的容量(比容量)来表示。为了提高电池的比容量,活性物质的电化当量要小。电极活性物质在放电过程中,由于反应生成物对活性物质进一步放电的影响,因此往往只有部分活性物质能发生放电反应。为了获得 1 A·h 的电量,实际所需要的活性物质是按法拉第定律计算出来的活性物质量的 2~3 倍,即活性物质的利用率一般在 30%~50% 范围内。因此,提高活性物质的利用率是增加电池比容量的重要途径。表 10.3 列出了按法拉第定律计算出来的结果。由表中可以看出,H_2,O_2,CH_4 和 AgO 等电化当量小,是十分优良的活性物质。为了提高活性物质的利用率,必须增大活性物质的表面积,采取措施使活性物质在放电过程中不发生钝化。

表 10.3　获得 1 A·h 电量所需的活性物质量

正极活性物质	活性物质量/g	负极活性物质	活性物质量/g
PbO	4.45	Pb	3.87
HgO	4.03	Cd	2.10
MnO_2	3.24	Zn	1.22
Ni_2O_3	3.08	Al	0.33
AgO	2.33	CH_4	0.03
O_2	0.30	H_2	0.04

10.1.4　自放电

化学电源在不向外输出电流时消耗活性物质的现象称为自放电。电池在储存过程中或放电时都可能发生自放电。产生自放电的原因主要是活性物质内与电解质中的杂质使电池内形成局部电池。这种局部电池会造成电池内部短路,加速腐蚀,引起自放电。例如,锌锰干电池负极的活性物质锌发生自放电时,锌溶解在电解液中被消耗掉,其反应为

$$Zn \longrightarrow Zn^{2+} + 2e \qquad (10.8)$$

同时锌电极表面上将发生如下反应:

$$2H^+ + 2e \longrightarrow H_2 \qquad (10.9)$$

总反应为

$$Zn + 2H^+ \longrightarrow Zn^{2+} + H_2 \qquad (10.10)$$

可见在没有向外输出电流的情况下,负极活性物质锌被消耗了。若使用高纯度的锌作为活性物质,锌表面的析氢过电位很高,则式(10.9)的反应不能进行,也就不会发生自放电。这也说明,一个电极反应是否能够发生,不仅取决于热力学的可能性,还与动力学的因素有关。由热力学判断能够自发进行的电极反应,可能由于动力学上的原因而不能进行。但是,如果在锌电极表面上有铜、铁之类的低析氢过电位杂质存在,则式(10.9)的反应就能很容易地进行。若电解液中溶解有氧,则发生如下反应:

$$4H^+ + O_2 + 4e \longrightarrow 2H_2O \qquad (10.11)$$

该反应与式(10.8)的反应形成局部电池也能引起自放电。此外,由于正、负极活性物质相互向

对方扩散,故也能形成局部电池,引起自放电。为了避免自放电,活性物质在电解液中的溶解度应该尽可能小;在电池体系内应尽可能避免存在容易形成局部电池的杂质。对于自放电剧烈的电池,往往制成注液型电池,只在使用前才注入电解液。

二次电池在充放电时,电池反应是可逆的,没有副反应发生,充电时的欧姆电阻和极化小。在水溶液电解质的电池中,正极和负极上的氧过电位和氢过电位高,充电时水的电解反应难以进行。如密封铅酸蓄电池的出现就得益于具有高析氢过电位的铅钙合金的发现以及同时解决了铅钙合金钝化的问题。此外,二次电池充放电的能量转换也是近似可逆的,可以多次反复进行。电池充放电时,活性物质的状态能够很好地再生,若为溶解度小的固体活性物质,则不会脱落,也不会发生钝化。

10.1.5 电池的效率

1. 效率表示方法

电池的总效率 ε_0 是指电池中化学反应放出的总能量与转变为电功的能量之比,可由下式给出:

$$\varepsilon_0 = \varepsilon_i \varepsilon_v \varepsilon_f \tag{10.12}$$

式中:ε_i 为最大热效率,根据热力学第二定律,电池的最大热效率不能大于用卡诺循环所表示的效率;ε_v 为电压效率;ε_f 为法拉第电流效率。这些效率可分别表示为

$$\varepsilon_i = \frac{\Delta G}{\Delta H} \times 100\% \tag{10.13}$$

$$\varepsilon_v = \frac{V}{E} \times 100\% \tag{10.14}$$

$$\varepsilon_f = \frac{I}{I_m} \times 100\% \tag{10.15}$$

式中:ΔH 为电池反应的焓变;V 是电流为 I 时的电池电压;I_m 是电池反应完全转化为产物的电流值;E 为电池的电动势。法拉第电流效率与电压效率一般为 1。但是当存在平行的电化学副反应、电极催化发生的化学反应以及两个电极进行直接的化学反应时,法拉第电流效率小于 1。在充电时由于水分解的副反应作用,法拉第电流效率往往小于 1。例如,电池放出的电流为 0.5 A,但由于电池中出现有副反应,消耗了部分电流,而使输出电流要小于 0.5 A,这时电流效率小于 1。如果 $\varepsilon_f = 1$ 且 $V = E$(例如可逆条件下),那么电池的总效率即最大的热效率 ε_i,等于输出的最大有用功与反应焓变的比。对于燃料电池,ε_i 的值小于 1。电池设计的目标是使 ε_v 和 ε_f 值接近 1。

2. 功率与电流密度的关系

电池的输出功率 P 为

$$P = VI \tag{10.16}$$

$$I = Sj \tag{10.17}$$

式中,S 为电极面积。根据不同电流密度下的特点可预知 P-I 曲线的性质。在低电流密度下,$j \to 0$;在高的极限电流密度下,$E \to 0$。因此,在两个极端情况下,P 都为零。对于 E-I 关系满足图 10.1 所示的电池,其 P-I 曲线如图 10.3 所示,在电流接近极大值时,P 具有极大值。对于大多数燃料电池,具有极复杂的多孔气体扩散电极结构,当电流密度高达 500 mA/cm²

时,也达不到极限电流密度,电池电压与电流密度关系是线性的。在这种情况下,P-I 关系曲线趋近于抛物线。

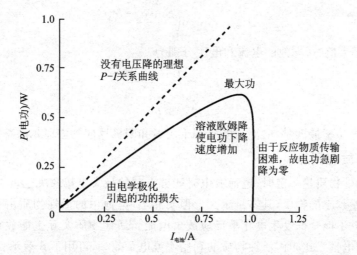

图 10.3　燃料电池 P-I 的典型关系曲线,不同区域由不同的极化控制

3. 极限情况下的最大电功

当电化学极化、浓差极化及欧姆极化都存在时,无法得到最大电功的表达式。只有在以下两种极限情况下可以得到极限电功。

(1) 电池电压与电流成线性关系

这时,电池电压与电流的函数关系可由下式给出:

$$V = E - m \cdot I \qquad (10.18)$$

式中,m 是常数,基本代表了电池的欧姆电阻。因此,有

$$P = I \cdot (E - m \cdot I) \qquad (10.19)$$

式(10.19)表明,P-I 关系曲线为抛物线关系,P 的最大值为

$$P_{max} = \frac{E^2}{4m} \qquad (10.20)$$

当 P 最大时,E 和 I 分别为

$$E_{max} = \frac{E}{2} \qquad (10.21)$$

$$I_{max} = \frac{E}{2m} \qquad (10.22)$$

由式(10.22)可见,当电池的电压等于其电动势的一半时,电池输出功率达到最大值。通常,由于副反应的存在会使电池的开路电压比电池的可逆电动势要小。因此,只有在电池电压等于开路电压的一半时才能得到最大的电功。

(2) 电池电压与电流密度成半对数关系

当浓差极化和欧姆极化可以忽略时,在整个电流密度范围内,电化学极化的过电位起主要作用,电池电压与电流的关系可表示为

$$V = E + a - b \ln j \qquad (10.23)$$

式中,b 是电池阴极和阳极反应的塔菲尔斜率的总和。因此,有

$$P = j(E + a - b\ln j) \tag{10.24}$$

根据式(10.24)可知,电功率的最大值为

$$P_{max} = b\exp\left(\frac{E + a - b}{b}\right) \tag{10.25}$$

当电功率 P 取最大值时,电池的电流和电压分别为

$$\ln j_{max} = \frac{E + a - b}{b} \tag{10.26}$$

$$E_{max} = b \tag{10.27}$$

因此,当电池的电功率最大时,电池的电压等于阴极和阳极反应的塔菲尔斜率的总和。

4. 活性物质利用率

当电池的活性物质量一定时,电池放电时能够得到的最大容量取决于表 10.3 中所列物质的种类,电化当量越小的物质,其容量越大。但实际上,电池中的活性物质由于自放电或者放电时极化增加,并不能全部发生电化学反应放出电能。活性物质实际上能放出的电量与按理论计算可放出的电量之比叫作活性物质的利用率或电量效率,可用下式表示:

$$\varepsilon_Q = \frac{\int_0^t I\,dt}{Q} \times 100\% \tag{10.28}$$

式中:Q 为电池的理论放电量;I 为电池放电电流。前面已经讲过自放电是由于电池内的杂质引起的,受电池工作温度以及电池使用时间的影响,并与电池的储存性有关系。放电时由于电池内阻及电极极化的作用,电池电压降低。自放电消耗活性物质,使可放出电能的活性物质量减少;而极化使电池的电动势降低,最后降为零,剩下的活性物质因没有反应动力而不能进行氧化还原反应。放电电流越大,极化就越大,不能放电的活性物质就越多,活性物质利用率就越小。如果放电时生成电子导电性好的金属,如 AgO 及 $PbSO_4$ 等活性物质,则可提高活性物质的利用率。

5. 电池的能量效率

电池输出的功率等于电压与电流的乘积。电池的效率用电池输出功率表示更为合理,因为不管输出的电流有多大,如果电池电压很低,仍然没有什么作用。电池实际能放出的电能与按理论计算可放出的电能之比称为能量效率,可用下式表示:

$$\varepsilon_P = \frac{\int_0^t VI\,dt}{E_t Q} \times 100\% \tag{10.29}$$

能量效率 ε_P 相当于式(10.12)中的 $\varepsilon_v \varepsilon_i$。

在二次电池中要进行充放电,因此还必须考虑充放电的能量损失。产生能量损失的原因主要如下:充电时活性物质再生的同时发生了副反应(如水溶液中的水分解);电池内阻引起的欧姆降;电极极化引起的电压升高等。二次电池的电量效率和能量效率可分别用下面两式表示:

$$\varepsilon_Q = \frac{\int_0^{t_1} I_1\,dt}{\int_0^{t_2} I_2\,dt} \times 100\% \tag{10.30}$$

$$\varepsilon_P = \frac{\int_0^{t_1} V_1 I_1 \mathrm{d}t}{\int_0^{t_2} V_2 I_2 \mathrm{d}t} \times 100\% \qquad (10.31)$$

式中：V_1，V_2 分别为电池放电和充电时的电压；I_1，I_2 分别为电池放电和充电时的电流。铅酸蓄电池的能量效率一般为 70%～85%。

10.2　电池反应动力学

　　本节中以典型的固体活性物质——水溶液体系为例，讨论化学电源中电极过程的速度控制步骤，以进一步说明电池反应的动力学规律。

　　电池的固体活性物质一般都是金属或半导体物质，具有利用率高和反应速度快即交换电流密度大的特点。电极反应的控制步骤多数是电子转移前后的步骤，而不会出现电子转移步骤引起的电化学极化。在固体活性物质-水溶液体系中，电池反应的速度控制步骤一般有以下三种：① 伴有离子和电子传递的固相反应；② 反应生成物参与的固、液相反应；③ 反应生成物溶解、再析出反应。通常，电池活性物质在充放电的反应过程中，其组成、结构等都会发生变化，在使用电化学方法进行研究时必须十分谨慎。可使用其他方法跟踪这种变化，与电化学方法一起用于研究活性物质的变化。如二氧化锰就有 α，β，γ 等多种结构，其中作为电池活性物质，活性最大的 $\gamma\text{-}MnO_2$ 是含水氧化物，其活性度及放电反应过程随 $\gamma\text{-}MnO_2$ 中水含量、结合状态、结晶的大小、缺陷程度而变化。X 射线及电子显微镜的显示方法可用于分析跟踪固体活性物质的结构变化。

　　在电极过程动力学研究中，要求研究电极重现性好，电极的表面构造、厚度保持一致，反应面的位置没有宏观上的变化。同时，由于活性物质中的欧姆电阻所引起的电压降和电解液中的离子扩散滞后往往重现性很差，必须使它不影响测试结果。为此，可以采用下面两种方法制造电极：一种是把活性物质直接电沉积在经过相同处理的金属板或碳电极上；另一种是在这种电极上先镀上一层稍厚的活性物质，然后让电极反复进行阳极氧化和阴极还原。

　　以下是三种典型电池电极的制作方法：

　　(1) 二氧化锰电极的制作方法：用石墨作基板，在含有硫酸锰 50 g/L、硫酸 67 g/L 的溶液中用 3 mA/cm² 左右电流密度，电析约 20 min。

　　(2) 过氧化铅电极的制作方法：在含有硝酸铅 10 g/L、氢氧化钾 25 g/L 的溶液中，用 5 mA/cm² 左右电流密度对铂板进行电析，可以得到 $\alpha\text{-}PbO_2$；在含有硝酸铅 8 g/L、硝酸 90 g/L 的溶液中，用 5 mA/cm² 左右的电流密度对铂板进行电析，可以得到 $\beta\text{-}PbO_2$。

　　(3) 氢氧化镍电极的制作方法：把镍板放在含有硫酸镍 20 g/L、乙酸钠 8 g/L、氢氧化钠 0.05 g/L 的溶液中，用 0.5 mA/cm² 的电流密度，以 1～5 min 为一个周期，交替进行阳极与阴极电析。

10.2.1　伴有离子和电子传递的固相反应

　　碱锰电池中的正极二氧化锰在碱性溶液中的充放电反应是伴有离子和电子传递的固相反应，其反应式如下：

$$MnO_2 + H_2O + e \Longrightarrow MnOOH + OH^- \tag{10.32}$$

该反应过程中,控制步骤是 H^+ 离子和电子 e 的固相扩散。放电时,H^+ 离子由电极表面向固相内部扩散,同时电子也向内移动,结果在电极表面上生成的 MnOOH 逐渐向电极内部扩散。充电时,H^+ 离子首先从电极表面向溶液中扩散,随着充电过程的进行,H^+ 离子从电极内部向电极表面扩散。因此,放电时 H^+ 离子向固相内部扩散为控制步骤,充电时 H^+ 离子向电极表面扩散为控制步骤。根据电极极化的一般规律,可得反应式(10.32)的极化公式:

$$j = j^0 \left\{ \frac{a_{MnO_2}}{(a_{MnO_2})_e} \exp\left(-\frac{\alpha F}{RT}\Delta\varphi\right) - \frac{a_{MnOOH}}{(a_{MnOOH})_e} \exp\left[\frac{(1-\alpha)F}{RT}\Delta\varphi\right] \right\} \tag{10.33}$$

这是电化学极化和浓差极化同时存在时的电极过程动力学公式。因为电子转移步骤很快,即 $j^0 \gg j$,所以式(10.33)可简化为

$$\Delta\varphi = \frac{RT}{F}\left[\ln\left(\frac{a_{MnO_2}}{a_{MnOOH}}\right) - \ln\left(\frac{a_{MnO_2}}{a_{MnOOH}}\right)_e\right] \tag{10.34}$$

设电极表面上 MnOOH 的摩尔分数为 y,则 MnO_2 的摩尔分数为 $1-y$,且上述两种物质的活度系数为 1,那么式(10.34)可改写为

$$\Delta\varphi = \frac{RT}{F}\left[\ln\left(\frac{1-y}{y}\right) - \ln\left(\frac{1-y_e}{y_e}\right)\right] \tag{10.35}$$

由于氢离子在固相中是以 MnOOH 的形式存在的,故 H^+ 离子的摩尔分数 y_{H^+} 与 MnOOH 的摩尔分数 y_{MnOOH} 相等。另外,假设充放电过程中 H^+ 离子由电极表面($x=0$)沿垂直电极表面的方向往固相内部进行一维半无限扩散,则氢离子的浓度 c 与时间 t、距离 x 满足下述二次偏微分方程,即菲克第二定律:

$$\frac{\partial c}{\partial t} = D\frac{\partial^2 c}{\partial x^2} \tag{10.36}$$

氢离子的摩尔分数与 t,x 的关系可通过解式(10.36)求出。求解的方法与第 5 章非稳态扩散过程中所讲的方法相同。

1. 恒电流充放电

设充放电开始时 H^+ 离子的摩尔数为 $y_{H^+,0}$,则初始条件和边界条件为

$$y_{H^+}(x,0) = y_{H^+,0}$$

$$y_{H^+}(\infty,t) = y_{H^+,0}$$

$$\left(\frac{\partial y}{\partial x}\right)_{x=0} = \frac{j}{DFSB} \tag{10.37}$$

式中:S 是把单位表观面积换算成相应的真实面积的换算系数;B 是把摩尔分数换算成体积摩尔浓度的换算系数。在换算之前,式(10.37)应为

$$\left(\frac{\partial y}{\partial x}\right)_{x=0} = \frac{j}{DF}$$

令 $\dfrac{1}{DFSB} = A$,在式(10.37)的条件下求解式(10.36),可得

$$y_{H^+}(0,t) = y_{H^+,0} + \frac{2Aj}{\sqrt{\pi D}}\sqrt{t} \tag{10.38}$$

在完全充电状态下，$y_{H^+,0}=0$；在完全放电状态下，$y_{H^+,0}=1$。

如果在完全充电状态下开始放电，只要把式(10.38)代入式(10.35)中，便可得到

$$\Delta\varphi = \frac{RT}{F}\left[\ln\left(\frac{\sqrt{\pi D}\,/2Aj}{\sqrt{t}}-1\right)-\ln\left(\frac{1-y_e}{y_e}\right)\right] \tag{10.39}$$

而在完全放电状态下开始充电时，同样可以得到

$$\Delta\varphi = \frac{RT}{F}\left[\ln\left(\frac{\sqrt{\pi D}\,/2A(-j)}{\sqrt{t}}-1\right)-\ln\left(\frac{1-y_e}{y_e}\right)\right] \tag{10.40}$$

式(10.39)和式(10.40)就是由氢离子扩散控制步骤的电极反应动力学公式。

2. 恒电位充放电

电池中电极电位一定时，电极活性物质浓度，即 $y(0,t)$ 一定。如果用 y_S 表示 $y(0,t)$，则初始条件及边界条件为

$$y_{H^+}(x,0)=y_{H^+,0}$$
$$y_{H^+}(\infty,t)=y_{H^+,0}$$
$$y(0,t)=y_S \tag{10.41}$$

根据第 5 章非稳态扩散求解方法，用式(10.41)的条件求解式(10.36)，可得

$$y(x,t)=y_S+(y_0-y_S)\mathrm{erf}\left(\frac{x}{2\sqrt{Dt}}\right) \tag{10.42}$$

在此，通过活性物质的电流密度为

$$j=FDSB\left(\frac{\mathrm{d}y}{\mathrm{d}x}\right)_{x=0} \tag{10.43}$$

因此，把式(10.42)代到式(10.43)中去，求解式(10.43)，可得

$$j=\frac{FDSB(y_0-y_S)}{\sqrt{\pi Dt}}\quad\text{或}\quad j=FSB\sqrt{D}\,\frac{(y_0-y_S)}{\sqrt{\pi t}} \tag{10.44}$$

在电池放电过程中产生极化时，$y_S>y_0$。严格说来，这时也要用有限距离扩散条件作为边界条件，但是当 t 在很小的范围内时，式(10.44)的精度可以满足要求。式中的 $SB\sqrt{D}$ 值是衡量反应过程中活性物质活性度的参数，其值与活性物质的结构及其制造工艺等有很大的关系。固相内 H^+ 离子的扩散系数和电极的有效面积越大，$SB\sqrt{D}$ 值就越大。此外，即使向活性物质中掺入微量的添加物，也会引起 $SB\sqrt{D}$ 值的变化。用恒电位法测得不同电极电位下的 j 值，计算出 y_S，将数值代入式(10.44)可得出 $SB\sqrt{D}$ 值。

10.2.2　反应生成物参与的固、液相反应

二氧化锰在硫酸中放电过程的速度控制步骤是一种反应生成物参与的固、液相反应。由于溶液中的 H^+ 离子浓度很高，式(10.32)所表达的放电反应中生成的 MnOOH 会发生下述歧化反应而消失：

$$2MnOOH+2H^+=MnO_2+Mn^{2+}+2H_2O \tag{10.45}$$

该歧化反应是无电子参与的化学反应，发生在电子转移步骤之后，因而属于后置表面转化步骤。若以恒电流极化条件为例，并设式(10.45)的交换速率为 v_0，则稳态下有

$$j = FBv_0 \left[\left(\frac{y}{y_e} \right)^2 - \frac{1-y}{1-y_e} \right] \tag{10.46}$$

用恒定的电流密度放电,假设放电 t' 小时后开路,则当 $0 < t < t'$ 时,有

$$\frac{dy}{dt} = \frac{j}{FB} - v_0 \left[\left(\frac{y}{y_e} \right)^2 - \frac{1-y}{1-y_e} \right] \tag{10.47}$$

当 $t' < t$ 时,有

$$\frac{dy}{dt} = -v_0 \left[\left(\frac{y}{y_e} \right)^2 - \frac{1-y}{1-y_e} \right] \tag{10.48}$$

放电过程是还原反应,设放电开始时的过电位为 $\Delta\varphi_i$,闭路稳态下的过电位及 MnOOH 的摩尔分数分别为 $\Delta\varphi_P$ 和 y_P,并假定 y_e 很小,则把式(10.46)、式(10.47)及式(10.48)中的 y 与 j 或 y 与 t 的关系,代入式(10.35)中去,便可得到

$$j = FBv_0 \left[\exp\left(-\frac{2F\Delta\varphi_P}{RT} \right) - \frac{1}{1-y_e} \right] \tag{10.49}$$

当 $0 < t < t'$ 时,有

$$\ln \left[\frac{\exp\left(-\frac{F\Delta\varphi}{RT} \right) + \exp\left(-\frac{F\Delta\varphi_P}{RT} \right)}{\exp\left(-\frac{F\Delta\varphi}{RT} \right) - \exp\left(-\frac{F\Delta\varphi_P}{RT} \right)} \right] = \frac{2y_P}{y_e^2} v_0 t + \ln \left[\frac{\exp\left(-\frac{F\Delta\varphi_i}{RT} \right) + \exp\left(-\frac{F\Delta\varphi_P}{RT} \right)}{\exp\left(-\frac{F\Delta\varphi_i}{RT} \right) - \exp\left(-\frac{F\Delta\varphi_P}{RT} \right)} \right] \tag{10.50}$$

当 $t' < t$ 时,为

$$\ln \left[\frac{1 + \exp\left(-\frac{F\Delta\varphi}{RT} \right)}{1 - \exp\left(-\frac{F\Delta\varphi}{RT} \right)} \right] = \frac{2}{y_e} v_0 (t - t') + \ln \left[\frac{1 + \exp\left(-\frac{F\Delta\varphi_P}{RT} \right)}{1 - \exp\left(-\frac{F\Delta\varphi_P}{RT} \right)} \right] \tag{10.51}$$

用式(10.49)、式(10.50)或式(10.51)进行解析计算,便可求出交换速率 v_0。例如,用硫酸作电解液,将硫酸锰溶入电解液,把实际测出的 j 和 $\Delta\varphi$ 关系,用式(10.49)进行解析计算,则其结果如图 10.4 所示。由图 10.4 可知,$1 - y_e$ 接近 10,v_0 随温度的升高而增大。

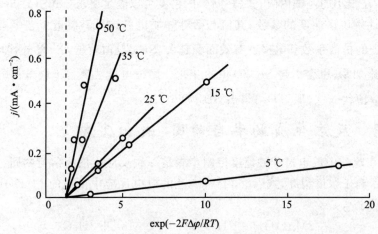

图 10.4 γ - Mn_2O 电极在 1 eq/dm³ H_2SO_4 + 0.1 mol/dm³ $MnSO_4$ 溶液中,
j 与 $\exp(-2F\Delta\varphi/RT)$ 的关系

10.2.3 反应生成物溶解、再析出反应

发生反应生成物溶解、再析出反应的物质,其反应生成物在电解液中的溶解度很小,即使溶解了,也会立即和溶液发生反应而析出。该反应发生在电极表面附近,可分为晶核的形成和晶体生长两个过程。下面以 Ag_2O 变成 AgO 的过程为例进行讨论。

布里格斯等人认为,在 Ag_2O 变成 AgO 的过程中,AgO 在电极表面形成半球状的晶核,同时晶粒长大。恒电位条件下,j 与 t 之间的关系为

$$j = \frac{2\pi k^3}{3}\left(\frac{M}{nF\rho}\right)AN_0t^3 \tag{10.52}$$

另外,可预先加上很大的负电位,使晶核在整个电极表面形成,然后再调到所要求的恒定电位。这时有

$$j = \frac{2\pi k^3}{3}\left(\frac{M}{nF\rho}\right)^2 N_0 t^2 \tag{10.53}$$

式中:M 为 AgO 的相对分子量;ρ 为 AgO 的密度;N_0 为形成的晶核总数;k 为流过单位面积晶核的电流(结晶生长反应的速率常量);A 为晶核形成的速率常量。

N_0 可以通过电子显微镜观察等方法求出。在恒电位条件下,通过实验测得 j 随 t 变化的关系,利用式(10.52)、式(10.53)可计算得 k 和 A,也就是分别求出了结晶生长的速率和晶核形成的速率常量。

通常使用旋转环盘电极研究溶解、再析出的反应过程,环电极可收集溶解的中间产物,求出溶解量和再析出反应的速率。如利用镉的旋转圆盘圆环电极,把环电极的电位保持在使溶解的中间物质充分还原的电位上(若电极处于完全浓差极化的状态,则相对于电极 $Cd/Cd(OH)_2$ 的电位为 0.2 V),并使盘电极极化。假设中间体的浓度为 c_0,有

$$c_0 = -\frac{j_环 \delta}{nFAND} \tag{10.54}$$

式中:$\delta = 1.61D^{1/3}\nu^{1/6}\omega^{1/2}$,为有效扩散层厚度;$A$ 为盘电极的表面积;N 是与带环旋转圆盘电极形状有关的因子;D 为扩散系数;ν 为动力黏度系数;ω 为带环旋转圆盘电极旋转的角速度。在旋转的镉电极上,放电反应为

$$Cd + 3OH^- = Cd(OH)_3^- + 2e \tag{10.55}$$

$$Cd(OH)_3^- \longrightarrow Cd(OH)_2 + OH^- \tag{10.56}$$

在恒电流及恒电位的条件下使盘电极极化时,其极化特性如图 10.5 所示。由图 10.5(a)可以看出,$I_环$ 经过极大值后下降。这是因为最初盘电极上的 $Cd(OH)_3^-$ 浓度呈过饱和状态,随着盘电极上晶核的形成,其浓度开始下降,并且由于 $Cd(OH)_2$ 的析出,盘电极发生溶解的有效面积逐渐减小。此时,中间产物 $Cd(OH)_3^-$ 的一部分生成 $Cd(OH)_2$ 而析出,还有一部分向溶液本体中扩散。因此,圆盘电极上的反应速率由生成沉淀和扩散两部分构成,即

$$j_盘 = 2FA(1-\theta)\left(k + \frac{D}{\delta}\right)c_0 \tag{10.57}$$

式中:θ 为 $Cd(OH)_2$ 覆盖在圆盘电极上的覆盖度;k 为反应速率常量。由式(10.54)和式(10.57)可以得出

$$j_盘 = -\frac{2\delta}{nND}(1-\theta)\left(k + \frac{D}{\delta}\right)j_环 \tag{10.58}$$

如果 θ 和 D/δ 已知，则利用图 10.5(b)便可求出 k 值。θ 是很难准确测定的，一般认为在 $t=0$ 时，$\theta=0$。假定 $\theta=0$，求出 k 和 t 的关系曲线，然后外推到 $t=0$，也可求出 k 值。

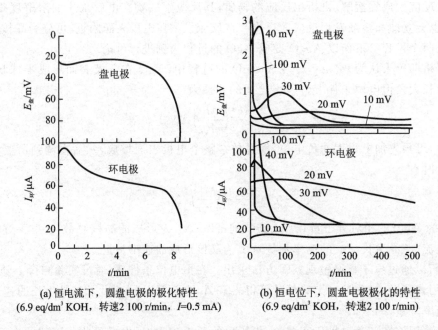

(a) 恒电流下，圆盘电极的极化特性　　　　(b) 恒电位下，圆盘电极极化的特性
(6.9 eq/dm³ KOH，转速2 100 r/min，I=0.5 mA)　　(6.9 eq/dm³ KOH，转速2 100 r/min)

图 10.5　恒电位或恒电流时，旋转圆盘镉电极放电时的极化特性

10.3　一次电池

一次电池是将化学能转化为电能并输出的电化学装置。一旦化学能转变为电能，就不能再将电能转变为化学能，即化学反应是不可逆的。按电解液的保持及供给方法，一次电池可分为干电池、湿电池和注液电池三种。

锌锰电池是目前使用量最大的一次电池，根据电解液种类及保存状态的不同，又可分为糊状干电池、纸板干电池和碱性干电池三种。糊状干电池用淀粉或甲基纤维素把 NH_4Cl 与 $ZnCl_2$ 混合电解液变成凝胶状；纸板电池把电解液吸附在纸板中，电池的性能比糊状电池好；碱性干电池使用吸液性隔膜吸附 KOH 电解液，也叫碱锰电池。其中碱锰电池的性能最好，而且在一定条件下可以充电。锌锰电池的优点是价格低廉，可靠性高；缺点是电池性能较差，放电的电压稳定性也差，在零度以下的低温性能显著恶化。采用氯化钙或氯化锂等氯化物代替氯化铵可提高其耐寒性能。各种一次电池的性能比较如表 10.4 所列。

表 10.4　各种一次电池的性能比较

一次电池名称	电池构成			额定电压 /V
	正极活性物质	电解质	负极活性物质	
锌锰干电池	MnO_2	$NH_4Cl, ZnCl_2$	Zn	1.5
汞电池	HgO	$KOH(ZnO)$	Zn	1.2

续表 10.4

一次电池名称	电池构成			额定电压
	正极活性物质	电解质	负极活性物质	/V
碱锰干电池	MnO_2	KOH(ZnO)	Zn	1.2
氧化银电池	AgO	KOH 或 NaOH(ZnO)	Zn	1.5
氯化银电池	AgCl	海水	Mg	1.4
空气电池	空气(活性炭)	KOH(ZnO)或 NH_4Cl	Zn	1.3

10.3.1 锰干电池

锰干电池以二氧化锰为正极,以锌为负极,并以氯化铵水溶液为主电解液,用纸、棉或淀粉等使电解质凝胶化,主要用于照明、携带式收音机、火箭点火等。为适应不同的用途,电池可按有关标准制成圆筒形、方形、扁平形、钮扣形等单体及多个电池串联或并联的组合体。

锰干电池的结构大体上分为圆形和方形两种,圆筒形电池的产量占绝对多数,其内部结构如图 10.6 所示。在电池的中央是多孔性的碳棒作正极,它对电池放电中所产生的气体兼有排气作用。在碳棒的周围紧密贴着的是正极活性物质,也叫电芯或正极减极剂。正极活性物质是用电解液混合二氧化锰、导电剂碳粉和氯化铵粉末并经固化成型的。电池外壳锌筒为负极,在正极与负极之间装有用玉米及小麦粉糊化了的胶体状电解液,电解液以氯化铵和氯化锌为主要成分。在电芯的上部留有空气室,作为排出气体和电芯膨胀的空间。

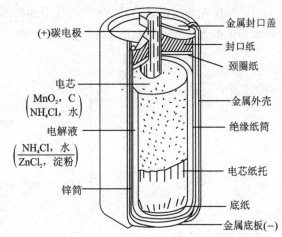

图 10.6 锰干电池的典型构造

为了防止水分蒸发,在空气室的上部用封口剂进行封口。碳棒顶部有金属制的金属帽作为正极端,锌筒底面的锌极作为负极端。锌筒由于过度放电消耗会出现腐蚀穿孔,造成漏液。为了防止漏液,在锌筒外面包裹纸或塑料筒,还有的使用金属筒作为外包装。正负极处于绝缘状态,金属筒两端向内弯曲收口形成包装结构。

锰干电池可表示为

$$(-)Zn \mid NH_4Cl + ZnCl_2 \text{混合溶液(淀粉糊化)} \mid MnO_2 + C \; (+)$$

该电池的电动势按热力学计算有多种结果。其数值随使用的 MnO_2 的种类(天然二氧化锰、电解二氧化锰、合成二氧化锰)、电解液组成、pH 值等不同而异。实际使用电池的电动势在 1.55～1.75 V 范围内。该电池的反应机理十分复杂,目前已提出了许多有关的机理。但一般都认为,首先在负极 Zn 上发生如下反应:

$$Zn + 2Cl^- \longrightarrow ZnCl_2 \text{(含水)} + 2e$$

该反应的电位随电解液 pH 值变化。根据卡洪(Cahoon)的计算,可得到如下关系式:

在 pH 值为 1.3～3.85 的范围内: $E = -0.465 - 0.073\,pH$ （$E = -0.56 \sim -0.75$ V）

在 pH 值为 3.9～5.0 的范围内: $E = -0.392 - 0.091\,pH$ （$E = -0.75 \sim -0.85$ V）

一般电解液在放电前的 pH 值约为 4.6,故锌负极的电位约为 -0.76 V。

正极的反应更加复杂,电位不仅随 MnO_2 的种类、电解液 pH 值而变化,而且还随放电程度而变化。电池放电过程中,在靠近正极面,电芯内的电解液 pH 值增加,在靠近负极面 pH 值降低。另外,不同来源的二氧化锰晶体结构差别较大,导致电化学活性不同,其中主要差别是二氧化锰晶型和含氧量不同。例如,电解二氧化锰,大体上可用 $MnO_{1.97}$ 来表示。在放电过程中 $MnO_{1.97}$ 晶格内侵入了质子(H^+ 离子)和电子。放电初期,即 x 值从 1.92 下降至 1.75 (pH$=5\sim9$)的过程中,一般认为放电反应按表 10.5 所列的质子-电子机理和二相机理进行。这时,在二氧化锰固相内,电子由正极进入晶格中,发生 $Mn^{4+}\longrightarrow Mn^{3+}$ 的还原反应。另外,从电解液中来的 H^+ 和水分解生成的 O^{2-} 反应生成 OH^-,如图 10.7 所示(箭头为电子和质子的移动;实线为质子的移动,虚线为电子的移动;X 为 MnO_2 与电子的接口,Y 为 MnO_2 与电解液的界面)。或者说 H^+ 与电子都在均一的 MnO_2 固相内参与还原反应,即

$$MnO_2 + H^+ + e \longrightarrow MnOOH$$

上述反应在均相内进行,同时放电电压逐渐下降。在反应的后期按表 10.5 中 M_n^{2+} 机理和锌锰石机理生成 Mn^{2+} 离子以及锌锰石。

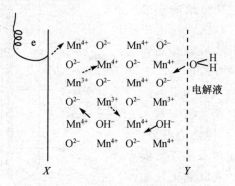

图 10.7 二氧化锰放电时的固相图示

表 10.5 锰干电池 MnO_2 电极放电过程中的电化学反应机理

机　理	放电反应	能斯特公式 (25 ℃)	电位随 MnO_2 中 x 减少的变化	pH-φ 曲线的 斜率·(mV·pH^{-1})
质子-电子 机理	$MnO_2 + H_2O + e \longrightarrow$ $MnOOH + OH^-$ (一种固相)	$E = E' - 0.059\ \lg\dfrac{[Mn^{3+}]_{固}}{[Mn^{4+}]_{固}}$ $-0.059\ pH$	减小 (一种固相)	59
二相机理	$2MnO_2 + H_2O + 2e$ $\longrightarrow Mn_2O_3 + 2OH^-$ (两种固相)	$E = E' - 0.029\ 5\ \lg\dfrac{a_{Mn_2O_3}}{a^2_{MnO_2}}$ $-0.059\ pH$	不变 (两种固相)	59
Mn^{2+} 机理	$MnO_2 + 4H^+ + 2e$ $\longrightarrow Mn^{2+} + 2H_2O$	$E = E' - 0.029\ 5\ \lg[Mn^{2+}]$ $+ 0.029\ 5\ \lg a_{MnO_2} - 0.118\ pH$	减小 (Mn^{2+} 改变)	118
锌锰石 机理	$2MnO_2 + Zn^{2+} + 2e$ $\longrightarrow ZnO + Mn_2O_3$(锌锰石)	$E = E' - 0.029\ 5\ \lg\dfrac{a_{ZnO·Mn_2O_3}}{a^2_{MnO_2}}$ $+ 0.029\ 5\ \lg[Zn^{2+}]$	不变 (Zn^{2+} 不变)	0

10.3.2　碱锰电池

碱锰电池的内阻比锰干电池的小得多,在放电时内阻的变化值也很小。因此,碱锰电池具有放电电压高且比较平坦的放电特性曲线,特别适合高负荷放电。碱锰电池的组成如下:

(一)Zn(汞齐化)|NaOH 或 KOH(30%～40%)水溶液＋ZnO|MnO_2＋石墨（＋）

碱锰单体电池有圆筒形和扁平形两种。圆筒形电池的外壳为正极,中央部位是锌负极,组成所谓的反极结构。锌负极是把锌熔融后喷雾成 20～150 目的粒状,进行汞齐化处理,使其具有良好的耐腐蚀性,然后将锌粉成型为圆筒状,置于电池的中央部位,或者用羧甲基纤维素(简称 CMC)等使锌粉末呈胶状分散在电解液中构成的。将含有氢氧化钾的圆筒状纤维质隔膜,装在与钢壳里面紧密接触的环状电芯内。

正极活性物质使用高纯度电解二氧化锰,并加入鳞片状石墨作为导电剂。二者混合比例为 MnO_2:C＝5:1～4:1,再加入少量的黏合剂加压成型。放电时电芯膨胀会造成活性物质粒子间松弛,引起内阻增加。出现这一问题的主要原因是 Mn^{4+} 被还原到 Mn^{3+} 时,Mn^{3+} 离子体积远大于 Mn^{4+} 离子,从而使晶格膨胀。这是制造技术上正在设法解决的问题之一。

碱性电池中的电解液使用 30% 的 KOH 水溶液,其中添加 10%～20% ZnO 或 $Zn(OH)_2$,可防止锌极的腐蚀,提高电池的储存性能。通常用 CMC 钠盐使电解液胶体化。正负极隔膜通常使用耐碱性的纤维素、聚氯乙烯醋酸合成纤维、尼龙、迪尼尔合成纤维的无纺布等。这些隔膜对电解液具有极强的吸收能力。

碱性电池的外壳使用钢制的容器。为了防止放电中气体的排出以及漏液爬碱,需要采用二层筒、塑料包装、安装排气阀等措施。

正极放电反应的机理非常复杂,许多研究者得到了各种不同的结果。总起来说,在使用 $\gamma\text{-}MnO_2$ 的情况下,以 0.5 mA/g 的电流及稍大些的电流放电时,生成物为 Mn_3O_4 或 $\gamma\text{-}Mn_2O_3$,两者结构很相似,用 X 射线衍射法不能识别。在放电初期,中间物质以 $\alpha\text{-}MnOOH$ 的形式存在。放电的最终产物是 $Mn(OH)_2$。一般认为发生以下几个阶段的反应:

① $MnO_{1.92} \rightarrow MnO_{1.7}$　（从晶格膨胀到非晶态生成物）

② $MnO_{1.7} \rightarrow MnO_{1.5} \rightarrow \alpha\text{-}MnOOH$

③ $MnO_{1.5} \rightarrow MnO_{1.33} \rightarrow Mn_3O_4$

④ 最终产物　$MnO_{1.0} \rightarrow Mn(OH)_2$

在碱性溶液中的负极反应为

$$Zn + 4OH^- \longrightarrow Zn(OH)_4^{2-} + 2e$$

锌以四羟基锌络离子的形式溶解,当四羟基锌络离子在溶液中达到饱和时,即变成氢氧化锌乃至氧化锌:

$$Zn(OH)_4^{2-} \longrightarrow Zn(OH)_2 + 2OH^-$$

$$Zn(OH)_2 \longrightarrow ZnO + 2e$$

由上面三个反应加在一起得到负极的总反应为

$$Zn + 2OH^- \longrightarrow ZnO + H_2O + 2e$$

X 射线衍射法研究的结果表明,碱性溶液中汞齐化锌粒子放电有以下特点:① 放电过程中锌粒子逐渐减小;② 氧进入锌粒子内部,汞量减少;③ 少量的 K^+ 离子侵入粒子的内部。溶解下来的锌离子向正极的 MnO_2 扩散,Hg 则在放电的同时在电解液内溶出,从而抑制了由

Zn 产生的氢气。含汞 3% 以上的汞齐化锌可防止自放电。

碱锰电池的开路电压为 1.5～1.6 V,保存一年只降低 0.02～0.03 V,具有极优异的储存性能。与氯化铵锰干电池相比,适合于大输出功率和高负荷的连续放电,并且放电时内阻变化很小,可以得到平坦的放电曲线。低温性能也很好。

废旧的碱锰电池不能投入火中,因为电池在放电末期产生大量的氢气,电池内压很高,投入火中会发生爆炸。大多数碱锰电池没有排气阀,内部产生的气体不能排出,电池在使用过程中不能充电,否则也会产生爆炸现象。

10.4 二次电池

可反复进行充放电的电池叫作二次电池。二次电池一般在重负荷放电、可以进行充电及带动机器设备的情况下使用。二次电池的质量比能量和体积比能量通常低于一次电池。二次电池可以分为水系电池和有机系电池,本节介绍典型的水系二次电池,有机系的锂电池在 10.5 节单独介绍。常用的水系二次电池主要是铅酸蓄电池和碱性蓄电池,如表 10.6 所列。

表 10.6　二次电池的主要构成

分　类	电池名称	电池构成			额定电压/V
		正极活性物质	电解质	负极活性物质	
二次电池	铅酸蓄电池	PbO_2	H_2SO_4	Pb	2.0
	镍镉蓄电池	Ni_2O_3	KOH	Cd	1.2
	镍铁电池	Ni_2O_3	KOH	Fe	1.2
二次电池	银锌电池	AgO	KOH(ZnO)	Zn	1.5
	银镉电池	AgO	KOH	Cd	1.1
	碱–锰电池	MnO_2	KOH(ZnO)	Zn	1.5
	镍氢电池	Ni_2O_3	KOH	H_2 或金属氢化物	1.2

10.4.1　铅酸蓄电池

铅酸蓄电池是一种最有代表性的二次电池,也是用途最广、用量最大的二次电池之一,广泛用于各种机动车辆、各种场合的备用电源、电站的负荷调整、各种电动工具的电源等。铅酸蓄电池可分为开放式、密封式和免维护式几种。开放式电池是传统的老式电池,在外壳盖上有一个排气孔。这种电池由于水的电解及蒸发等原因,电解液会减少,因此必须经常进行检查,并加水、加酸维护。其使用寿命短,性能差,属于淘汰产品。免维护及密封式电池采用具有高析氢过电位的铅合金作为板栅,使电池在充电过程中几乎没有水的电解。因此,在整个使用寿命期内,它不需要加水、加酸等维护。铅酸蓄电池的结构可用下式表示:

$$Pb \mid H_2SO_4 \mid PbO_2, Pb$$

其额定电压为 2.0 V。铅酸蓄电池由 PbO_2 作为正极,海绵铅作为负极,硫酸溶液作为电解液,正、负极板间加有隔板以防短路。由多片正、负极板与隔板交叉叠放,将正极的极耳焊在一起、负极的极耳焊在一起构成极群。极群放入塑料制成的电池槽中,将相邻两单元格电池的正极与负极焊接在一起,再将电池外壳的盖子安装上,盖上设有排气阀。

放电时电极反应及电池反应如下:

负极: $Pb + SO_4^{2-} \longrightarrow PbSO_4 + 2e$

正极: $PbO_2 + SO_4^{2-} + 4H^+ + 2e \longrightarrow PbSO_4 + 2H_2O$

电池反应: $Pb + 2H_2SO_4 + PbO_2 \longrightarrow 2PbSO_4 + 2H_2O$

研究表明,电池充电时,负极反应机理按下列过程进行:

$$PbSO_4(固体) \rightarrow PbSO_4(液体) \rightarrow Pb^{2+} \rightarrow Pb$$

正极反应很难弄清,只知道最终反应为

$$PbSO_4 + 2H_2O \longrightarrow PbO_2 + SO_4^{2-} + 4H^+ + 2e$$

充电时电池总反应为

$$2PbSO_4 + 2H_2O \longrightarrow Pb + 2H_2SO_4 + PbO_2$$

以上就是充放电过程中铅酸蓄电池的两极硫酸铅反应学说。从上述电极反应和电池反应式可以看出,硫酸参与反应,也是活性物质之一。因此,电池中硫酸的量必须满足反应的要求。铅酸电池的电极电位及电动势可由能斯特公式计算,其电动势为

$$E = E^0 + 0.059\ 1\ \lg \frac{a_{H_2SO_4}}{a_{H_2O}} \tag{10.59}$$

实际测得的电动势为

$$E_{25\,℃} = 2.018\ 4 + 0.059\ 1\ \lg \frac{a_{H_2SO_4}}{a_{H_2O}} \tag{10.60}$$

正极的电位为

$$\varphi_+ = \varphi_+^0 + \frac{RT}{2F} \ln \frac{a_{H^+}^4\ a_{SO_4^{2-}}}{a_{H_2O}^2} \tag{10.61}$$

负极的电位为

$$\varphi_- = \varphi_-^0 - \frac{RT}{2F} \ln a_{SO_4^{2-}} \tag{10.62}$$

从式(10.60)和式(10.61)可以看出,负极的电位随硫酸浓度增加而减小;正极电位受氢离子的影响特别大,随硫酸浓度的增加而增大。从式(10.58)可知,电池的电动势随硫酸浓度增加而上升。当硫酸在常用的浓度范围内时,温度越高,开路电动势越大。

10.4.2 碱性蓄电池

使用氢氧化钾等碱性水溶液为电解液的二次电池总称为碱性蓄电池。目前使用的碱性电池按正负极活性物质的种类大致可分为镍–镉蓄电池、镍–铁蓄电池、镍–锌蓄电池、氧化银–锌蓄电池、氧化银–镉蓄电池、空气–锌蓄电池及镍–氢蓄电池等。

表 10.7 列出了这些活性物质在碱性电解液中的电极反应、标准电极电位以及理论放电容量。

表 10.8 列出了部分碱性电池的总反应,其中镍–铁蓄电池的性能较差,已经不再生产。

人们对上述各电极的反应机理进行了大量的研究,下面简要介绍各电极的反应机理。

表 10.7 碱性电池的正、负极反应

电 极	种 类	电极反应	φ^0/V	理论放电容量 /(g·A⁻¹·h⁻¹)
正极	氢氧化镍	$NiOOH + H_2O + e = Ni(OH)_2 + OH^-$	0.52	2.46
	氧化银	$2AgO + H_2O + 2e = Ag_2O + 2OH^-$	0.604	4.63
		$Ag_2O + H_2O + 2e = 2Ag + 2OH^-$	0.342	4.34
	空气(氧气)	$O_2 + H_2O + 2e = OH_2^- + OH^-$	−0.76	—
		$O_2 + 2H_2O + 4e = 4OH^-$	0.401	
负极	铁	$Fe + 2OH^- = Fe(OH)_2 + 2e$	−0.86	1.04
	镉	$Cd + 2OH^- = Cd(OH)_2 + 2e$	−0.798	2.09
	锌	$Zn + 2OH^- = Zn(OH)_2 + 2e$	−1.245	1.22

表 10.8 碱性电池的电池反应

电池种类	电池反应	开路电压/V
镍-镉蓄电池	$2NiOOH + Cd + 2H_2O = 2Ni(OH)_2 + Cd(OH)_2$	1.329
镍-铁蓄电池	$2NiOOH + Fe + 2H_2O = 2Ni(OH)_2 + Fe(OH)_2$	1.397
镍-锌蓄电池	$2NiOOH + Zn + 2H_2O = 2Ni(OH)_2 + Zn(OH)_2$	1.765
氧化银-锌蓄电池	$2AgO + Zn + H_2O = Ag_2O + Zn(OH)_2$	1.815
	$Ag_2O + Zn + H_2O = 2Ag + Zn(OH)_2$	1.589
氧化银-镉蓄电池	$2AgO + Cd + H_2O = Ag_2O + Cd(OH)_2$	1.379
	$Ag_2O + Cd + H_2O = 2Ag + Cd(OH)_2$	1.153
空气-锌蓄电池	$O_2 + 2Zn = 2ZnO$	1.646
镍-氢蓄电池	$2NiOOH + H_2 = 2Ni(OH)_2$ $2NiOOH + 2MH = 2Ni(OH)_2 + 2M$	1.23

1. 碱性电池中的电极

(1) 镍电极

镍电极的活性物质——氢氧化镍具有六方晶系的层状结构,是一种 p 型半导体,其放电机理类似于二氧化锰电极,是通过晶格中电子缺陷和质子缺陷的迁移来实现氧化还原反应的。其反应生成物十分复杂。但是放电时的最终产物是 $Ni(OH)_2$,充电时的最终产物是 β-$NiOOH$,这已成为定论。

镍电极在氢氧化钾溶液中的平衡电位与活度之间的关系为

$$E = 0.52 + 0.061 \lg \frac{a_{H_2O}}{a_{OH^-}} \tag{10.63}$$

(2) 镉电极

镉电极在充电时的产物是 Cd,放电时的产物是 $Cd(OH)_2$,其结晶构造是六方晶系、C-6 型结晶。一种观点认为,镉电极在放电反应中的第一个阶段生成 CdO,CdO 溶解在溶液中成中间产物,最后经化学反应变成结晶型氢氧化物析出。由 CdO 生成 $Cd(OH)_2$ 的速度取决于交换物质向 CdO 表面供给的速度。CdO 在氢氧化钾溶液中的溶解度随氢氧化钾浓度变化,CdO 的溶解度越大,镉电极上镉利用率也就越高。另一种观点认为,镉在放电时,首先由电化学反应生成 Cd^{2+} 离子,大部分 Cd^{2+} 离子和其附近大量的 OH^- 结合生成化学性质极为活泼的 $Cd(OH)_2$,剩余的 Cd^{2+} 离子穿过中间产物 $Cd(OH)_2$ 固相到达电极和电解液的界面与 OH^- 发生反应,使中间生成物 $Cd(OH)_2$ 成长。其电极电位为

$$E = -0.798 - 0.059 \lg a_{OH^-} \tag{10.64}$$

(3) 氧化银电极

银电极在碱性溶液中的充电反应,可分为三个阶段:第一阶段生成 Ag_2O;第二阶段由 Ag_2O 变成 AgO;第三阶段在 AgO 的表面生成氧。充电时,Ag 由电化学反应氧化生成的 Ag^+ 离子,与 O^{2-} 离子形成面心立方晶系的 Ag_2O,然后 O^{2-} 在 Ag_2O 固相内扩散,直径为 $1\ \mu m$ 的球状 Ag_2O 逐渐在电极面上析出。当 O^{2-} 离子扩散变得很困难时,电位开始升高,最后电位升至极大值,这时球状的 Ag_2O 粒子破坏,在电极表面有一种新的板状 AgO 结晶生成。在这个过程中,O^{2-} 离子从 OH^- 离子中分离出来,由 Ag 表面向内部扩散生成 Ag_2O,在 Ag 的表面逐渐形成 Ag_2O 薄膜。Ag_2O 的电阻很大,可达 $10^8\ \Omega \cdot cm$,氧离子在 Ag_2O 中扩散阻力也很大。这两种因素导致充电过程中电位急剧上升,直至电位出现极大值。当电位达到极大值时,就不再生成 Ag_2O。与此同时开始由 Ag_2O 生成 AgO 新相,O^{2-} 离子在 AgO 中易于扩散,可以进一步进行氧化,充电过程继续进行。这时,AgO 取代 Ag_2O 结晶,AgO 一旦生成就会和未氧化的 Ag 反应生成 Ag_2O,使残存在电极表面的微量的 Ag 几乎全部被氧化。AgO 与 Ag 的反应速度很慢,只有 Ag_2O 氧化成 AgO 后,电极深处的 Ag 才能氧化为 AgO。

银电极在碱性溶液中的放电反应可分为两个阶段,如下:

$$AgO \rightarrow Ag_2O \rightarrow Ag$$

反应的第一阶段由 AgO 生成 Ag_2O,反应过电位主要由离子及电子在氧化物固相内移动的电阻决定。AgO 及 Ag_2O 都是 p 型半导体,因此在其中添加微量高价的 Pb^{4+} 和 Sn^{4+} 可以有效地增加充电时的容量并降低过电位。放电的第二个阶段是 Ag_2O 生成 Ag,同时 AgO 和 Ag 反应生成 Ag_2O,前者是反应的速度控制步骤。

(4) 锌电极

锌电极在碱性溶液中具有很负的电动势,阳极极化特性优异,缺点是充电时难于再生。锌电极在放电过程中,首先生成四羟基锌络合离子 $Zn(OH)_4^{2-}$ 而溶解,$Zn(OH)_4^{2-}$ 可看作 ZnO 和 $Zn(OH)_2$ 的中间体,进一步缓慢分解变成 ZnO,并在电极表面析出,或者在电解液中沉淀出来,其反应过程为

$$Zn + 2OH^- \longrightarrow Zn(OH)_2 + 2e$$
$$Zn(OH)_2 + 2OH^- \longrightarrow Zn(OH)_4^{2-}$$
$$Zn(OH)_4^{2-} \longrightarrow ZnO + H_2O + 2OH^-$$

锌电极的充电过程与放电过程相反,充电时 4 羟基锌络合离子 $Zn(OH)_4^{2-}$ 在负极被还原而析出金属锌:

$$Zn(OH)_4^{2-} \longrightarrow Zn(OH)_2 + 2OH^-$$
$$Zn(OH)_2 + 2e \longrightarrow Zn + 2OH^-$$

充电过程中析出的锌往往呈树枝状,易使正负极短路。研究表明,在电解液中加入有机添

加剂以及 Sn，Hg，Se，Pb，Mo，Sb 等的化合物可以有效地防止锌树枝状结晶形成。

10.4.3　镍-金属氢化物电池

镍-金属氢化物电池(Ni－MH)是 20 世纪 80 年代发展起来的新型碱性蓄电池。它与高压镍-氢电池相似，但电池内压要低得多。镍-氢电池与镍-镉电池具有同样的工作电压，相同体积下，其容量大一倍以上，可与镍-镉电池互换。此外，Ni－MH 电池对环境没有污染，被称为绿色电池。

镍-金属氢化物电池的正极是镍电极，与镍-镉电池的正极完全相同；负极采用储氢合金；电解质是 KOH 水溶液。

镍-金属氢化物电池的反应如下：

负极上充电时，储氢合金吸收电解液中水还原生成的氢，形成金属氢化物：

$$M + H_2O + e = MH + OH^-$$

电化学反应生成的氢化物(MH)与氢气之间可建立以下平衡：

$$2M + xH_2 = 2MH_x$$

其电极电位用能斯特公式表示为

$$\varphi_- = -\frac{RT}{2F}\ln p_{H_2} \tag{10.65}$$

镍正极的反应与镍-镉电池相同：

$$Ni(OH)_2 + OH^- = NiOOH + H_2O + e$$

镍-金属氢化物电池的充放电反应为

$$Ni(OH)_2 + M \rightleftharpoons NiOOH + MH$$

其电动势 $E = 1.32 \text{ V}$，与镍-镉电池的电动势完全相同。

由于镍-金属氢化物电池与镍-镉电池具有相同的电动势(E)与工作电压(约 1.2 V)，因此可以互换。

镍-镉电池在放电过程中，镉电极上沉积出 $Cd(OH)_2$，阻碍电子与离子的传导，使反应物质的利用率降低，容量下降。在镍-金属氢化物电池中，储氢合金的电导率很高，导电性很好，充放电过程中，储氢合金电极上只有氢渗透到金属中，电子传导不会受影响。此外，在储氢合金中没有离子的迁移，只有液相中存在离子传导，离子导电性也很好。因此，储氢合金上的活性物质利用率极高，几乎达到 100%，合金的容量很大。

20 世纪 60 年代末期，人们就发现某些合金具有储存氢气的能力。目前已经发现许多种类的储氢合金，有 AB_5 型(如 $LiNi_5$)、AB_2 型(如 $ZrMn_2$)、AB 型(如 TiFe)和 A_2B 型(如 Mg_2Ni)，主要有 $MmNi_5$(Mm：混合稀土)，Mg_2Cu，TiCo，TiNi，$TiMn_{1.5}$，$TiCr_2$，$ZrMn_2$，ZrV_2，$ZrFe_2$，$CaNi_5$ 等。储氢合金的共同特点是在低温低压下能够可逆地吸收、释放氢。

储氢合金的应用非常广泛，目前已用于燃氢汽车的储气箱、储存氢气装置、精制氢装置、热交换器、蓄热装置、储氢电池等。利用储氢合金所具有的储氢、热交换等性能的系统正在化学、电气、机械、金属等相关领域中积极推广应用。

作为镍-金属氢化物(Ni－MH)电池的负极材料，储氢合金还应能进行电化学反应，具有耐电解液腐蚀等特殊性能。它必须满足以下的条件：① 储氢量高，平台压力低，对氢的电化学反应有良好的催化作用；② 在氢进行电化学反应的过程中，合金具有较好的抗氧化能力；

③ 在碱性电解液中合金的化学性质稳定；④ 反复充放电过程中，合金不易粉化；⑤ 合金的电化学容量在较宽的温度范围内不发生太大的变化；⑥ 具有良好的导电、传热性能；⑦ 原材料成本低廉。

满足这些条件的合金主要有以下几个系列：

1. 稀土镍系储氢合金

AB_5 型合金为 $CaCu_5$ 型六方晶结构。1970 年，Philips 实验室首先发现 $LaNi_5$ 合金具有储氢性能。1973 年，H. H. Ewe 等人将 $LaNi_5$ 合金用于储氢电极的研究。作为 MH/Ni 电池的负极，$LaNi_5$ 合金储氢容量大、吸放氢的速度快，但是合金吸氢后晶格体积膨胀大，反复吸放氢过程中，极易粉化，寿命极短，只有 30～40 个循环。后来的研究工作中，人们用 Mn，Al，Co 取代 $LaNi_5$ 合金中的部分 Ni，用廉价的混合稀土代替 La，使 AB_5 型合金达到了实用化的要求。采用混合稀土镍系储氢合金材料制造的镍-金属氢化物电池已经大量投放市场。

2. Laves 相储氢合金（AB_2 型）

Laves 相储氢合金主要分为 $C1_5$ 型立方结构和 $C1_4$ 型六方结构。1967 年，A. Pebler 首先将二元锆基 Laves 相合金用于储氢。Laves 相储氢量高达 1.8%～2.4%。与稀土系合金相比，Laves 相合金的储氢量高，可达 360 mA·h/g，寿命长。美国 Ovonic 公司开发了 Ti - Zr - V - Cr - Ni 多相合金用于制造各种型号的电池。但是这种合金电极的初期活化周期长，这是由于锆在合金表面形成致密的氧化物膜，使电极表面的催化性能较差。此外，这种合金价格较高。但它具有储氢量大、寿命长的特点，人们已经把它作为下一代高容量 MH - Ni 电池的主要材料。

3. 镁基储氢合金

镁基合金储氢量可达 3%～3.6%，制成电极的容量达 500 mA·h/g，且资源丰富、价格低廉，多年来一直受到人们的重视。但镁基合金是中温型储氢合金，吸放氢的动力学性能较差，在碱性溶液中的耐蚀性也差，限制了它在 MH - Ni 电池中的作用。镁基合金作为 MH - Ni 电池的储氢电极，有很大的困难，也是目前开发储氢合金电极的一个重要的研究方向。

10.5　锂电池

10.5.1　锂电池的发展历史

1913 年，Gilbert N. Lewis 首次发表了研究锂金属电化学电位的论文，被认为是最早的锂电池研究工作。由于锂金属过于活泼，在空气、水中都非常不稳定，锂电池并未受到重视。1958 年，William S. Harris 发现锂金属在加入锂盐的有机溶剂（碳酸丙烯酯 PC）中可以保持稳定，其原因在于锂金属表面在与电解液接触时发生了化学反应，生成了一层钝化层，即固体电解质界面（Solid Eletrolyte Interphase，SEI 膜）。SEI 膜可以阻止锂金属与电解液继续反应，同时允许锂离子的传输，是保证锂电池稳定的前提。1970 年，日本 Sanyo 公司利用 MnO_2 作为正极材料，造出了人类第一块商品锂电池。1973 年，松下公司开始量产以氟化碳材料作为正极的锂电池。1976 年，以碘为正极的锂碘电池问世。

随着一次锂电池的成功,研究人员同时在探索可逆化的锂电池,即二次锂电池。20 世纪 60 年代,研究人员发现客体物质可逆嵌入宿主晶格而宿主保持其原有结构的实验现象。1973 年,M. Stanley Whittingham 研究证明了锂离子可以在层状结构的金属硫化物 TiS_2 可逆地嵌入,并据此构建了一个金属锂二次可充电池原型。此后,其他锂离子嵌入化合物如 $NbSe_3$,TiS_3,V_2O_5,V_6O_{13} 等正极材料被相继报道,以锂金属为负极,嵌入化合物为正极的金属锂二次电池开始商业化之路。但时至今日,金属锂的可充电电池仍然没有实现商业化生产。其中最大的问题就是充电的安全性问题。在充电过程中,锂离子在锂负极表面的不均匀沉积行为通常会导致锂枝晶的形成,从而引发短路,甚至起火、爆炸。

1980 年,Michel Armand 教授首次提出同时使用具有嵌入式储存锂机制的正极和负极构建一种新型的二次锂电池体系,锂离子在正负极之间可逆转移,被形象地命名为摇椅式电池(Rocking Chair Battery)。同年,John B. Goodenough 首次提出用钴酸锂($LiCoO_2$)这种含锂的金属层状氧化物来作为锂电池正极,同时其具有更高的电压和化学稳定性,为构建摇椅式锂离子电池提供了理想正极材料。1991 年,Akira Yoshino 与日本索尼公司合作发明了以石焦油为负极,以钴酸锂作正极的锂电池,诞生了首批商业化锂离子电池。随后,锂离子电池开创了消费电子产品用电池的新时代。1997 年,John B. Goodenough 开发了低成本的磷酸铁锂 Li_xFePO_4 正极材料,进一步加快了锂离子电池的商业化。

2019 年 10 月 9 日,瑞典皇家科学院宣布,将 2019 年诺贝尔化学奖授予美国得州大学奥斯汀分校 John B. Goodenough 教授、纽约州立大学宾汉姆顿分校 M. Stanley Whittlingham 教授和日本化学家 Akira Yoshino,以表彰其在锂离子电池的发展方面做出的贡献。

下面主要讨论二次锂电池的原理。

10.5.2 锂电池的设计

John B. Goodenough 研究了热力学稳定状态下锂电池电极和电解液的能级图,如图 10.8 所示(E_g 为电解质热力学稳定窗口。若 μ_a＞LUMO 或 μ_c＜HOMO,则需要通过形成 SEI 膜来保持稳定状态)。以水性电解质为例,最低未占据分子轨道(LUMO)对应着电解质还原态能级(H_2 析出能级),最高占据轨道(HOMO)对应着电解质氧化态能级(O_2 析出能级),二者之间的宽度对应着电解质禁带宽度 E_g(~1.3 eV),即通常所说的"电解液窗口"。正极电化学位 μ_c 和负极电化学位 μ_a 均应处在电解质稳定窗口中,超出这个范围电极将会与电解液发生反应,生成钝化

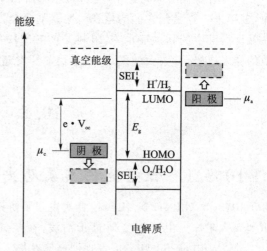

图 10.8　水系电解质电池能级示意图

膜(SEI 膜)来保持电极/电解质界面的稳定。电池的开路电压 V_{oc} 由正负极之间的电化学位差决定,即

$$e \cdot V_{oc} = \mu_c - \mu_a$$

若正、负电化学位均处在电解液窗口中,$e \cdot V_{oc}$ 将小于 E_g,SEI 膜存在则可使 $e \cdot V_{oc}$ 的

值超过 E_g。由于水系电解质的禁带宽度偏小，严重限制了电池的电动势，因此发展无水电解质以扩宽电位窗口显得十分必要。总的来说，一个安全、实用的锂电池应满足以下要点：① 具备高导 Li^+ 性($\sigma_{Li} > 10^{-3}$ S/cm)的无水电解质，在 $-40\ ℃ < T < 60\ ℃$ 的常规温度范围能提供大于 4 V 的开路电位；② 在快速充放电循环中具备高可逆容量的正负极，其电势与电解质电位窗口匹配。

10.5.3　电解质

除了足够大的电位窗口，理想的电解质还需要满足以下条件：

① 高的离子电导率，低的电子电导率；

② 高的热稳定性和化学稳定性，在较宽温度范围内不发生分解；

③ 与电池其他部分例如电极材料、电极集流体和隔膜等具有良好的相容性；

④ 安全、无毒、不易燃、无污染性；

⑤ 廉价。

表 10.9 列出了部分典型锂离子电池电解质的成分、电导率和电位窗口。有机电解质中，碳酸酯类电解液是一种理想的锂盐溶剂，其氧化电位能达到 4.7 V，而还原电位在 1 V 左右。此外低黏性的特点，使得锂离子能快速传输。酯类电解质主要成分通常由以下一种或几种碳酸酯组成：碳酸丙烯酯(PC)、碳酸亚乙酯(EC)、碳酸二乙酯(DEC)、碳酸二甲酯(DMC)或碳酸甲乙酯(EMC)。值得一提的是，酯基电解液非常易燃，其闪点低于 30 ℃。除了表中这些常见的电解质类型，还有许多复合电解质体系，例如高分子＋有机液体电解质(高分子凝胶电解质)、离子液体＋高分子电解质、离子液体＋有机液体电解质等。$LiPF_6$ 是酯基电解液中最常用的锂盐，$LiPF_6$ 会部分自动分解成 LiF 和 PF_5，PF_5 极易与水发生化学反应：$PF_5 + H_2O = PF_3O + 2HF$，这些反应会降低电池性能并引发安全隐患。$LiPF_6$ 的高温稳定性较差，因此使用这类电解质时应严格控制温度范围。此外，$LiBF_4$、$LiClO_4$、$LiAsF_6$、$LiCF_3SO_3$ 等锂盐也是锂离子电池电解液中常用的锂盐。

表 10.9　锂离子电池电解质

电解质	典型电解质	室温下离子电导率 $(10^{-3}$ S/cm)	电位窗口(V vs Li^+/Li^0)	
			还 原	氧 化
有机液体	1M $LiPF_6$ in EC:DEC(1:1)	7	1.3	4.5
	1M $LiPF_6$ in EC:DMC(1:1)	10	1.3	>5.0
离子液体	1M LiTFSI in EMI - TFSI	2.0	1.0	5.3
	1M $LiBF_4$ in EMI - BF_4	8.0	0.9	5.3
高分子	LiTFSI - P(EO/MEEGE)	0.1	<0.0	4.7
	$LiClO_4$ - PEO_8 + 10%* TiO_2	0.02	<0.0	5.0
无机固体	$Li_{4-x}Ge_{1-x}P_xS_4$ ($x=0.75$)	2.2	<0.0	>5.0
	0.05Li_4SiO_4 + 0.57Li_2S + 0.38SiS_2	1.0	<0.0	>8.0
无机液体	$LiAlCl_4$ + SO_2	70	—	4.4

* 此处为质量分数。

10.5.4　电极材料

二次锂离子电池的正负极大多同时采用嵌入化合物,锂离子在正负极之间可逆插入/脱嵌,也被形象地称为摇椅式电池。嵌入是指外来粒子(原子、离子或分子)可逆插入/脱出于宿主材料的晶格结构的过程,宿主材料则被称为嵌入化合物。按照粒子嵌入宿主的通道维度,嵌入化合物可以分为三类:

(1) 一维结构(纤维状),如 $NbSe_3$、$TiSe_3$、$(CH)_x$ 和橄榄石结构晶体材料;

(2) 二维结构(层状结构),如 $LiMO_2$($M=Co$、Ni、Mn)、$Li_xV_2O_4$,是三类中研究最广泛的;

(3) 三维结构(隧道结构),如过渡金属氧化物 MnO_2、尖晶石、WO_3 和 V_6O_{13} 等。

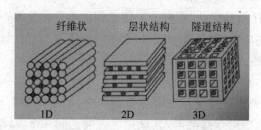

图 10.9　嵌入化合物分类(黑色球代表嵌入粒子)

典型的锂离子电池电极材料的电位与电解质(1M $LiPF_6$ in EC:DEC=1:1)电位窗口关系如图 10.10 所示。作为锂离子电池正极材料,常见的有 $LiMO_2$($M=Co$、Ni、Mn)、钒的氧化物、多阴离子正极材料(如 $LiFePO_4$、$LiCoPO_4$)、TiS_2、VS_2 等,这些正极材料主要是层状结构和尖晶石结构。其中钴酸锂是最昂贵的,其次是镍酸锂、锰酸锂和钒氧化物最低廉。就负极材料而言,目前能用于商业化生产的主要是碳材料(包括石墨类和非石墨类)和钛酸锂($Li_4Ti_5O_{12}$)。其他负极材料如金属类负极材料(锂金属、锂合金、金属氧化物等)、无机非金属类负极材料(氮化物、硅基材料)仍处于研发阶段,未大规模商业化。由于石墨类电极电位处在电解液窗口之外,故早期利用石墨类电极作为负极材料常常会遇到电极被电解液还原的困扰,

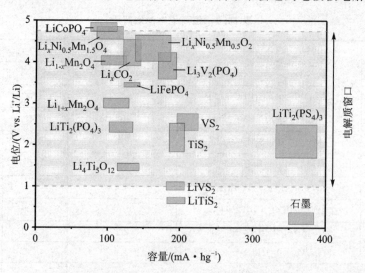

图 10.10　典型的电极材料电位与电解质(1M $LiPF_6$ in EC:DEC=1:1)电位窗口关系图

而将碳酸乙烯酯加入电解液中可以使得石墨类电极表面生成一层稳定的 SEI 膜。生成 SEI 膜过程中造成的电极容量损失是不可逆的,石墨类电极材料可逆容量为 372 mA·h/g。钛酸锂(LTO)的电极电势能与电解液窗口相匹配,不过由于其电势比石墨类负极高出 1.2 V 左右,LTO 电池比能量和电压较低。锂金属具有极低的电极电势(-3.045 V vs SHE)和极高的理论容量(3 862 mA·h/g),是一种理想的负极材料。然而,锂金属表面的 SEI 膜在循环过程中会反复破裂,引起不可逆的容量损失和枝晶生长,甚至是安全隐患,故仍处于研究阶段。

10.5.5 典型锂电池

典型的商用锂离子电池由碳质负极(石墨)、过渡金属氧化物正极($LiCoO_2$)、碳酸酯有机电解液和聚合物隔膜构成,如图 10.11 所示。放电时,锂离子从石墨负极脱出,经电解液穿过隔膜后向正极扩散,再嵌入钴酸锂的晶格中。与此同时,电子通过外电路从负极流向正极,产生电流,实现化学能到电能的转变。充电时,锂离子和电子向相反的方向移动,外加电位的电能转化成电池内部的化学能。

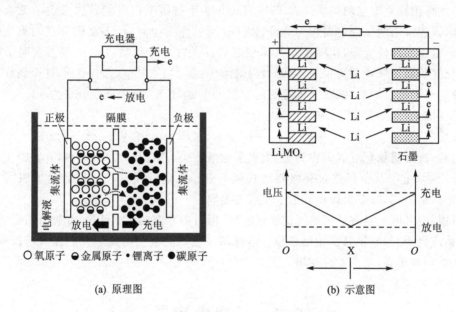

(a) 原理图   (b) 示意图

图 10.11 锂离子电池工作原理图和示意图

锂离子电池的电化学表达式为

$$(-)\ C\ |\ LiClO_4 - EC + DEC\ |\ LiMO_2\ (+)$$

正极反应: $LiMO_2 \rightleftharpoons Li_{1-x}MO_2 + xLi^+ + xe$

或 $Li_{1+y}M_2O_4 \rightleftharpoons Li_{1+y-x}M_2O_4 + xLi^+ + xe$

负极反应: $6C + xLi^+ + xe \rightleftharpoons Li_xC_6$

电池反应: $6C + LiMO_2 \rightleftharpoons Li_{1-x}MO_2 + Li_xC_6$

或 $6C + Li_{1+y}M_2O_4 \rightleftharpoons Li_{1+y-x}M_2O_4 + Li_xC_6$

式中:M=Co,Ni,Mn 等。

10.6　空气电池

空气电池通常由电极电位较负的金属如锌、镁、铝、锂等作负极,以空气中的氧或者纯氧作正极。其优点在于利用空气作为正极活性物质,而空气无成本,可无限供应,且不会增加电池的重量。天然气、氢气、甲烷等物质同样可以作为空气电池的负极活性物质,此类电池将在10.8节中介绍。下面以锂-空气电池为例对这类电池进行简要介绍。

锂空气电池(也称为锂氧电池)的反应原理为 $2Li+O_2 \rightleftharpoons Li_2O_2$,可以提供 1 168 mA · h/g 的理论质量比容量和 2 699 mA · h/cm³ 的理论体积比容量。2.96 V 的工作电位则对应着 3 458 W · h/kg 的理论质量比能量和 7 989 W · h/L 理论体积比能量。如此高的理论容量密度使得锂空气电池不仅在新能源汽车领域、储能领域极具吸引力,而且在航天、军事、移动电子等领域也存在广泛的应用价值。

第一次提出锂氧电池的概念是在 1976 年,1996 年科研工作者们首次报道了无水锂氧电池的工作,该锂氧电池以锂金属作为负极,PVDF 凝胶作为电解液,多孔碳负载的氧气作为正极。然而,由于循环性能差,这项工作并未引起广泛关注。十年后,Bruce 等人发明了以多孔碳、二氧化锰负载过氧化锂为正极,以碳酸丙烯酯(溶解 1M LiPF₆)为电解液,锂金属作为负极的可逆锂空气电池。此后,锂空气电池的研究层出不穷,其正、负极反应分别为

负极反应：　　　　　$Li \longrightarrow Li^+ + e$

正极反应：　　　　　$2Li^+ + O_2 + 2e \longrightarrow Li_2O_2$　　($E_0 = 2.96$ V vs. Li^+/Li)

放电时,锂金属氧化后成为锂离子,溶解于电解液中,并迁移到多孔正极,在正极生成不溶的 Li_2O_2 产物,电子从负极通过外电路转移到正极。充电过程中,Li_2O_2 分解成氧气和锂离子,锂离子向负极移动,在负极得到电子生成锂金属。

尽管锂-空气电池具有最高的理论能量密度,但目前存在的诸多问题(如循环寿命、倍率性能、环境适应性等)限制了其实用化进程。但可以预见,锂-空气电池研究的深入与发展,将会推动其性能不断提高,走向实际应用。

10.7　超级电容器

对于储能材料而言,衡量储存效率的两个关键参数是该储能体系的能量密度和功率密度,其中电池(二次电池、燃料电池等)和超级电容器分别是高能量密度储能器件和高功率密度储能器件的代表。本节对超级电容器进行简要介绍。

10.7.1　超级电容器概述

超级电容器也称为电化学电容器,是一类基于快速电子动力学(表面物理静电吸脱附)或赝电容电化学(表面或近表面快速可逆的法拉第反应或嵌入/脱嵌反应)过程的储能器件。其电荷存储是在电子导体(活性电极材料,如多孔碳、金属氧化物或者导电聚合物)和离子导体(电解质溶液)的界面实现的。该器件通常是由正极、负极、液态电解质和隔膜(导离子、隔电

子)组成的,图 10.12 为典型非对称超级电容器的结构示意图。超级电容器可以安全地提供超高的功率(5~30 kW/kg,是锂离子电池的 10~100 倍)、极短的充电时间(几分钟甚至几十秒)、超长的循环寿命($10^4 \sim 10^6$ 次)。尽管超级电容器的电荷储存机制及运行原理和传统电容器很相似,但是超级电容器的比电容和能量密度是常规电容器的 10^5 倍甚至更高,这是由于超级电容器活性材料的比表面积比电容材料高1 000 倍,具有纳米尺寸的介电距离、以及快速的法拉第反应。这样单个超级电容器器件甚至可以储存数千法拉电荷,远远高于常规电容的微/毫法级容量。

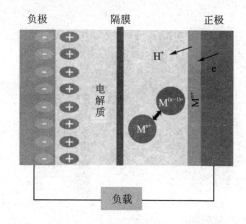

图 10.12 典型非对称超级电容器的结构示意图

超级电容器的发明(第一个电容名为 Leyden 瓶)可以追溯到 18 世纪中叶,比 1880 年电池的发明早了 100 多年。1853 年,亥姆荷茨首先通过胶体悬浮液研究了电容器中的电荷存储机制,并建立了第一个电双层模型。第一个双电层超级电容器的专利来自 1954 年通用电气公司的 H. I. Becker,这也是第一次将多孔碳作为双电层电容器(EDLCs)电极,采用水性电解液。第一个非水性电解液的电化学电容器是由俄亥俄州标准石油公司(SOHIO)的 Robert Rightmire 发明的。1978 年,日本电气公司在获得 SOHIO 技术许可后,首先将电化学电容器商业化,并命名为"超级电容器"(Super - Capacitor)。1971 年基于 RuO_2 的电化学电容器被发明,即赝电容超级电容器,但由于贵金属钌的价格高昂,故 RuO_2 基超级电容器仅用于军事应用,如激光武器和导弹发射系统。20 世纪 90 年代以来,超级电容器的研究和应用开始快速发展,其主要应用有重型汽车、卡车/客车的混合监测平台、间歇性可再生能源的负载平衡系统、电动汽车和轻轨的制动系统等。

10.7.2 超级电容器储能机理

按照器件结构,超级电容器整体可以分为三类:双电层电容器、赝电容超级电容器和非对称超级电容器。非对称超级电容器又可以分为电容型非对称超级电容器和混合电容器。超级电容器的能量存储机制整体上可以分为双电层电容与赝电容两类。

1. 超级电容器的双电层储能机制

如第 3 章所述,当电子导体(电极材料)浸入离子导体(电解质溶液)中时,在电极/电解液界面会自发形成双电层(见图 10.13(a))。双电层电容器是最简单、应用最广的一类超级电容器,它是依赖于电解液内的带电离子在电极表面的净电荷吸附产生的双电层实现电荷存储的。这是一个纯电荷吸附脱附的过程,没有任何的氧化还原过程参与,没有电荷穿过双电层。双电层电容器比电容的大小很大程度上取决于电极表面积和表面特性,其电极材料一般为碳基材料,有商业活性炭、碳凝胶、模板基碳、碳纳米管和石墨烯等,这些材料的优点是比表面积高、稳定性高和有利于离子吸附的多孔结构。

2. 超级电容器的赝电容储能机制

和双电层电容相比,赝电容电极存储电荷是通过在活性材料表面或近表面发生快速可逆

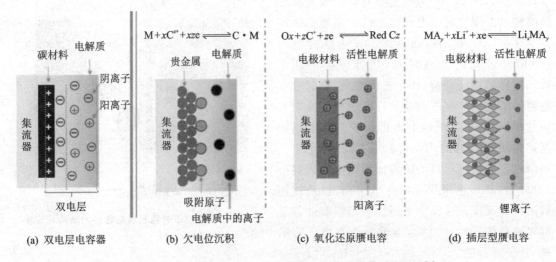

图 10.13　双电层电容及三种不同赝电容机制的结构示意图[2]

的氧化还原反应实现的该机制与电子传输导致的价态变化有关。所谓赝电容，就是表现出电容性能，实际却是法拉第反应，是"假"的电容，该反应是快速可逆的表面氧化还原热动力学过程，呈现出电荷和电压的线性关系，即类电容特性。赝电容则根据反应过程的不同分成以下三类（见图 10.13(b)～(d)）：

（1）欠电位沉积：常见的欠电位沉积是氢原子在贵金属(Pt，Rh，Ru，Ir 等)表面的沉积，欠电位沉积赝电容是在相对正的电位下（相对于离子的氧化还原电位），离子沉积在二维金属/电解质界面。

（2）氧化还原赝电容：是最常见的一种赝电容形式，在电极材料表面或近表面发生快速可逆的电化学反应，常见的赝电容材料有过渡金属氧化物和导电聚合物。该氧化还原赝电容的最高比电容可以达到约 5 000 F/cm^3，比电容的大小取决于活性位点密度，远大于双电层电容。

（3）插层型赝电容：这一反应过程是离子快速地从层状晶体材料中嵌入或脱嵌。其又可以分为本征赝电容和非本征赝电容。本征赝电容材料的赝电容电荷存储特性与它们的晶粒尺寸或形貌无关。另外，也有一些仅在体块状态下显示扩散控制电容的电池型材料（如 $LiCoO_2$ 和 V_2O_5）可以在其颗粒尺寸减小到纳米尺寸时表现出赝电容活性，被认为是非本征赝电容材料。因此，即使同一种材料也可通过调节晶粒尺寸赋予其赝电容或电池型不同的储能特性。多孔碳材料纳米化也会显示出非本征插层赝电容活性。

10.8　燃料电池

近年来，以氢作为主要燃料发电的燃料电池被认为是最有希望的新型化学电源之一。它具有高效、洁净等特点，受到了各国政府的高度重视。

10.8.1　燃料电池概述

1. 燃料电池的概念

燃料电池是一种将化学物质中储存的化学能转变成电能的装置,它与传统的电池一样都属于电化学电源,但是在燃料电池中,电极本身不是储能物质,因此电极只是将化学能转换为电能的催化剂。与所有化学电源一样,燃料电池也具有两个电极,其中一个电极负责使外界不断补充的储能物质发生氧化反应,同时另一个电极使氧化剂发生还原反应。电极反应所释放出的化学能转换为电能,形成在两个电极间流动的电流对外做功。因此,燃料电池实际上是典型的能量转换装置,而非能量储存装置、储能物质和氧化剂均需要从外界供给。从原理上讲,只要外界能够源源不断地提供储能物质和氧化剂,燃料电池就可以持续地提供电能。

从燃料电池的概念可知,燃料电池与其他电化学电源有显著的不同,如原电池(一次电池)和蓄电池(二次电池)是将储能物质封闭在电池中或将其制备成电极从而达到储存化学能的目的。原电池经过连续或间歇放电之后,储能物质逐渐消耗,所储存的能量逐渐减少并最终完全释放,这时原电池发生了不可逆的化学反应,即使对其进行充电,也不能将原电池中的储能物质和氧化剂还原到放电前的状态。因此,这类电池中的储能物质和氧化剂只能利用一次,因此这类电池又称为一次电池。蓄电池放电后可以通过充电使体系中的储能物质和氧化剂恢复到放电前的状态,充电过程实际上是把电能转换为化学能重新储存到电池中的过程。因此,蓄电池可以充放电多次,达到循环使用的目的。可以说,原电池和蓄电池都是能量储存和转换装置,而燃料电池是典型的能量转换装置。

2. 燃料电池的特点

燃料电池作为一种将化学能转换为电能的特殊装置,具有其他能量发生装置不可比拟的优越性,其主要优点如下:

(1) 能量转换效率高

燃料电池直接将化学能转换为电能,其整体理论转换效率可以超过80%,又由于电极上各种极化过程的限制,目前燃料电池的实际能量转换效率可以达到60%~70%。除了核能发电外,这一数字比其他发电装置的高出很多。例如,热机发电是先将储能物质的能量通过燃烧转变成热,再通过加热获得高温高压的水蒸气来推动发电机,使热能转换为机械能,最后再通过线圈与磁场的相对运动使机械能转换为电能。该过程涉及多步能量转换,特别是热能转换为机械能时由于受到"卡诺循环"的限制,其能量转换效率仅为35%~40%。此外,汽油柴油发电机的效率为40%~50%,各种太阳能转换装置的效率低于30%。因此,燃料电池的能量转换效率远远高于目前正在使用或研究的其他非核能发电装置。

(2) 低污染

当采用氢气作为储能物质时,由于发电后的最终产物只有水,因此氢氧燃料电池可以做到真正的"零污染"。此外,当燃料电池采用富氢气体作为燃料时,富氢气体通常是通过化石燃料来制备的,且其制备过程中 CO_2 的排放量比热机燃烧过程减少40%以上。即使采用其他燃料等作为储能物质,由于燃料电池发电时没有燃烧过程,因此不存在燃烧过程常见的 SO_2、NO_x、粉尘等污染物。

(3) 低噪声

现有的其他发电技术如核电、火电、水电等均涉及涡轮机的旋转及传动,上述复杂高速的机械运动会产生巨大的噪声污染。而燃料电池发电时,没有高噪声的机械运动和传动,因此燃料电池可以很安静地工作,可用于对噪声有严格要求的工作环境,如潜艇中。

(4) 发电能量可调节

燃料电池发电系统通常由单电池构成。单电池是燃料电池体系的最小发电单元。单电池的数量决定了燃料电池体系的发电能力。单电池可以规范化生产,使得燃料电池体系的安装非常方便,并且可以根据需要调节装机容量。

(5) 储能物质选择范围宽

燃料电池使用的储能物质范围很广,如天然气、甲醇、乙醇、甲烷。石油和煤炭的气化产物(如汽油、煤气等)均可作为燃料电池的燃料。

(6) 工作可靠性高

燃料电池对负载功率的限制低,当负载功率发生变化时,燃料电池均可安全工作。因此,当负载功率高于或者低于额定功率时,它都能够正常运行,并且其效率变化不大。利用这一特点,燃料电池可以用作电力系统中功率经常发生变化的部分。例如,在用电高峰,燃料电池可以作为调节电源使用。

尽管燃料电池具有上述优点,要实现大规模应用,仍有一些技术难点需要解决,包括:目前燃料电池的运行成本过高,难以推广普及;工作温度高时,电池的寿命较短,稳定性差;缺少完善的燃料供应体系。正是由于燃料电池具有众多优点和良好的应用前景,因此上述技术问题已成为世界范围内物理化学家的研究热点。

3. 燃料电池的发展史

燃料电池的原理早在 1838 年就被瑞士科学家 C. F. Schönbein 发现。1839 年,英国人 W. R. Grove 通过将水电解成氢气和氧气的逆过程制造出了第一个燃料电池。Grove 将氢气和氧气分别充满两个密封瓶,然后分别在两个密封瓶中各放入一个铂片作为电极,当两个密封瓶用稀硫酸溶液连通时,两个电极之间开始有电流流动。Grove 将多个这样的装置串联起来,点亮了照明灯泡,并将其称为“气体电池”。这一装置被公认为世界上第一个燃料电池。

燃料电池的概念是两位英国化学家 L. Mond 和 C. Langer 于 1889 年提出的。他们以氢气为燃料,以氧气为氧化剂,采用铂黑为电极,以浸渍电解质溶液的多孔绝缘材料为电池隔膜,组装出氢氧燃料电池,获得了 0.73 V 的工作电压和 3.5 mA/cm^2 的工作电流密度。

德国化学家 W. Ostwald 在 1894 年从理论上论证了燃料电池的直接发电效率可以达到 50%～80%,比受到卡诺循环限制的热机效率(<50%)高出很多。从 1932 年开始,英国剑桥大学的物理化学家 F. T. Bacon 开始研究改进 L. Mond 和 C. Langer 所发明的燃料电池装置。经过二十多年的努力,终于在 1959 年制造出可以实际工作的碱性燃料电池,新装置以廉价的多孔镍替代贵金属铂作为电极,采用了对镍腐蚀性较小的碱性电解质溶液,并获得了 5 kW 输出功率和 1 000 h 的运行寿命。由于氢氧燃料电池的诸多优点,特别是电池反应的产物水还可以作为航天员的饮用水,因此 20 世纪 60 年代美国航天局(NASA)开始资助燃料电池的研究。美国 GE 公司与 NASA 合作,于 1962 年首次将燃料电池应用于太空任务。此后,Pratt & Whitney 公司研制的碱性燃料电池成为阿波罗登月飞船的主电源系统。

20 世纪 70 年代,能源危机的爆发使得各国意识到能源多样化的重要性,燃料电池的研究开始向民用转移。1972 年,杜邦公司研制出燃料电池专用的高分子电解质隔膜 Nafion 膜,极大地促进了燃料电池的发展。1977 年,美国首先建成了兆瓦级的磷酸燃料电池试验发电站。

1993 年,加拿大的 Ballard Power System 公司推出第一辆以质子交换膜燃料电池为动力的电动汽车,标志着燃料电池开始进入汽车领域。此外,燃料电池的能量密度可高达锂离子电池的 10 倍,燃料电池作为便携式电源的研究也正在进行中,预计便携式电子产品对电源的需求将成为燃料电池研究和发展的巨大驱动力之一。

10.8.2　燃料电池的基本原理

　　燃料电池主要由电化学反应系统和辅助系统构成。电化学反应系统是燃料电池的核心部分,是由化学能转换为电能,直接决定着能量转换的效率。燃料电池的种类不同,电化学反应系的基本结构也有差别。图 10.14 给出的是以氢气为燃料、以氧气为氧化剂时,燃料电池的电化学反应体系的基本结构。该结构包括两个电极、电解质,将阳极和阴极分开并允许某些离子通过的隔膜,以及导入燃料和氧化剂的进气系统。

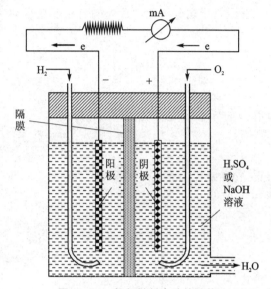

图 10.14　氢氧燃料电池的结构

　　上述电化学反应系统虽然是燃料电池的核心,但是它在燃料电池总体积中所占的比例很小,辅助系统则占据了燃料电池的绝大部分体积。辅助系统主要有燃料储存和供给系统、压力调节系统、热交换系统等。这些辅助系统是燃料电池正常工作必不可少的保证。例如:燃料储存和供给系统负载将燃料安全地储存和平稳地补充进电化学反应系统,通常这一过程还包括对燃料的净化(如脱硫);压力调节系统负责控制各部分的压力,保障物质正常传输和反应正常进行;热交换系统负责燃料和氧化剂进入电化学反应体系前的预热等;空气鼓送系统则向反应体系送入含有氧气的空气作为氧化剂。

　　燃料电池从原理上讲,是一种电化学装置,其组成与一般原电池相同。其核心部分是由单体电池构成的电池堆。如图 10.14 所示,单体电池也由两个电极、电解质和电极隔膜组成。不同的是一般电池的活性物质储存在电池内部,电池容量有限。而燃料电池的正、负极只起催化剂和传输电子的作用。电池工作时,燃料和氧化剂由外部供给,并分别在阴、阳极发生还原反应和氧化反应。原则上只要反应物不断输入、反应产物不断排出,燃料电池就能连续地发电。下面以氢-氧碱性燃料电池为例来说明燃料电池的基本工作原理。

　　氢气和氧气进入电化学反应体系后,分别在阳极催化剂和阴极催化剂的作用下发生如下电化学半反应:

负极(阳极):　　　　　$2H_2 + 4OH^- \longrightarrow 4H_2O + 4e$

正极(阴极):　　　　　$O_2 + 2H_2O + 4e \longrightarrow 4OH^-$

　　在电极反应不断进行的过程中,电子不断从负极流出,通过外电路的负载后进入正极、参与完成氧气的还原。整个电化学反应为

$$2H_2 + O_2 \longrightarrow 2H_2O \tag{10.66}$$

这个反应是电解水的逆过程,该反应的自由能变用来对外做电功,将储存在氢气和氧气中的化学能转换为电能。设氢气和氧气均为理想气体,其压力分别为 p_{H_2} 和 p_{O_2},水的活度为 a_{H_2O},则电池的电动势 E 可以表示为

$$E = E^{\theta} - \frac{RT}{nF} \ln \frac{a_{H_2O}^2}{p_{H_2}^2 \cdot p_{O_2}} \qquad (10.67)$$

根据上式可知,氢氧燃料电池的电动势决定于电化学反应池中氢气和氧气的压力。

假设燃料电池中化学反应的自由能变全部用来对外做电功,即

$$\Delta G = -nFE \qquad (10.68)$$

于是有

$$\left(\frac{\partial \Delta G}{\partial T} \right)_p = -nF \left(\frac{\partial E}{\partial T} \right)_p \qquad (10.69)$$

根据吉布斯-亥姆霍兹公式,有

$$T \left(\frac{\partial \Delta G}{\partial T} \right)_p = \Delta G - \Delta H \qquad (10.70)$$

将式(10.69)代入式(10.70),得

$$\Delta H = \Delta G + nFT \left(\frac{\partial E}{\partial T} \right)_p \qquad (10.71)$$

因为一个化学反应的吉布斯自由能变与焓变和熵变存在如下关系:

$$\Delta H = \Delta G + T \Delta S \qquad (10.72)$$

比较式(10.71)和式(10.72),得

$$\left(\frac{\partial E}{\partial T} \right)_p = \frac{\Delta S}{nF} \qquad (10.73)$$

由式(10.73)可知,燃料电池的温度系数和反应的熵变有关,当电池反应的 $\Delta S > 0$ 时,电池电动势的温度系数为正;当 $\Delta S < 0$ 时,电动势的温度系数为负;当 $\Delta S = 0$ 时,电动势与温度无关。对于氢氧燃料电池,由于电极反应的 $\Delta S < 0$,因此电池电动势的温度系数为负值,电动势将随着燃料电池工作温度的升高而降低。

10.8.3 燃料电池的分类与工作原理

目前最常用的分类方法有两种:根据电解质的种类划分或工作温度划分。

根据燃料电池中电解质的种类不同,可以将其划分为五大类:① 碱性燃料电池;② 质子交换膜燃料电池;③ 磷酸燃料电池;④ 熔融碳酸盐燃料电池;⑤ 固体氧化物燃料电池。

根据燃料电池的工作温度,可以分为低温燃料电池、中温燃料电池和高温燃料电池。低温燃料电池包括碱性燃料电池和质子交换膜燃料电池,其工作温度通常低于 100 ℃;中温燃料电池指磷酸燃料电池,其工作温度为 160~220 ℃;高温燃料电池包括熔融碳酸盐燃料电池和固体氧化物燃料电池,其工作温度为 600~1 000 ℃。

下面简述五类燃料电池的工作原理:

(1) 碱性燃料电池(Alkaline Fuel Cell, AFC)

碱性燃料电池以质量分数为 30%~45% 的 KOH 或 NaOH 水溶液作为电解质的燃料电池。其单电池工作原理及流程如图 10.15 所示。通常碱性燃料电池的阴、阳两极用浸渍了

KOH 水溶液的石棉膜隔开,石棉膜中的电流传导由 OH^- 离子和 K^+ 离子在膜中的运动完成。氢气不断鼓入阳极,在阳极催化剂的作用下发生如下反应:

$$阳极反应: \qquad H_2+2OH^- \longrightarrow 2H_2O+2e \qquad \varphi_阳=-0.828 \text{ V}$$

同时氧气和水蒸气的混合气体不断鼓入阴极,并发生还原反应

$$阴极反应: \qquad O_2+2H_2O+4e \longrightarrow 4OH^- \qquad \varphi_阴=0.401 \text{ V}$$

$$总的电池反应: \qquad 2H_2+O_2 \longrightarrow 2H_2O \qquad E=1.229 \text{ V}$$

阳极反应过程中,氢气失去的电子通过外电路对外做功后到达阴极,参与氧气的还原反应。阳极区由于不断消耗 OH^- 而阴极区不断产生 OH^-,在阴、阳极之间产生了 OH^- 的浓度梯度,因此在浸渍了 KOH 溶液的石棉膜中,OH^- 不断从阴极区向阳极区扩散。

从阴、阳极的电化学反应可知,燃料电池在工作过程中阳极区不断生成水,而阴极区不断消耗水,因此水管理是保障碱性燃料电池正常工作的重要环节。为补充阴极消耗的水,通常在鼓入氧气的同时也鼓入水蒸气,而在阳极生成的水必须由排水系统导出,这样才能保证电解质溶液浓度的稳定。碱性燃料电池工作过程中也会产生大量的热量,因此要保证其在低于 80 ℃ 的条件下工作,还需要冷却装置对电化学池进行冷却。

另外,单个碱性燃料电池的理论电动势值为 1.229 V,实际输出电压仅为 0.6～1.0 V。为了获得更高的输出电压,通常将多个单电池串联起来形成电堆使用。

(2) 质子交换膜燃料电池(Proton Exchange Membrane Fuel Cell, PEMFC)

质子交换膜燃料电池以固体电解质膜作为在电池两极间传导电流的电解质。与电解质溶液相似,固体电解质膜不是电子导电,而是离子导体。质子交换膜燃料电池所用的电解质膜是氢离子的优良导体,并且膜中只有氢离子能够自由移动传导电流。通常质子交换膜燃料电池以氢气或富含氢气的净化重整气为燃料,以空气或纯氧气为氧化剂。如图 10.16 所示,质子交换膜将电池的阴极和阳极隔开;在阳极上,氢气在铂催化剂的作用下失去电子生成氢离子,释放出的电子经外电路流向阴极并对外做功;在阴极上,氧气接受电子并与从阳极扩散过来的 H^+ 离子反应生成水。

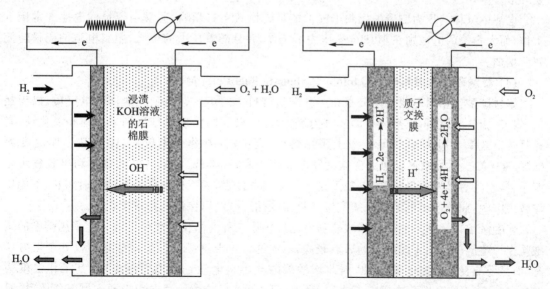

图 10.15　碱性燃料电池的工作原理示意图　　图 10.16　质子交换膜燃料电池的工作原理示意图

阳极反应：	$2H_2 \longrightarrow 4H^+ + 4e$	$\varphi_{阳} = 0\ V$
阴极反应：	$O_2 + 4H^+ + 4e \longrightarrow 2H_2O$	$\varphi_{阴} = 1.229\ V$
总的电池反应：	$2H_2 + O_2 \longrightarrow 2H_2O$	$E = 1.229\ V$

质子交换膜燃料电池的燃料可以采用 H_2、甲醇重整气等，氧化剂可以是空气或纯氧气。通常情况下氧化剂采用空气，但当质子交换膜燃料电池用于太空或水下设备供电时，采用纯氧气。

质子交换膜燃料电池的工作温度对其性能影响显著。温度升高，质子交换膜中的氢离子运动速度增加，导电性升高，同时电极催化剂的活性也随温度的升高而增加，有利于提高燃料电池的性能。在温度不超过 100 ℃的情况下，温度每升高 1 ℃，电池的工作电压提高 1.0～2.5 mV。然而，温度升高使质子交换膜中的水分更容易蒸发流失，由于质子交换膜的电导随膜中水含量的减小而线性下降，因此，膜中水分的流失会严重影响质子交换膜燃料电池的性能。综合以上两种情况，质子交换膜燃料电池的工作温度通常在 80 ℃左右。电池的工作压力也对其性能有很大影响。升高压力，有助于电池性能的提高。

（3）磷酸燃料电池（Phosphorous Acid Fuel Cell，PAFC）

磷酸燃料电池以质量分数为 100%的磷酸溶液作为电解质，其单电池工作原理及流程如图 10.17 所示。磷酸燃料电池的阴、阳两极通常用浸渍了 100%磷酸溶液的电极隔膜隔开。在氢气不断鼓入阳极，同时阴极不断有氧气气体鼓入，阴阳极发生的电化学反应与前述质子交换膜燃料电池相同。阳极过程中氢气失去的电子通过外电路对外做功后到达阴极，参与氧气的还原反应。阳极区由于不断生成 H^+ 而阴极区不断消耗 H^+，在阴、阳极之间产生了 H^+ 的浓度梯度，因此在浸渍了磷酸溶液的电极隔膜中，H^+ 不断从阳极区向阴极区扩散。

从阴、阳极的电化学反应可知，燃料电池工作过程中阴极区不断生成水，与碱性燃料电池类似，生成的水必须从电池体系中排出，同时蒸发的水分也必须得到及时补充。磷酸燃料电池的工作温度通常为 200 ℃，因此在这一温度下的水管理也是保障磷酸燃料电池正常工作的重要环节。

电池中气体的压力对磷酸燃料电池的能量转换效率有影响，通常小容量的电池在常压下工作，而大容量的电池则在 10^6 Pa 的压力下工作，并且随着压力的增大，燃料电池的能量转换效率增加。

（4）熔融碳酸盐燃料电池（Molten Carbonate Fuel Cell，MCFC）

熔融碳酸盐燃料电池采用分布在多孔陶瓷材料中的熔融碱性碳酸盐作为电解质，以天然气、煤气、沼气为燃料，以空气中的氧气为氧化剂，阳极和阴极催化剂分别采用镍和氧化镍，其能量转换效率一般大于 50%。由于采用熔融碱性碳酸盐作为电解质，因此其工作温度为 600～800 ℃。这类燃料电池的优点是发电效率较高、成本低、电池材料的制备和组装技术难度小、易于大容量发电等，其主要缺点是电解质腐蚀性强，高工作温度使其激活时间长，不能用作备用电源，此外这类电池还必须配置二氧化碳循环系统以保证其稳定工作。

熔融碳酸盐燃料电池是继磷酸燃料电池后的第二种商品化的燃料电池。它采用熔融的碳酸盐作为电解质。由于碳酸盐的熔点较高，电池的工作温度必须保证碳酸盐不仅处于熔融状态，而且要有良好的离子导电性，因此熔融碳酸盐燃料电池是高温燃料电池，其工作温度为 600～650 ℃。熔融碳酸盐燃料电池的工作原理如图 10.18 所示。向阳极通入燃料气体，同时向阴极通入空气和 CO_2 的混合气体。在阳极，燃料气体在高温下发生重整，生成富含氢气的燃气,氢气在阳极催化剂的作用下失去电子发生氧化,并与电解质中的 CO_3^{2-} 结合生成 H_2O 和 CO_2。氢气释放出的电子在对外电路做功后到达阴极,并在那里与 O_2 和 CO_2 作用,使氧气还原并生成 CO_3^{2-}。

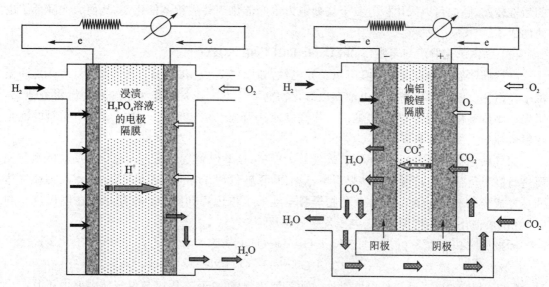

图 10.17　磷酸燃料电池的工作原理示意图　　　图 10.18　熔融碳酸盐燃料电池的工作原理示意图

阳极反应:　　　　　　　　$2H_2 + 2CO_3^{2-} \longrightarrow 2H_2O + 2CO_2 + 4e$

阴极反应:　　　　　　　　$O_2 + 2CO_2 + 4e \longrightarrow 2CO_3^{2-}$

总的电池反应:　　　　　　$2H_2 + O_2 \longrightarrow 2H_2O$

由上述电极反应可知,阳极反应不断消耗 CO_3^{2-},而阴极反应不断产生 CO_3^{2-},阴极区的 CO_3^{2-} 不断向阳极区运动,因此这类燃料电池中的导电离子是熔融状态的碳酸盐电离出的 CO_3^{2-}。虽然 CO_3^{2-} 和 CO_2 均参与了电极反应,但总反应依然为氢气和氧气反应生成水。从阴阳极反应还可以发现,阴极消耗 CO_2 而阳极生成 CO_2。要使燃料电池正常工作,必须将阳极产生的 CO_2 输送到阴极,即只有在阴阳极间形成 CO_2 循环,才能保证燃料电池的连续工作。

对于中低温的燃料电池,当使用富氢气体作为燃料时,必须预先对燃料如天然气、煤气等进行催化重整,使其改质为以氢气为主的燃料气体。这需要在燃料电池外建设一套催化重整装置。由于熔融碳酸盐燃料电池在高温下工作,因此利用电池反应释放出的热量即可在高温下将以甲烷为主要成分的天然气等燃料在电池体系内发生如下化学反应,生成氢气:

$$CH_4 + H_2O \longrightarrow 3H_2 + CO$$

以上反应中产生的 CO 可以继续和水蒸气反应,生成氢气和二氧化碳:

$$CO + H_2O \longrightarrow H_2 + CO_2$$

经过上述化学反应,天然气转化成富含氢气的燃气。燃料气体的重整过程在电池体系内完成,这不仅大大降低了运行成本,而且还将电极反应释放出的大量热有效地利用起来。另外,由于工作温度高,故电极反应的余热还可以有效地用于对气体进行加压,提高电池性能。

由于重整过程中 CO 是中间产物,因此最终的燃料气体中必定含有一定浓度的 CO。这些

CO 对铂基电极催化剂具有很强的毒性,能够极大地影响中低温下工作的燃料电池的性能。而高温下工作的熔融碳酸盐燃料电池,电极催化剂不存在 CO 的中毒问题,因此很多含甲烷及其他烃类的气体均可以直接作为熔融碳酸盐燃料电池的燃料使用。另外,高温下电极催化剂的活性较高,因此可以采用以过渡金属如镍为主的催化剂替代铂基催化剂,从而大大降低了电池的成本。

(5) 固体氧化物燃料电池(Solid Oxide Fuel Cell,SOFC)

一些固体氧化物在高温下具有离子导电性,如固体 ZrO_2 在高温下能够传递 O^{2-},是高温离子导电体。固体氧化物燃料电池即以氧化物离子导电陶瓷材料作为电解质的燃料电池,为了保证固体氧化物的导电性,电池的工作温度通常为 $800\sim1\,000\,℃$。固体氧化物燃料电池是燃料电池中工作温度最高的。

固体氧化物燃料电池以天然气、煤气等为燃料,这些燃料气体在进入电化学反应体系前先要进行高温重整。与熔融碳酸盐燃料电池相似,重整过程在电池体系内完成,重整后燃料气体的主要成分为 H_2 和 CO。固体氧化物燃料电池的工作原理如图 10.19 所示。在阳极,H_2 和 CO 在电极催化剂的作用下失去电子发生氧化反应:

阳极反应:
$$H_2+O^{2-}\longrightarrow H_2O+2e$$
$$CO+O^{2-}\longrightarrow CO_2+2e$$

H_2 和 CO 失去的电子通过外电路对外做功后到达阴极,并且在阴极与氧气结合使之还原:

阴极反应:
$$O_2+4e\longrightarrow 2O^{2-}$$

总的电池反应:
$$2mH_2+2nCO+(m+n)O_2\longrightarrow 2mH_2O+2nCO_2$$

由于固体氧化物燃料电池在高温下工作,故 H_2 和 CO 进入电极反应区后能够在催化剂的作用下迅速氧化并达到热力学平衡。在高温下,一些非贵金属催化剂也具有优异的催化效果,因此固体氧化物燃料电池不使用铂等贵金属催化剂,大大降低了电池的成本。固体氧化物燃料电池是全固体结构的,电极反应过程中不存在液相,因此电极的制备相对简单,不存在其他燃料电池中的三相界面问题。由于不存在液态电解质,故固体氧化物燃料电池在运行过程中不存在电解质或溶剂的流失问题,也不存在液态电解质对电极材料的腐蚀问题。另外,氧化物电解质的物理、化学性质稳

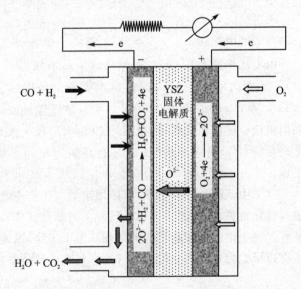

图 10.19 固体氧化物燃料电池的工作原理示意图

定,参与电化学反应的气体和反应产物均对其没有影响,因此电池的工作条件更加宽松,电池结构更简单。

由于电池总反应的 $\Delta S<0$,根据式(10.73),电池的温度系数为负值,因此工作温度越高,固体氧化物燃料电池的电动势越低。一般情况下,固体氧化物燃料电池的开路电压比熔融碳酸盐燃料电池低约 $100\,mV$,其发电效率比熔融碳酸盐燃料电池低约 6%。为了克服这一缺

点,科学家们正在致力于研究工作温度为 650~800 ℃的中温固体氧化物燃料电池。

10.8.4　燃料电池的效率及其影响因素

1. 燃料电池的效率

对于所有的能量转换装置,其理论效率通常定义为输入的总能量中可以利用能量的百分比,即可以用下式表示:

$$\xi_t = \frac{\text{可利用能量}}{\text{输入总能量}} \tag{10.74}$$

例如,对于卡诺热机,根据热力学第二定律,其效率可以表示为

$$\xi_{\text{卡诺}} = 1 - \frac{T_L}{T_H} \tag{10.75}$$

式中,T_L 和 T_H 分别为高温源和低温热源的温度。由式(10.75)可知,只要低温热源的温度不为零,卡诺热机的效率就不可能达到 100%,而且两热源温度差越小,效率越低。考虑到卡诺热机是理想热机,其能量转换效率在所有热机中最高,因此通常的热机能量转换效率很低。

如果将燃料电池考虑为一个可逆的原电池,则其输入的总能量为电池反应的焓变,而其能够对外做功的理论能量值是该电池反应的吉布斯自由能变。因此,燃料电池的理论效率 ξ_t 可以表示为

$$\xi_t = \frac{\Delta G}{\Delta H} \tag{10.76}$$

根据上式,在一个大气压和 25 ℃条件下,氢氧燃料电池的理论效率为 83%。

电化学热力学原理告诉我们,只有在可逆状态下,电极反应的吉布斯自由能变才能全部对外做功,即满足式(10.76)。因此燃料电池的理论效率只有在可逆工作状态下才能够达到。由于燃料电池在实际工作状态下是远离平衡状态的,其中的过程大多为不可逆过程,因此燃料电池的实际工作效率要低于理论效率。为了方便表达,人们通常将燃料电池的实际效率定义为实际输出能量与理论输出能量(电池反应自由能的相反数)之比:

$$\xi_e = \frac{ItU}{-\Delta G} = \frac{ItU}{nFE} = \frac{U}{E} \tag{10.77}$$

式中:I 为电流;t 为时间;U 为燃料电池的工作电压。一定时间转移的电荷总量 $It = nF$,因此燃料电池的实际效率可以表示为工作电压与电动势之比。

2. 影响燃料电池实际效率的因素

燃料电池实际效率比理论效率低的原因是其工作过程有电流流过电池体系,因此不仅电极上会发生净电极反应,电池体系中所有过程均出现净结果,这使得燃料电池体系在非平衡状态下工作。在这种不可逆状态下,每一个物理化学过程均存在阻力,造成电极电势偏离平衡电势。电化学中将电极电势偏离平衡电势的现象成为极化,因此极化是燃料电池实际效率低于理论效率的原因。前面章节已经介绍了根据极化产生的原因可以将其分为电化学极化 η_e、欧姆极化 η_o、浓差极化 η_c,因此燃料电池实际效率主要决定于上述极化过程及程度,即

$$U = E - \eta_e - \eta_c - \eta_o \tag{10.78}$$

其中

$$\eta_e = \eta_{e,+} + \eta_{e,-} \tag{10.79}$$

$$\eta_c = \eta_{c,+} + \eta_{c,-} \qquad (10.80)$$

其中：η_e, η_o 和 η_c 是电化学极化、欧姆极化和浓差极化的过电位，$\eta_{e,+}$ 和 $\eta_{e,-}$ 分别是正极和负极的电化学极化过电位，而 $\eta_{c,+}$ 和 $\eta_{c,-}$ 分别是正极和负极的浓差极化过电位。图 10.20 给出了各种极化过程对工作电压的影响。

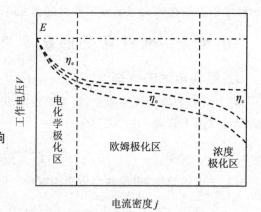

图 10.20　燃料电池的极化曲线

（1）电化学极化对燃料电池实际效率的影响

电化学极化是由于电极表面电子在电极和氧化还原对之间的转移速度过慢，导致电极电势偏离平衡电势。对于氢氧燃料电池来讲，通常情况下阴极（正极）的电化学极化过电位远高于阳极（负极），下面就阴极过电位进行分析。

根据电极过程动力学原理，电流密度为 j 与阴极电极反应的过电位 η_e 应满足巴特勒-伏尔摩方程：

$$j = j_+^0 \left[\exp\left(\frac{\alpha_+ nF}{RT}\eta_{e,+}\right) - \exp\left(-\frac{\beta_+ nF}{RT}\eta_{e,+}\right) \right] \qquad (10.81)$$

其中：j_+^0 是正极上电化学反应的交换电流密度；α_+ 和 β_+ 是正极上阴极过程和阳极过程的传递系数。当电化学极化过电位 $\eta_{e,+}$ 较大时，可以忽略逆反应得到

$$j = j_+^0 \exp\left(\frac{\alpha_+ nF}{RT}\eta_{e,+}\right) \qquad (10.82)$$

即

$$\eta_{e,+} = \frac{RT}{\alpha_+ nF} \ln \frac{j}{j_+^0} \qquad (10.83)$$

与此类似，可以得到阳极（负极）上的过电位

$$\eta_{e,-} = \frac{RT}{\beta_- nF} \ln \frac{j}{j_-^0} \qquad (10.84)$$

因此，当只有电化学极化存在时，燃料电池的输出电压与电流密度存在如下关系：

$$U = E - \eta_{e,+} - \eta_{e,-} = E - \frac{RT}{\alpha_+ nF} \ln \frac{j}{j_+^0} - \frac{RT}{\beta_- nF} \ln \frac{j}{j_-^0} \qquad (10.85)$$

由式（10.85）可知，当通过燃料电池的电流密度越大时，电化学过程（电极/溶液界面间的电子传递过程）的可逆程度越低，燃料电池输出的工作电压越小。对于氢氧燃料电池，由于通常情况下阴极（氧电极）的交换电流密度远远小于阳极（氢电极），即 $j_+^0 \ll j_-^0$，有时甚至小 5 个数量级，因此式（10.85）的最后一项可以忽略，得到燃料电池的工作电压：

$$U = E - \eta_{e,+} - \eta_{e,-} \approx E - \frac{RT}{\alpha_+ nF} \ln \frac{j}{j_+^0} \qquad (10.86)$$

（2）浓差极化对燃料电池实际效率的影响

燃料电池在工作时电极表面将会出现净电极反应，即出现反应物的消耗和产物的生成，在电极/溶液界面附近的液层中会出现反应物浓度的降低和产物浓度的升高，因此将出现反应物从溶液本体向电极表面和产物从电极表面向溶液本体的扩散。当反应物和产物的扩散速率是电极过程中的最慢步骤时将出现浓差极化。出现浓差极化时，与扩散速率相比电极反应速率

足够快,可以近似认为电极反应处于平衡状态,此时能斯特方程仍然适用。以阳极反应 $R - ne \longrightarrow O$ 为例,当电极表面有电流密度 j 流过时,其电极电势与表面浓度遵从能斯特关系:

$$E = E^{\theta} + \frac{RT}{nF} \ln \frac{c_O^s}{c_R^s} \tag{10.87}$$

式中:c_O^s 和 c_R^s 分别为氧化态物质和还原态物质在电极表面的浓度。当电极处于平衡时,有

$$E_{\Psi} = E^{\theta} + \frac{RT}{nF} \ln \frac{c_O^b}{c_R^b} \tag{10.88}$$

式中:c_O^b 和 c_R^b 分别为氧化态物质和还原态物质在溶液本体中的浓度。因此,根据浓差过电位 η_c 的概念,η_c 可以表示为式(10.87)、式(10.88)两式之差:

$$\eta_c = E - E_{\Psi} = \frac{RT}{nF} \ln \frac{c_O^s c_R^b}{c_R^s c_O^b} \tag{10.89}$$

当电极表面氧化产物对浓度极化影响不大时,有 $c_O^s = c_O^b$,则(10.88)式可以简化为

$$\eta_c = E - E_{\Psi} = \frac{RT}{nF} \ln \frac{c_R^b}{c_R^s} \tag{10.90}$$

根据第 5 章的讨论,浓差极化条件下反应物的表面浓度和本体浓度存在如下关系:

$$c_R^s = c_R^b \left(1 - \frac{j}{j_l}\right) \tag{10.91}$$

式中:j_l 为极限电流密度。将式(10.91)代入式(10.90),得到阳极浓差过电位:

$$\eta_c = -\frac{RT}{nF} \ln\left(1 - \frac{j}{j_l}\right) \tag{10.92}$$

在氢氧燃料电池的两个电极中,由于阳极电化学反应的交换电流密度较大,其电化学反应步骤的速率较快,因此在阳极上氢气的氧化过程容易发生浓差极化,并且浓差极化的程度要远大于阴极。氢氧燃料电池浓差极化的过电位可以用式(10.91)近似表示。当只存在浓度极化时,燃料电池的工作电压可以表示为

$$U = E - \eta_c = E + \frac{RT}{nF} \ln\left(1 - \frac{j}{j_l}\right) \tag{10.93}$$

(3) 欧姆极化对燃料电池实际效率的影响

任何电池包括燃料电池内部的电极材料和电解质均具有电阻,因此当有电流流过燃料电池时,电池的内阻会产生电压降,从而使输出的电压降低。电化学中将由于电解质和电极材料电阻导致的电压降称为欧姆极化。欧姆极化过电位 η_o 可以表示为

$$\eta_o = jAR_{\Omega} \tag{10.94}$$

式中:j 为流过电池体系的电流密度;A 为电极面积;R_{Ω} 为燃料电池的内阻,包括电解质的离子导电电阻、电极材料的电子导电电阻以及电极内部材料间的接触电阻。

因此,在考虑了电化学极化、浓差极化和欧姆极化后,氢氧燃料电池的实际工作电压应为

$$U = E - \frac{RT}{\alpha_+ nF} \ln \frac{j}{j_+^0} + \frac{RT}{nF} \ln\left(1 - \frac{j}{j_l}\right) - jAR_{\Omega} \tag{10.95}$$

根据式(10.95),要提高燃料电池的工作电压,可以通过以下几种方法实现:

① 提高交换电流密度 j_+^0。可以通过选择合适的催化剂,使氧电极的还原反应加快,大幅增加交换电流密度 j_+^0 的数值,降低电化学极化程度,进而提高工作电压。

② 减小电流密度 j。通过增大电极面积可以在工作电流不变的情况下减小电流密度,降低极化程度,提高工作电压。

③ 降低燃料电池的内阻。可以通过选择高导电性的电解质溶液、改善催化剂颗粒与电极的接触效果,提高电解质隔膜的导电性并降低其厚度等方法使燃料电池的内阻降低,从而提高工作电压。此外,还可以通过提高工作温度、工作压力等热力学方法提高整个电极过程的可逆性,达到提高工作电压和电池实际效率的目的。

(4) 燃料电池系统的实际工作效率

在整个燃料电池体系的工作过程中,除了发生在电化学体系中的将化学能转换成电能的过程,还存在许多需要电力驱动的环节,如氢气、氧气或空气的鼓入系统、加热系统等,这些环节将消耗电能,因此整个燃料电池系统的实际工作效率是电池体系对外输出的有用功与电化学反应输入体系的总能量之比:

$$\xi_{sys} = \frac{ItU - W_{sys}}{-\Delta H} \qquad (10.96)$$

式中:W_{sys} 是系统辅助设备消耗的电能。

思考题

1. 什么叫化学电源?什么叫物理电池?什么叫生物电池?各有哪些种类?

2. 查阅课外文献数据,了解我国各种电池的生产现状。目前生产的主要电池有哪些种类?主要用途有哪些?

3. 化学电源常用的电解质有哪些?为什么要采用这些电解质?

4. 实用电池应满足哪些要求?

5. 如何提高电池的电动势?

6. 能否以 PbO_2 作为正极,以 Li 作为负极制造电池?(提示:从电解液、结构、制造工艺、成本等方面考虑。)

7. 电池在充放电过程中电压的变化由哪些原因引起?如何减小电池端电压的变化?减小电池端电压的变化有何实际意义?

8. 常用的 5 号充电电池是什么类型的电池?写出其电池组成,查看其电池外壳,写出其额定容量及额定电压。

9. 常用的 6 V/4 A · h 铅酸蓄电池由几个单体电池构成,其额定电压和额定容量是多少?以 0.4 A 的电流放电至电压为 5.25 V 终止的时间为 3 h 40 min,求其放电容量。若以 2 A 的电流放电至 5.25 V 终止,是否也能放出同样多的容量?为什么?

10. 电池反应的总效率由哪些部分构成?如何提高电池的反应效率?

11. 什么叫作活性物质利用率?为什么活性物质不能全部反应用于产生电流?

12. 铅酸蓄电池的主要用途有哪些?

13. 碱性电池有哪些类型?有何共同点?

14. 固体活性物质构成的电池,其反应控制步骤主要有哪些?

15. 锂离子电池为什么被称为摇椅式电池?

16. 锂离子电池理想的电解质需要满足什么条件?

17. 分析锂离子电池的优点和主要存在的问题。

18. 双电层电容与赝电容两类超级电容器的能量存储机制有什么不同？

19. 简述燃料电池的概念，并说明燃料电池有哪些特点。

20. 以氢氧燃料电池为例，说明燃料电池的工作原理。

21. 影响燃料电池实际效率的因素有哪些？它们如何影响燃料电池的实际效率？

22. 简述碱性燃料电池的工作原理，说明为什么碱性燃料电池的阴极氧化剂中不能含有二氧化碳。

23. 简述磷酸燃料电池的工作原理，并比较磷酸燃料电池和碱性燃料电池的不同之处。

24. 磷酸燃料电池能否直接采用天然气作为燃料？为什么？如果使用天然气作为燃料，那么还需要哪些处理过程？

25. 说明碱性燃料电池、磷酸燃料电池、质子交换膜燃料电池、熔融碳酸盐燃料电池和固体氧化物燃料电池所采用的电解质及其导电机理。

25. 碱性燃料电池、磷酸燃料电池、质子交换膜燃料电池、熔融碳酸盐燃料电池和固体氧化物燃料电池分别采用什么材料作为阴、阳极反应的催化剂？

27. 简述质子交换膜燃料电池的工作原理。如何避免质子交换膜燃料电池催化剂一氧化碳中毒？

28. 简述熔融碳酸盐燃料电池的工作原理，说明二氧化碳在熔融碳酸盐燃料电池中的作用。

29. 简述固体氧化物燃料电池的工作原理和特点。

附　录

1. 常用物理常数（见表 F-1）

表 F-1　常用物理常数

名　称	符　号	数　值
摩尔气体常量	R	8.314 41 J/(mol·K)
阿伏伽德罗常量	L	6.022×10^{23} mol^{-1}
波耳兹曼常量	k	1.38×10^{-23} J/K
普朗克常量	h	6.626×10^{-34} J·s
法拉第常量	F	$9.648\ 5 \times 10^{4}$ C/mol
冰点	T_0	273.15 K
元电荷（一个质子的电荷）	e	1.602×10^{-19} C
电子静止质量	m_e	$9.109\ 5 \times 10^{-31}$ kg
真空介电常数	ε_0	8.854×10^{-12} F/m
水在 25 ℃时的相对介电常数		78.54
真空光速	c_0	$2.997\ 9 \times 10^{8}$ m/s
理想气体摩尔体积(0 ℃,101 325 Pa)		$2.241\ 4 \times 10^{-2}$ m^3/mol
空气中的氧分压	p_{O_2}	$0.21 \times 101\ 325$ Pa
空气中的氢分压	p_{H_2}	$5 \times 10^{-7} \times 101\ 325$ Pa

2. 强电解质的活度系数 $\gamma_\pm$（见表 F-2）

表 F-2　强电解质的活度系数 $\gamma_\pm$

$c/(\text{mol} \cdot \text{L}^{-1})$	0.001	0.002	0.005	0.01	0.02	0.05	0.1	0.2	0.5	1.0	2.0	3.0
HCl	0.966	0.952	0.928	0.904	0.875	0.830	0.796	0.767	0.758	0.809	1.02	1.32
HNO_3	0.965	0.951	0.927	0.902	0.871	0.823	0.785	0.748	0.715	0.720	0.783	0.876
H_2SO_4	0.830	0.757	0.639	0.544	0.453	0.340	0.265	0.209	0.154	0.130	0.124	0.141
NaOH	—	—	—	—	—	0.82	—	0.73	0.69	0.68	0.70	0.77
KOH	—	—	0.92	0.90	0.86	0.82	0.80	—	0.73	0.76	0.89	1.08
$AgNO_3$	—	—	0.92	0.90	0.86	0.79	0.72	0.64	0.51	0.40	0.28	—
$CdCl_2$	0.76	0.68	0.57	0.47	0.38	0.28	0.20	0.15	0.09	0.06	—	—
CdI_2	0.76	0.65	0.49	0.38	0.28	0.17	0.11	0.068	0.038	0.025	0.018	—
$CdSO_4$	0.73	0.64	0.50	0.40	0.31	0.21	0.17	0.11	0.067	0.045	0.035	0.036
$CuCl_2$	0.89	0.85	0.78	0.72	0.66	0.50	—	0.47	0.42	0.43	0.51	0.59
$CuSO_4$	0.74	—	0.53	0.41	0.31	0.21	—	0.11	0.068	0.047	—	—

$c/(\text{mol} \cdot L^{-1})$	0.001	0.002	0.005	0.01	0.02	0.05	0.1	0.2	0.5	1.0	2.0	3.0
$FeCl_2$	0.89	0.86	0.80	0.75	0.70	0.62	0.58	0.55	0.59	0.67	—	—
KCl	0.965	0.952	0.927	0.901	—	0.815	0.790	0.719	0.651	0.606	0.576	0.571
KF	—	0.960	0.950	0.930	0.920	0.880	—	0.810	0.740	0.710	0.700	
KBr	0.965	0.952	0.927	0.903	0.872	0.822	0.77	0.728	0.665	0.625	0.602	0.603
KI	0.965	0.951	0.927	0.905	0.88	0.84	0.80	0.76	0.71	0.68	0.69	0.72
$K_4Fe(CN)_6$	—	—	—	—	—	0.19	0.14	0.11	0.067	—	—	—
$KClO_3$	0.967	0.955	0.932	0.907	0.875	0.813	0.755	—	—	—	—	—
K_2CO_3	0.89	0.86	0.81	0.74	0.68	0.58	0.50	0.43	0.36	0.33	0.33	0.39
K_2SO_4	0.89	—	0.78	0.71	0.64	0.52	0.43	0.36	—	—	—	—
$MgCl_2$	—	—	—	—	—	0.56	0.53	0.52	0.62	1.05	2.1	
$Mg(NO_2)_2$	0.88	0.84	0.77	0.71	0.64	0.55	0.51	0.46	0.44	0.50	0.69	0.93
$MgSO_4$	—	—	0.40	0.32	0.22	0.18	0.13	0.08	0.064	0.055	0.064	
$MnSO_4$	—	—	—	—	—	0.25	0.17	0.11	0.073	0.058	0.062	
$NiSO_4$	—	—	—	—	—	0.18	0.13	0.75	0.051	0.041	—	
NH_4Cl	0.961	0.944	0.911	0.88	0.84	0.79	0.74	0.69	0.62	0.57	—	—
NH_4Br	0.964	0.949	0.901	0.87	0.83	0.78	0.73	0.68	0.62	0.57	—	—
NH_4I	0.962	0.946	0.917	0.89	0.86	0.80	0.76	0.71	0.65	0.60	—	—
NH_4NO_3	0.959	0.942	0.912	0.88	0.84	0.78	0.73	0.66	0.56	0.47	—	—
$(NH_4)_2SO_4$	0.874	0.821	0.726	0.67	0.59	0.48	0.40	0.32	0.22	0.16	—	—
NaF	—	—	0.93	0.90	0.87	0.81	0.75	0.69	0.062	—	—	—
$NaCl$	0.966	0.953	0.929	0.904	0.875	0.823	0.78	0.73	0.68	0.66	0.67	0.71
$NaBr$	0.966	0.955	0.934	0.914	0.887	0.844	0.80	0.74	0.695	0.686	0.734	0.826
NaI	0.97	0.96	0.94	0.91	0.89	0.86	0.83	0.81	0.78	0.80	0.95	
$NaNO_3$	0.966	0.953	0.93	0.90	0.87	0.82	0.77	0.70	0.62	0.55	0.48	0.44
Na_2SO_4	0.887	0.847	0.778	0.714	0.641	0.53	0.45	0.36	0.27	0.20	—	—
$PbCl_2$	0.86	0.80	0.70	0.61	0.50	—	—	—	—	—	—	—
$Pb(NO_3)_2$	0.88	0.84	0.76	0.69	0.60	0.46	0.37	0.27	0.17	0.11	—	—
$ZnCl_2$	0.88	0.84	0.77	0.71	0.64	0.56	0.50	0.45	0.38	0.33	—	—
$ZnSO_4$	0.70	0.61	0.48	0.39	—	—	0.15	0.11	0.065	0.045	0.036	0.04

3. 溶度积 K_S（根据 Latimer）（见表 F - 3）

表 F - 3　溶液积 K_S

No.	反　应	K_S
1	$Al(OH)_3 = Al^{3+} + 3OH^-$	1.9×10^{-33}
2	$Al^{3+} + H_2O = Al(OH)^{2+} + H^+$	1.4×10^{-5}
3	$Al(OH)_3 = H^+ + H_2AlO_3^-$	4×10^{-13}

续表 F-3

No.	反 应	K_S
4	$BaCO_3 = Ba^{2+} + CO_3^{2-}$	4.93×10^{-9}
5	$BaSO_4 = Ba^{2+} + SO_4^{2-}$	9.9×10^{-11}
6	$Ba(OH)_2 \cdot 8H_2O = Ba^{2+} + 2OH^- + 8H_2O$	5.0×10^{-3}
7	$BaCl_2 \cdot 2H_2O = Ba^{2+} + 2H_2O + 2Cl^-$	1.6
8	$2Be^{2+} + H_2O = Be_2O^{2+} + 2H^+$	4.0×10^{-7}
9	$Be_2O(OH)_2 = Be_2O^{2+} + 2OH^-$	4.0×10^{-19}
10	$Cd(OH)_2 = Cd^{2+} + 2OH^-$	1.2×10^{-14}
11	$CdS = Cd^{2+} + S^{2-}$	1.4×10^{-28}
12	$CdCO_3 = Cd^{2+} + CO_3^{2-}$	2.5×10^{-14}
13	$Ca(OH)_2 = Ca^{2+} + 2OH^-$	7.9×10^{-6}
14	$CaCO_3 = Ca^{2+} + CO_3^{2-}$	4.82×10^{-9}
15	$CaSO_4 \cdot 2H_2O = Ca^{2+} + SO_4^{2-} + 2H_2O$	2.4×10^{-5}
16	$Ca_3(PO_4)_2 = 3Ca^{2+} + 2PO_4^{3-}$	1×10^{-25}
17	$CaHPO_4 = Ca^{2+} + HPO_4^{2-}$	$\sim 5 \times 10^{-6}$
18	$CaF_2 = Ca^{2+} + 2F^-$	3.9×10^{-11}
19	$H_2CO_3 = H^+ + HCO_3^-$	4.31×10^{-7}
20	$HCO_3^- = H^+ + CO_3^{2-}$	4.70×10^{-11}
21	$Cr(OH)_3 + 2H^+ = Cr(OH)^{2+} + 2H_2O$	1×10^{-8}
22	$CrCl_3 = Cr^{3+} + 3Cl^-$	1.26×10^{-2}
23	$Cr(OH)_3 = Cr^{3+} + 3OH^-$	6.7×10^{-31}
24	$Cr(OH)_3 = H^+ + CrO_2^- + H_2O$	9×10^{-17}
25	$HCrO_4^- = H^+ + CrO_4^{2-}$	3.2×10^{-7}
26	$CrO_7^{2-} + H_2O = 2HCrO_4^-$	2.3×10^{-2}
27	$Cu + Cu^{2+} = 2Cu^+$	1.0×10^{-6}
28	$\frac{1}{2}Cu_2O + \frac{1}{2}H_2O = Cu^+ + OH^-$	1.2×10^{-15}
29	$CuCl = Cu^+ + Cl^-$	1.85×10^{-7}
30	$CuCl + Cl^- = CuCl_2^-$	6.5×10^{-2}
31	$CuCl_2 = Cu^{2+} + 2Cl^-$	2.9×10^{-6}
32	$Cu_2S = 2Cu^+ + S^{2-}$	2.5×10^{-50}
33	$Cu(OH)_2 = Cu^{2+} + 2OH^-$	5.6×10^{-20}
34	$CuO + OH^- = HCuO_2^-$	1.03×10^{-5}
35	$CuO + 2OH^- = CuO_2^{2-} + H_2O$	8.1×10^{-5}
36	$CuS = Cu^{2+} + S^{2-}$	4×10^{-33}
37	$CuCO_3 = Cu^{2+} + CO_3^{2-}$	1.37×10^{-10}
38	$Fe(OH)_2 = Fe^{2+} + 2OH^-$	1.65×10^{-15}
39	$FeCO_3 = Fe^{2+} + CO_3^{2-}$	2.11×10^{-11}
40	$FeS = Fe^{2+} + S^{2-}$	1×10^{-19}
41	$Fe(OH)_3 = Fe^{3+} + 3OH^-$	4.10×10^{-38}

续表 F-3

No.	反 应	K_S
42	$Fe^{3+}+H_2O=Fe(OH)^{2+}+H^+$	6×10^{-3}
43	$2Fe^{3+}+Fe=3Fe^{2+}$	1×10^{-41}
44	$Fe_2S_3=2Fe^{3+}+3S^{2-}$	10^{-88}
45	$Pb(OH)_2=Pb^{2+}+2OH^-$	1.8×10^{-16}
46	$PbO+H_2O=Pb^{2+}+2OH^-$	5.5×10^{-16}
47	$PbCl_2=Pb^{2+}+2Cl^-$	1.7×10^{-5}
48	$PbCO_3=Pb^{2+}+CO_3^{2-}$	1.5×10^{-13}
49	$PbS=Pb^{2+}+S^{2-}$	1.0×10^{-29}
50	$PbSO_4=Pb^{2+}+SO_4^{2-}$	1.8×10^{-8}
51	$PbO_2+H_2O=Pb^{4+}+4OH^-$	10^{-64}
52	$Mg(OH)_2=Mg^{2+}+2OH^-$	5.5×10^{-12}
53	$MgCO_3\cdot3H_2O=Mg^{2+}+CO_3^{2-}+3H_2O$	$\sim1\times10^{-5}$
54	$MgF_2=Mg^{2+}+2F^-$	6.4×10^{-9}
55	$Mn(OH)_2=Mn^{2+}+2OH^-$	7.1×10^{-15}
56	$MnCO_3=Mn^{2+}+CO_3^{2-}$	8.8×10^{-11}
57	$MnS=Mn^{2+}+S^{2-}$	5.6×10^{-16}
58	$Hg_2O+H_2O=Hg_2^{2+}+2OH^-$	1.6×10^{-23}
59	$Hg_2Cl_2=Hg_2^{2+}+2Cl^-$	1.1×10^{-18}
60	$Hg_2S=Hg_2^{2+}+S^{2-}$	1×10^{-45}
61	$Hg+Hg^{2+}=Hg_2^{2+}$	81
62	$HgO+H_2O=Hg^{2+}+2OH^-$	1.7×10^{-26}
63	$HgS=Hg^{2+}+S^{2-}$	3×10^{-53}
64	$Ni(OH)_2=Ni^{2+}+2OH^-$	1.6×10^{-14}
65	$NiCO_3=Ni^{2+}+CO_3^{2-}$	1.36×10^{-7}
66	$H_2O=H^++OH^-$	1.008×10^{-14}
67	$OH^-=O^{2-}+H^+$	$<10^{-36}$
68	$O^{2-}+H_2O=2OH^-$	$>10^{-22}$
69	$H_2O_2=HO_2^-+H^+$	2.4×10^{-12}
70	$Pt(OH)_2=Pt^{2+}+2OH^-$	$\sim1\times10^{-35}$
71	$\frac{1}{2}Ag_2O+\frac{1}{2}H_2O=Ag^++OH^-$	2.0×10^{-8}
72	$AgCl=Ag^++Cl^-$	1.7×10^{-19}
73	$Ag_2S=2Ag^++S^{2-}$	1×10^{-51}
74	$Ag_2CO_3=2Ag^++CO_3^{2-}$	8.2×10^{-12}
75	$H_2S=H^++HS^-$	1.15×10^{-7}
76	$HS^-=H^++S^{2-}$	1.0×10^{-15}
77	$Sn(OH)_2=Sn^{2+}+2OH^-$	5×10^{-26}
78	$SnS=Sn^{2+}+S^{2-}$	8×10^{-29}
79	$Sn(OH)_4=Sn^{4+}+4OH^-$	$\sim1\times10^{-50}$
80	$Ti(OH)_2=TiO^{2+}+2OH^-$	$\sim1\times10^{-30}$

续表 F - 3

No.	反　　应	K_S
81	$\frac{1}{2}Ti_2O_3 + \frac{2}{3}H_2O = Ti^{3+} + 3OH^-$	$\sim 1 \times 10^{-40}$
82	$Zn^{2+} + H_2O = Zn(OH)^+ + H^+$	2.45×10^{-10}
83	$Zn(OH)_2 = Zn^{2+} + 2OH^-$	4.6×10^{-17}
84	$Zn^{2+} + 4OH^- = ZnO_2^{2-} + 2H_2O$	2.8×10^{-15}
85	$ZnCO_3 = Zn^{2+} + CO_3^{2-}$	6×10^{-11}
86	$ZnS = Zn^{2+} + S^{2-}$	4.5×10^{-24}

4. 标准电池电动势、饱和甘汞电极电位、$\dfrac{2.303RT}{F}$ 值及饱和水蒸气压力（见表 F - 4）

表 F - 4　标准电池电动势、饱和甘汞电极电位、$\dfrac{2.303RT}{F}$ 值及饱和水蒸气压力

温度 /℃	标准电池电动势 E_N/V	饱和甘汞电极 电位 φ_R/V	$\dfrac{2.303RT}{F}$值/V	饱和水蒸气 压力 p_w/(133.3 Pa)	附　注
5	1.019 1	0.256 8	0.055 1	6.6	
6	1.019 1	0.256 2	0.055 3	7.0	
7	1.019 0	0.255 5	0.055 5	7.5	
8	1.019 0	0.254 9	0.055 7	8.0	
9	1.018 9	0.254 2	0.055 9	8.6	
10	1.018 9	0.253 6	0.056 1	9.2	
11	1.018 9	0.252 9	0.056 3	9.9	
12	1.018 8	0.252 3	0.056 5	10.5	
13	1.018 8	0.251 6	0.056 7	11.2	
14	1.018 7	0.251 0	0.056 9	12.0	1. 饱和甘汞电极电位（单位为 V）可由下式计算：
15	1.018 7	0.250 3	0.057 1	12.8	$\varphi_R = 0.243\ 8 - 6.5 \times 10^{-4}(t-25)$
16	1.018 7	0.249 7	0.057 3	13.6	
17	1.018 6	0.249 0	0.057 5	14.5	
18	1.018 6	0.248 3	0.057 7	15.5	
19	1.018 5	0.247 7	0.057 9	16.5	
20	1.018 5	0.247 1	0.058 1	17.5	2. 标准电池电动势（单位为 V）：
21	1.018 5	0.246 4	0.058 3	18.7	$E_N = 1.018\ 5 - 4 \times 10^{-5}(t-20)$
22	1.018 4	0.245 8	0.058 5	19.8	
23	1.018 4	0.245 1	0.058 7	21.1	
24	1.018 3	0.244 5	0.058 9	22.4	
25	1.018 3	0.243 8	0.059 1	23.8	
26	1.018 3	0.243 1	0.059 3	25.2	
27	1.018 2	0.242 5	0.059 5	26.7	
28	1.018 2	0.241 8	0.059 7	28.4	
29	1.018 1	0.241 2	0.059 9	30.1	
30	1.018 1	0.240 5	0.060 1	31.8	

参考文献

[1] Xiang-Kui Gu, John Carl A Camayang, Samji Samira, et al. Oxygen evolution electro-catalysis using mixed metal oxides under acidic conditions: Challenges and opportunities m[J]. Journal of Catalysis, 2020(388): 130-140.

[2] Christian Julien, 等. 锂电池科学与技术[M]. 刘兴江, 等译. 北京: 化学工业出版社, 2018.

[3] Richard B Kaner, et al. Design and Mechanisms of Asymmetric Supercapacitors[J]. Chemical Reviews, 2018(118): 9233-9280.

[4] 侯保荣, 等. 中国腐蚀成本[M]. 北京: 科学出版社, 2017.

[5] 屠振密, 安茂忠, 胡会利. 现代合金电沉积理论与技术[M]. 北京: 国防工业出版社, 2016.

[6] 孙世刚, 陈胜利. 电催化[M]. 北京: 化学工业出版社 2013.

[7] 吴宇平, 等. 锂离子电池——应用与实践[M]. 北京: 化学工业出版社, 2011.

[8] John B Goodenough, Youngsik Kim. Challenges for Rechargeable Li Batteries[J]. Chemical Materials, 2010(22): 587-603.

[9] 黄可龙, 等. 锂离子电池原理与关键技术[M]. 北京: 化学工业出版社, 2007.

[10] 张招贤. 电催化科学[M]. 广州: 广东科技出版社, 2007.

[11] 陈军, 陶占良, 苟兴龙. 化学电源: 原理、技术与应用[M]. 北京: 化学工业出版社, 2006.

[12] 王林山, 李瑛. 燃料电池[M]. 2版. 北京: 冶金工业出版社, 2005.

[13] Bard A J, Faulkner L R. 电化学方法——原理和应用[M]. 邵元华, 朱果逸, 董献堆, 等译. 北京: 化学工业出版社, 2005.

[14] 黄镇江, 刘凤君. 燃料电池及其应用[M]. 北京: 电子工业出版社, 2005.

[15] 郭炳焜, 徐徽, 王先友, 等. 锂离子电池[M]. 长沙: 中南大学出版社 2002.

[16] 查全性, 等. 电极过程动力学导论[M]. 3版. 北京: 科学出版社, 2002.

[17] 曹楚南. 腐蚀电化学原理[M]. 北京: 化学工业出版社, 1985.

[18] 天津大学电化学教研室, 北京航空学院腐蚀与防护教研室. 电化学基础[M]. [S. l. : s. n.]: 1979.

[19] Antropov L I. 理论电化学[M]. 吴仲达, 等译. 北京: 高等教育出版社, 1984.

[20] 刘永辉. 电化学测试技术[M]. 北京: 北京航空学院出版社, 1982.

[21] Bord A J, Faulkner L R. 电化学方法[M]. 谷林瑛, 等译. 北京: 化学工业出版社, 1986.

[22] 郭鹤桐. 电化学[M]. 北京: 高等教育出版社, 1965.

[23] Bockris J O'M, Reddy A K N. Modern Electrochemistry[M]. [S. l.]: Plenum, 1970.

[24] Bockris J O'M, Drazic D M. 电化学科学[M]. 夏熙, 译. 北京: 人民教育出版社, 1980.

[25] 黄子卿. 电解质溶液理论导论[M]. 修订版. 北京: 科学出版社, 1983.

[26] 田昭武. 电化学研究方法[M]. 北京: 科学出版社, 1984.

[27] Фрумкин А Н, 等. 电极过程动力学[M]. 朱荣昭, 译. 北京: 科学出版社, 1957.

[28] Томашов Н Д. 金属腐蚀及其保护的理论[M]. 华保定, 等译. 北京: 中国工业出版

社,1964.

[29] Anson F. 电化学与电分析化学[M]. 黄慰曾,等编译. 北京:北京大学出版社,1981.

[30] Albery W J. Electrode Kinetics[M]. Oxford:Clarendon Press,1975.

[31] Bockris J O′M,et al. Comprehensive Treatics of Electrochemistry. The Double layer,Plenum,1980,Vol. 1.

[32] Pourbaix M. Atlas of Potential/pH Diagrams[M]. Oxford:Pergaman,1962.

[33] Pourbaix M. Lectures on Electrochemical Corrosion[M]. [S. l.]:Plenum,1973.

[34] 田村英雄,松田好晴. 现代电气化学[M]. [S. l.]:培风馆,1977.

[35] 田岛荣. 电气化学通论[M]. 3 版. [S. l.]:共立,1986.

[36] Левич В Г. 物理化学流体动力学[M]. 戴干策,等译. 上海:上海科学技术出版社,1965.

[37] ДАМАСКННИ Б Б,ПЕТРИЙ О А. 电化学动力学导论[M]. 谷林瑛,等译. 北京:科学出版社,1989.

[38] 吉林大学等校编. 物理化学基本原理[M]. 北京:人民教育出版社,1978.

[39] Avery H E,Shaw D J. 基础物理化学计算[M]. 王正刚,译. 北京:科学出版社,1983.

[40] 吉泽四朗. 电池手册[M]. 杨玉伟,译. 北京:国防工业出版社,1991.

[41] 李国欣. 新型化学电源[M]. 上海:复旦大学出版社,1992.

[42] 于芝兰. 金属防护原理[M]. 北京:国防工业出版社,1993.

[43] 章葆澄. 电镀工艺学[M]. 北京:北京航空航天大学出版社,1993.